电子测量仪器自学手册

蔡杏山 ◎ 主编

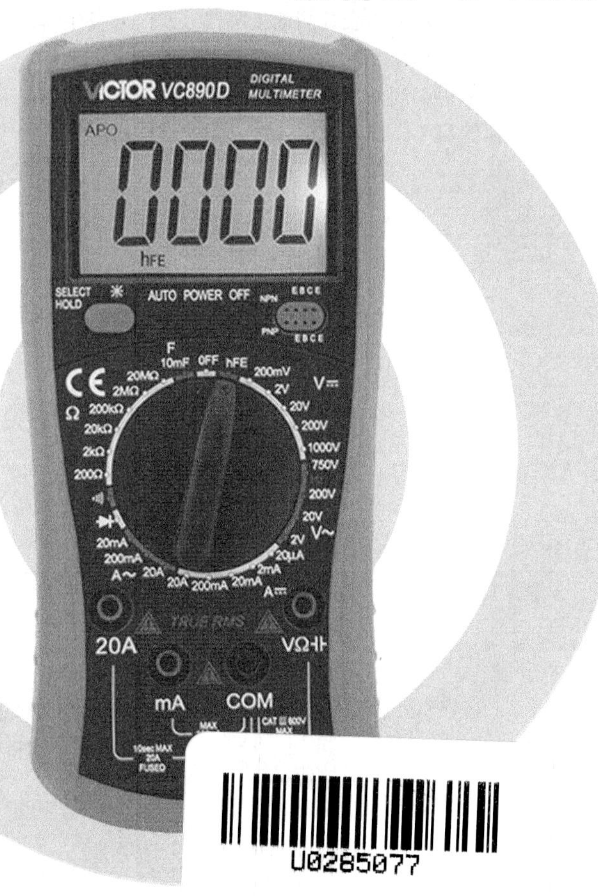

人 民 邮 电 出 版 社
北 京

图书在版编目（CIP）数据

电子测量仪器自学手册 / 蔡杏山主编. -- 北京 : 人民邮电出版社, 2018.11
ISBN 978-7-115-49382-8

Ⅰ. ①电… Ⅱ. ①蔡… Ⅲ. ①电子测量设备－基本知识 Ⅳ. ①TM93-62

中国版本图书馆CIP数据核字(2018)第212473号

内 容 提 要

本书是一本介绍电子测量仪器的图书，主要内容有电子测量基础，指针万用表，数字万用表，用万用表检测基本电子元器件，用万用表检测半导体电子元器件，用万用表检测光电器件、显示器件和电声器件，用万用表检测低压电器以及信号发生器，毫伏表，示波器，频率计，扫频仪，Q 表，晶体管图示仪，钳形表，兆欧表，电力监测仪等。

本书讲解起点低、由浅入深、通俗易懂，内容结构安排符合学习认知规律。本书适合用作电子测量仪器的自学图书，也适合作为职业学校相关专业的电子测量仪器教材。

◆ 主　　编　蔡杏山
责任编辑　黄汉兵
责任印制　彭志环
◆ 人民邮电出版社出版发行　　北京市丰台区成寿寺路 11 号
邮编　100164　　电子邮件　315@ptpress.com.cn
网址　http://www.ptpress.com.cn
固安县铭成印刷有限公司印刷
◆ 开本：787×1092　1/16
印张：18　　2018 年 11 月第 1 版
字数：432 千字　　2018 年 11 月河北第 1 次印刷

定价：59.00 元

读者服务热线：(010)81055488　印装质量热线：(010)81055316
反盗版热线：(010)81055315

前　言

“电子技术无处不在”，小到收音机，大到“神舟飞船”，无一不蕴含着电子技术的身影。电子技术应用到社会的众多领域，根据应用领域的不同，可分为家庭消费电子技术（如电视机）、通信电子技术（如移动电话）、工业电子技术（如变频器）、机械电子技术（如智能机器人控制系统）、医疗电子技术（如 B 超机）、汽车电子技术（如汽车电气控制系统）、消费数码电子技术（如数码相机）、军事科技电子技术（如导弹制导系统）等。

本书主要有以下特点：

基础起点低。读者只需具有初中文化程度即可阅读本书。

语言通俗易懂。书中少用专业化的术语，遇到较难理解的内容用形象比喻说明，尽量避免复杂的理论分析和烦琐的公式推导，图书阅读起来感觉会十分顺畅。

内容讲解详细。考虑到自学时一般无人指导，因此在编写过程中对书中的知识技能进行详细解说，让读者能轻松理解所学内容。

采用图文并茂的表现方式。书中大量采用读者喜欢的直观形象的图表方式表现内容，使阅读变得非常轻松，不易产生阅读疲劳。

内容安排符合认知规律。图书按照循序渐进、由浅入深的原则来确定各章节内容的先后顺序，读者只需从前往后阅读图书，学习便会水到渠成。

突出显示知识要点。为了帮助读者掌握书中的知识要点，书中用阴影和文字加粗的方法突出显示知识要点，指示学习重点。

网络免费辅导。读者在阅读时遇到难理解的问题，可扫码观看有关辅导材料进行学习。

本书在编写过程中得到了很多老师的支持，其中蔡玉山、詹春华、何慧、蔡理杰、黄晓玲、蔡春霞、邓艳姣、黄勇、刘凌云、邵永亮、蔡理忠、何彬、刘海峰、蔡理峰、李清荣、万四香、蔡任英、邵永明、蔡理刚、何丽、梁云、吴泽民、蔡华山和王娟等参与了部分章节的编写工作，在此一并表示感谢。由于我们水平有限，书中的错误和疏漏之处在所难免，望广大读者和同仁予以批评指正。

编　者

2018 年 8 月

目 录

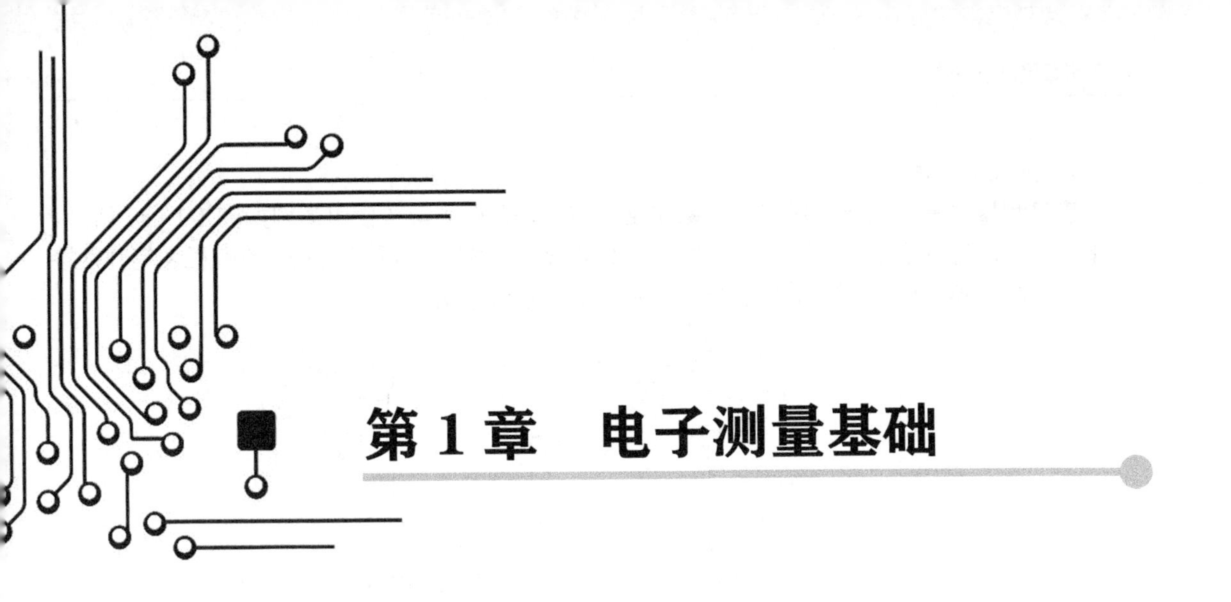

第1章　电子测量基础

1.1　电子测量的内容和基本方法

测量是指为获得被测对象的量值而进行的实验过程。电子测量是测量的一个重要分支，电子测量是指以电子技术作为理论基础、以电子测量设备和仪器为工具对各种电量进行的测量。

1.1.1　电子测量的内容

电子测量范围很广泛，例如用万用表测量市电电压的大小，用示波器测量信号的波形，都属于电子测量的范围。电子测量范围虽然很广泛，但主要包括以下几个方面的内容。

1. 基本电量的测量

基本电量的测量包括电压、电流和功率等测量内容。

2. 电信号的波形及特征测量

电信号的波形测量可以直观地观察到各种电信号的波形，电信号的特征测量包括各种电信号的幅度、频率、相位、周期和失真度等测量内容。

3. 电路及元器件参数的测量

电路及元器件参数的测量包括电阻、电容、电感、阻抗以及其他参数（如三极管的放大倍数、电感的品质因数 Q 值等）等测量内容。

4. 电路特性的测量

电路特性的测量包括电路的衰减量、增益、灵敏度和通频带等测量。例如给放大电路输入一个信号，通过测量输出信号可以确定电路对信号的增益量大小。

1.1.2　电子测量的基本方法

电子测量采用的基本方法有两种：一是直接测量；二是间接测量。

1. 直接测量法

直接测量法是指直接测量被测对象量值的方法。直接测量法使用举例如图 1-1（a）所示，如果想知道流过灯泡电流 I 的大小，可以在 B 点将电路断开，再将电流表的两根表笔分别接在断开处的两端，电流 I 流过电流表，电流表就会显示电流的大小。

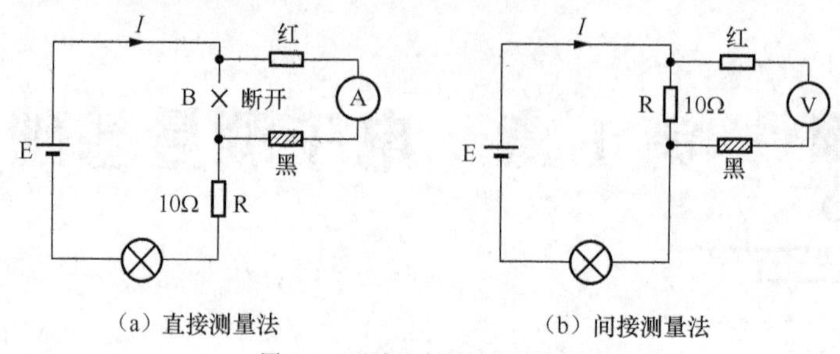

（a）直接测量法　　（b）间接测量法

图 1-1　两种基本测量方法举例

2. 间接测量法

间接测量法是指不直接测量被测对象的某个量值，而是测量与之相关的另外一个量值，再根据两个量值之间的关系求出未知量值的方法。间接测量法使用举例如图 1-1（b）所示，如果想知道流过灯泡电流 I 的大小，可以用电压表测量电阻 R 两端的电压 U，然后根据欧姆定律 $I=U/R$ 就可以求出电流 I 的大小（注：电阻 R 的阻值已知）。

同样是测一个电路的电流大小，可以采用图 1-1（a）所示的直接测量法，也可以采用图 1-1（b）所示的间接测量法。图 1-1（a）所示的直接测量法可以直接读出被测对象的量值大小，但需要断开电路，而图 1-1（b）所示的间接测量法不需要断开电路，比较方便，但测量后需要通过欧姆定律进行计算。

直接测量法和间接测量法没有优劣之分，在电子测量时，选择哪一种方法要根据实际情况来决定。

1.2　电子测量的误差与数据处理

1.2.1　电子测量的误差及产生原因

一个被测量的真实数值称为该被测量的真值。真值是一个理想的概念，在实际测量过程中，由于仪器的误差、测量手段的不完善等原因，都会使测量的数值无法与真值一致。**被测量的测量值与真值之间的差异称为测量误差。**误差是客观存在无法消除的，测量时要做的是如何将误差降到最小。

测量误差产生的原因有以下几个。

1. 仪器误差

电子测量仪器本身具有的误差称为仪器误差。它主要是由电子测量仪器本身性能决定的，一般来说，高档电子测量仪器较低档电子测量仪器的仪器误差要小。

2. 方法误差

由于测量方法不合理而引起的误差称为方法误差。例如用万用表的高挡位测量小阻值的电阻，就像用大秤称轻小物体一样，这种不合理的测量方法会引起较大的误差。

3．理论误差

用近似公式或近似值计算测量结果时引起的误差称为理论误差。

4．人身误差

由于测量者的分辨力、视觉疲劳、不良的测量习惯等引起的误差称为人身误差。例如观察测量时有斜视、读错刻度等。

5．影响误差

测量时，各种环境因素与要求的条件不一致引起的误差称为影响误差。例如在测量时，因温度、湿度或电源电压的不稳定而引起测量误差。

误差是客观存在的，人们无法消除它，只能通过各种方法减小误差，让测量值最大程度地接近真值。

1.2.2　测量误差的表示方法

测量误差的表示方法通常有两种：一是绝对误差；二是相对误差。

1．绝对误差

测量值 x 与真值 A 之间的差距称为绝对误差。绝对误差通常用 Δx 表示，则

$$\Delta x=x-A$$

由于真值一般无法得到，故常用准确度更高的仪器测量出来的值代替真值。

仪器测量的准确程度通常要用准确度更高的仪器来检验纠正，例如用一台普通的电压表测某电压为 9V，而用准确度更高的电压表测该电压为 8.8V，那么普通电压表的绝对误差为

$$\Delta x=x-A=9-8.8=0.2\ (\text{V})$$

从上面例子可以看出，普通仪器测量时有一定的偏差，为了使测量值尽可能准确，可以对测量值进行修正，只要在普通电压表测得的 9V 上进行−0.2V 的修正，得到的值（8.8V）就是较准确的值，这里的−0.2V 为修正值，它与绝对误差相等但符号相反。

与绝对误差 Δx 相等但符号相反的值称为修正值，一般用 C 表示，即

$$C=-\Delta x=A-x$$

2．相对误差

相对误差的表示方法有四种：实际相对误差 γ_A、示值相对误差 γ_x、满度相对误差 γ_m 和分贝误差 γ_{dB}。

（1）实际相对误差 γ_A

绝对误差与被测量的真值之比的百分数称为实际相对误差，用 γ_A 表示

$$\gamma_A=\frac{\Delta x}{A}\times 100\%$$

在前面的例子中，$\Delta x=0.2\text{V}$，$A=8.8\text{V}$，那么实际相对误差

$$\gamma_A=\frac{0.2}{8.8}\times 100\%\approx 2.3\%$$

（2）示值相对误差 γ_x

绝对误差与被测量的测量值之比的百分数称为示值相对误差，用 γ_x 表示

$$\gamma_x=\frac{\Delta x}{x}\times 100\%$$

在前面的例子中，Δx=0.2V，x=9V，那么示值相对误差

$$\gamma_x=\frac{0.2}{9}\times 100\%\approx 2.2\%$$

（3）满度相对误差γ_m

绝对误差与仪器的满度值 x_m 之比的百分数称为满度相对误差，用γ_m表示

$$\gamma_m=\frac{\Delta x}{x_m}\times 100\%$$

在前面的例子中，Δx=0.2V，测量时满刻度为 x_m=10V，那么满度相对误差

$$\gamma_m=\frac{0.2}{10}\times 100\%=2\%$$

电工仪表常采用满度相对误差γ_m 值来划分等级，电工仪表的误差等级划分见表 1-1。例如 2.5 级的电工仪表（在面板上标有数字 2.5），其$\gamma_m\leqslant\pm 2.5\%$。

表 1-1　　电工仪表的误差等级

γ_m	≤±0.1%	≤±0.2%	≤±0.5%	≤±1.0%	≤±1.5%	≤±2.5%	≤±5.0%
等级	0.1	0.2	0.5	1.0	1.5	2.5	5.0

为了减少相对误差，在选择仪器挡位量程时，应使测量值尽量接近于满度（指示最好不小于 2/3 满度），例如使用万用表测量 8V 电压时，不要选择 50V 挡位，而应选择 10V 挡位。

（4）分贝误差γ_{dB}

在电子测量时经常会遇到用分贝（dB）数来表示相对误差，这种误差称为分贝误差γ_{dB}。它具有以下规律。

对于电流、电压等量有

$$\gamma_{dB}=20\lg\left(1+\frac{\Delta x}{x}\right)\text{dB}$$

对于电功率有

$$\gamma_{dB}=10\lg\left(1+\frac{\Delta x}{x}\right)\text{dB}$$

分贝误差数γ_{dB}与示值相对误差数γ_x有以下关系。

对于电压、电流等量有：$\gamma_{dB}\approx 8.69\gamma_x$(dB)；

对于电功率有：$\gamma_{dB}\approx 4.3\gamma_x$(dB)。

例如某毫伏表测 1MHz 以下信号电压的误差为 0.5dB，用示值误差表示就是

$$\gamma_x\approx\frac{\gamma_{dB}}{8.69}=\frac{0.5}{8.69}=0.0575\approx 5.8\%$$

1.2.3　电子测量的数据处理

电子测量的数据处理是指依据一定的规律，从原始的测量数据中求出测量结果。电子测量的数据处理主要有包括下面两方面的问题。

1. 测量数据的取舍

如果测量数据的位数不符合要求，就要进行数据的取舍。数据取舍的规律是“四舍五入”，测量技术中规定“小于 5，舍；大于 5，入；等于 5 时采取偶数法则”。也就是说，以保留数字的末位为准，它后面的数小于 5 时舍去；大于 5 时舍去，同时要给末位数加 1；如果后面的数恰好为 5 时，将末位数凑成偶数。下面举例来说明数据的取舍。

18.34→18.3（舍去 4，因为 4＜5）

18.37→18.4（舍去 7 同时给末位加 1，因为 7＞5）

18.35→18.4（因为末位 3 为奇数，舍去 5 时给 3 加 1 使它变为偶数 4）

18.45→18.4（因为末位 4 为偶数，舍去 5 时不需加 1）

从上面可知，每个数据经舍入后，末位数就不是准确的数，称之为欠准数字，末位数以前的数就是准确的数字。

2. 有效数字的表示

在测量过程中，测量结果的数字位数过多、过少都不好，因此要合理确定数据的位数。

有效数字是指从数据左边第一个非零的数字开始，直到右边最后一个数字为止的所有数字。根据有效数字的定义可知：

（1）**数据中第一位非零数字左边的“0”不是有效数字。**如测量某信号频率为 0.030410MHz，“3”前面的两个“0”不是有效数字，它与测量准确度无关，当换成另一个单位时可以去掉，将它表示成 30.410kHz 时，前面的“0”就不存在了。

（2）**数据中第一位非零数字右边的所有“0”都是有效数字。**这里包括数据中间和尾部的“0”，尾部的“0”很重要，它能表示测量结果的精确位数，例如 45.30 表示精确到百分位，45.3 是准确数字；45.3 表示精确到十分位，45 是准确数字，3 是欠准数字。

测量的数据并不是位数越多越好，位数偏少也不好，保留几位有效数字可按这样的原则来确定：根据仪器测量的准确程度来确定有效数字的位数（允许保留一位欠准数字），再根据舍入原则将有效位以后的数字作舍入处理。

例如，某电压表测得某信号的电压为 5.362V，测量误差为±0.05V，从测量误差来看，百分位数字有误差，而十分位数字没有误差，那么该电压值应表示成 5.36V（6 为欠准数字）。

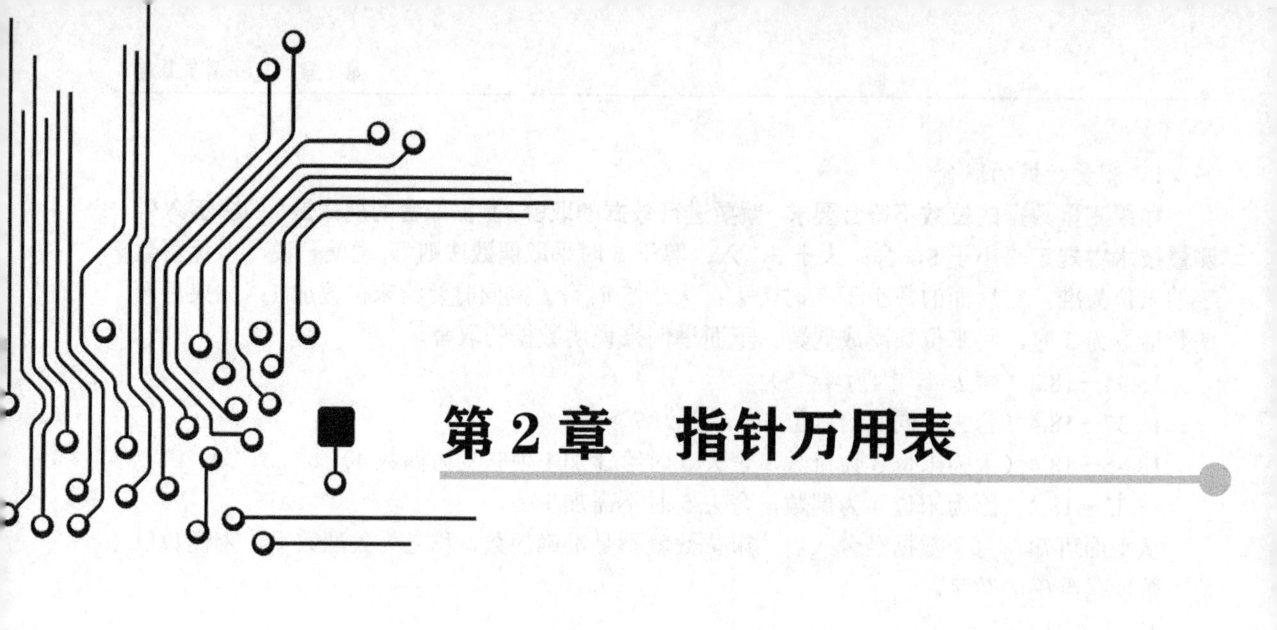

第2章 指针万用表

2.1 面板说明

指针万用表是一种广泛使用的电子测量仪表，它由一只灵敏很高的直流电流表（微安表）作表头，再加上挡位选择开关和相关的电路组成。指针万用表可以测量电压、电流、电阻，还可以测量电子元器件的好坏。指针万用表种类很多，使用方法都大同小异。

A01 指针万用表介绍 视频二维码

本章以 MF-47 新型万用表为例进行介绍。MF-47 新型万用表外观如图 2-1 所示，它在早期 MF-47 型万用表的基础上增加了很多新的测量功能，如增加了电容量、电池电量、稳压二极管稳压值的测量功能，另外还有电路通路蜂鸣测量和电阻箱等功能。从图中可以看出，MF-47 新型指针万用表面板上主要有刻度盘、挡位选择开关、旋钮和一些插孔。

2.1.1 刻度盘

刻度盘如图 2-2 所示，是由 9 条刻度线组成。

第 1 条标有"Ω"符号的为欧姆刻度线。在测量电阻阻值时查看该刻度线。**这条刻度线最右端刻度表示的阻值最小，为 0；最左端刻度表示的阻值最大，为∞（无穷大）。**在未测量时表针指在左端无穷大处。

第 2 条标有"$\underset{\sim}{\underline{V}}$，mA"符号的为直、交流电压/直流电流刻度线。在测量直、交流电压和直流电流时都查看这条刻度线。**该刻度线最左端刻度表示最小值，最右端刻度表示最大值，**该刻度线下方标有三组数，它们的最大值分别是 250、50 和 10。当选择不同挡位时，要将刻度线的最大刻度看作该挡位最大量程数值（其他刻度也要相应变化）。如挡位选择开关拨至"50V"挡测量时，表针指在第二刻度线最大刻度处，表示此时测量的电压值为 50V（而不是

10V 或 250V)。

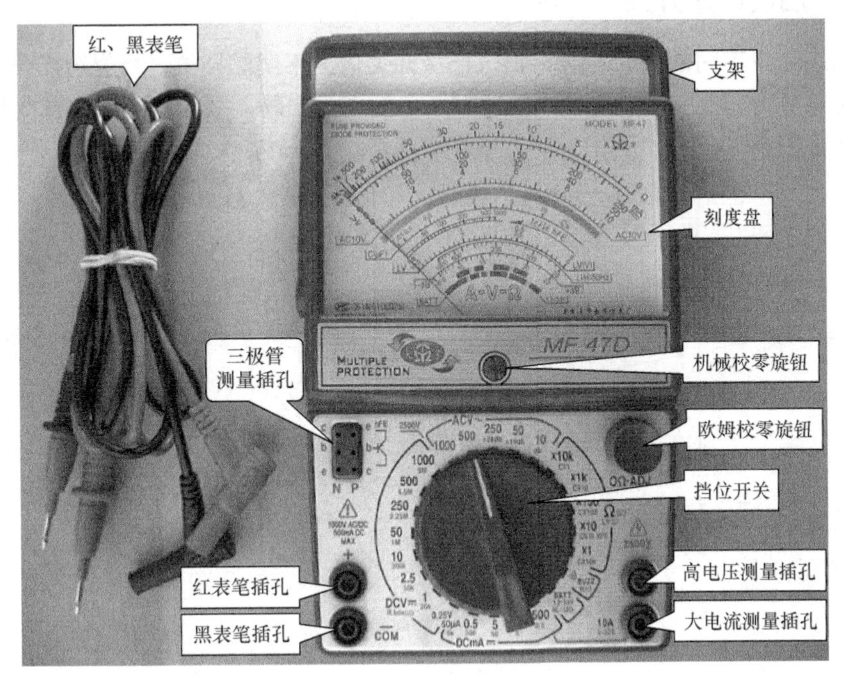

图 2-1　MF-47 新型指针万用表外观图

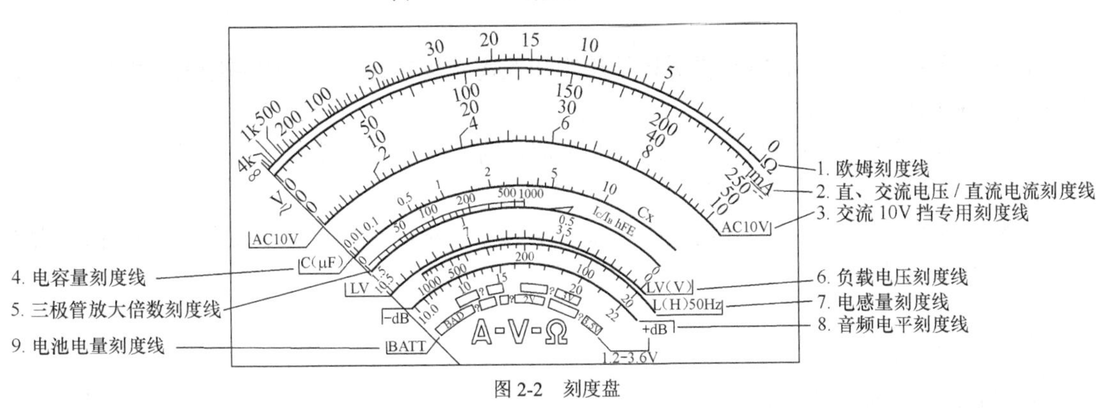

图 2-2　刻度盘

第 3 条标有“AC10V”字样的为交流 10V 挡专用刻度线。在挡位开关拨至交流 10V 挡测量时查看该刻度线。

第 4 条标有“C(μF)”字样的为电容容量刻度线。在测量电容容量时查看该刻度线。

第 5 条标有“IC/IB hFE”字样(在刻度线右方)的为三极管放大倍数刻度线。在测量三极管放大倍数时查看该刻度线。

第 6 条标有“LV”字样的为负载电压刻度线。在测量稳压二极管稳压值和一些非线性元件(如整流二极管、发光二极管和三极管的 PN 结)正向压降时查看该刻度线。

第 7 条标有“L(H)50Hz”字样的为电感量刻度线。在测量电感的电感量时查看该刻度线。

第 8 条标有“dB”字样的为音频电平刻度线。在测量音频信号电平时查看该刻度线。

第 9 条标有“BATT”字样的为电池电量刻度线。在测量 1.2～3.6V 电池是否可用时查看该刻度线。

2.1.2 挡位选择开关

当万用表测量不同的量时，应将挡位选择开关拨至不同的挡位。挡位选择开关如图 2-3 所示，它可以分为多类挡位，除通路蜂鸣挡和电池电量挡外，其他各类挡位根据测量值的大小又细分成多挡。

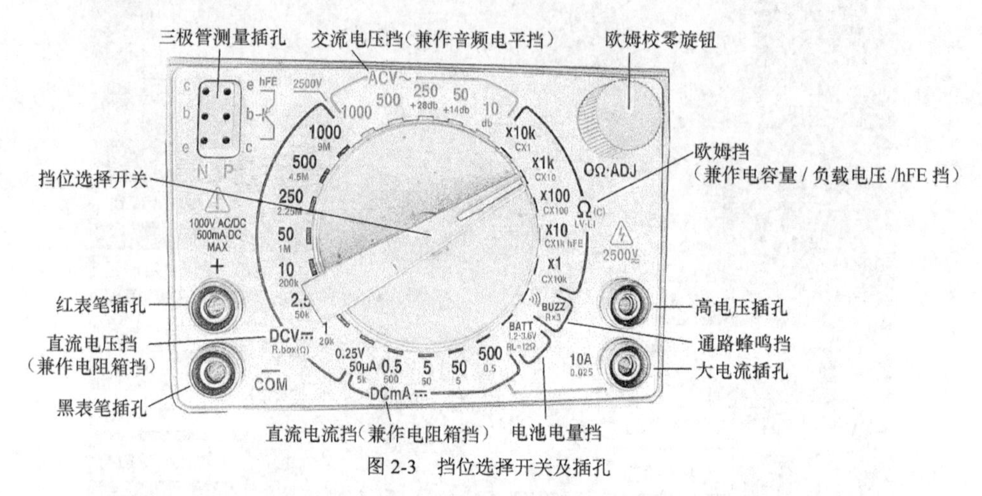

图 2-3 挡位选择开关及插孔

2.1.3 旋钮

指针万用表面板上的旋钮有机械校零旋钮和欧姆校零旋钮，机械校零旋钮如图 2-1 所示，欧姆校零旋钮如图 2-3 所示。

机械校零旋钮的作用是在使用万用表测量前，将表针调到刻度盘电压刻度线（第 2 条刻度线）的“0”刻度处（或欧姆刻度线的“∞”刻度处）。

欧姆校零旋钮的作用是在使用欧姆挡或通路蜂鸣挡测量时，按一定的方法将表针调到欧姆刻度线的“0”刻度处。

2.1.4 插孔

万用表的插孔如图 2-3 所示。

在图中左下角**标有“$\overline{\text{COM}}$”字样的为黑表笔插孔，标有“+”字样的为红表笔插孔；**图中右下角**标有“2500V”字样的为高电压测量插孔**（在测量大于 1000V 而小于 2500V 的电压时，红表笔需插入该插孔），**标有“10A”字样的为大电流测量插孔**（在测量大于 500mA 而小于 10A 的直流电流时，红表笔需插入该插孔）；图中左上角**标有“P”字样的为 PNP 型三极管插孔，标有“N”字样的为 NPN 型三极管插孔。**

2.2 测量原理

指针万用表内部有一只直流电流表，为了让它能测直流电流还能测电压、电阻等电量，需要给万用表加相关的电路。下面就介绍万用表内部各种电路如何与直流电流表配合进行各种电量的测量。

2.2.1　直流电流的测量原理

万用表直流电流的测量原理如图 2-4 所示。图中右端虚线框内的部分为万用表测直流电流时的等效电路，左端为被测电路。

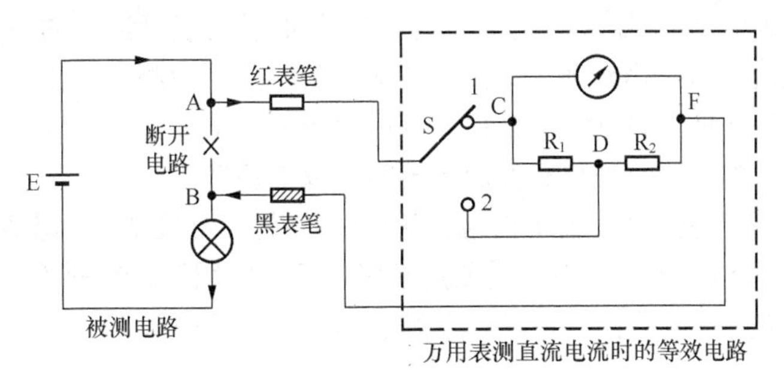

图 2-4　直流电流测量原理

在图中，如果想测量流过灯泡的电流大小，首先要将电路断开，然后将万用表的红表笔接 A 点（断口的高电位处），黑表笔接 B 点（断口的低电位处）。这时被测电路的电流经红表笔流进万用表。在万用表内部，电流经挡位开关 S 的“1”端后分作两路：一路流经电阻 R_1、R_2，另一路流经电流表，两电流在 F 点汇合后再从黑表笔流出进入被测电路。因为有电流流经电流表，电流表表针偏转指示被测电流的大小。

如果被测电路的电流很大，为了防止流过电流表的电流过大造成表针无法正常指示或电流表被损坏，可以将挡位开关 S 拨至“2”处（大电流测量挡），这时从红表笔流入的大电流经开关 S 的“2”到达 D 点，电流又分作两路：一路流经 R_2，另一路流经 R_1、电流表，两电流在 F 点汇合后再从黑表笔流出。因为在测大电流时分流电阻小（测小电流时分流电阻为 R_1+R_2，而测大电流时分流电阻为 R_2），被分流掉的电流大，再加上 R_1 的限流，所以流过电流表的电流不会很大，电流表不会被损坏，表针仍可以正常指示。

从上面的分析可知，**万用表测量直流电流时有以下规律：**

① 用万用表测直流电流时需要将电路断开，并且红表笔接断口的高电位处，黑表笔接断口的低电位处。

② 用万用表测直流电流时，内部需要并联电阻进行分流，测量的电流越大，要求分流电阻越小，所以在选用大电流挡测量时，万用表内部的电阻很小。

2.2.2　直流电压的测量原理

万用表直流电压的测量原理如图 2-5 所示。图中右端虚线框内的部分为万用表测直流电压时的等效电路，左端为被测电路。

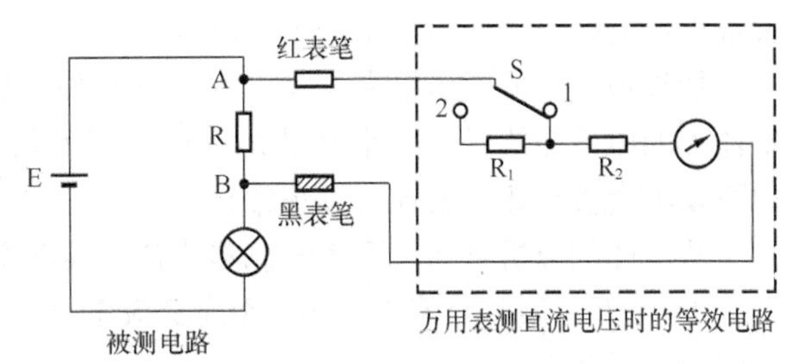

图 2-5　直流电压测量原理

在图中，如果要测量被测电路中电阻 R 两端的电压（即 A、B 两点之间的电压），应将红表笔接 A 点（R 的高电位端），黑表笔接 B 点（R 的低电位端），这时从 A

点会有一路电流流进红表笔，在万用表内部经挡位开关 S 的“1”端和限流电阻 R_2 后流经电流表，再从黑表笔流出到达 B 点，A、B 之间的电压越高（即 R 两端的电压越高），流过电流表的电流越大，表针摆动幅度越大，指示的电压值越高。

如果 A、B 之间的电压很高，流过电流表的电流就会很大，则会出现表针摆动幅度超出指示范围而无法正常指示，或者电流表被损坏。为避免这种情况的发生，在测量高电压时，可以将挡位开关 S 拨至“2”处（高电压测量挡），这时从红表笔流入的电流经开关 S 的“2”端，再由 R_1、R_2 限流后流经电流表，然后从黑表笔流出。因为测高电压时万用表内部的限流电阻大，故流进内部电流表的电流不会很大，电流表不会被损坏，表针可以正常指示。

从上面的分析可知，**万用表测量直流电压时有以下规律：**

① **用万用表测直流电压时，红表笔要接被测电路的高电位处，黑表笔接低电位处。**

② **用万用表测直流电压时，内部需要用串联电阻进行限流，测量的电压越高，要求限流电阻越大，所以在选用高电压挡测量时，万用表内部的电阻很大。**

2.2.3 交流电压的测量原理

万用表交流电压的测量原理如图 2-6 所示。图中右端虚线框内的部分为万用表测交流电压时的等效电路，左端为被测交流信号。

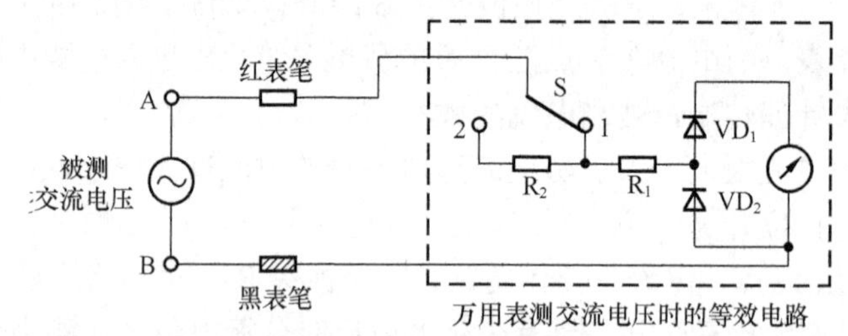

图 2-6 交流电压测量原理

从图中可以看出，万用表测交流电压与测直流电压时的等效电路大部分是相同的，但在测交流电压时增加了 VD_1、VD_2 构成的半波整流电路。因为交流信号的极性是随时变化的，所以红、黑表笔可以随意接在 A、B 点，为了叙述方便，将红表笔接 A 点，黑表笔接 B 点。

在测量时，如果交流信号为正半周，那么 A 点为正，B 点为负，则有电流从红表笔流入万用表，再经挡位开关 S 的“1”端、电阻 R_1 和二极管 VD_1 流经电流表，然后由黑表笔流出到达交流信号的 B 点。如果交流信号为负半周，那么 A 点为负，B 点为正，则有电流从黑表笔流入万用表，经二极管 VD_2、电阻 R_1 和挡位开关 S 的“1”端，再由红表笔流出到达交流信号的 A 点。测交流电压时有一个半周有电流流过电流表，表针会摆动，并且交流电压越高，表针摆动的幅度越大，指示的电压越高。

如果被测交流电压很高，可以将挡位开关 S 拨至“2”处（高电压测量挡），这时从红表笔流入的电流需要经过限流电阻 R_2、R_1，因为限流电阻大，故流过电流表的电流不会很大，电流表不会被损坏，表针可以正常指示。

从上面的分析可知，**万用表测量交流电压时有以下规律。**

① **用万用表测交流电压时，因为交流电压极性随时变化，故红、黑表笔可以任意接在被测交流电压两端。**

② 用万用表测交流电压时，内部需要用串联电阻进行限流，测量的电压越高，要求限流电阻越大，另外内部还需要整流电路。

2.2.4　电阻阻值的测量原理

万用表电阻阻值的测量原理如图 2-7 所示。图中右端虚线框内的部分为万用表测电阻阻值时的等效电路，左端为被测电阻 R_x。由于电阻不能提供电流，所以在测电阻时，万用表内部需要使用直流电源（电池）。

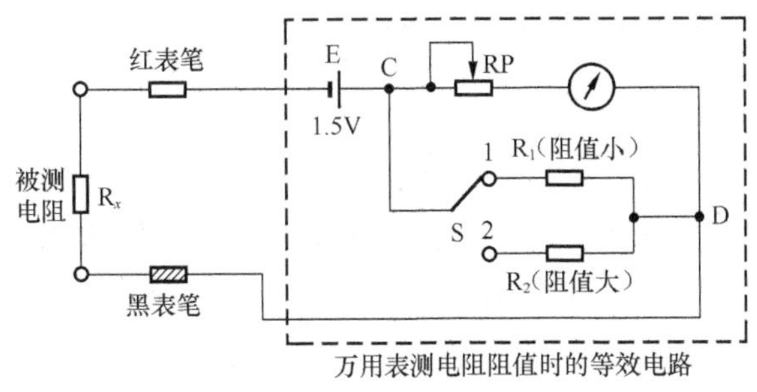

图 2-7　电阻测量原理

电阻无正、负之分，故在测电阻阻值时，红、黑表笔可以随意接在被测电阻两端。在测量电阻时，红表笔接在被测电阻 R_x 的一端，黑表笔接另一端，这时万用表内部电路与 R_x 构成回路，有电流流过电路，电流从电池的正极流出，在 C 点分作两路：一路经挡位开关 S 的“1”端、电阻 R_1 流到 D 点，另一路经电位器 RP、电流表流到 D 点，两电流在 D 点汇合后从黑表笔流出，再流经被测电阻 R_x，然后由红表笔流入，回到电池的负极。

被测电阻 R_x 的阻值越小，回路的电阻也就越小，流经电流表的电流也就越大，表针摆动的幅度越大，指示的阻值越小，这一点与测电压、电流是相反的（测电压、电流时，表针摆动幅度越大，指示的电压或电流值越大），所以万用表刻度盘上电阻刻度线标注的数值大小与电压、电流刻度线是相反的。

如果被测电阻阻值很大，则流过电流表的电流就越小，表针摆动幅度很小，读数困难且不准确。为此在测量高阻值电阻时，可以将挡位开关 S 拨至“2”处（高阻值测量挡），接入的电阻 R_2 的阻值较低挡位的电阻 R_1 大，因为 R_2 阻值大，所以经 R_2 分流掉的电流小，流过电流表的电流大，表针摆动的幅度大，使测量高阻值电阻时也可以很容易从刻度盘准确读数。

从上面的分析可知，**万用表测量电阻阻值时有以下规律：**

① 万用表内部需要用到电池（在测电压、电流时，电池处于断开状态）。

② 万用表的红表笔接内部电池的负极，黑表笔接内部电池的正极。

③ 被测电阻阻值越大，表针摆动的幅度越小，被测电阻阻值越小，表针摆动的幅度越大。

2.2.5　三极管放大倍数的测量原理

三极管有 PNP 和 NPN 两种类型，它们的放大倍数测量原理基本相同，下面以如图 2-8 所示的 NPN 型三极管为例来说明三极管放大倍数的测量原理。图中右端虚线框内的部分为万用表测三极管放大倍数时的等效电路，三个小圆圈分别为三极管的集电极、基极和发射极插孔。

当将 NPN 型三极管各极插入相应的插孔后，万用表内部的电池就会为三极管提供电源，三极管导通，有 I_b、I_c 和 I_e 电流流过三极管，电流表串接在三极管的集电极，故 I_c 电流会流过电流表。因为三极管基极接的电阻 R 的阻值是不变的，所以流过三极管的 I_b 电流也是不变的，根据 $I_c=\beta \cdot I_b$ 可知，在 I_b 不变的情况下，放大倍数 β 越大，I_c 电流也就越大，表针摆动的幅度也就越大。

被测三极管　C　B　E　I_c　I_b　I_e　R　1.5V

万用表测量三极管放大倍数时的等效电路

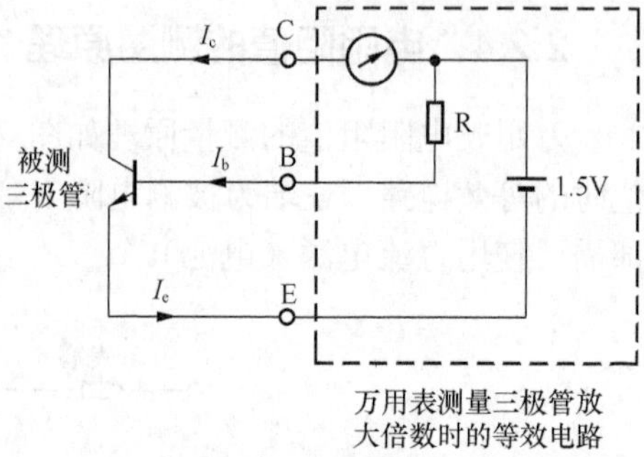

图 2-8　万用表测量三极管放大倍数原理

由此可知，**三极管放大倍数的测量原理是：让三极管的 I_b 电流为固定值，被测的三极管放大倍数越大，流过电流表的 I_c 电流也就越大，表针摆动的幅度也就越大，指示的放大倍数就越大。**

2.3　使用方法

本节以 MF-47 新型指针万用表为例来说明指针万用表的使用方法。

2.3.1　使用前的准备工作

指针万用表在使用前需要安装电池、机械校零和安插表笔。

1. 安装电池

指针万用表工作时需要安装电池，电池安装如图 2-9 所示。

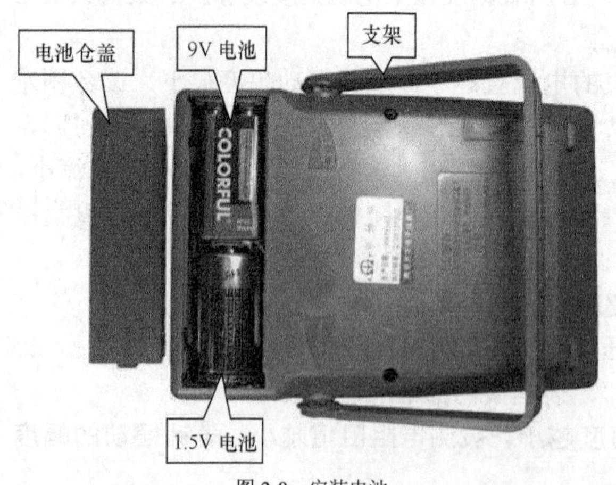

图 2-9　安装电池

在安装电池时，先将万用表后面的电池盖取下，然后将一节 2 号 1.5V 电池和一节 9V 电池分别安装在相应的电池插座中，安装时要注意两节电池的正负极性要与电池盒标注极性一致。如果万用表不安装电池，电阻挡（兼作电容量/负载电压/hFE 挡）和通路蜂鸣挡将无法使用，电压、电流挡仍可使用。

2. 机械校零

机械校零过程如图 2-10 所示。

将万用表平放在桌面上，观察表针是否指在电压/电流刻度线左端“0”位置（即欧姆刻度线左端“∞”位置），如果未指向该位置，可用螺丝刀（俗称起子）调节机械校零旋钮，让表针指在电压/电流刻度线左端“0”处即可。

3. 安插表笔

万用表有红、黑两根表笔，测量时应将红表笔插入标“+”字样的插孔中，黑表笔插入标“ $\overline{\text{COM}}$ ”字样的插孔中。

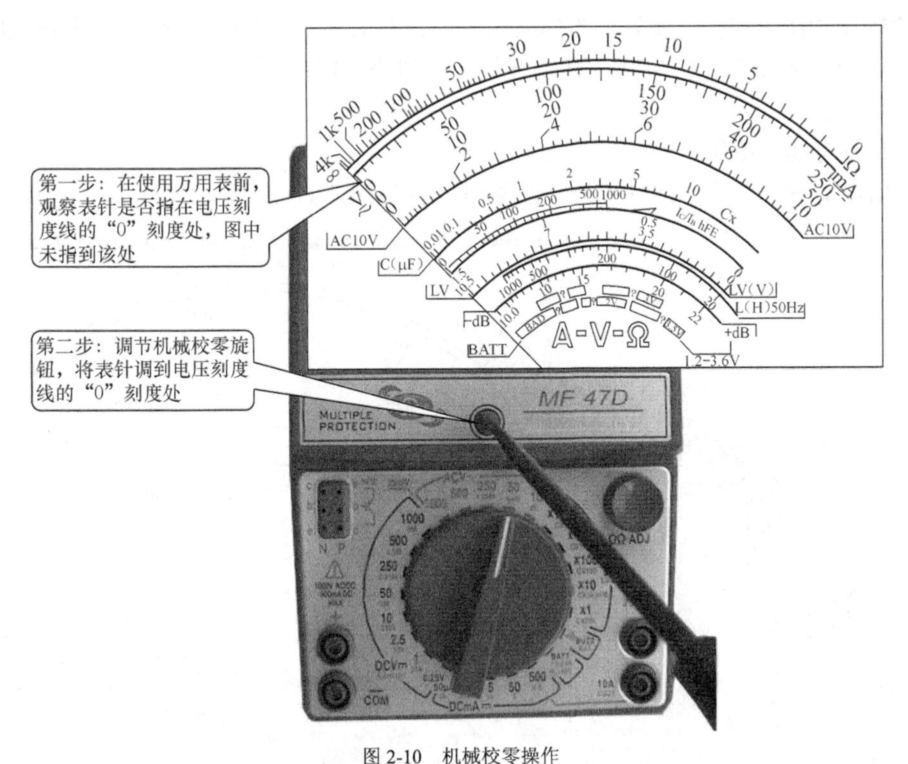

图 2-10　机械校零操作

2.3.2　直流电压的测量

A02 用指针万用表测量直流电压视频二维码

MF-47 新型指针万用表的直流电压挡位可细分为 0.25V、1V、2.5V、10V、50V、250V、500V、1000V、2500V 挡。

1. 直流电压的测量步骤

直流电压的测量步骤如下：

① 测量前先估计被测电压的最大值，选择合适的挡位，即选择的挡位要大于且最接近估计的最大电压值，这样测量值更准确，若无法估计，可先选最高挡测量，再根据大致测量值重新选取合适低挡位进行测量。

② 测量时，将红表笔接被测电压的高电位处，黑表笔接被测电压的低电位处。

③ 读数时，找到刻度盘上直流电压刻度线，即第 2 条刻度线，观察表针指在该刻度线何处。由于第 2 条刻度线标有 3 组数（3 组数共用一条刻度线），读哪一组数要根据所选择的电压挡位来确定。例如测量时选择的是 250V 挡，读数时就要读最大值为 250 的那一组数，在选择 2.5V 挡时仍读该组数，只不过要将 250 看成是 2.5，该组其他数也要作相应变化。同样地，在选择 10V、1000V 挡测量时读最大值为 10 的那组数，在选择 50V、500V 挡位测量时要读最大值为 50 的那组数。

测量直流电压的补充说明：

① 如果要测量 1000～2500V 电压，挡位选择开关应拨至 1000V 挡，红表笔插入 2500V 专用插孔，黑表笔仍插在“ $\overline{\text{COM}}$ ”插孔中，读数时选择最大值为 250 的那一组数。

② 直流电压0.25V挡与直流电流50μA挡是共用的。在选择该挡测直流电压时，可以测量0～0.25V范围内的电压，读数时选择最大值为250的那一组数；在选择该挡测直流电流时，可以测量0～50μA范围内的电流，读数选择最大值为50的那一组数。

2. 测量直流电压举例

（1）测量电池的电压

用万用表测量一节干电池的电压，其测量过程如图2-11所示。

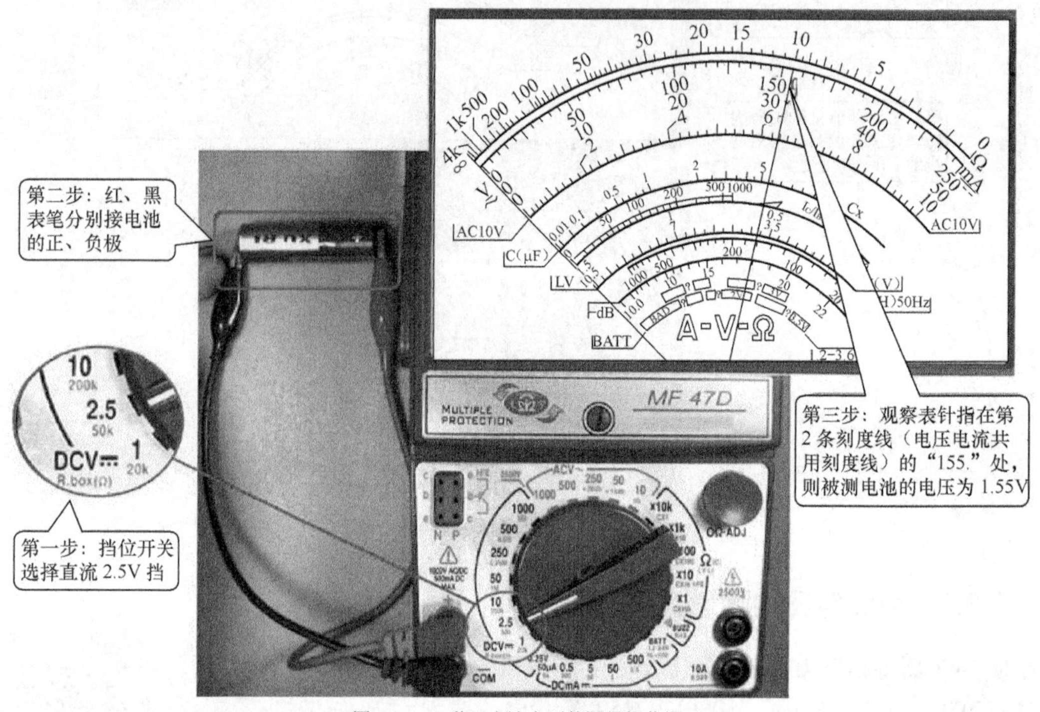

图2-11　一节干电池电压的测量操作图

一节电池的电压不会超过2V，因此将挡位选择开关拨至直流电压的2.5V挡，然后红表笔接电池的正极，黑表笔接电池的负极，读数时查看表针在第2条刻度线所指的刻度，并观察该刻度对应的数值（最大值为250那组数），现发现表针所指刻度对应数值为135，那么该电池电压为1.35V（250看成2.5，135相应要看成1.35）。

当然也可以选择10V、50V挡，甚至更高的挡位来测量电池的电压，但准确度会下降，挡位偏离电池实际电压越大，准确度越低，这与用大秤称小物体不准确的道理是一样的。

（2）测量电路中某元件两端电压

这里以测量电路中一个电阻两端的电压为例来说明，测量示意图如图2-12所示。

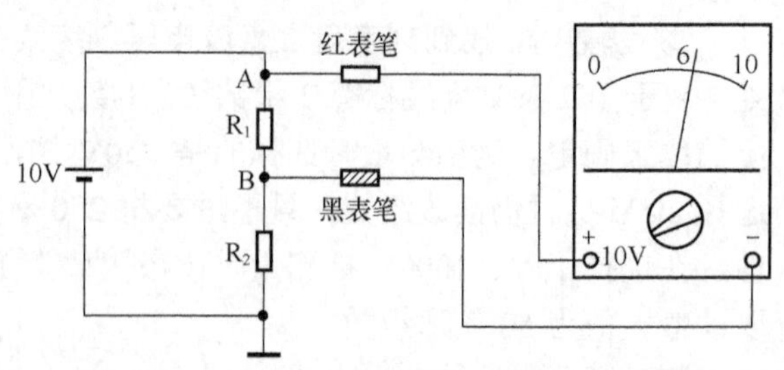

图2-12　电路中元器件两端电压的测量示意图

因为电路的电源电压为10V，故电阻R_1两端电压不会超过10V，所以将挡位选择开关拨至直流电压10V挡，然后红表笔接被测电阻R_1的高电位端（即A点），黑表笔接R_1的低电位端（即 B 点），再观察表针指在 6V 位置，则 R_1 两端的电压 U_{R1}=6V（A、B 两点之间的电压 U_{AB} 也为 6V）。

（3）测量电路中某点电压

电路中某点电压实际上就是指该点与地之间的电压。下面以测量图 2-13 电路中的三极管集电极电压为例来说明。

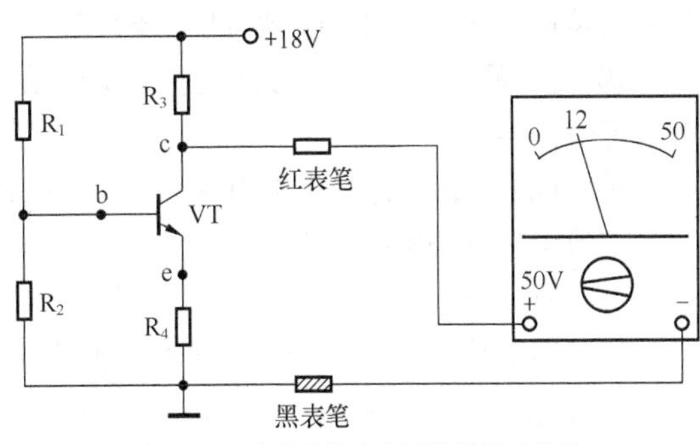

图 2-13　电路中某点电压的测量示意图

因为电路的电源电压为 18V，三极管 VT 的集电极电压最大不会超过 18V，但可能大于 10V，所以将挡位选择开关拨至直流电压 50V 挡，然后红表笔接三极管的集电极，黑表笔接地，再观察表针指在 12V 刻度处，则三极管的集电极电压为 12V。

2.3.3　直流电流的测量

MF-47 新型指针万用表的直流电流挡位可细分为 50μA、0.5mA、5mA、50mA、500mA、10A 挡。

A03 用指针万用表测量直流电流视频二维码

1. 直流电流的测量步骤

直流电流的测量步骤如下：

① 先估计被测电路电流可能有的最大值，然后选取合适的直流电流挡位，选取的挡位应大于并且最接近估计的最大电流值。

② 测量时，先要将被测电路断开，再将红表笔接断开位置的高电位处，黑表笔接断开位置的另一端。

③ 读数时查看第 2 条刻度线，读数方法与直流电压测量读数相同。

直流电流测量补充说明：当测量 500mA～10A 电流时，红表笔应插入 10A 专用插孔，黑表笔仍插在“$\overline{\text{COM}}$”插孔中不动，挡位选择开关拨至 500mA 挡，测量时查看第 2 条刻度线，并选择最大值为 10 的那组数进行读数，单位为 A。

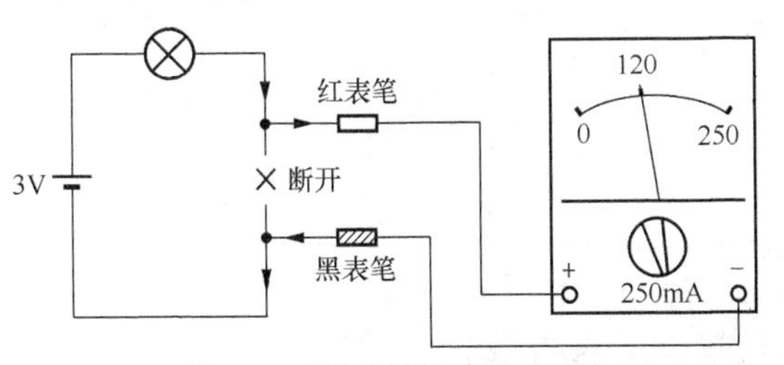

图 2-14　灯泡电流的测量示意图

2. 直流电流测量举例

下面以测量流过一只灯泡的电流大小来说明直流电流的测量方法，测量过程如图 2-14 所示。

估计流过灯泡的电流不会超过 250mA，将挡位选择开关拨至 250mA 挡，再将被测电路断开，然后将红表笔接断开位置的高电位处，黑表笔接断开位置的另一端，这样才能保证电流由红表笔流进，从黑表笔流出，表针才能朝正方向摆动，否则表针会反偏。读数时发现表针所指刻度对应的数值为 120，故流过灯泡的电流为 120mA。

2.3.4　交流电压的测量

MF-47 新型指针万用表的交流电压的挡位可细分为 10V、50V、250V、500V、1000V、2500V 挡。

1. 交流电压的测量步骤

交流电压的测量步骤如下：

① 估计被测交流电压可能有的最大值，选取合适的交流电压挡位，选取的挡位应大于并且最接近估计的最大值。

② 红、黑表笔分别接被测电压两端（交流电压无正负之分，故红、黑表笔可随意接）。

③ 读数时查看第 2 条刻度线，读数方法与直流电压的测量读数相同。

A04 用指针万用表测量交流电压视频二维码

交流电压测量补充说明：

① 当选择交流 10V 挡测量时，应查看第 3 条刻度线（10V 交流电压挡测量专用刻度线），读数时选择最大值为 10 的一组数。

② 在测量 1000～2500V 交流电压时，挡位选择开关应拨至交流 1000V 挡，红表笔要插入 2500V 专用插孔，黑表笔仍插在“$\overline{\text{COM}}$”插孔中，读数时选择最大值为 250 的那组数。

2. 交流电压测量举例

下面以测量市电电压的大小来说明交流电压的测量方法，测量过程如图 2-15 所示。估计市电电压不会大于 250V 且最接近 250V，故将挡位选择开关拨至交流 250V 挡，然后将红、黑表笔分别插入交流市电插座，读数时发现表针指第 2 条刻度线的“230”处（读最大值为 250 那组数），则市电电压为 230V。

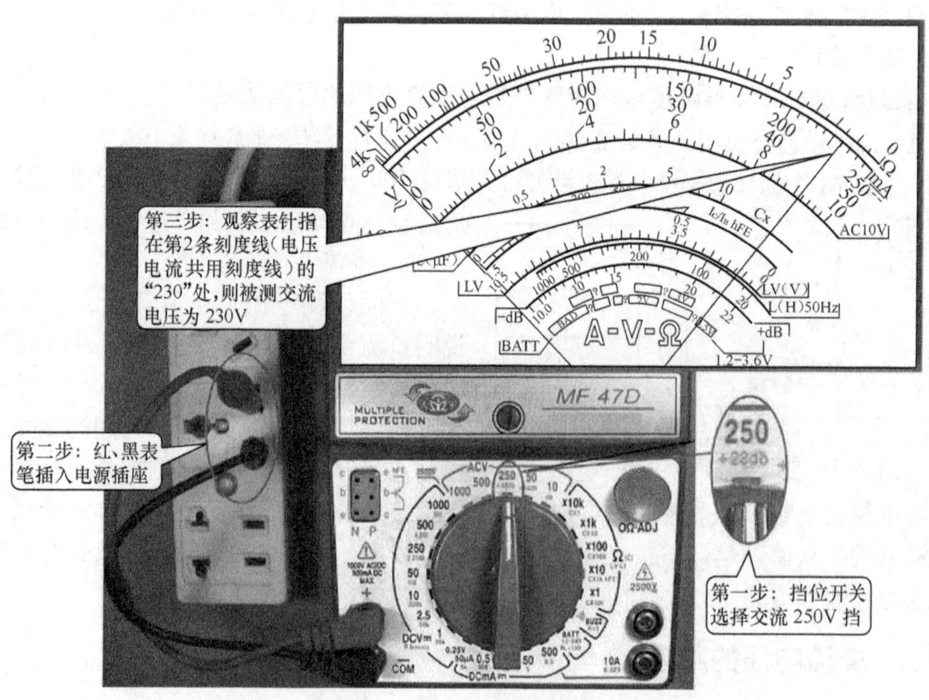

图 2-15　市电电压的测量操作图

2.3.5　电阻阻值的测量

测量电阻的阻值要用到欧姆挡，MF-47 新型指针万用表的欧姆挡可细分为×1Ω、×10Ω、×100Ω、×1kΩ、×10kΩ挡。

1．电阻阻值的测量步骤

电阻阻值的测量步骤如下：

A05 用指针万用表测量电阻　视频二维码

① **选择挡位**。先估计被测电阻的阻值大小，选择合适的欧姆挡位。挡位选择的原则是：在测量时尽可能让表针指在欧姆刻度线的中央位置，因为表针指在刻度线中央位置时的测量值最准确，若不能估计电阻的阻值，可先选高挡位测量，如果发现阻值偏小时，再换成合适的低挡位重新测量。

② **欧姆校零**。挡位选好后要进行欧姆校零，欧姆校零过程如图 2-16 所示，先将红、黑表笔短接，观察表针是否指到欧姆刻度线（即第 1 条刻度线）的“0”刻度处，如果表针没有指在“0”刻度，可调节欧姆校零旋钮，将表针调到“0”刻度处为止。

③ **红、黑表笔分别接被测电阻的两端**。

④ **读数时查看第 1 条刻度线，观察表针所指刻度数值，然后将该数值与挡位数相乘，得到的结果就是该电阻的阻值**。

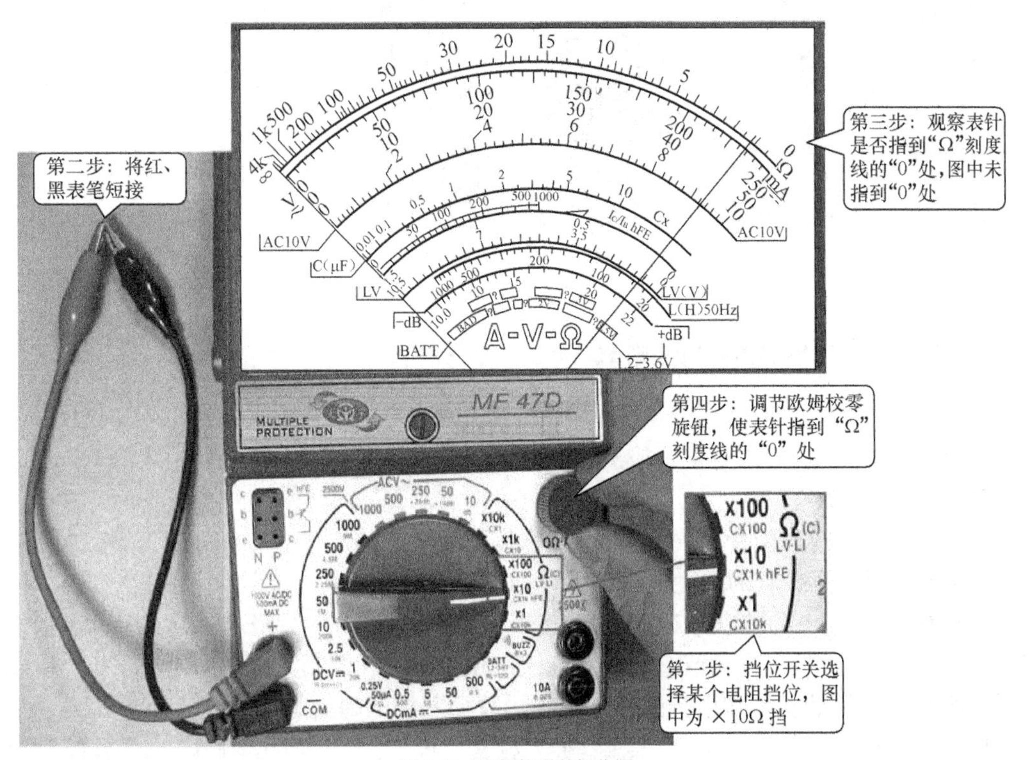

图 2-16　欧姆校零的操作图

2. 欧姆挡使用举例

下面以测量一个标称阻值为 120Ω的电阻为例来说明欧姆挡的使用方法。

由于电阻的标称阻值为 120Ω，为了使表针能尽量指到刻度线中央，可选择“×10Ω”挡，然后进行欧姆校零，过程如图 2-17 所示，再将红、黑表笔分别接被测电阻两端并观察表针在欧姆刻度线的所指位置，如图 2-17 所示，现发现表针指在数值“12”位置，则该电阻的阻值为 12×10Ω=120Ω。

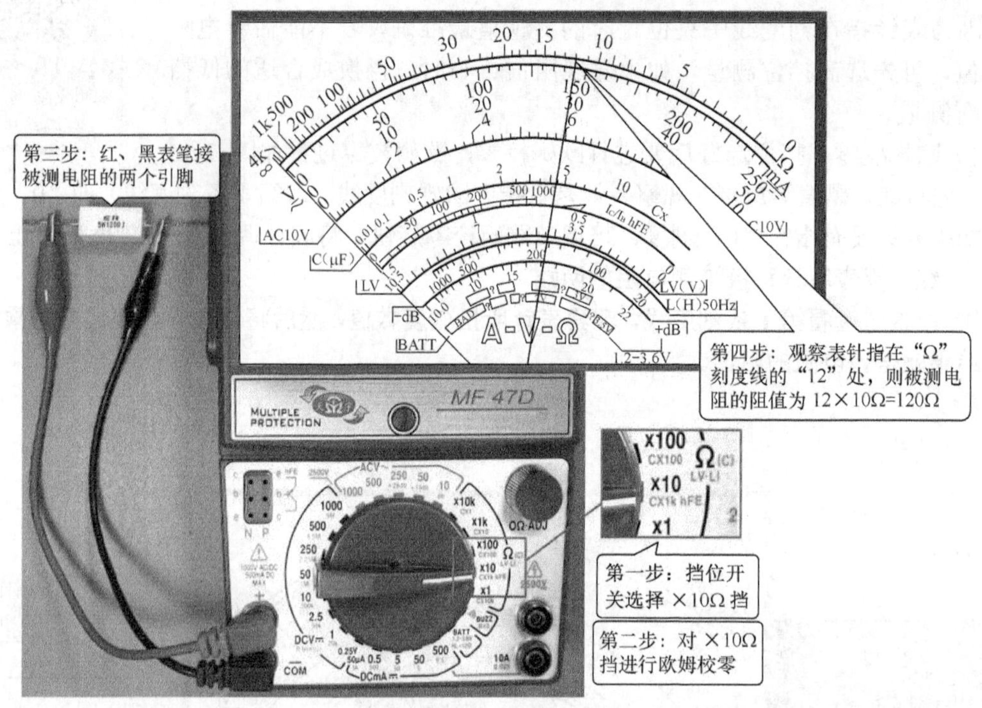

图 2-17　电阻阻值的测量操作图

2.3.6　三极管放大倍数的测量

三极管具有放大功能，它的放大能力用数值表示就是放大倍数。如果希望知道一个三极管的放大倍数，可以用万用表进行检测。MF-47 新型万用表的“hFE”挡用来测量三极管的放大倍数。

三极管类型有 PNP 型和 NPN 型两种，它们的检测方法是一样的。三极管的放大倍数测量如图 2-18 所示。**三极管的测量过程如下：**

① **选择“hFE”挡并进行欧姆校零。**将挡位选择开关拨至“hFE”挡（与×10Ω共用），然后将红、黑表笔短接，再调节欧姆校零旋钮，使表针指在欧姆刻度线的“0”处。

② **根据三极管的类型和引脚的极性将三极管插入相应的测量插孔中。**PNP 型三极管插入标有“P”字样的插孔，NPN 型三极管插入标有“N”字样的插孔，图中的三极管为 NPN 型，故将它插入“N”插孔。

③ **读数**。读数时查看标有“hFE”字样的第 5 条刻度线，观察表针所指的刻度数值，现发现表针指在第 5 条刻度线的“160”处，则该三极管放大倍数为 160 倍。

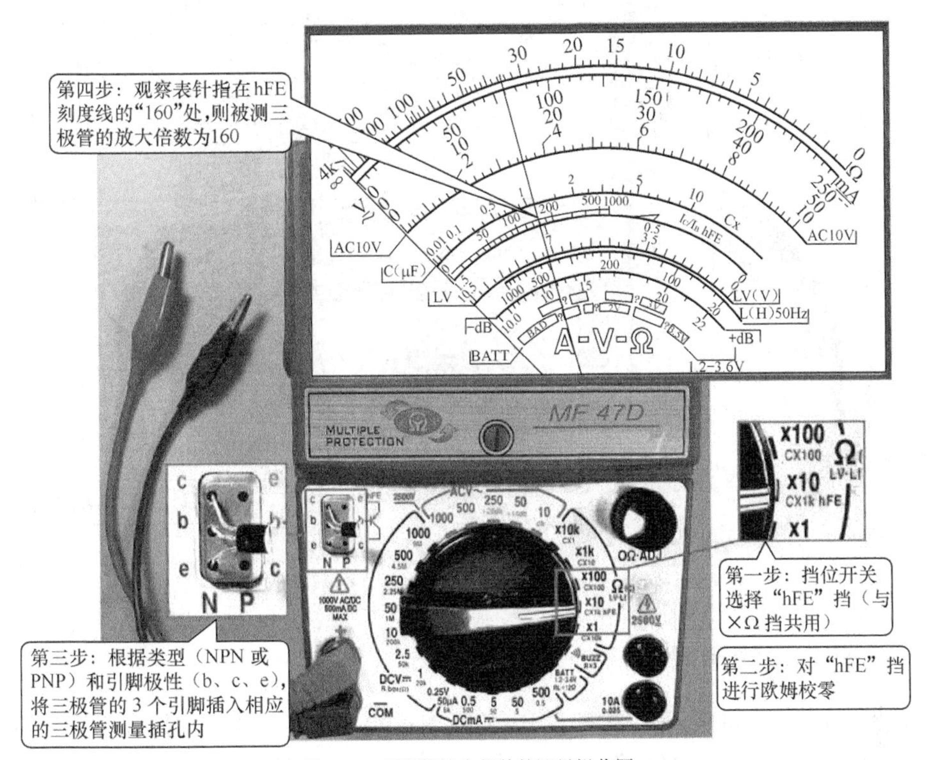

图 2-18 三极管放大倍数的测量操作图

2.3.7 通路蜂鸣测量

通路蜂鸣测量是 MF-47 新型万用表新增的功能，利用该功能可以测量电路是否处于通路，若处于通路（电路阻值低于 10Ω），万用表会发出 1kHz 的蜂鸣声，这样用户测量时不用查看刻度盘即能了解电路通断情况。

MF-47 新型万用表的“BUZZ（R×3）”挡用作通路蜂鸣测量。下面以测量一根导线为例来说明通路蜂鸣的测量方法，测量操作过程如图 2-19 所示。**通路蜂鸣挡测量导线的步骤如下**：

① **将挡位开关拨至“BUZZ（R×3）”挡**（即通路蜂鸣测量挡）。

② **将红、黑表笔短接进行欧姆校零。**

③ **将红、黑表笔接被测导线的两端。**

④ **如果万用表有蜂鸣声发出，表明导线处于通路，此时若想知道导线的电阻，可查看表针在欧姆刻度线所指数值，该数值乘以 3 即为被测导线的电阻。**

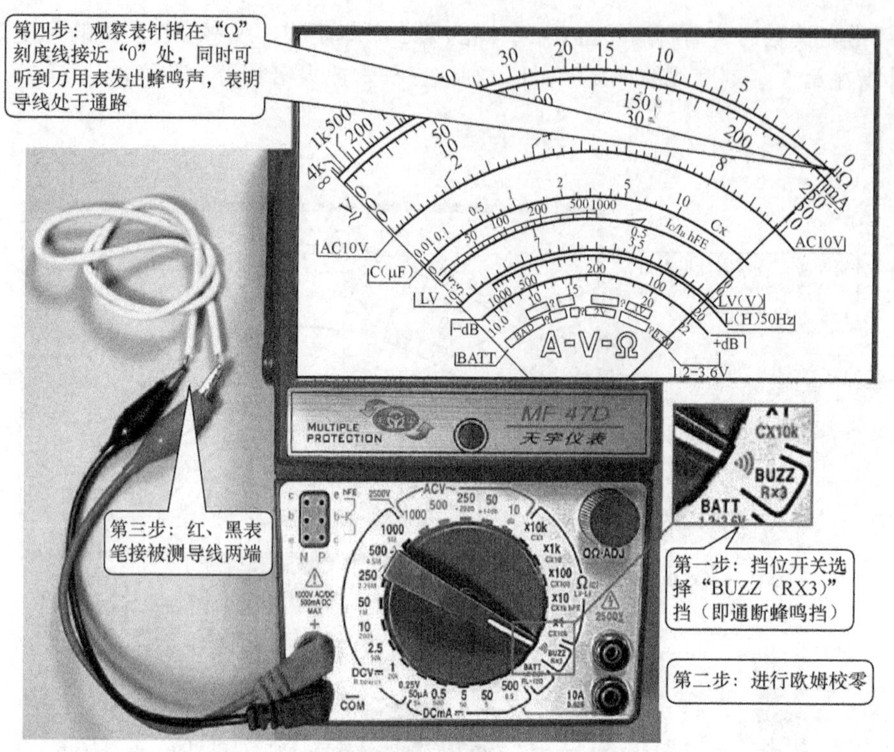

图 2-19　利用通路蜂鸣测量挡测量导线的操作图

2.3.8　电容量的测量

电容量测量是 MF-47 新型指针万用表的新增功能，电容量测量的挡位可细分为 C×1、C×10、C×100、C×1k、C×10k 挡，它们分别与×10kΩ、×1kΩ、×100Ω、×10Ω、×1Ω挡共用。

1. 电容量的测量步骤

电容量的测量步骤如下：

① **根据被测电容的容量标称值选择合适的挡位。**表 2-1 列出了各挡位及其容量测量范围，测量时为了观察方便，选择挡位时应尽量让表针摆动幅度大（最大有效幅度值为 10），如测量一个标称值为 2.2μF 的电容，可以选择 C×1、C×10 和 C×100 挡，但选择 C×1 挡测量时表针摆动幅度最大，最宜观察。

表 2-1　　　　各电容量测量挡与容量测量范围对照表

电容量测量挡位（μF）	C×1	C×10	C×100	C×1k	C×10k
容量测量范围	0.01μF～10μF	0.1μF～100μF	1μF～1000μF	10μF～10000μF	100μF～10000μF

② **欧姆校零。**

③ **将红、黑表笔分别接被测电容的两电极。**如果是有极性电容，黑表笔应接电容的正极，红表笔接电容的负极，这样是因为黑表笔接万用表内部电池的正极，红表笔接电池的负极，若表笔接错电容的极性，测量值不准确。

④ **观察表针在“C（μF）”刻度线上的最大摆动指示值，该值乘以挡位数即为被测电容**

的容量值。

注意：如果对被测电容重新进行测量，或者对充有电荷的电容进行测量，需要将电容两极短接放电，再开始按上面的步骤测量电容的容量，否则测量值不准确。

2. 电容的容量测量举例

下面以测一个标称容量为 47μF 的电解电容为例来说明电容的容量测量方法，测量操作过程如图 2-20 所示。

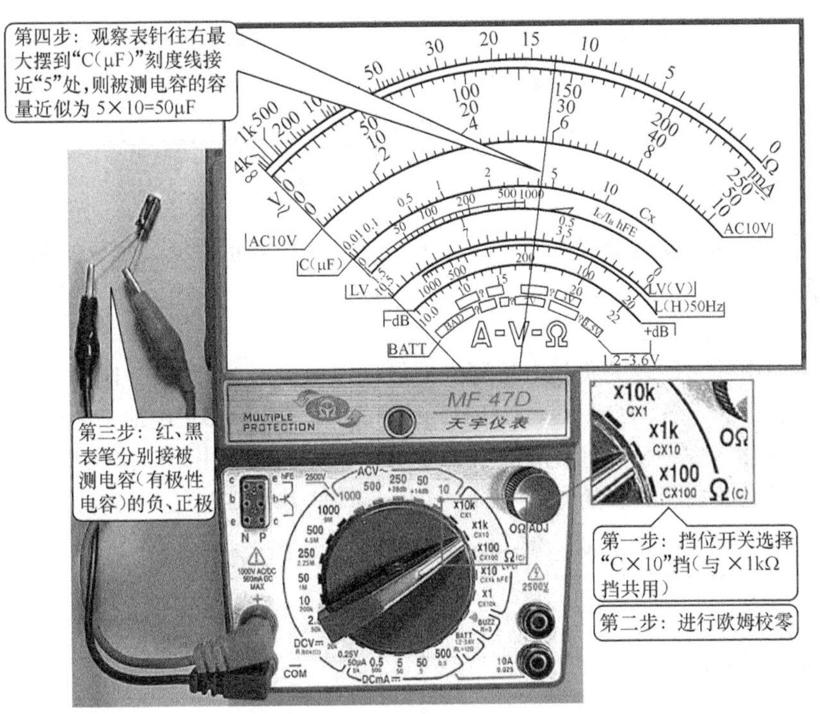

图 2-20　电容容量的测量操作图

由于被测电容的标称容量为 47μF，为了观察明显，可选择 C×10 挡，然后将红、黑表笔短接进行欧姆校零，再将红、黑表笔分别接被测电容的负、正极，同时观察表针在"C（μF）"刻度线上的最大摆动指示值，现观察到表针最大摆动指示值接近 5，则被测电容的容量近似为 5×10=50μF，与电容的标称值基本一致，故被测电容正常。

2.3.9　负载电压测量（LV 测量）

负载电压测量挡主要用来测量不同电流情况下非线性元件两端的压降。该挡可以测量普通二极管、发光二极管的正向导通压降，也可以测量稳压值在 10.5V 以下的稳压二极管的稳压值。

1. 负载电压测量原理

负载电压测量原理如图 2-21 所示，其中虚线框内部分为测负载电压时的万用表内部电路等效图。

在测量时，1.5V 电池和 9V 电池叠加得到 10.5V 电压，它经万用表内部电路降压后加到被测稳压二极管 VD 两端，如果 VD 的稳压值小于 10.5V，则 VD 被反向击穿，有电流流过电流表和 VD，电流表的表针会发生摆动，由于稳压二极管击穿后两端电压等于稳压值，所以稳压二极管稳压值越大，C、D 两点间的电压越低，即加到电流表两端的电压越低，流过电流表电流越小，表针摆动幅度越小，指示的负载电压值越大（负载电压刻度线左小右大）。

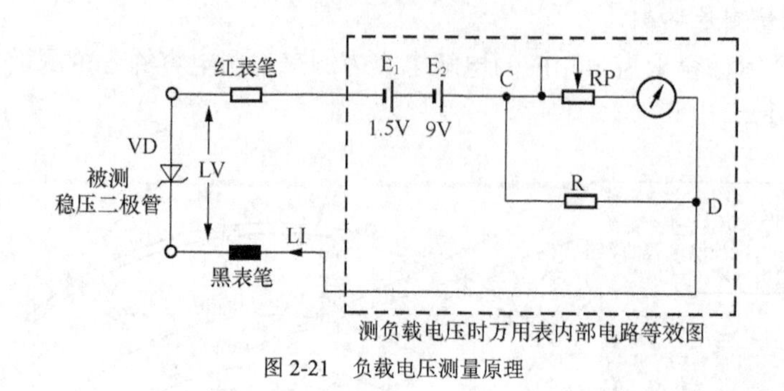

图 2-21　负载电压测量原理

图 2-21 中被测元件两端的电压称为负载电压，用 LV 表示，流过负载的电流称为负载电流，用 LI 表示。

2. 负载电压测量说明

MF-47 新型指针万用表的负载电压测量挡与欧姆挡共用，可细分×1Ω、×10Ω、×100Ω、×1kΩ、×10kΩ挡。当选择×1Ω～×1kΩ挡时，万用表内部使用 1.5V 电池，当选择×10kΩ挡时，万用表内部使用 1.5V 和 9V 两个电池，提供 10.5V 电压。在使用不同挡位测量时，万用表输出电流不同，即流过被测负载的电流（LI）不同，具体见表 2-2。

表 2-2　　各 LV 挡位提供的电流、电压对照表

LV 挡位	×1	×10	×100	×1k	×10k
负载电流的范围（LI）	0～100mA	0～10mA	0～1mA	0～100μA	0～70μA
负载电压的测量范围（LV）	0～1.5V				0～10.5V

负载电压测量的步骤如下：

① **根据被测非线性元件的正向导通电压或反向导通电压选择合适的挡位**。对于导通电压低于 1.5V 的元件，可选择×1Ω～×1kΩ挡测量，对于导通电压处于 1.5V～10.5V 之间的元件，可选择×10kΩ挡测量。在选择×1Ω～×1kΩ各挡测同一非线性元件时，如测整流二极管的正向导通电压，由于测量时各挡提供的电流不同，故测出来的电压会有一定的差距，高挡位提供的负载电流小，测出的导通电压会较低挡位稍低一些。例如，在选择×10kΩ挡测量时，由于该挡提供的负载电流很小，故测出的导通电压较元件在正常电路中的导通电压会低一些。

② **欧姆校零**。

③ **将红、黑表笔接被测元件两端**。若测元件的正向导通电压，黑表笔接被测元件的正极，红表笔接元件的负极；若测元件的反向导通电压，黑表笔接元件的负极，红表笔接元件的正极。

④ **读数时查看 LV 刻度线**。LV 刻度线有 0～1.5V 和 0～10.5V 两组数，当选择×1Ω～×1kΩ挡测量时，读 0～1.5V 一组数，若选择×1kΩ挡，则读 0～10.5V 这组数。

3. 负载电压测量举例说明

下面以测一只整流二极管的正向导通电压来说明负载电压的测量方法，测量操作过程如

图 2-22 所示。

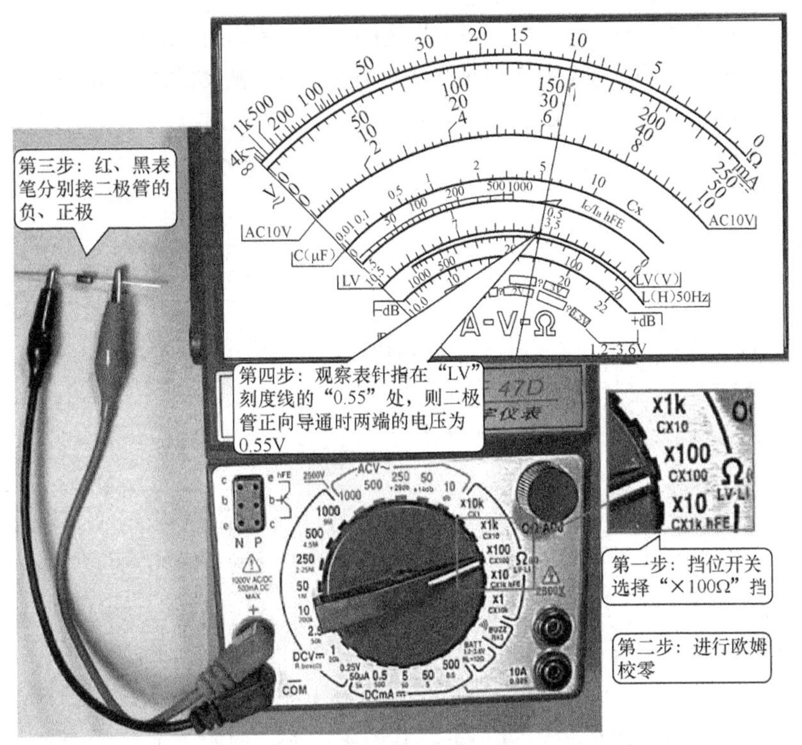

图 2-22　二极管正向导通电压的测量操作图

由于整流二极管的正向导通电压低于 1.5V，故可选择×1Ω～×1kΩ挡中某一挡，这里选择×100Ω挡，再短接红、黑表笔进行欧姆校零，然后将红、黑表笔分别接二极管的负、正极，同时观察表针在“LV”刻度线上的位置，现发现表针的位置对应数值为 0.55（查看 0～1.5 这组数），则被测整流二极管的正向导通电压为 0.55V。

如果想知道此时流过二极管的负载电流大小，可查看表针在欧姆刻度线的指示值，将该值乘以挡位数后得到二极管的导通电阻，将测得的负载电压除以导通电阻，所得结果即为流过二极管的负载电流 LI。在图 2-22 中，表针在欧姆刻度线的指示值为 10，将该值×100Ω后得到二极管导通电阻 1000Ω，将 0.55V 除以 1000Ω得到 0.00055A（0.55mA），即流过二极管的负载电流为 0.55mA。

2.3.10　电池电量的测量（BATT 测量）

电池电量测量挡是用来测量电池电量情况，以确定被测电池是否可用。该挡可以测量 1.2～3.6V 各类电池电量（不含纽扣电池）。

1. 电池电量的测量

（1）电池电量的判断方法

任何一种电池都可以看成由图 2-23 所示的电动势 E 和内阻 r 的组成。对于电量充足的电池，其内阻很小，当电池接入电路时，内阻上的压降很小，电池两端的电压 U 与电动势 E 基本相等，万用表测电池电压时，测得实际为电压 U。电池用旧后，其内阻增大，输出电流 I

变小，如果此时电池外接负载电阻 R_L 阻值很大，$U=IR_L$ 值仍较大，故电池两端的电压 U 下降还不明显，但若 R_L 阻值较小，则 $U=IR_L$ 值很小。

总之，**当电量不足的电池的特征是：当接相同的负载，其输出电流相比新电池小；当接阻值小的负载时，输出电压与新电池相比会明显下降，但接阻值大的负载时，输出电压下降不明显。**

（2）电池电量的测量原理

电池电量的测量原理如图 2-24 所示，其中右虚线框内部分为测电池电量时的万用表内部电路等效图。

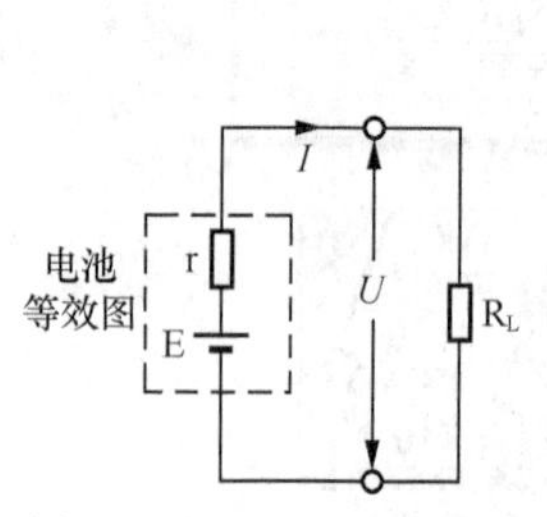

图 2-23　电池电量判断说明图

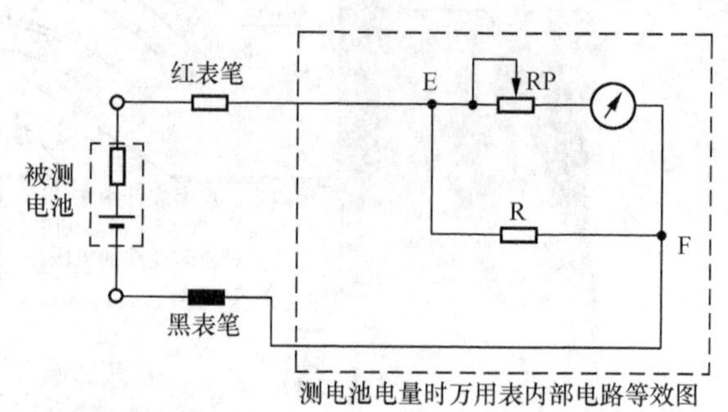

图 2-24　电池电量测量原理说明图

在测量电池电量时，红、黑表笔分别接被接测电池的正、负极，被测电池输出的电流流经万用表内部的电流表，表针会发生摆动。若被测电池电量充足，其内阻很小，输出电压很高，E、F 两点间的电压高，电流表两端电压高，流过电流表的电流大，表针摆动幅度大，表示被测电池电量充足；若被测电池电量不足，其内阻很大，内阻上的压降增大，电池输出电流小，输出电压低，流过电流表的电流小，表针摆动幅度小，表示被测电池电量不足。电池电量的测量与直流电压的测量原理很相似，但实际两者存在较大的差别，在使用直流电压挡测量时，万用表的内阻很大（红、黑表笔之间万用表内部电路的总电阻），例如万用表选择直流电压 2.5V 挡时，内阻为 50kΩ，而选择电池电量测量挡时，万用表的内阻为 8～12Ω。

总之，**电池电量测量原理是：在测量电池电量时，万用表为被测电池提供一个合适的负载，再将被测电池在该负载下对电流表表针驱动能力展现出来，从而判断电池电量是否充足。**

2. 电池电量的测量步骤

电池电量的测量步骤如下：

① 将挡位开关拨到“BATT”挡（电池电量测量挡）。

② 将红、黑表笔分别接被测电池的正、负极。

③ 根据被测电池的标称值观察表针所指的位置，若指在绿框范围内，表示电池电量充足，若指在“？”范围内，表示电池尚可使用，若指在红框范围内，则电池电量不足。

补充说明：电池电量测量挡可以测量 1.2V～3.6V 各类电池电量，但不含纽扣电池，对于纽扣电池，可用直流电压 2.5V 挡测量（该挡提供的负载 R_L 为 50kΩ）。

3. 电池电量测量举例

下面以测量一节 1.5V 电池电量来说明电池电量的测量方法，测量操作过程如图 2-25 所示。

先将万用表的挡位开关拨到“BATT”挡，再将红、黑表笔分别接被测电池的正、负极，然后观察表针在 BATT 刻度框 1.5V 区域的指示位置，现发现表针指在 1.5V 绿框范围内，说明被测电池电量充足。

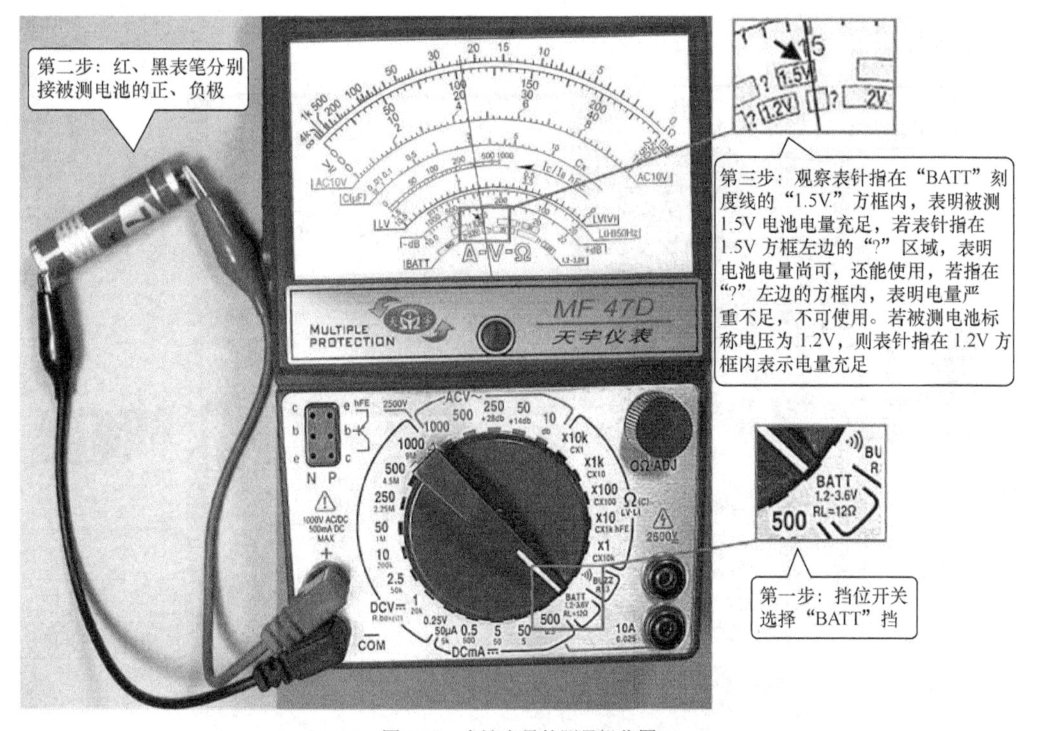

图 2-25　电池电量的测量操作图

2.3.11　标准电阻箱功能的使用

1. 电阻箱挡位及标准电阻值

MF-47 **新型指针万用表具有标准电阻箱功能，DCmA（直流电流）挡和 DCV（直流电压）挡兼作电阻箱电阻选择挡**。当万用表处于不同的 DCmA 挡和 DCV 挡时，其内阻大小有一些规律，例如当万用表拨至直流电流 50mA 挡时，万用表的内阻为 5Ω，此时万用表红、黑表笔内接电路总电阻为 5Ω，整个万用表相当于一个 5Ω的电阻，若万用表处于直流电压 1V 挡时，内阻为 20kΩ，整个万用表相当于一个 20kΩ的电阻。MF-47 新型指针万用表的电阻箱挡位及对应的标准电阻值见表 2-3。

表 2-3　电阻箱挡位及对应的标准电阻值

挡位	10A	500mA	50mA	5mA	0.5mA	50μA	1V	2.5V	10V	50V	250V	500V	1000V	2500V
标准电阻值（Ω）	0.025	0.5	5	50	500	5k	20k	50k	200k	1M	2.25M	4..5M	9M	22.5M

2. 电阻箱挡位及电阻值的验证

为了验证电阻箱挡位与标称电阻值是否对应，下面采用一个数字万用表来测量指针万用表 5mA 挡的内阻值，测量操作过程如图 2-26 所示。

测量时，先将指针万用表挡位开关拨至 5mA 挡，接着将数字万用表的挡位开关拨至 200Ω挡，然后将数字万用表的红、黑表笔分别接指针万用表的红、黑表笔插孔，再观察数字万用表显示屏显示的数值，发现显示数值为 51，考虑数字万用表的测量误差，可认为指针万用表挡位开关处于 5mA 挡时，整个万用表内部电路相当于一个 50Ω的电阻，测量出来的阻值与该挡位的标称阻值一致。

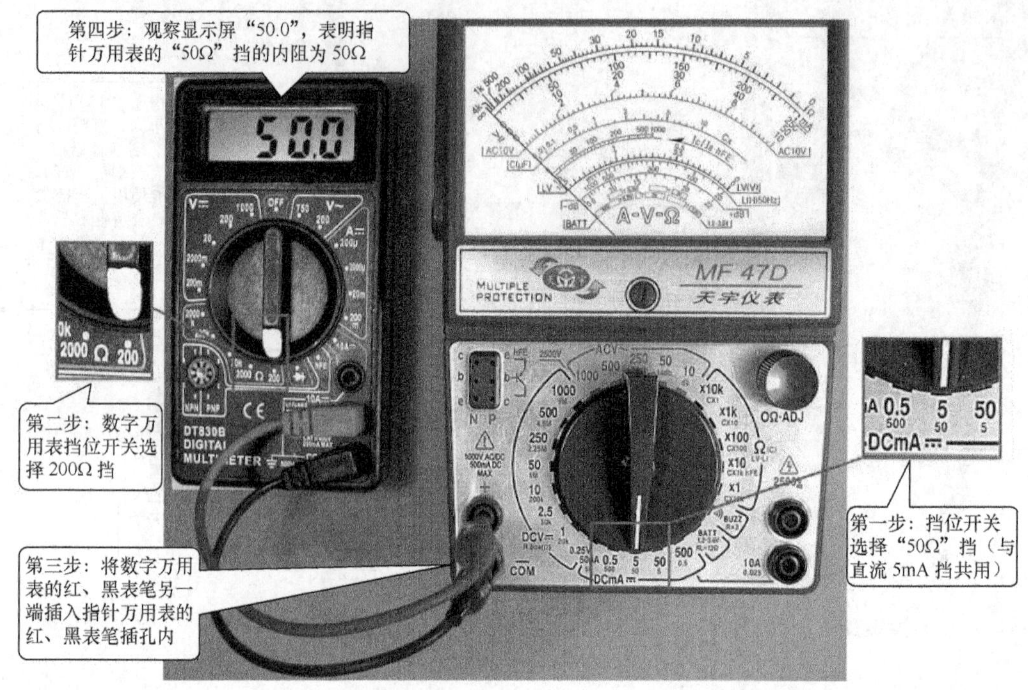

图2-26　电阻箱挡位与其标称电阻值是否对应的验证测量图

3. 标准电阻箱功能的应用举例

在一些情况下可利用万用表的标准电阻箱功能，如图2-27（a）所示。发光二极管VD不亮，用万用表测得3V电源正常，VD不亮的原因可能是电阻R开路或VD损坏，这时可按图2-27（b）所示的方法，将万用表拨至0.5mA挡（与500Ω同挡），整个万用表相当于一个500Ω的电阻，再将红、黑表笔分别接在电阻R两端，如果VD发光，说明电阻R开路，如果VD仍不亮，则为VD损坏。

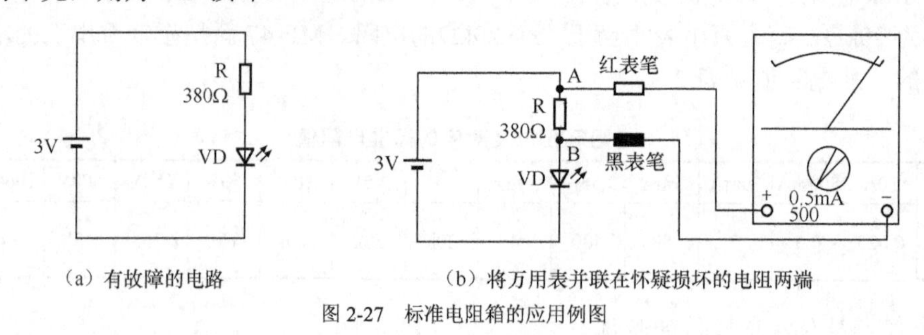

（a）有故障的电路　　（b）将万用表并联在怀疑损坏的电阻两端

图2-27　标准电阻箱的应用例图

之所以不用导线直接短路A、B点，是防止流过发光二极管的电流过大而烧坏，万用表选择0.5mA挡是因为该挡的电阻值与R很接近。

2.3.12　电感量的测量

MF-47新型指针万用表具有电感量测量功能，电感量的测量范围是20～1000H。在测电感的电感量时，需要用到10V、50Hz的交流电压，具体测量线路连接如图2-28所示。

先将挡位选择开关拨至交流 10V 挡，然后按图示的方法将 22 : 1 电源变压器、被测电感和红、黑表笔连接起来，再给电源变压器初级接通 220V 的市电电压，在次级线圈上得到 10V 的交流电压，这时表针摆动，观察表针在电感量刻度线（第 7 条标有“L（H）50Hz”字样的刻度线）的指示值，现发现表针指在“200”数值处，则被测电感的电感量为 200H。

注意，**电感量刻度线右端刻度指示的电感量小，左端刻度指示的电感量大**。

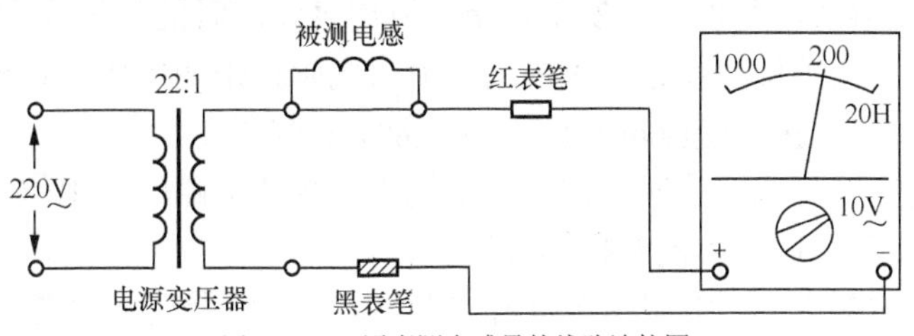

图 2-28　万用表测电感量的线路连接图

2.3.13　音频电平的测量

MF-47 新型指针万用表具有音频电平测量功能，音频电平的测量范围是−10～+22dB。**在音频电路中，如果想知道音频信号的大小，可用万用表来测量音频电平，音频电平越高，说明音频信号幅度越大。**

万用表测量音频电平的测量线路连接如图 2-29 所示。在测音频电平时，万用表挡位选择开关拨至交流 10V 挡，将黑表笔接地，红表笔通过一个 0.1μF 隔直电容接扬声器一端（即 A 点），这时表针会摆动，观察表针指在音频电平刻度线（第 8 条标有“dB”字样的刻度线）的指示值，现发现表针指在“2”处，说明扬声器两端的音频信号电平为 2dB。

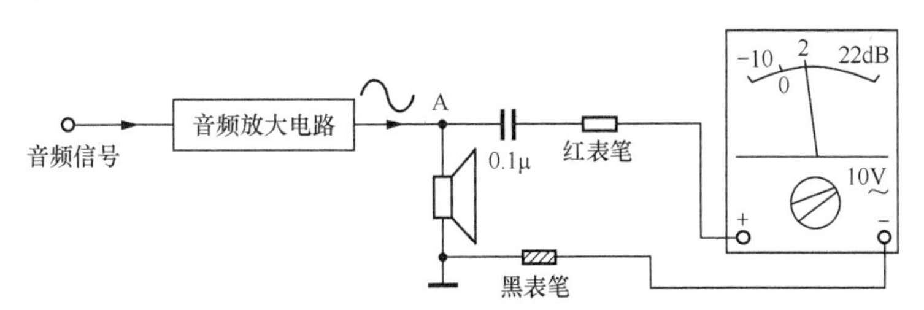

图 2-29　万用表测量音频电平的线路连接图

音频信号电平的单位为 dB（分贝），0dB=0.775V。若音频电平为负值，说明音频信号电压低于 0.775V，反则高于 0.775V。如果音频电平很高，可将挡位选择开关拨至交流 50V 挡或者更高挡，读数时仍选择第 8 条刻度线，但需要在此基础上进行修正，各挡位修正值见表 2-4。

表 2-4　　测量音频电平时万用表各挡位的修正值

量程挡位	修正值
10V~	0
50V~	+14dB
250V~	+28dB
500V~	+34dB
1000V~	+40dB

例如，当挡位选择开关拨至交流 50V 挡时，表针指在第 8 刻度线的+15dB 位置上，则实际音频电平值应该为+15dB（读数值）加上+14dB（修正值），即+29dB。

2.3.14 指针万用表使用注意事项

指针万用表使用时要按正确的方法操作，否则轻者会出现测量值不准确，重者会烧坏万用表，甚至发生触电事故，危害人身安全。指针万用表使用时的具体注意事项如下：

① 测量时不能选错挡位，特别是不能用电流或电阻挡来测电压，这样极易烧坏万用表。万用表不用时，可将挡位拨至交流电压最高挡（如 1000V 挡）。

② 测量直流电压或直流电流时，注意红表笔接电源或电路的高电位、黑表笔接低电位，若表笔接错测量表针会反偏，可能会损坏万用表。

③ 若不能估计被测电压、电流或电阻值的大小，应先用最高挡测量，再根据测得值的大小，换至合适的低挡位测量。

④ 测量时，手不要接触表笔金属部位，以免触电或影响测量精确度。

⑤ 测量电阻阻值和三极管放大倍数时要进行欧姆校零，如果旋钮无法将表针调到欧姆刻度线的“0”处，一般为万用表内部电池电能耗尽，应及时更换新电池。

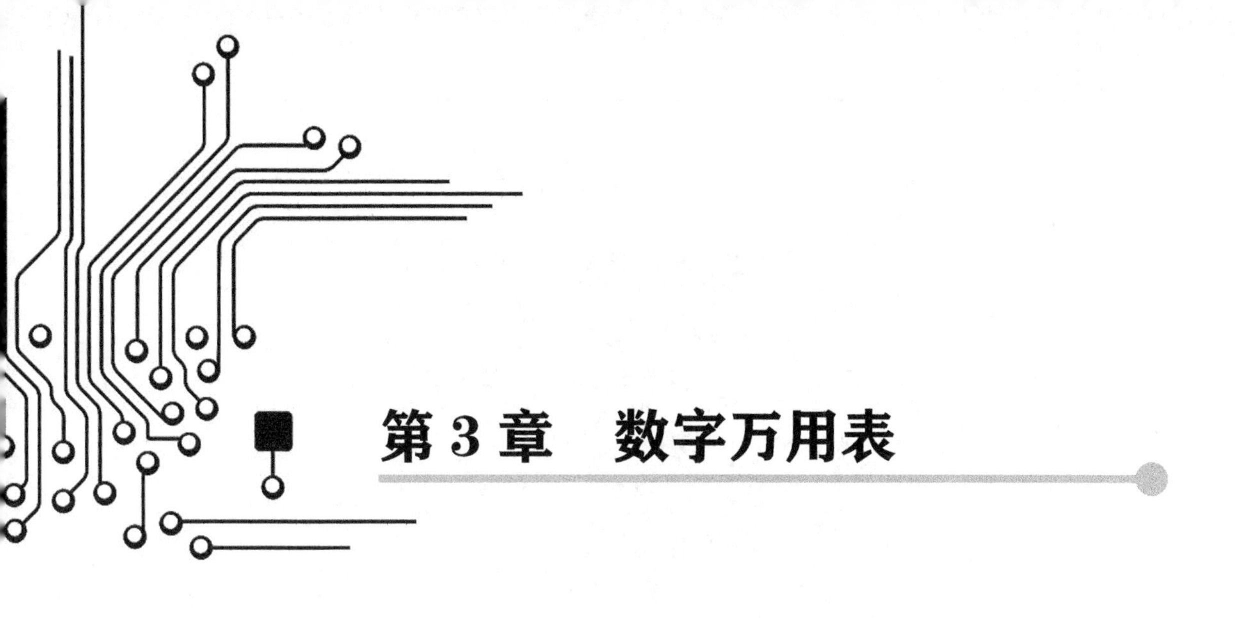

第3章 数字万用表

3.1 数字万用表的结构与测量原理

3.1.1 数字万用表的面板介绍

数字万用表的种类很多，但使用方法大同小异，本章就以应用广泛的VC890C+型数字万用表为例来说明数字万用表的使用方法。VC890C+型数字万用表及配件如图3-1所示。

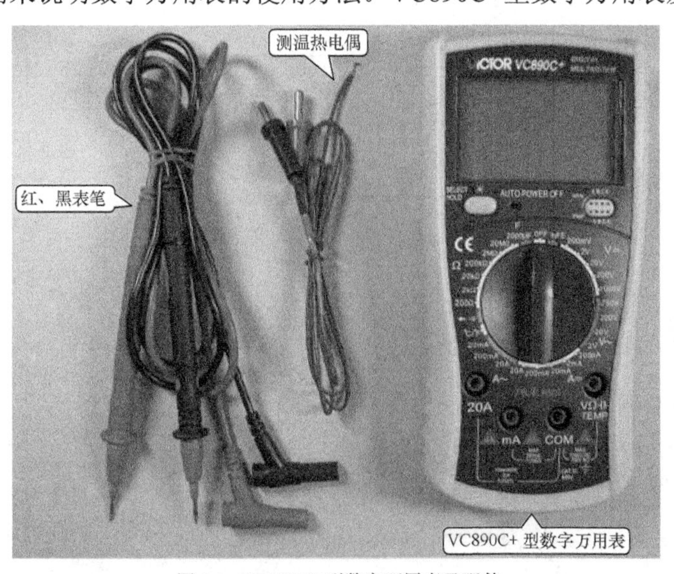

图3-1 VC890C+型数字万用表及配件

B01 数字万用表介绍 视频二维码

1．面板说明

VC890C+型数字万用表的面板说明如图3-2所示。

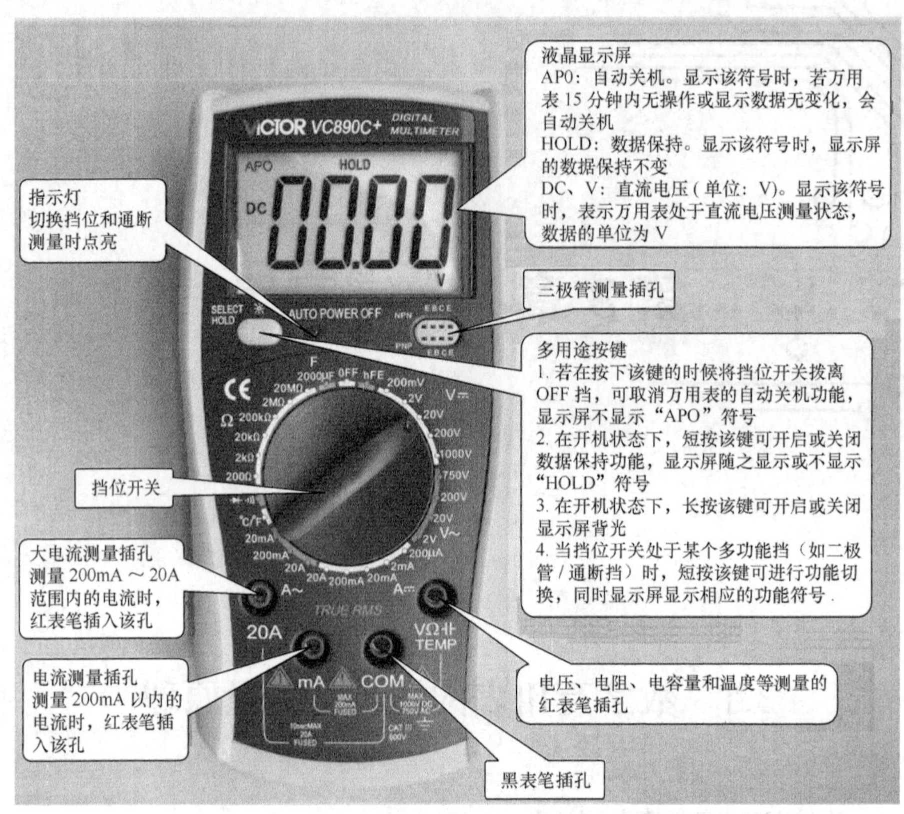

图 3-2　VC890C+型数字万用表的面板说明

2. 挡位开关及各功能挡

VC890C+型数字万用表的挡位开关及各功能挡如图 3-3 所示。

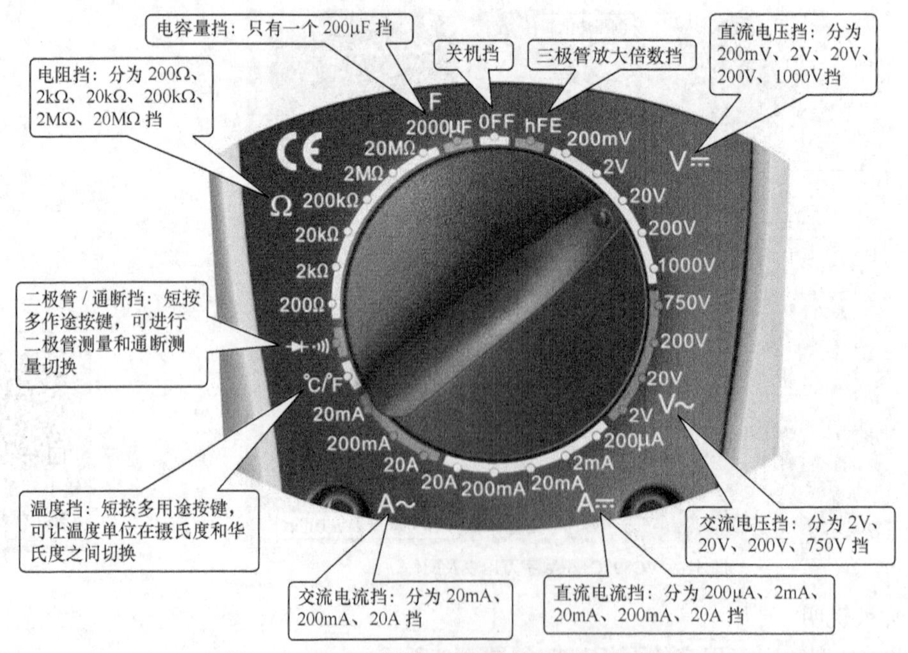

图 3-3　VC890C+型数字万用表的挡位开关及各功能挡

3.1.2　数字万用表的基本组成及测量原理

1. 数字万用表的组成

数字万用表的基本组成框图如图 3-4 所示，从图可以看出，**数字万用表主要由挡位开关、功能转换电路和数字电压表组成**。

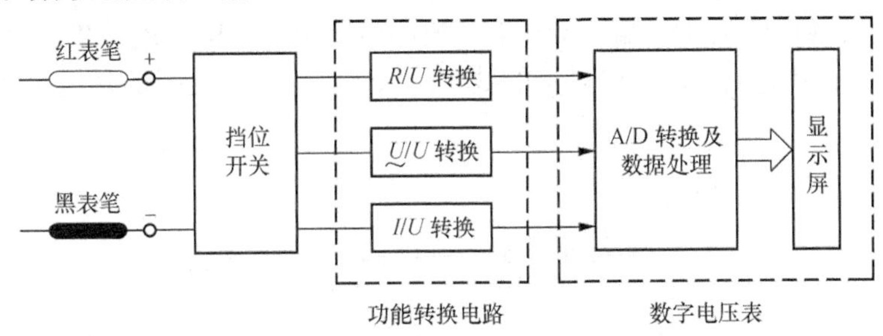

图 3-4　数字万用表的基本组成框图

数字电压表只能测直流电压，由 A/D 转换电路、数据处理电路和显示屏构成。它通过 A/D 转换电路将输入的直流电压转换成数字信号，再经数据处理电路处理后送到显示屏，将输入的直流电压的大小以数字的形式显示出来。

功能转换电路主要由 *R*/*U*、*U*̰/*U* 和 *I*/*U* 等转换电路组成。*R*/*U* 转换电路的功能是将电阻的大小转换成相应大小的直流电压，*U*̰/*U* 转换电路能将大小不同的交流电压转换成相应的直流电压，*I*/*U* 转换电路的功能是将大小不同的电流转换成大小不同的直流电压。

挡位开关的作用是根据待测的量选择相应的功能转换电路。例如在测电流时，挡位开关将被测电流送至 *I*/*U* 转换电路。

以测电流来说明数字万用表的工作原理：在测电流时，电流由表笔、插孔进入数字万用表，在内部经挡位开关（开关置于电流挡）后，电流送到 *I*/*U* 转换电路，转换电路将电流转换成直流电压再送到数字电压表，最终在显示屏显示数字。被测电流越大，转换电路转换成的直流电压越高，显示屏显示的数字越大，指示出的电流数值越大。

由上述可知，**不管数字万用表在测电流、电阻，还是测交流电压时，在内部都要转换成直流电压**。

2. 数字万用表的测量原理

数字万用表的各种量的测量区别主要在于功能转换电路。

（1）直流电压的测量原理

直流电压的测量原理示意图如图 3-5 所示。被测电压通过表笔送入万用表，如果被测电压低，则直接送到电压表 IC 的 IN+（正极输入）端和 IN−（负极输入）端，被测电压经 IC 进行 A/D 转换和数据处理后在显示屏上显示出被测电压的大小。

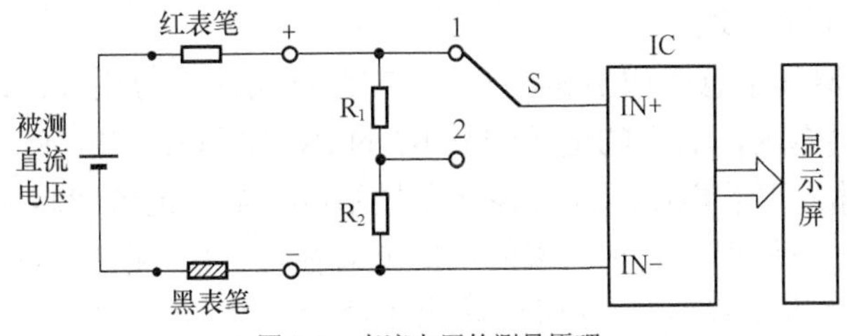

图 3-5　直流电压的测量原理

如果被测电压很高，将挡位开关 S 置于“2”，被测电压经电阻 R_1 降压后再通过挡位开关送到数字电压表的 IC 输入端。

（2）直流电流的测量原理

直流电流的测量原理示意图如图 3-6 所示。被测电流通过表笔送入万用表，电流在流经电阻 R_1、R_2 时，在 R_1、R_2 上有直流电压，如果被测电流小，可将挡位开关 S 置于“1”，取 R_1、R_2 上的电压送到 IC 的 IN+端和 IN−端，被测电流越大，R_1、R_2 上的直流电压越高，送到 IC 输入端的电压就越高，显示屏显示的数字越大（因为挡位选择的是电流挡，故显示的数值读作电流值）。

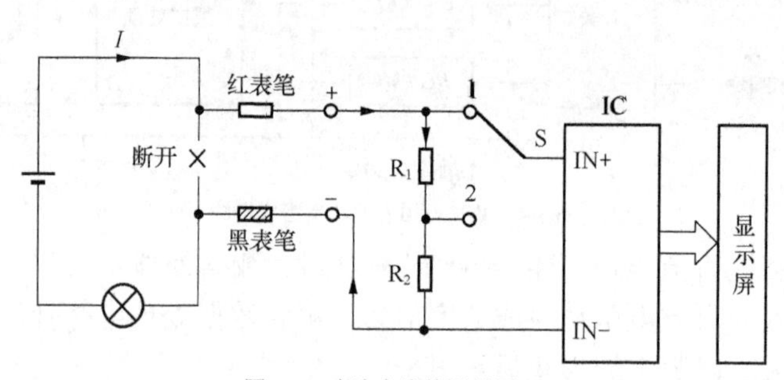

图 3-6　直流电流的测量原理

如果被测电流很大，将挡位开关 S 置于“2”，只取 R_2 上的电压送到数字电压表的 IC 输入端，这样可以避免被测电流大时电压过高而超出电压表显示范围。

（3）交流电压的测量原理

交流电压的测量原理示意图如图 3-7 所示。被测交流电压通过表笔送入万用表，交流电压正半周经 VD_1 对电容 C_1 充得上正下负的电压，负半周则由 VD_2、R_1 旁路，C_1 上的电压经挡位开关直接送到 IC 的 IN+端和 IN−端，被测电压经 IC 处理后在显示屏上显示出被测电压的大小。

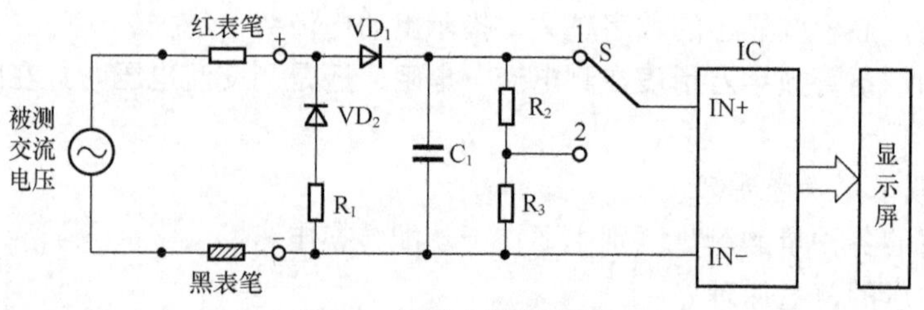

图 3-7　交流电压的测量原理

如果被测交流电压很高，C_1 上的被充得电压很高，这时可将挡位开关 S 置于“2”，C_1 上的电压经 R_2 降压，再通过挡位开关送到数字电压表的 IC 输入端。

（4）电阻阻值的测量原理

电阻阻值的测量原理示意图如图 3-8 所示。在测电阻时，万用表内部的电源 V_{DD} 经 R_1、R_2 为被测电阻 R_x 提供电压，R_x 上的电压送到 IC 的 IN+端和 IN−端，R_x 阻值越大，R_x 两端的电压越高，送到 IC 输入端的电压越高，最终在显示屏上显示的数值越大。

如果被测电阻 R_x 阻值很小，它两端的电压就会很低，IC 无法正常处理，这时可将挡位开关 S 置于“2”，这样电源只经 R_2 降压为 R_x 提供电压，R_x 上的电压不会很低，IC 可以正常处理并显示出来。

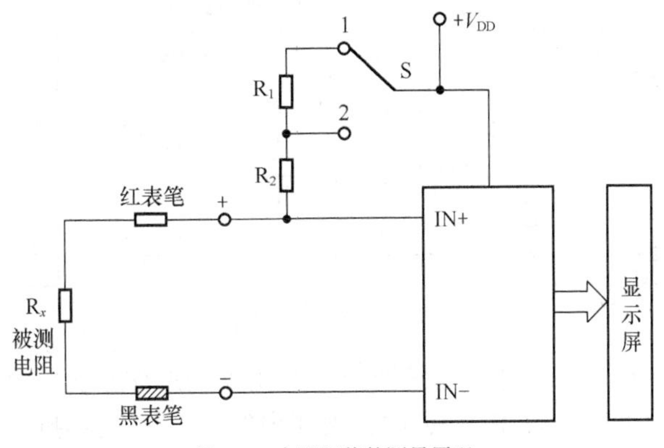

图 3-8　电阻阻值的测量原理

（5）二极管的测量原理

二极管的测量原理示意图如图 3-9 所示。万用表内部的+2.8V 的电源经 VD_1、R 为被测二极管 VD_2 提供电压，如果二极管是正接（即二极管的正、负极分别接万用表的红表笔和黑表笔），二极管会正向导通，如果二极管反接则不会导通。对于硅管，它的正向导通电压 VF 为 0.45～0.7V；对于锗管，它的正向导通电压 VF 为 0.15～0.3V。

在测量二极管时，如果二极管正接，送到 IC 的 IN+端和 IN−端的电压不大于 0.7V，显示屏将该电压显示出来；如果二极管反接，二极管截止，送到 IC 输入端的电压为 2V，显示屏显示溢出符号“1”。

（6）三极管放大倍数的测量原理

三极管放大倍数的测量原理示意图如图 3-10 所示（以测量 NPN 型三极管为例）。

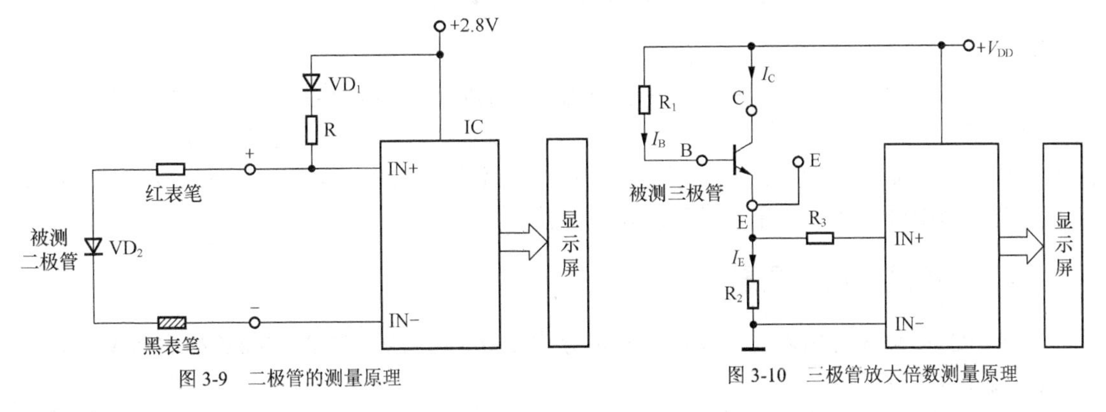

图 3-9　二极管的测量原理　　图 3-10　三极管放大倍数测量原理

在数字万用表上标有“B”、“C”、“E”插孔，在测三极管时，将 3 个极插入相应的插孔中，万用表内部的电源 V_{DD} 经 R_1 为三极管提供 I_B 电流，三极管导通，有 I_E 电流流过 R_2，在 R_2 上得到电压（$U_{R2}=I_ER_2$），由于 R_1 阻值固定，所以 I_B 电流固定，根据 $I_C=I_B\beta\approx I_E$ 可知，三极管的 β 值越大，I_E 也就越大，R_2 上的电压就越高，送到 I_C 输入端的电压越高，最终在显示屏上显示的数值越大。

（7）电容容量的测量原理

电容容量的测量原理示意图如图 3-11 所示。

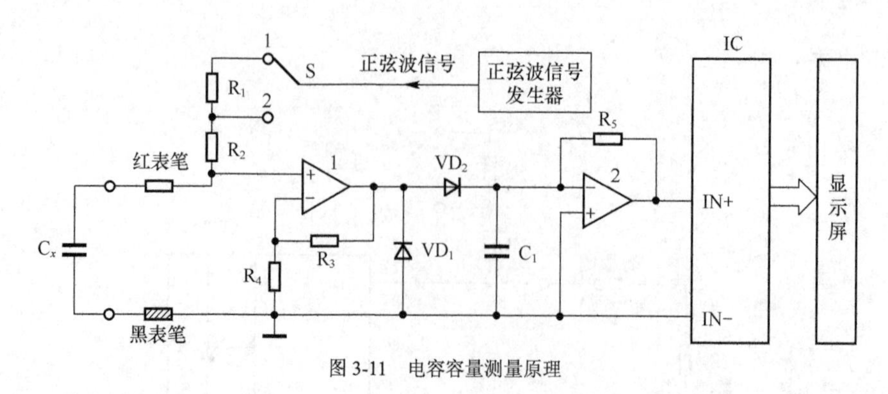

图 3-11　电容容量测量原理

在测电容容量时，万用表内部的正弦波信号发生器会产生正弦波交流信号电压。交流信号电压经挡位开关 S 的“1”端、R_1、R_2 送到被测电容 C_x，根据容抗 $X_c=1/(2\pi fC)$可知，在交流信号 f 不变的情况下，电容容量越大，其容抗越小，它两端的交流电压越低，该交流信号电压经运算放大器 1 放大后输出，再经 VD_1 整流后在 C_1 上充得上正下负的直流电压，此直流电压经运算放大器 2 倒相放大后再送到 IC 的 IN+端和 IN−端。

如果 C_x 容量大，它两端的交流信号电压就低，在电容 C_1 上充得的直流电压也低，该电压经倒相放大后送到 IC 输入端的电压越高，显示屏显示的容量越大。

如果被测电容 C_x 容量很大，它两端的交流信号电压就会很低，经放大、整流和倒相放大后送到 IC 输入端的电压会很高，显示的数字会超出显示屏显示范围。这时可将挡位开关选择“2”，这样仅经 R_2 为 C_x 提供的交流电压仍较高，经放大、整流和倒相放大后送到 IC 输入端的电压不会很高，IC 可以正常处理并显示出来。

3.2　数字万用表的使用

数字万用表的主要功能有直流电压和直流电流的测量、交流电压和交流电流的测量、电阻阻值的测量、二极管和三极管的测量，一些功能较全的数字万用表还具有测量电容、电感、温度和频率等功能。VC890C+型数字万用表具有上述大多数的测量功能，下面以该型号的数字万用表为例来说明数字万用表各测量功能的使用。

3.2.1　直流电压的测量

VC890C+型数字万用表的直流电压挡可分为 200mV、2V、20V、200V 和 1000V 挡。

1. 直流电压的测量步骤

① 将红表笔插入“VΩ ⊣⊢ TEMP”插孔，黑表笔插入“COM”插孔。

B02 用数字万用表测量直流电压视频二维码

② 测量前先估计被测电压可能有的最大值，选取比估计电压高且最接近的电压挡位，这样测量值更准确。若无法估计，可先选最高挡测量，再根据大致测量值重新选取合适低挡位进行测量。

③ 测量时，红表笔接被测电压的高电位处，黑表笔接被测电压的低电位处。

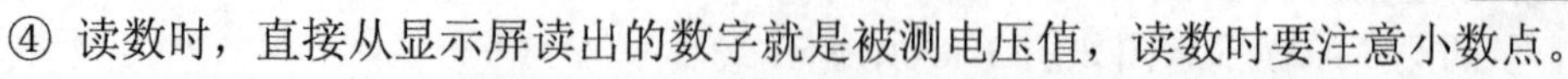

④ 读数时，直接从显示屏读出的数字就是被测电压值，读数时要注意小数点。

2. 直流电压测量举例

下面以测量一节标称为 9V 电池的电压来说明直流电压的测量方法，测量操作如图 3-12 所示。

由于被测电池标称电压为 9V，根据选择的挡位数高于且最接近被测电压的原则，将挡位开关选择直流电压的“20V”挡最为合适，然后红表笔接电池的正极，黑表笔接电池的负极，再从显示屏直接读出数值即可，如果显示数据有变化，待其稳定后读值。图 3-12 中显示屏显示值为“08.66”，说明被测电池的电压为 8.66V。当然也可以将挡位开关选择“200V”、“1000V”挡测量，但准确度会下降，挡位偏离被测电压越大，测量出来的电压值误差越大。

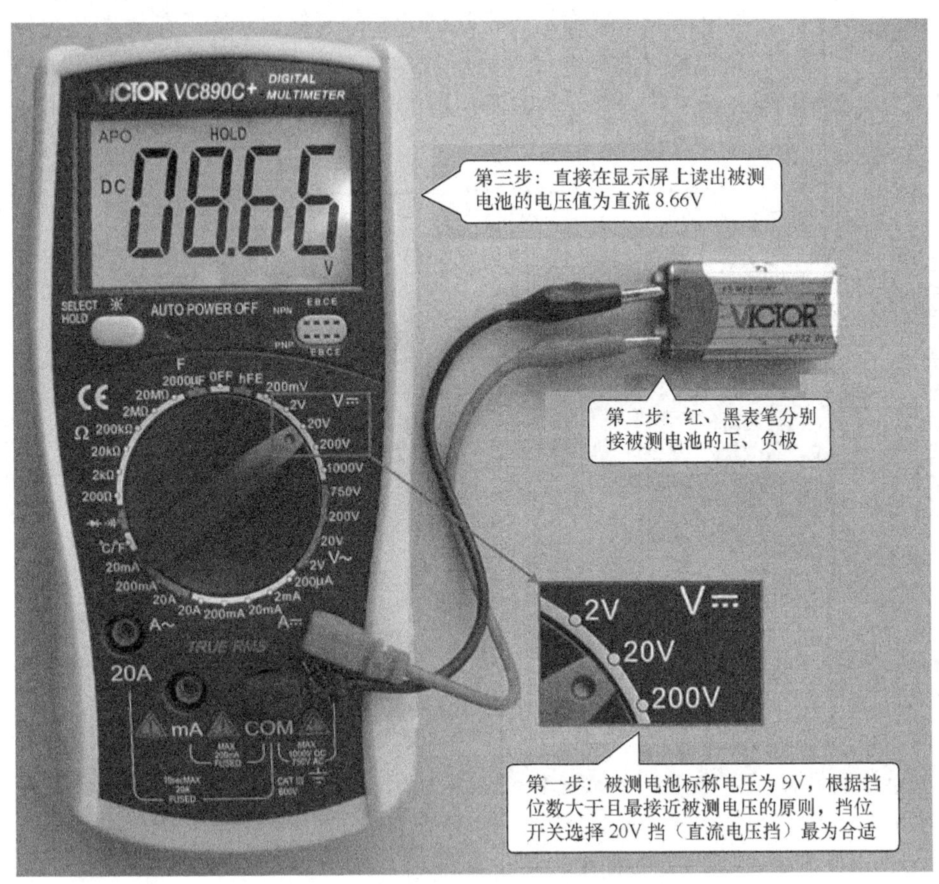

图 3-12　用数字万用表测量电池的直流电压值

3.2.2　直流电流的测量

VC890C+型数字万用表的直流电流挡位可分为 200μA、2mA、20mA、200mA 和 20A 挡。

1. 直流电流的测量步骤

① 将黑表笔插入“COM”插孔，红表笔插入“mA”插孔；如果测量 200mA～20A 电流，红表笔应插入“20A”插孔。

② 测量前先估计被测电流的大小，选取合适的挡位，选取的挡位应大

B03 用数字万用表测量直流电流视频二维码

于且最接近被测电流值。

③ 测量时，先将被测电路断开，再将红表笔置于断开位置的高电位处，黑表笔置于断开位置的低电位处。

④ 从显示屏上直接读出电流值。

2. 直流电流测量举例

下面以测量流过一只灯泡的工作电流为例来说明直流电流的测量方法，测量操作如图 3-13 所示。

灯泡的工作电流较大，一般会超过 200mA，故挡位开关选择直流 20A 挡，并将红表笔应插入“20A”插孔，再将电池连向灯泡的一根线断开，红表笔置于断开位置的高电位处，黑表笔置于断开位置的低电位处，这样才能保证电流由红表笔流进，从黑表笔流出，然后观察显示屏，发现显示的数值为“00.25”，则被测电流的大小为 0.25A。

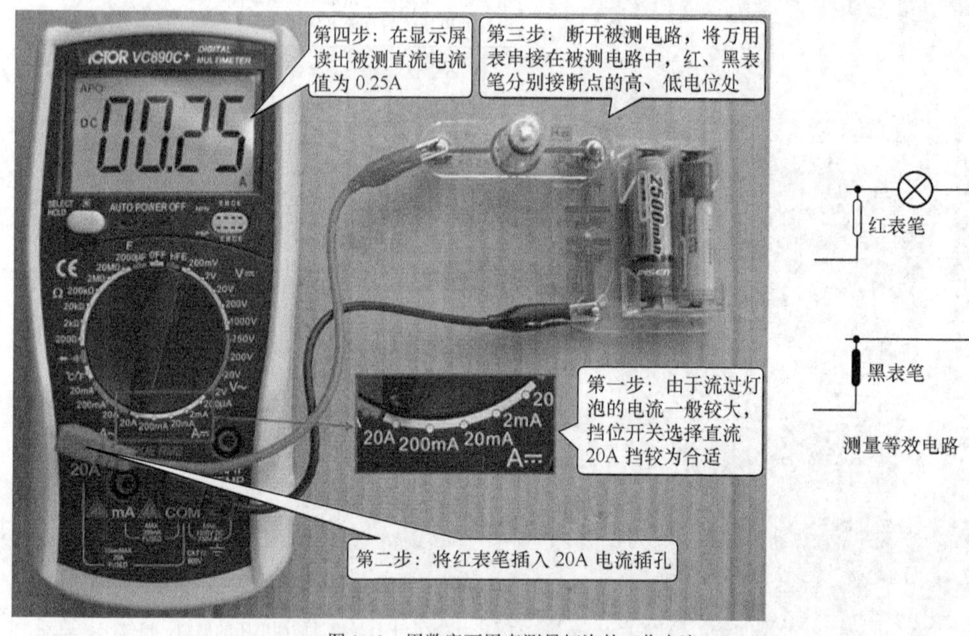

图 3-13　用数字万用表测量灯泡的工作电流

3.2.3　交流电压的测量

VC890C+型数字万用表的交流电压挡可分为 2V、20V、200V 和 780V 挡。

1. 交流电压的测量步骤

① 将红表笔插入“VΩ ⊣⊢ TEMP”插孔，黑表笔插入“COM”插孔。

② 测量前，估计被测交流电压可能出现的最大值，选取合适的挡位，选取的挡位要大于且最接近被测电压值。

③ 红、黑表笔分别接被测电压两端（交流电压无正、负之分，故红、黑表笔可随意接）。

④ 读数时，直接从显示屏读出的数字就是被测电压值。

B04 用数字万用表测量交流电压视频二维码

2．交流电压测量举例

下面以测量市电电压的大小为例来说明交流电压的测量方法，测量操作如图 3-14 所示。

市电电压的标准值应为 220V，万用表交流电压挡只有 750V 挡大于且最接近该数值，故将挡位开关选择交流“750V”挡，然后将红、黑表笔分别插入交流市电的电源插座，再从显示屏读出显示的数字，图中显示屏显示的数值为“237”，故市电电压为 237V。

数字万用表显示屏上的“T-RMS”表示真有效值。在测量交流电压或电流时，万用表测得的电压或电流值均为有效值，对于正弦交流电，其有效值与真有效值是相等的，对于非正弦交流电，其有效值与真有效值是不相等的。对于无真有效值测量功能的万用表，在测量非正弦交流电时测得的电压值（有效值）是不准确的，仅供参考。

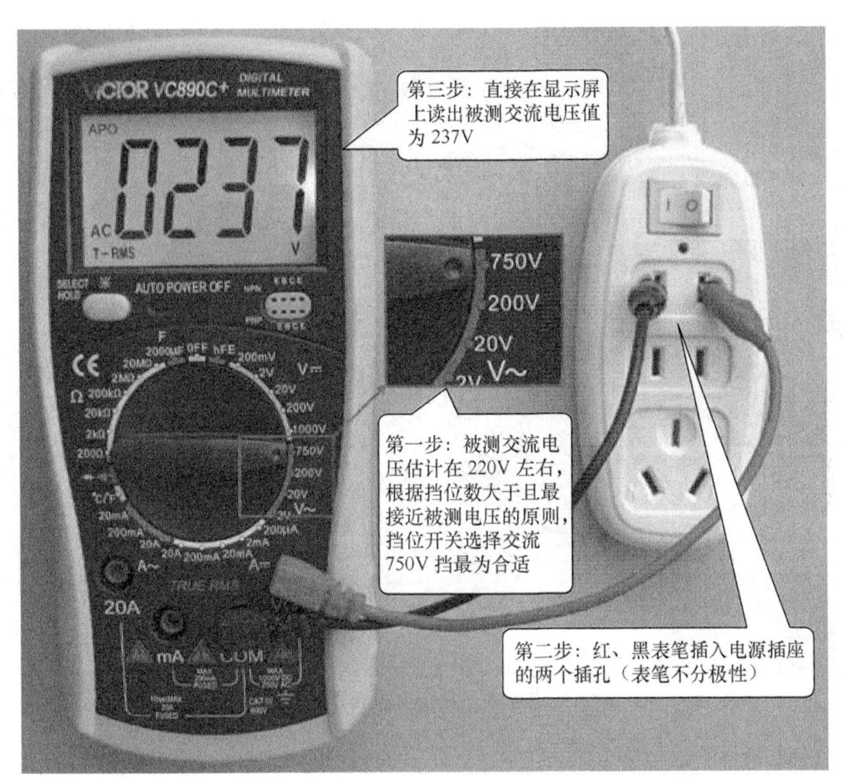

图 3-14　用数字万用表测量市电的电压值

3.2.4　交流电流的测量

VC890C+型数字万用表的交流电流挡可分为 20mA、200mA 和 20A 挡。

1．交流电流的测量步骤

① 将黑表笔插入“COM”插孔，红表笔插入“mA”插孔；如果测量 200mA～20A 电流，红表笔应插入“20A”插孔。

② 测量前先估计被测电流的大小，选取合适的挡位，选取的挡位应大于且最接近被测电流。

B05 用数字万用表测量交流电流视频二维码

③ 测量时，先将被测电路断开，再将红、黑表笔各接断开位置的一端。

④ 从显示屏上直接读出电流值。

2. 交流电流测量举例

下面以测量一个电烙铁的工作电流为例来说明交流电流的测量方法，测量操作如图 3-15 所示。

被测电烙铁的标称功率为 30W，根据 $I=P/U$ 可估算出其工作电流不会超过 200mA，挡位开关选择交流 200mA 最为合适，再按图 3-15 所示的方法将万用表的红、黑表笔与电烙铁连接起来，然后观察显示屏显示的数字为“123.7”，则流经电烙铁的交流电流大小为 123.7mA。

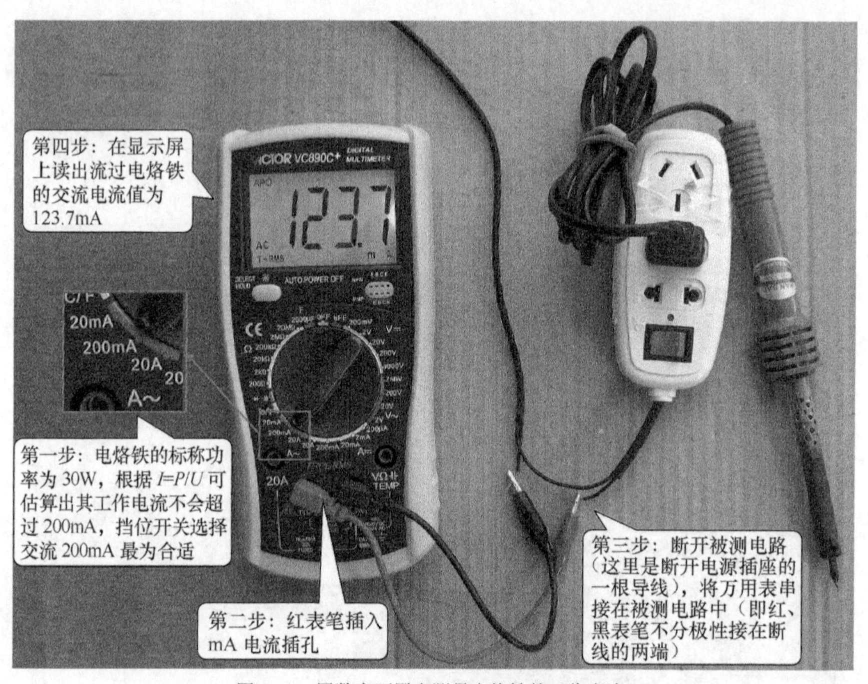

图 3-15　用数字万用表测量电烙铁的工作电流

3.2.5　电阻阻值的测量

VC890C+型数字万用表的交流电流挡可分为 200Ω、2kΩ、20kΩ、200kΩ、2MΩ和 20MΩ挡。

1. 电阻阻值的测量步骤

① 将红表笔插入“VΩ ⊣⊢ TEMP”插孔，黑表笔插入“COM”插孔。

② 测量前先估计被测电阻的大致阻值范围，选取合适的挡位，选取的挡位要大于且最接近被测电阻的阻值。

③ 红、黑表笔分别接被测电阻的两端。

④ 从显示屏上直接读出阻值大小。

B06 用数字万用表测量电阻的阻值　视频二维码

2. 欧姆挡测量举例

下面以测量一个标称阻值为 1.5kΩ的电阻为例来说明电阻挡的使用方法，测量操作如图 3-16 所示。

由于被测电阻的标称阻值（电阻标示的阻值）为 1.5kΩ，根据选择的挡位大于且最接近被测电阻值的原则，挡位开关选择“2kΩ”挡最为合适，然后红、黑表笔分别接被测电阻两端，再观察显示屏显示的数字为“1.485”，则被测电阻的阻值为 1.485kΩ。

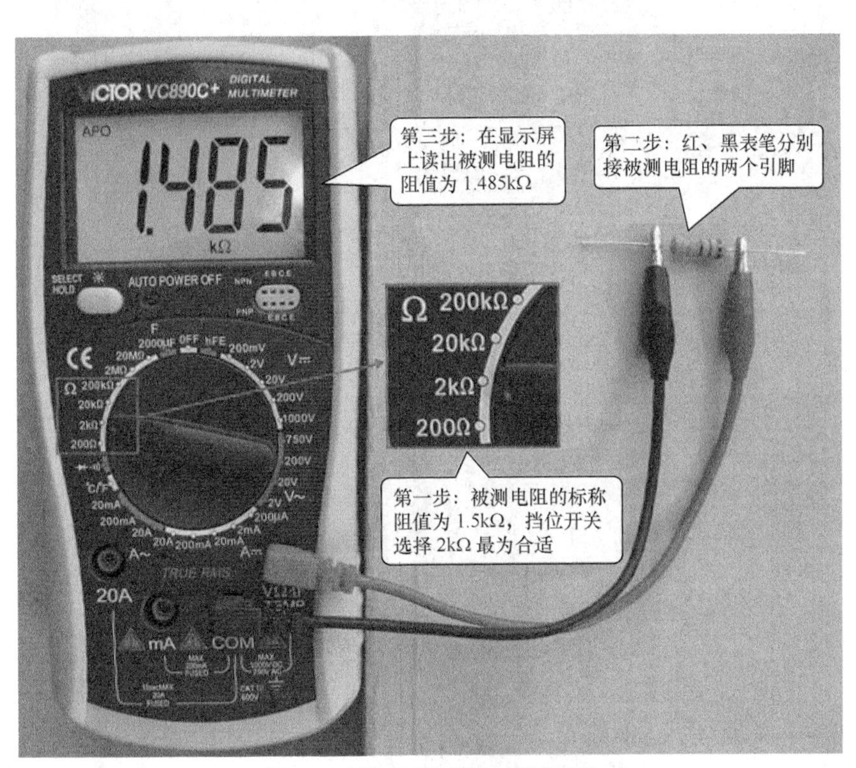

图 3-16　用数字万用表测量电阻的阻值

3.2.6　二极管的测量

VC890C+型数字万用表有一个二极管/通断测量挡，短按多用途键可在二极管测量和通断测量之间切换，利用二极管测量挡可以判断出二极管的正、负极。

二极管的测量操作如图 3-18 所示，具体操作步骤如下：

① 将红表笔插入“VΩ ⊣⊢ TEMP”插孔，黑表笔插入“COM”插孔，挡位开关选择二极管/通断测量挡，并短按多用途键切换到二极管测量状态，显示屏会显示二极管符号，如图 3-17（a）所示。

B07 用数字万用表测量二极管视频二维码

② 红、黑表笔分别接被测二极管的两个引脚，并记下显示屏显示的数值，如图 3-17（a）所示，图中显示“OL（超出量程）”符号，说明二极管未导通；再将红、黑表笔对调后接被测二极管的两个引脚，记下显示屏显示的数值，如图 3-17（b）所示，图中显示数值为“0.581”，说明二极管已导通。以显示数值为“0.581”的一次测量为准，红表笔接的为二极管的正极，二极管正向导通电压为 0.581V。

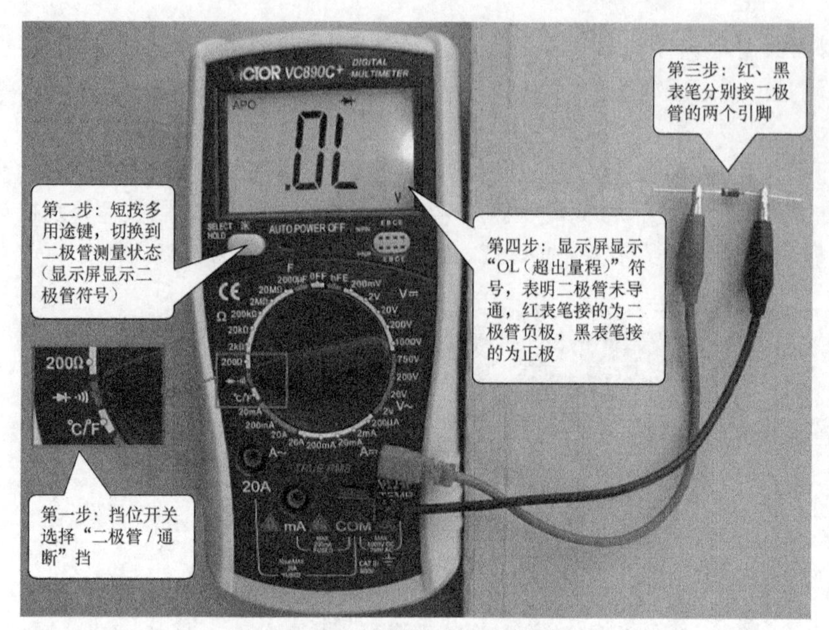

（a）测量时二极管未导通

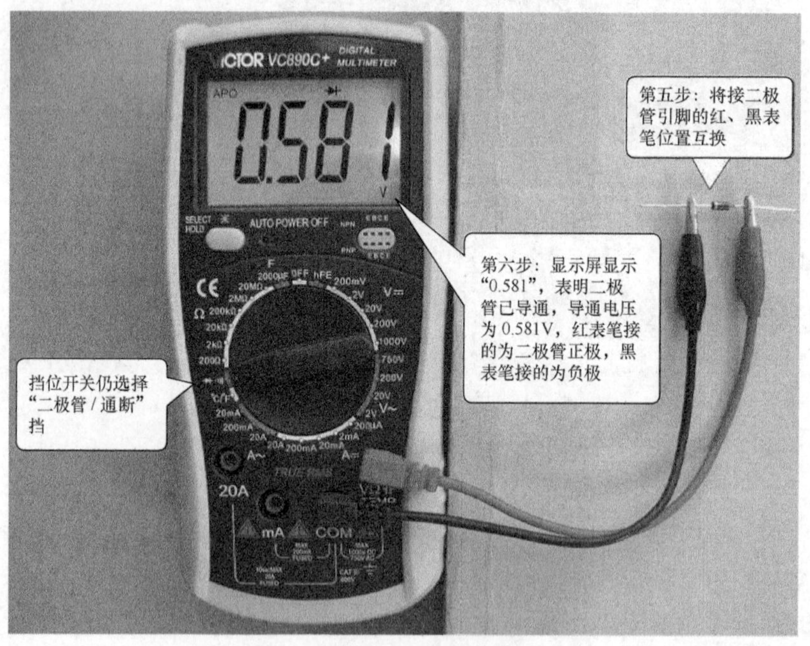

（b）测量时二极管已导通

图 3-17　二极管的测量

3.2.7　线路通断测量

VC890C+型数字万用表有一个二极管/通断测量挡，利用该挡除了可以测量二极管外，还可以测量线路的通断，当被测线路的电阻低于50Ω时，万用表上的指示灯会亮，同时发出蜂鸣声，由于使用该挡测量线路时万用表会发出声光提示，故无须查看显示屏即可知道线路的通断，适合快速检测大量线路的通断情况。

下面以测量一根导线为例来说明数字万用表通断测量挡的使用，测量操作如图 3-18 所示。

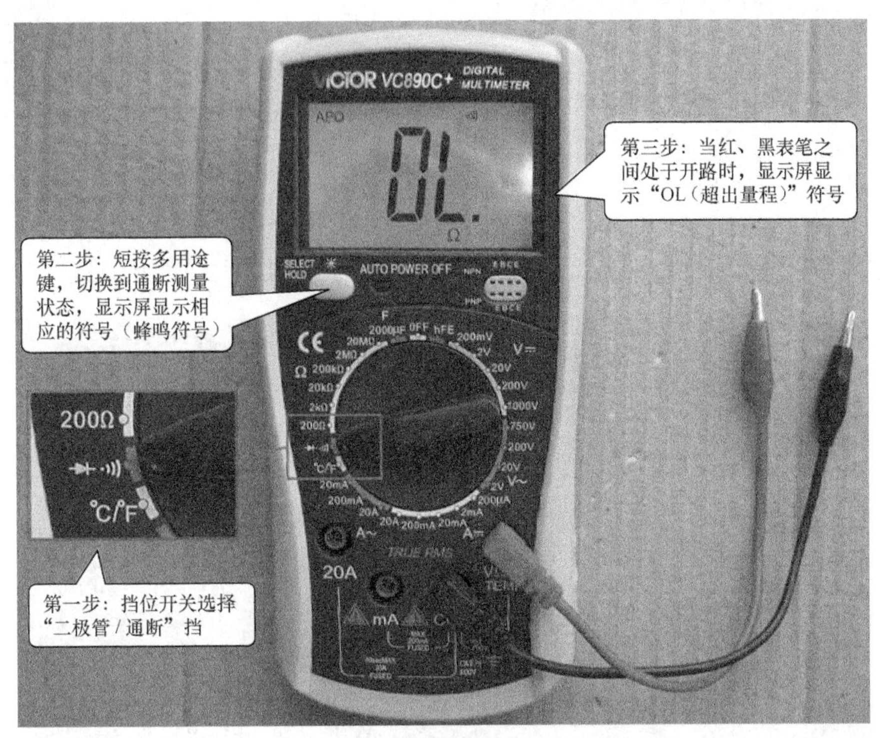

（a）线路断时

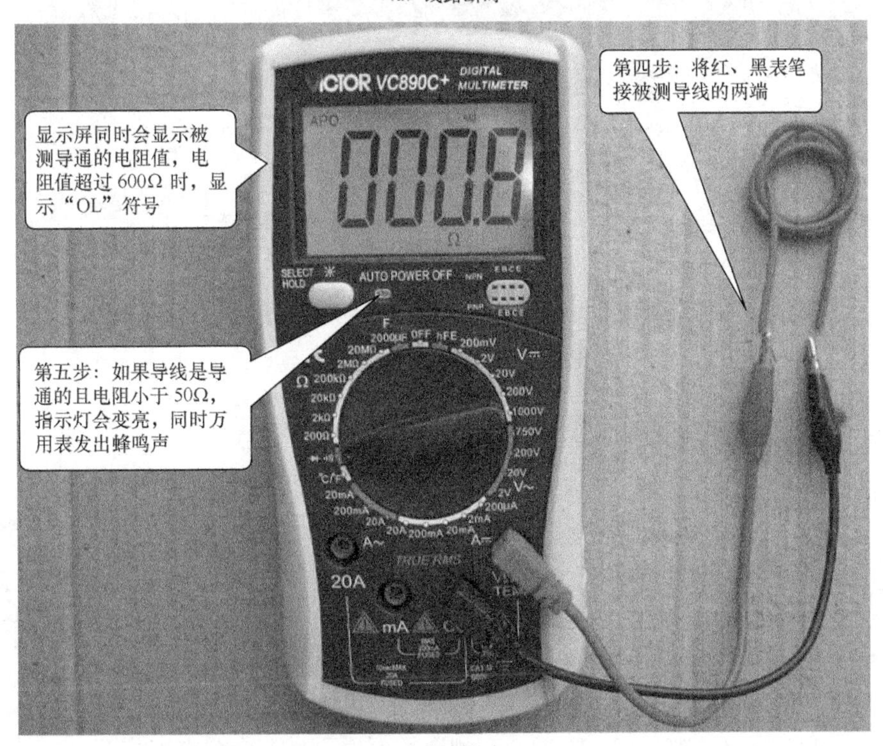

（b）线路通时

图 3-18　通断测量挡的使用

3.2.8 三极管放大倍数的测量

B09 用数字万用表测量三极管放大倍数 视频二维码

VC890C+型数字万用表有一个三极管测量挡，利用该挡可以测量三极管的放大倍数。下面以测量 NPN 型三极管的放大倍数为例来说明，测量操作如图 3-19 所示，具体步骤如下：

① 挡位开关选择“hFE”挡。

② 将被测三极管的 B、C、E 三个引脚插入万用表的 NPN 型 B、C、E 插孔。

③ 观察显示屏显示的数字为“215”，说明被测三极管的放大倍数为 215。

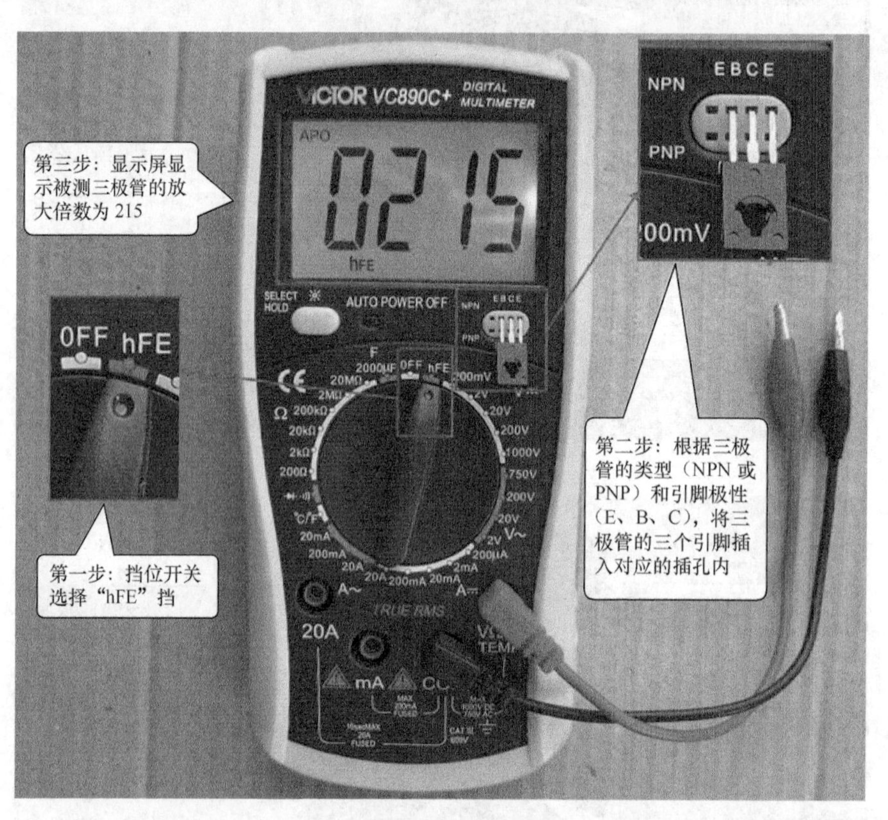

图 3-19 三极管放大倍数的测量

3.2.9 电容容量的测量

VC890C+型数字万用表有一个电容测量挡，可以测量 2000μF 以内的电容量，在测量时可根据被测电容量大小，自动切换到更准确的挡位（2nF/20nF/200nF/200μF/2000μF）。

1. 电容容量的测量步骤

B10 用数字万用表测量电容容量 视频二维码

① 将黑表笔插入“COM”插孔，红表笔插入“VΩ⊣⊢TEMP”插孔。

② 测量前先估计被测电容容量的大小，选取合适的挡位，选取的挡位要大于且最接近被测电容容量值。VC890C+型数字万用表只有一个电容测量挡，测量前只要将选择该挡位，在测量时万用表会根据被测电容量大小，自动切换到更准

确的挡位。

③ 对于无极性电容，红、黑表笔不分正、负分别接被测电容两端；对于有极性电容，红表笔接电容正极，黑表笔接电容负极。

④ 从显示屏上直接读出电容容量值。

2. 电容容量测量举例

下面以测量一个标称容量为 33μF 电解电容（有极性电容）的容量为例来说明容量的测量方法，测量操作如图 3-20 所示。在测量时，挡位开关选择“2000μF”挡（电容量测量挡），红表笔接电容正极，黑表笔接电容负极，再观察显示屏显示的数字为“31.78”，则被测电容容量为 31.78μF。

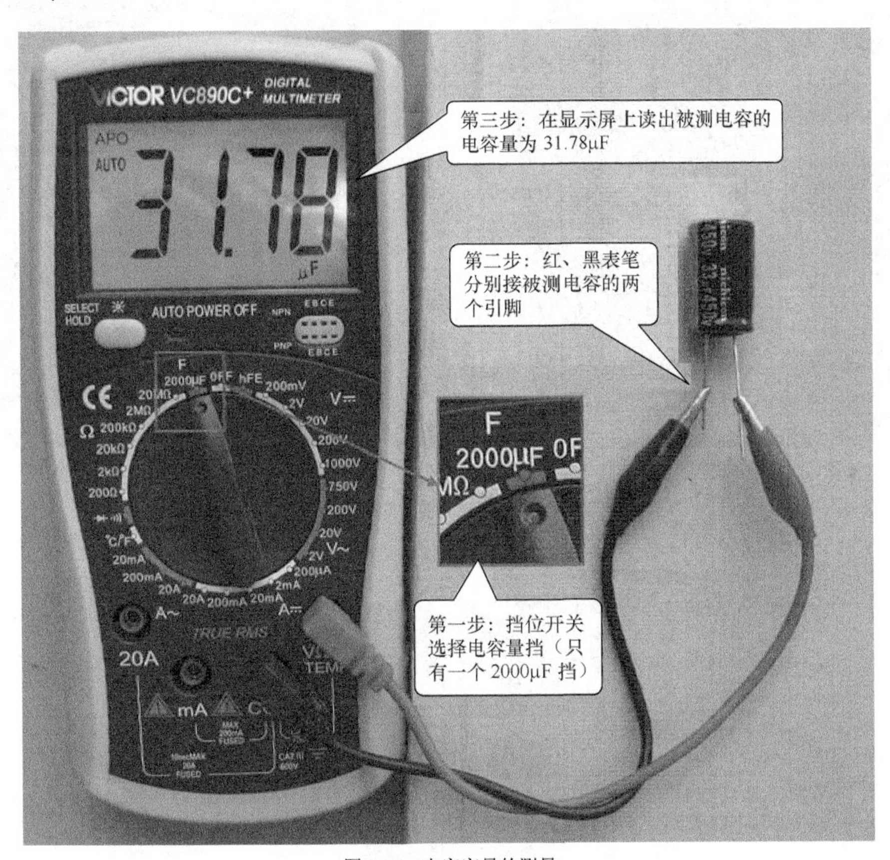

图 3-20　电容容量的测量

3.2.10　温度的测量

VC890C+型数字万用表有一个摄氏温度/华氏温度测量挡，温度测量范围是−20～1000℃，短按多用途键可以将显示屏的温度单位在摄氏度和华氏度之间切换，如图 3-21 所示。摄氏温度与华氏温度的关系是：华氏温度值=摄氏温度值×(9/5)+32。

B11 用数字万用表测量温度 视频二维码

1. 温度测量的步骤

① 将万用表附带的测温热电偶的红插头插入“VΩ ⊣⊢ TEMP”孔，黑

插头插入“COM”孔。测温热电偶是一种温度传感器，能将不同的温度转换成不同的电压，测温热电偶如图 3-22 所示。如果不使用测温热电偶，万用表也会显示温度值，该温度为表内传感器测得的环境温度值。

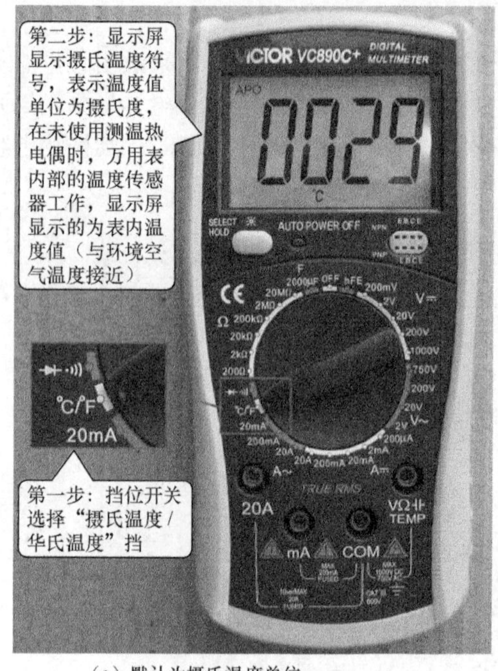

（a）默认为摄氏温度单位　　（b）短按多用途键可切换到华氏温度单位

图 3-21　两种温度单位的切换

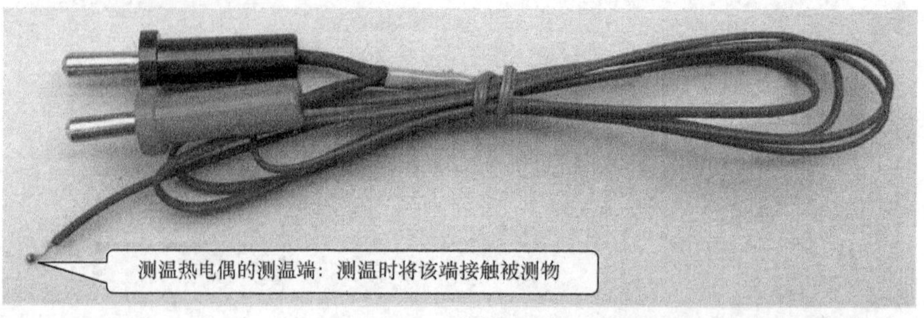

图 3-22　测温热电偶

② 挡位开关选择温度测量挡。

③ 将热电偶测温端接触被测温的物体。

④ 读取显示屏显示的温度值。

2. 温度测量举例

下面以测一只电烙铁的温度为例来说明温度测量方法，测量操作如图 3-23 所示。测量时将热电偶的黑插头插入“COM”孔，红插头插入“VΩ ⊣⊢ TEMP”孔，并将挡位开关置于“摄氏温度/华氏温度”挡，然后将热电偶测温端接触电烙铁的烙铁头，再观察显示屏显示的数值为“0230”，则说明电烙铁烙铁头的温度为 230℃。

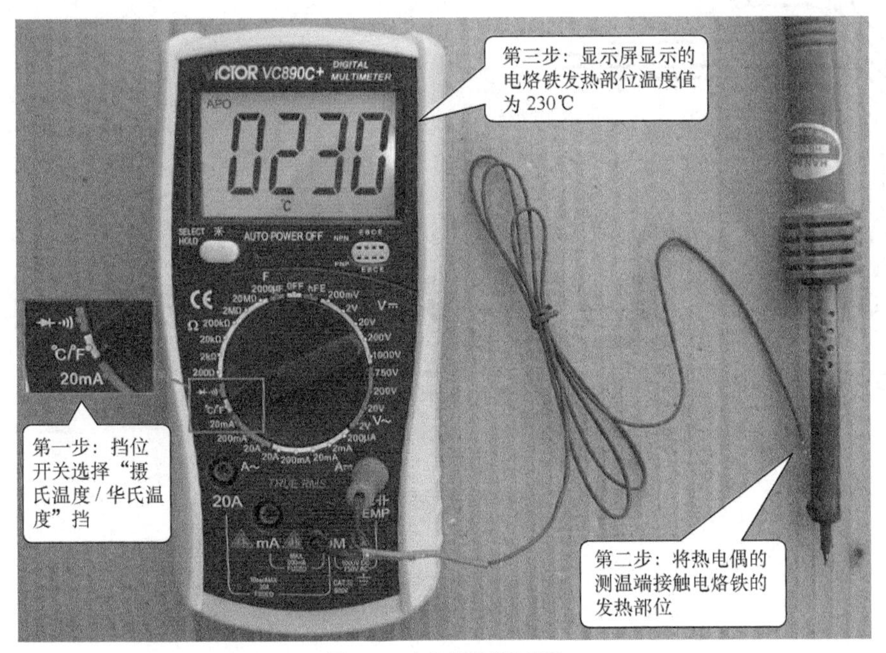

图 3-23　电烙铁温度的测量

3.2.11　数字万用表使用注意事项

数字万用表使用时要注意以下事项：

① 选择各量程测量时，严禁输入的电参数值超过量程的极限值。

② 36V 以下的电压为安全电压，在测量高于 36V 的直流电压或高于 25V 的交流电压时，要检查表笔是否可靠接触、是否正确连接、是否绝缘良好等，以免触电。

③ 转换功能和量程时，表笔应离开测试点。

④ 选择正确的功能和量程，谨防操作失误，数字万用表内部一般都设有保护电路，但为了安全起见，仍应正确操作。

⑤ 在电池没有装好和电池后盖没安装时，不要进行测试操作。

⑥ 测量电阻时，请不要输入电压值。

⑦ 在更换电池或保险丝（熔丝的俗称）前，请将测试表笔从测试点移开，再关闭电源开关。

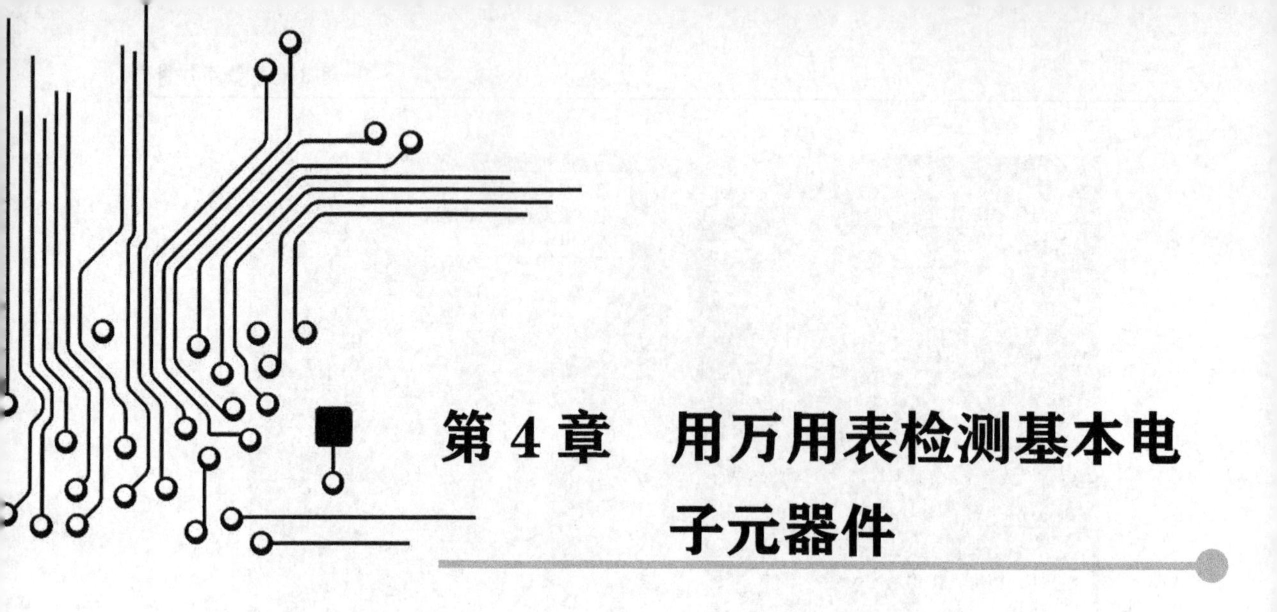

第 4 章　用万用表检测基本电子元器件

4.1　检测固定电阻器

4.1.1　外形与符号

固定电阻器是一种阻值固定不变的电阻器。固定电阻器的实物外形和电路符号如图 4-1 所示，在图 4-1（b）中，上方为国家标准的电阻器符号，下方为国外常用的电阻器符号（在一些国外技术资料常见）。

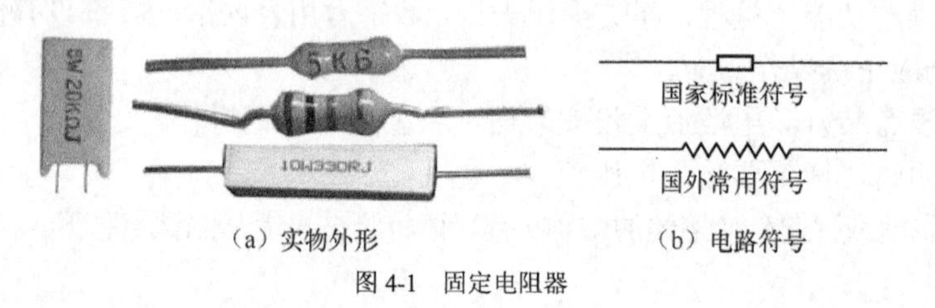

（a）实物外形　　（b）电路符号

图 4-1　固定电阻器

4.1.2　标称阻值和误差的识读

为了表示阻值的大小，电阻器在出厂时会在表面标注阻值。**标注在电阻器上的阻值称为标称阻值。电阻器的实际阻值与标称阻值往往有一定的差距，这个差距称为误差。电阻器标称阻值和误差的标注方法主要有直标法和色环法。**

1. 直标法

直标法是指用文字符号（数字和字母）在电阻器上直接标注出阻值和误差的方法。直标法的阻值单位有欧姆（Ω）、千欧姆（kΩ）和兆欧姆（MΩ）。

直标法表示误差一般采用两种方式：一是用罗马数字Ⅰ、Ⅱ、Ⅲ分别表示误差为±5%、

±10%、±20%，如果不标注误差，则误差为±20%；二是用字母来表示，各字母对应的误差见表 4-1，如 J、K 分别表示误差为±5%、±10%。

表 4-1　字母对应的允许误差

字母	B	C	D	F	G	J	K	M	N
允许误差（%）	±0.1	±0.25	±0.5	±1	±2	±5	±10	±20	±30

直标法常见的表示形式如下：

直标法形式一：用“数值+单位+误差”表示	
12kΩ±10%　12kΩ 10% 12kΩ II　12kΩK 阻值均为 12kΩ、误差均为±10%	左图四个电阻的误差表示形式不同，但都表示阻值为 12kΩ，误差为±10%。
直标法形式二：用单位代表小数点表示	
1k2　1.2kΩ 3R3　3.3Ω 3M3　3.3MΩ R33　0.33Ω	电阻器上的 1k2 表示 1.2kΩ，3M3 表示 3.3MΩ，3R3（或 3Ω3）表示 3.3Ω，R33（或Ω33）表示 0.33Ω。
直标法形式三：用“数值+单位”表示	
12kΩ 12k 阻值均为 12kΩ、误差为±20%	这种标注法没标出误差，表示误差为±20%，左图中的电阻器的阻值都为 12kΩ，误差为±20%。
直标法形式四：用数字直接表示	
12　12Ω 120　120Ω	一般 1kΩ以下的电阻采用这种形式，左图中的两个电阻采用这种表示方式，12 表示 12Ω，120 表示 120Ω。

2. 色环法

色环法是指在电阻器上标注不同颜色圆环来表示阻值和误差的方法。色环电阻器分为四环电阻器和五环电阻器。要正确识读色环电阻器的阻值和误差，须先了解各种色环代表的意义。色环电阻器各色环代表的意义见表 4-2。

表 4-2　四环色环电阻器各色环颜色代表的意义及数值

色环颜色	第一环（有效数）	第二环（有效数）	第三环（倍乘数）	第四环（误差数）
棕	1	1	$\times10^{1}$	±1%
红	2	2	$\times10^{2}$	±2%
橙	3	3	$\times10^{3}$	
黄	4	4	$\times10^{4}$	
绿	5	5	$\times10^{5}$	±0.5%
蓝	6	6	$\times10^{6}$	±0.2%
紫	7	7	$\times10^{7}$	±0.1%
灰	8	8	$\times10^{8}$	

续表

色环颜色	第一环 （有效数）	第二环 （有效数）	第三环 （倍乘数）	第四环 （误差数）
白	9	9	$\times10^9$	
黑	0	0	$\times10^0=1$	
金				±5%
银				±10%
无色环				±20%

（1）四环电阻器的识读

四环电阻器阻值与误差的识读如图 4-2 所示。**四环电阻器的识读具体过程如下：**

第一步：判别色环排列顺序。

四环电阻器的色环顺序判别规律有：

① 四环电阻的第四条色环为误差环，一般为金色或银色，因此如果靠近电阻器一个引脚的色环颜色为金、银色，该色环必为第四环，从该环向另一引脚方向排列的三条色环顺序依次为三、二、一.

② 对于色环标注标准的电阻器，一般第四环与第三环间隔较远。

第二步：识读色环。

按照第一、二环为有效数环，第三环为倍乘数环，第四环为误差数环，再对照表 4-2 各色环代表的数字识读出色环电阻器的阻值和误差。

（2）五环电阻器的识读

五环电阻器阻值与误差的识读方法与四环电阻器基本相同，不同在于**五环电阻器的第一、二、三环为有效数环，第四环为倍乘数环，第五环为误差数环**。另外，**五环电阻器的误差数环颜色除了有金、银色外，还可能是棕、红、绿、蓝和紫色**。五环电阻器的识读如图 4-3 所示。

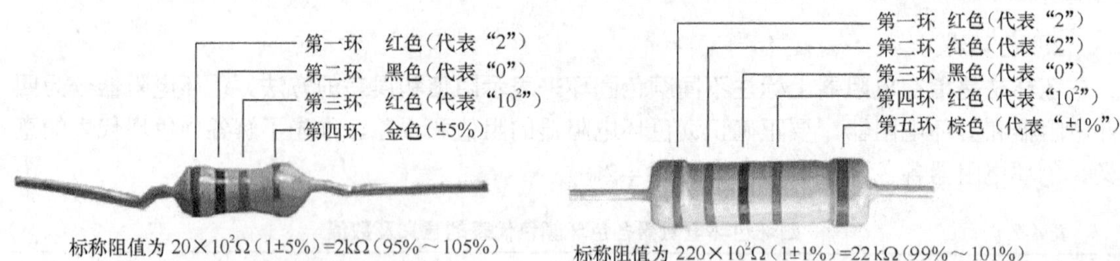

图 4-2　四环电阻器阻值和误差的识读　　图 4-3　五环电阻器阻值和误差的识读

4.1.3　用万用表检测固定电阻器

固定电阻器常见故障有开路、短路和变值。检测固定电阻器使用万用表的欧姆挡。

在检测时，先识读出电阻器上的标称阻值，然后选用合适的挡位并进行欧姆校零，然后开始检测电阻器。测量时为了减小测量误差，应尽量让万用表指针指在欧姆刻度线中央，若表针在刻度线上过于偏左或偏右时，应切换更大或更小的挡位重新测量。

下面以测量一只标称阻值为 2kΩ的色环电阻器为例来说明电阻器的检测方法，测量如图 4-4 所示。

固定电阻器的检测如下：

第一步：将万用表的挡位开关拨至×100Ω挡。

第二步：进行欧姆校零。将红、黑表笔短路，观察表针是否指在“Ω”刻度线的“0”刻度处，若未指在该处，应调节欧姆校零旋钮，让表针准确指在“0”刻度处。

第三步：将红、黑表笔分别接电阻器的两个引脚，再观察表针指在“Ω”刻度线的位置，图中表针指在刻度“20”，那么被测电阻器的阻值为 20×100=2kΩ。

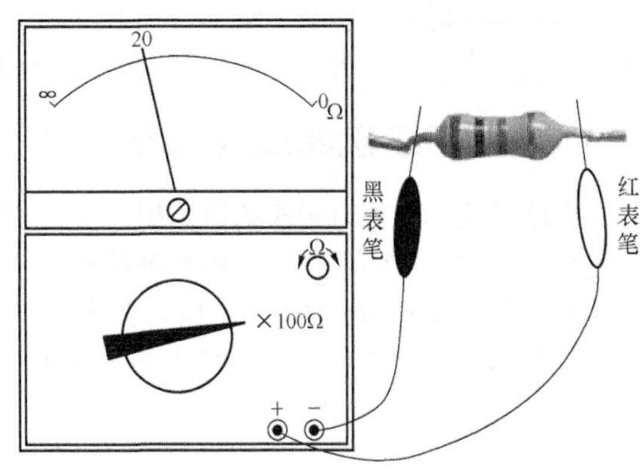

图 4-4　固定电阻器的检测

若万用表测量出来的阻值与电阻器的标称阻值相同，说明该电阻器正常（若测量出来的阻值与电阻器的标称阻值有些偏差，但在误差允许范围内，电阻器也算正常）。

若测量出来的阻值无穷大，说明电阻器开路。

若测量出来的阻值为 0，说明电阻器短路。

若测量出来的阻值大于或小于电阻器的标称阻值，并超出误差允许范围，说明电阻器变值。

4.2　检测电位器

4.2.1　外形与符号

电位器是一种阻值可以通过调节而变化的电阻器，又称可变电阻器。常见电位器的实物外形及电位器的电路符号如图 4-5 所示。

（a）实物外形　　（b）电路符号

图 4-5　电位器

4.2.2　结构与原理

电位器种类很多，但结构基本相同，电位器的结构示意图如图 4-6 所示。

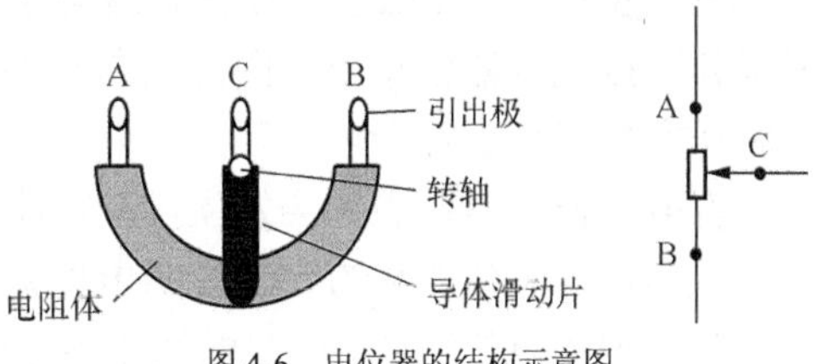

图 4-6　电位器的结构示意图

从图中可看出，电位器有 A、C、B 三个引出极，在 A、B 极之间连接着一段电阻体，该电阻体的阻值用 R_{AB} 表示，对于一个电位器，R_{AB} 的值是固定不变的，该值为电位器的标称阻值，C

极连接一个导体滑动片，该滑动片与电阻体接触，A 极与 C 极之间电阻体的阻值用 R_{AC} 表示，B 极与 C 极之间电阻体的阻值用 R_{BC} 表示，$R_{AC}+R_{BC}=R_{AB}$。

当转轴逆时针旋转时，滑动片往 B 极滑动，R_{BC} 减小，R_{AC} 增大；当转轴顺时针旋转时，滑动片往 A 极滑动，R_{BC} 增大，R_{AC} 减小，当滑动片移到 A 极时，$R_{AC}=0$，而 $R_{BC}=R_{AB}$。

4.2.3　用万用表检测电位器

电位器检测使用万用表的欧姆挡。在检测时，先测量电位器两个固定端之间的阻值，正常测量值应与标称阻值一致，然后再测量一个固定端与滑动端之间的阻值，同时旋转转轴，正常测量值应在 0～标称阻值范围内变化。若是带开关电位器，还要检测开关是否正常。

电位器检测分两步，只有每步测量均正常才能说明电位器正常。电位器的检测如图 4-7 所示。

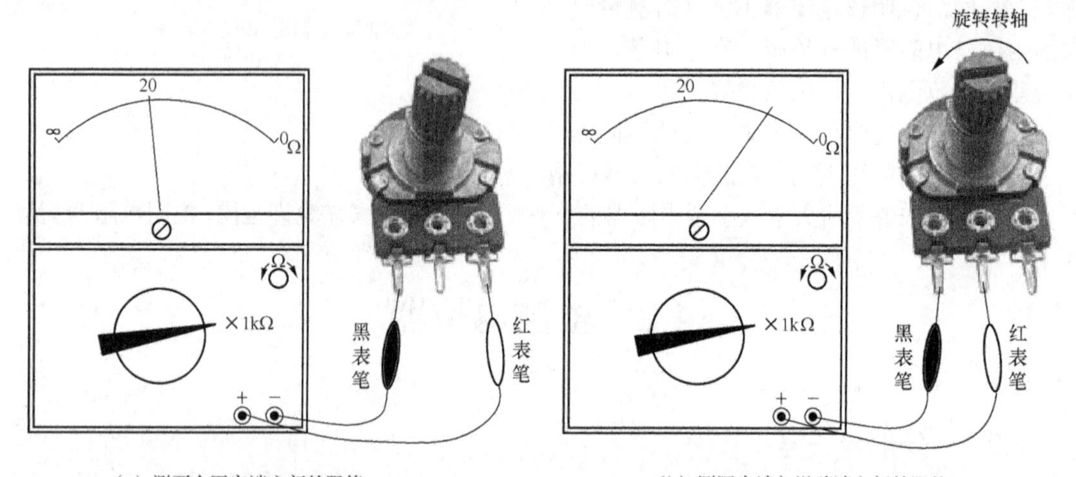

（a）测两个固定端之间的阻值　　（b）测固定端与滑动端之间的阻值

图 4-7　电位器的检测

电位器的检测步骤如下：

第一步：测量电位器两个固定端之间的阻值。将万用表拨至 R×1kΩ挡（该电位器标称阻值为 20kΩ），红、黑表笔分别与电位器两个固定端接触，如图 4-7（a）所示，然后在刻度盘上读出阻值大小。

若电位器正常，测得的阻值应与电位器的标称阻值相同或相近（在误差范围内）。

若测得的阻值为∞，说明电位器两个固定端之间开路。

若测得的阻值为 0，说明电位器两个固定端之间短路。

若测得的阻值大于或小于标称阻值，说明电位器两个固定端之间阻体变值。

第二步：测量电位器一个固定端与滑动端之间的阻值。万用表仍置于 R×1kΩ挡，红、黑表笔分别接电位器任意一个固定端和滑动端接触，如图 4-7（b）所示，然后旋转电位器转轴，同时观察刻度盘表针。

若电位器正常，表针会发生摆动，指示的阻值应在 0～20kΩ范围内连续变化。

若测得的阻值始终为∞，说明电位器固定端与滑动端之间开路。

若测得的阻值为 0，说明电位器固定端与滑动端之间短路。

若测得的阻值变化不连续、有跳变，说明电位器滑动端与阻体之间接触不良。

4.3　检测敏感电阻器

4.3.1　热敏电阻器的检测

热敏电阻器是一种对温度敏感的电阻器，它一般由半导体材料制作而成，当温度变化时其阻值也会随之变化。

1. 外形与符号

热敏电阻器实物外形和符号如图 4-8 所示。

（a）实物外形　　（b）符号

图 4-8　热敏电阻器

2. 种类

热敏电阻器种类很多，通常可分为正温度系数热敏电阻器（PTC）和负温度系数热敏电阻器（NTC）两类。

（1）负温度系数热敏电阻器（NTC）

负温度系数热敏电阻器简称 NTC，其阻值随温度升高而减小。NTC 是由氧化锰、氧化钴、氧化镍、氧化铜和氧化铝等金属氧化物为主要原料制作而成的。根据使用温度条件不同，负温度系数热敏电阻器可分为低温（–60～300℃）、中温（300～600℃）、高温（>600℃）三种。

NTC 的温度每升高 1℃，阻值会减小 1%～6%，阻值减小程度视不同型号而定。NTC 广泛用于温度补偿和温度自动控制电路，如冰箱、空调、温室等温控系统常采用 NTC 作为测温元件。

（2）正温度系数热敏电阻（PTC）

正温度系数热敏电阻器简称 PTC，其阻值随温度升高而增大。PTC 是在钛酸钡（BaTiO3）中掺入适量的稀土元素制作而成。

PTC 可分为缓慢型和开关型。缓慢型 PTC 的温度每升高 1℃，其阻值会增大 0.5%～8%。开关型 PTC 有一个转折温度（又称居里点温度，钛酸钡材料 PTC 的居里点温度一般为 120℃左右），当温度低于居里点温度时，阻值较小，并且温度变化时阻值基本不变（相当于一个闭合的开关），一旦温度超过居里点温度，其阻值会急剧增大（相关于开关断开）。

缓慢型 PTC 常用在温度补偿电路中，开关型 PTC 由于具有开关性质，常用在开机瞬间接通而后又马上断开的电路中，如彩电的消磁电路和冰箱的压缩机启动电路就用到开关型 PTC。

3. 用万用表检测热敏电阻器

热敏电阻器检测分两步，只有两步测量均正常才能说明热敏电阻器正常，在这两步测量时还可以判断出电阻器的类型（NTC 或 PTC）。热敏电阻器的检测如图 4-9 所示。

热敏电阻器的检测步骤如下：

第一步：测量常温下（25℃左右）的标称阻值。根据标称阻值选择合适的欧姆挡，图中的热敏电阻器的标称阻值为 25Ω，故选择 R×1Ω挡，将红、黑表笔分别接触热敏电阻器两个电极，如图 4-9（a）所示，然后在刻度盘上查看测得阻值的大小。

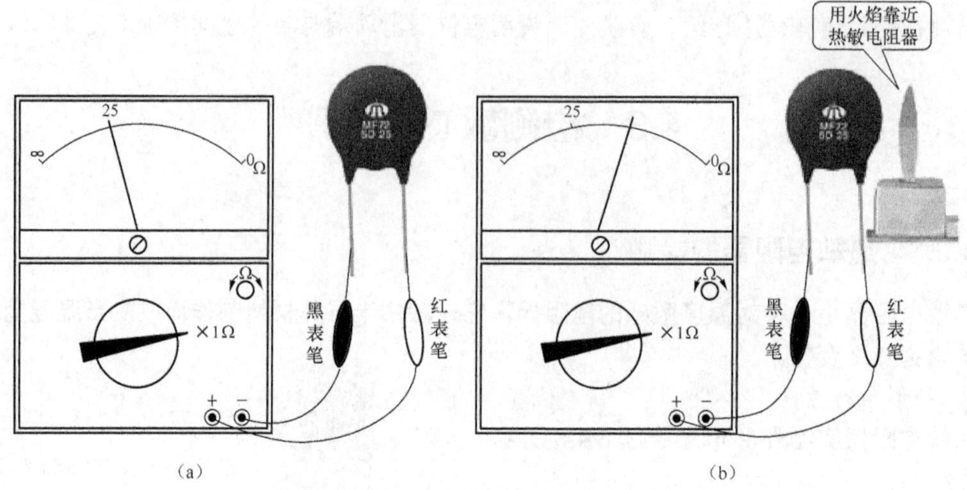

图 4-9　热敏电阻器的检测

若阻值与标称阻值一致或接近，说明热敏电阻器正常。

若阻值为 0，说明热敏电阻器短路。

若阻值为无穷大，说明热敏电阻器开路。

若阻值与标称阻值偏差过大，说明热敏电阻器性能变差或损坏。

第二步：改变温度测量阻值。用火焰靠近热敏电阻器（不要让火焰接触电阻器，以免烧坏电阻器），如图 4-9（b）所示，让火焰的热量对热敏电阻器进行加热，然后将红、黑表笔分别接触热敏电阻器两个电极，再在刻度盘上查看测得阻值的大小。

若阻值与标称阻值比较有变化，说明热敏电阻器正常。

若阻值往大于标称阻值方向变化，说明热敏电阻器为 PTC。

若阻值往小于标称阻值方向变化，说明热敏电阻器为 NTC。

若阻值不变化，说明热敏电阻器损坏。

4.3.2　光敏电阻器的检测

光敏电阻器是一种对光线敏感的电阻器，当照射的光线强弱变化时，阻值也会随之变化，通常光线越强阻值越小。根据光的敏感性不同，光敏电阻器可分为可见光光敏电阻器（硫化镉材料）、红外光光敏电阻器（砷化镓材料）和紫外光光敏电阻器（硫化锌材料）。其中硫化镉材料制成的可见光光敏电阻器应用最广泛。

1. 外形与符号

光敏电阻器外形与符号如图 4-10 所示。

（a）实物外形

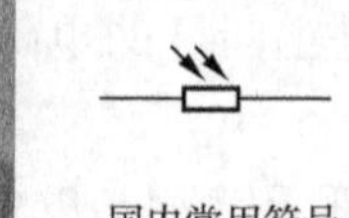

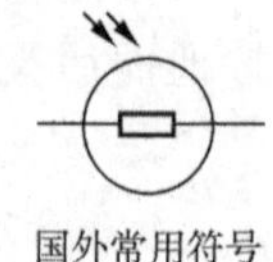

国内常用符号　国外常用符号

（b）符号

图 4-10　光敏电阻器

2. 用万用表检测光敏电阻器

光敏电阻器检测分两步，只有两步测量均正常才能说明光敏电阻器正常。光敏电阻器的检测如图 4-11 所示。

光敏电阻器的检测步骤如下：

第一步：测量暗阻。万用表拨至 R×10kΩ挡，用黑色的布或纸将光敏电阻器的受光面遮住，如图 4-11（a）所示，再将红、黑表笔分别接光敏电阻器两个电极，然后在刻度盘上查看测得暗阻的大小。

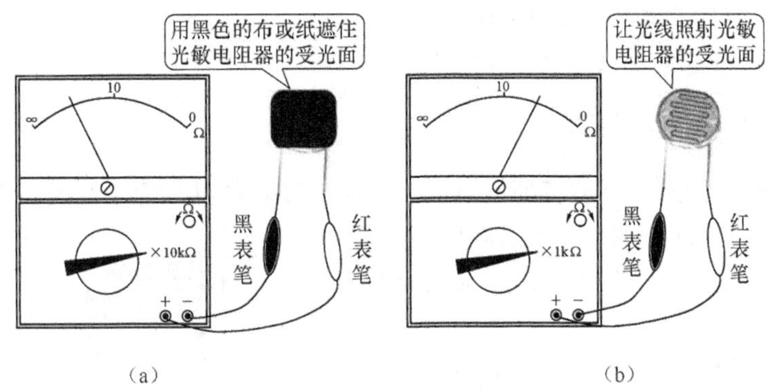

（a）　　（b）

图 4-11　光敏电阻器的检测

若暗阻大于 100kΩ，说明光敏电阻器正常。

若暗阻为 0，说明光敏电阻器短路损坏。

若暗阻小于 100kΩ，通常是光敏电阻器性能变差。

第二步：测量亮阻。万用表拨至 R×1kΩ挡，让光线照射光敏电阻器的受光面，如图 4-11（b）所示，再将红、黑表笔分别接光敏电阻器两个电极，然后在刻度盘上查看测得亮阻的大小。

若亮阻小于 10kΩ，说明光敏电阻器正常。

若亮阻大于 10kΩ，通常是光敏电阻器性能变差。

若亮阻为无穷大，说明光敏电阻器开路损坏。

4.3.3　压敏电阻器的检测

压敏电阻器是一种对电压敏感的特殊电阻器，当两端电压低于标称电压时，其阻值接近无穷大，当两端电压超过标称电压值时，阻值急剧变小，如果两端电压回落至标称电压值以下时，其阻值又恢复到接近无穷大。压敏电阻器种类较多，以氧化锌（ZnO）为材料制作而成的压敏电阻器应有最为广泛。

1. 外形与符号

压敏电阻器外形与符号如图 4-12 所示。

2. 用万用表检测压敏电阻器

由于压敏电阻器两端电压低于压敏电压时不会导通，故可以用万用表欧姆挡检测其好坏。万用表置于 R×10kΩ挡，如图 4-13 所示，将红、黑表笔分别接压敏电阻器两个引脚，然后在刻度盘上查看测得阻值的大小。

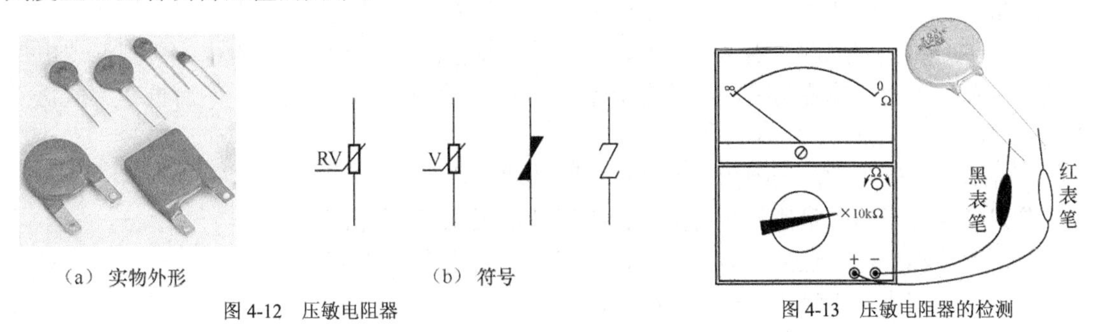

（a）实物外形　　（b）符号

图 4-12　压敏电阻器

图 4-13　压敏电阻器的检测

若压敏电阻器正常，阻值应无穷大或接近无穷大。

若阻值为 0，说明压敏电阻器短路。

若阻值偏小，说明压敏电阻器漏电，不能使用。

4.3.4 湿敏电阻器的检测

湿敏电阻器是一种对湿度敏感的电阻器，当湿度变化时其阻值也会随之变化。湿敏电阻器可为正温度特性湿敏电阻器（阻值随湿度增大而增大）和负温度特性湿敏电阻器（阻值随湿度增大而减小）。

1. 外形与符号

湿敏电阻器外形与符号如图 4-14 所示。

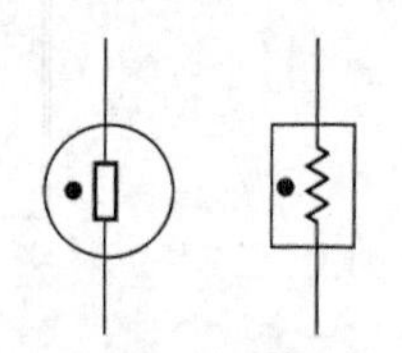

（a）实物外形　（b）符号

图 4-14　热敏电阻器

2. 检测

湿敏电阻器检测分两步，在这两步测量时还可以检测出其类型（正温度系数或负温度系数），只有两步测量均正常才能说明湿敏电阻器正常。湿敏电阻器的检测如图 4-15 所示。

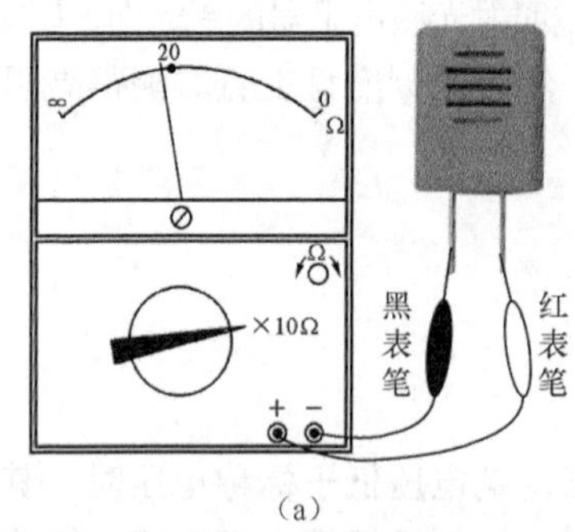

（a）

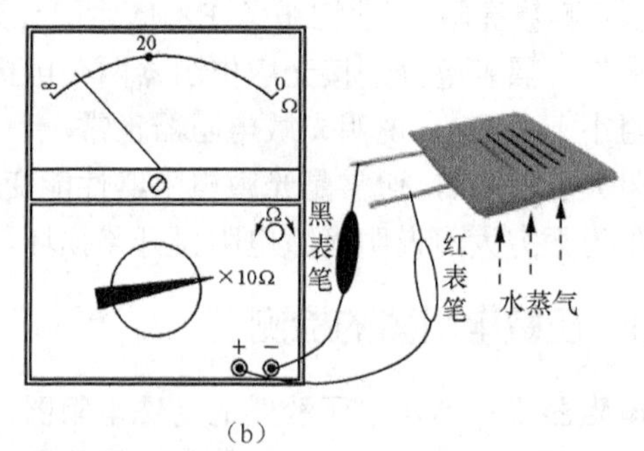

（b）

图 4-15　湿敏电阻器的检测

湿敏电阻器的检测步骤如下：

第一步：在正常条件下测量阻值。根据标称阻值选择合适的欧姆挡，如图 4-15（a）所示，图中的湿敏电阻器标称阻值为 200Ω，故选择 R×10Ω挡，将红、黑表笔分别接湿敏电阻器两个电极，然后在刻度盘上查看测得阻值的大小。

若湿敏电阻器正常，测得的阻值与标称阻值一致或接近。

若阻值为 0，说明湿敏电阻器短路。

若阻值为无穷大，说明湿敏电阻器开路。

若阻值与标称阻值偏差过大，说明湿敏电阻器性能变差或损坏。

第二步：改变湿度测量阻值。将红、黑表笔分别接湿敏电阻器两个电极，再把湿敏电阻器放在水蒸气上方（或者用嘴对湿敏电阻器哈气），如图 4-15（b）所示，然后再在刻度盘上查看测得阻值的大小。

若湿敏电阻器正常，测得的阻值与标称阻值比较应有变化。

若阻值往大于标称阻值方向变化，说明湿敏电阻器为正温度系数。

若阻值往小于标称阻值方向变化，说明湿敏电阻器为负温度系数。

若阻值不变化，说明湿敏电阻器损坏。

4.3.5　气敏电阻器的检测

气敏电阻器是一种对某种或某些气体敏感的电阻器，当空气中某种或某些气体含量发生变化时，置于其中的气敏电阻器阻值就会发生变化。

气敏电阻器种类很多，其中采用半导体材料制成的气敏电阻器应用最广泛。半导体气敏电阻器有 N 型和 P 型之分，N 型气敏电阻器在检测到甲烷、一氧化碳、天然气、煤气、液化石油气、乙炔、氢气等气体时，其阻值会减小；P 型气敏电阻器在检测到可燃气体时，其电阻值将增大，而在检测到氧气、氯气及二氧化氮等气体时，其阻值会减小。

1. 外形与符号

气敏电阻器的外形与符号如图 4-16 所示。

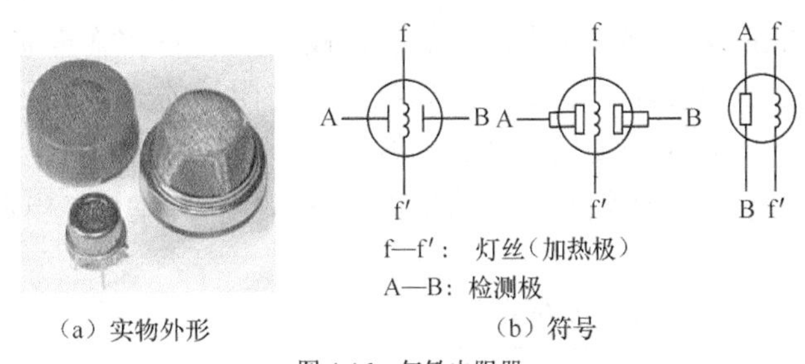

（a）实物外形　（b）符号

图 4-16　气敏电阻器

2. 结构

气体电阻器的典型结构及特性曲线如图 4-17 所示。

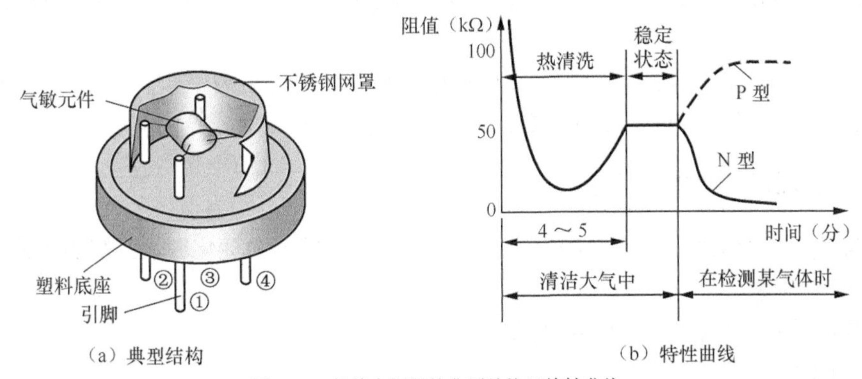

（a）典型结构　（b）特性曲线

图 4-17　气体电阻器的典型结构及特性曲线

气敏电阻器的气敏特性主要由内部的气敏元件来决定的。气敏元件引出四个电极，分别与①②③④引脚相连。当在清洁的大气中给气敏电阻器的①②脚通电流（对气敏元件加热）时，③④脚之间的阻值先减小再升高（4~5 分钟），阻值变化规律如图 4-17（b）曲线所示，升高到一定值时阻值保持稳定，若此时气敏电阻器接触某种气体时，气敏元件吸附该气体后，③④脚之间阻值又会发生变化（若是 P 型气敏电阻器，其阻值会增大，而 N 型气敏电阻器阻值会变小）。

3. 检测

气敏电阻器检测通常分两步，在这两步测量时还可以判断其特性（P 型或 N 型）。气敏电阻器检测如图 4-18 所示。

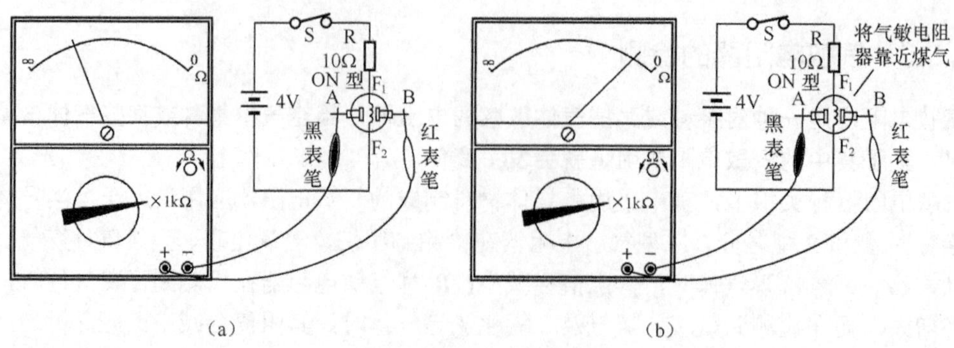

图 4-18　气敏电阻器的检测

气敏电阻器的检测步骤如下：

第一步：测量静态阻值。将气敏电阻器的加热极 F_1、F_2 串接在电路中，如图 4-18（a）所示，再将万用表置于 R×1kΩ挡，红、黑表笔接气敏电阻器的 A、B 极，然后闭合开关，让电流对气敏电阻加热，同时在刻度盘上查看阻值大小。

若气敏电阻器正常，阻值应先变小，然后慢慢增大，在几分钟后阻值稳定，此时的阻值称为静态电阻。

若阻值为 0，说明气敏电阻器短路。

若阻值为无穷大，说明气敏电阻器开路。

若在测量过程中阻值始终不变，说明气敏电阻器已失效。

第二步：测量接触敏感气体时的阻值。在按第一步测量时，待气敏电阻器阻值稳定，再将气敏电阻器放靠近煤气灶（打开煤气灶，将火吹灭），然后在刻度盘上查看阻值大小，如图 4-18（b）所示。

若阻值变小，气敏电阻器为 N 型；若阻值变大，气敏电阻为 P 型。

若阻值始终不变，说明气敏电阻器已失效。

4.3.6　力敏电阻器的检测

力敏电阻器是一种对压力敏感的电阻器，当施加给它的压力变化时，其阻值也会随之变化。

1. 外形与符号

力敏电阻器外形与符号如图 4-19 所示。

2. 结构原理

力敏电阻器的压敏特性是由内部封装的电阻应变片来实现的。电阻应变片有金属电阻应变片和半导体应变片两种，这里简单介绍金属电阻应变片。金属电阻应变片的结构如图 4-20 所示。

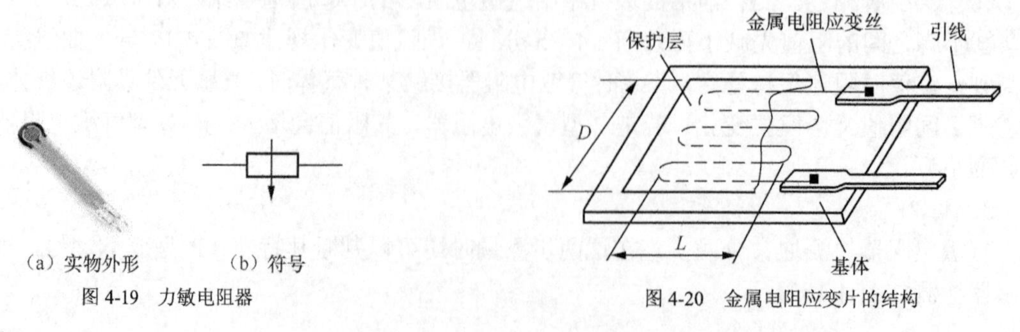

（a）实物外形　（b）符号

图 4-19　力敏电阻器

图 4-20　金属电阻应变片的结构

从图中可以看出，金属电阻应变片主要由金属电阻应变丝构成，当对金属电阻应变丝施加压力时，应变丝的长度和截面积（粗细）就会发生变化，施加的压力越大，应变丝越细越长，其阻值就越大。在使用应变片时，一般将电阻应变片粘贴在某物体上，当对该物体施加压力时，物体会变形，粘贴在物体上的电阻应变片也一起产生形变，应变片的阻值就会发生改变。

3. 检测

力敏电阻器的检测通常分两步：

第一步：在未施加压力的情况下测量其阻值。正常阻值应与标称阻值一致或接近，否则说明力敏电阻器损坏。

第二步：将力敏电阻器放在有弹性的物体上，然后用手轻轻压挤力敏电阻器（切不可用力过大，以免力敏电阻器过于变形而损坏），再测量其阻值。正常阻值应随施加的压力大小变化而变化，否则说明力敏电阻损坏。

4.4　检测排阻

排阻又称电阻排，它是由多个电阻器按一定的方式制作并封装在一起而构成的。排阻具有安装密度高和安装方便等优点，广泛用在数字电路系统中。

4.4.1　实物外形

常见的排阻实物外形如图 4-21 所示，前面两种为直插封装式（SIP）排阻，后一种为表面贴装式（SMD）排阻。

图 4-21　常见的排阻实物外形

4.4.2　命名方法

排阻命名一般由四部分组成：

第一部分为内部电路类型；

第二部分为引脚数（由于引脚数可直接看出，故该部分可省略）；

第三部分为阻值，第四部分为阻值误差。

排阻命名方法见表 4-3。

表 4-3　**排阻命名方法**

第一部分 电路类型	第二部分 引脚数	第三部分 阻值	第四部分 误差
A：所有电阻共用一端，公共端从左端（第 1 引脚）引出 B：每个电阻有各自独立引脚，相互间无连接 C：各个电阻首尾相连，各连接端均有引出脚 D：所有电阻共用一端，公共端从中间引出 E、F、G、H：内部连接较为复杂，详见表 4-4	4～14	3 位数字 （第 1、2 位为有效数，第 3 位为有效数后面 0 的个数，如 102 表示 1000Ω）	F：±1% G：±2% J：±5%

举例：排阻 A08472J-八个引脚 4700（1±5%）Ω的 A 类排阻。

4.4.3　类型与内部电路结构

根据内部电路结构不同，排阻种类可分为 A、B、C、D、E、F、G、H。排阻虽然种类很多，但最常用的为 A、B 类。排阻的类型及电路结构见表 4-4。

表 4-4　　排阻的类型及电路结构

电路结构代码	等效电路	电路结构代码	等效电路
A	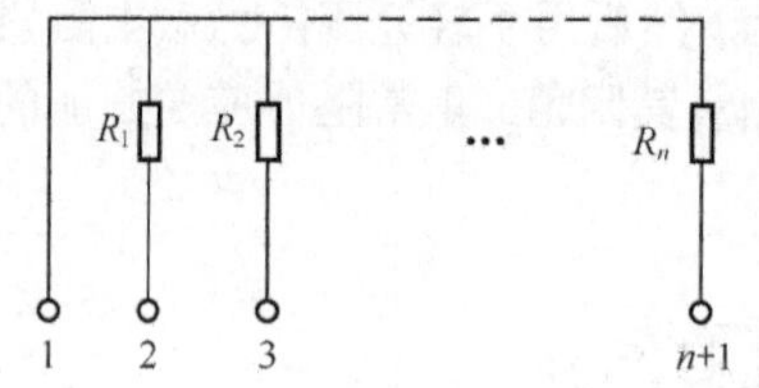 $R_1=R_2=\cdots=R_n$	C	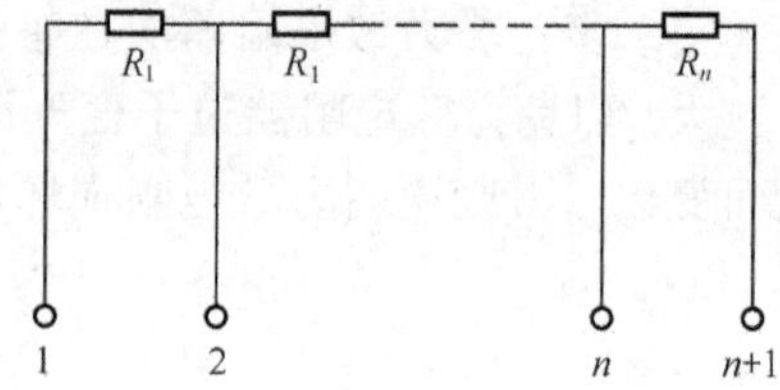 $R_1=R_2=\cdots=R_n$
B	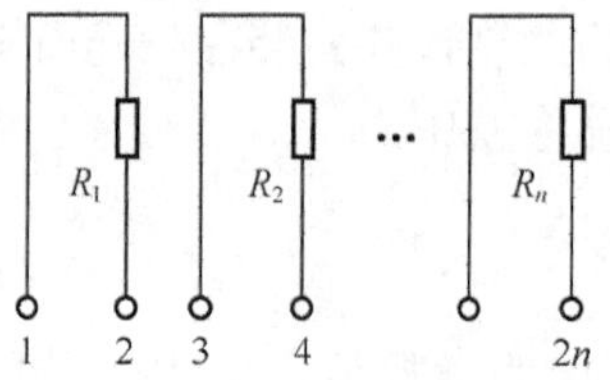 $R_1=R_2=\cdots=R_n$	D	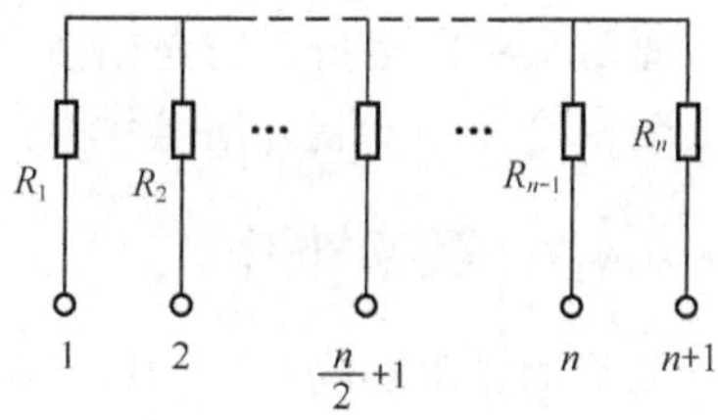 $R_1=R_2=\cdots=R_n$
E	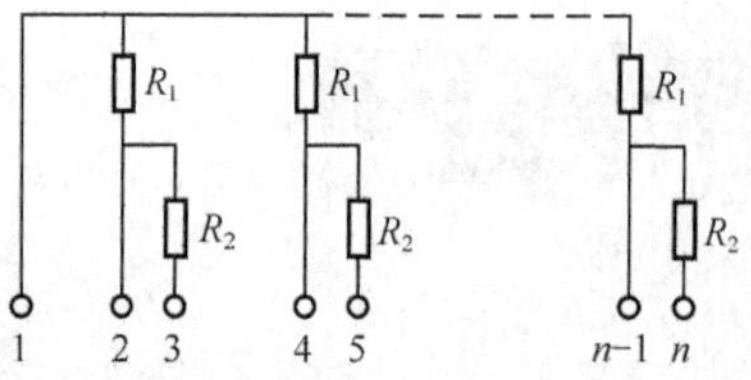 $R_1=R_2$ 或 $R_1\neq R_2$	G	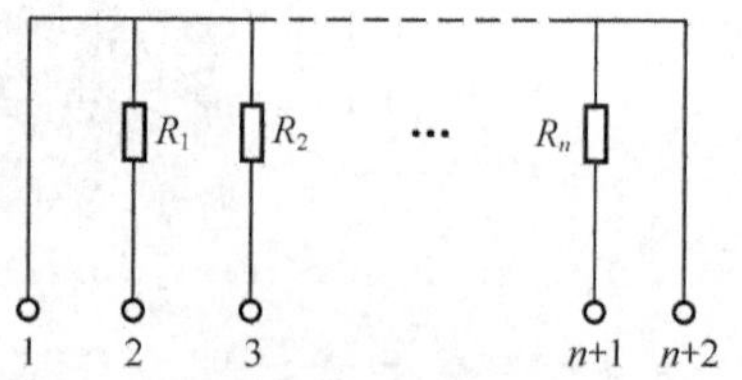 $R_1=R_2$ 或 $R_1\neq R_2$
F	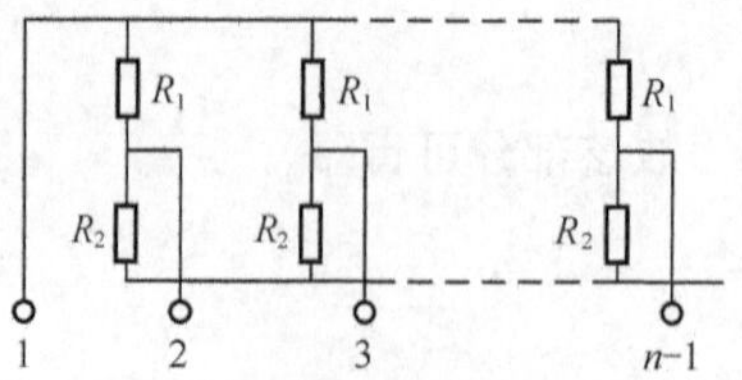 $R_1=R_2$ 或 $R_1\neq R_2$	H	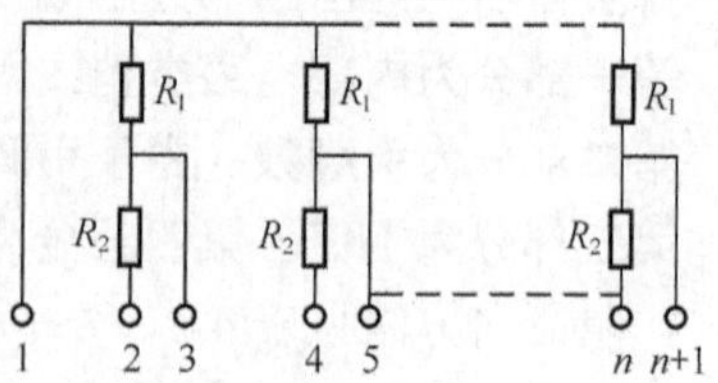 $R_1=R_2$ 或 $R_1\neq R_2$

4.4.4　用万用表检测排阻

1. 好坏检测

在检测排阻前，要先找到排阻的第 1 引脚，第 1 引脚旁一般有标记（如圆点），也可正对排阻字符，字符左下方第一个引脚即为第 1 引脚。

在检测时，根据排阻的标称阻值，将万用表置于合适的欧姆挡，图 4-22 是测量一只 10kΩ 的 A 型排阻（A103J），万用表选择 R×1kΩ挡，将黑表接排阻的第 1 引脚不动，红表笔依次接第 2～8 引脚，如果排阻正常，第 1 引脚与其他各引脚的阻值均为 10kΩ，如果第 1 引脚与某引脚的阻值为无穷大，则该引脚与第 1 引脚之间的内部电阻开路。

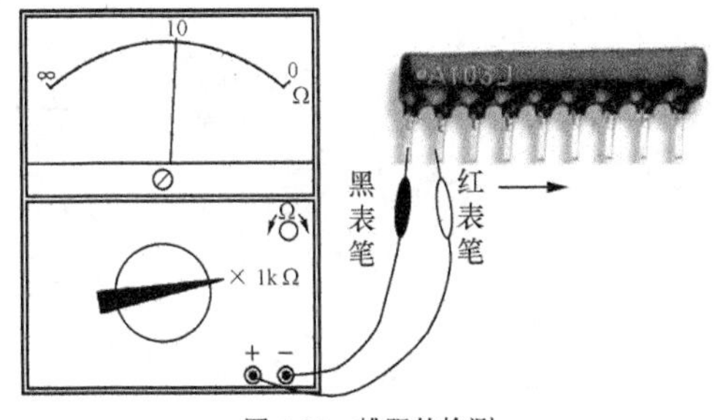

图 4-22　排阻的检测

2. 类型判别

在判别排阻的类型时，可以直接查看其表面标注的类型代码，然后对照表 4-4 就可以了解该排阻的内部电路结构。如果排阻表面的类型代码不清晰，可以用万用表检测来判断其类型。

在检测时，将万用表拨至 R×10Ω挡，用黑表笔接第 1 引脚，红表笔接第 2 引脚，记下测量值，然后保持黑表笔不动，红表笔再接第 3 引脚，并记下测量值，再用同样的方法依次测量并记下其他引脚阻值，分析第 1 引脚与其他引脚的阻值规律，对照表 4-4 判断出所测排阻的类型，比如第 1 引脚与其他各引脚阻值均相等，所测排阻应为 A 型，如果第 1 引脚与第 2 引脚之后所有引脚的阻值均为无穷大，则所测排阻为 B 型。

4.5　检测电容器

电容器是一种可以储存电荷的元器件，其储存电荷的多少称为容量。**电容器可分为固定电容器与可变电容器**，固定电容器的容量不能改变，而可变电容器的容量可采用手动方式调节。

4.5.1　结构、外形与符号

电容器是一种可以储存电荷的元器件。相距很近且中间隔有绝缘介质（如空气、纸和陶瓷等）的两块导电极板就构成了电容器。固定电容器的结构，外形与电路符号如图 4-23 所示。

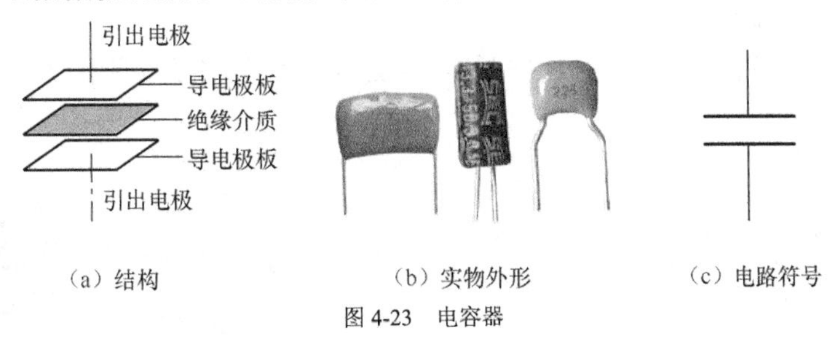

（a）结构　（b）实物外形　（c）电路符号

图 4-23　电容器

4.5.2　极性识别与检测

固定电容器可分为无极性电容器和有极性电容器。

1. 无极性电容器

无极性电容器的引脚无正、负极之分。无极性电容器的电路符号如图 4-24（a）所示，常见无极性电容器外形如图 4-24（b）所示。**无极性电容器的容量小，但耐压高。**

2. 有极性电容器

有极性电容器又称电解电容器，引脚有正、负之分。有极性电容器的电路符号如图 4-25（a）所示，常见有极性电容器外形如图 4-25（b）所示。**有极性电容器的容量大，但耐压较低。**

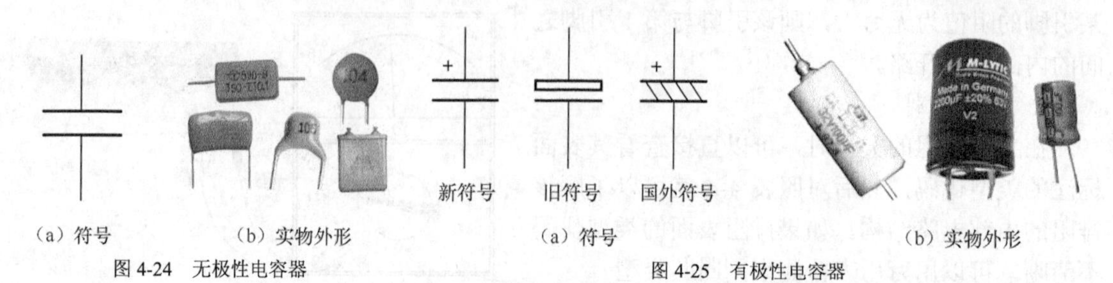

（a）符号　（b）实物外形

图 4-24　无极性电容器

（a）符号　（b）实物外形

图 4-25　有极性电容器

有极性电容器引脚有正负之分，在电路中不能乱接，若正负位置接错，轻则电容器不能正常工作，重则电容器炸裂。**有极性电容器正确的连接方法是：电容器正极接电路中的高电位，负极接电路中的低电位。**有极性电容器正确和错误的接法分别如图 4-26 所示。

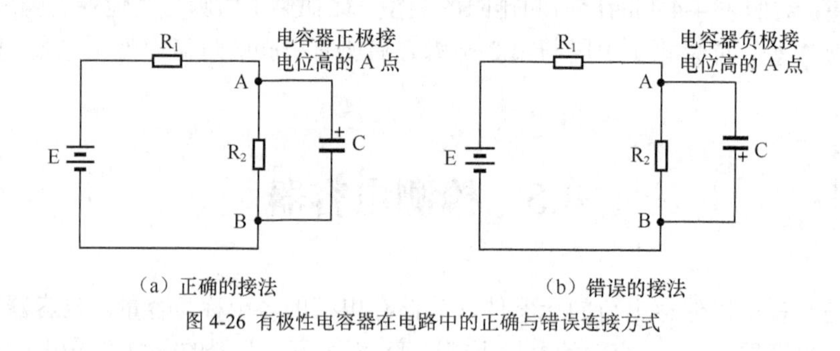

（a）正确的接法　（b）错误的接法

图 4-26 有极性电容器在电路中的正确与错误连接方式

3. 有极性电容器极性的识别与检测

由于有极性电容器有正负之分，在电路中又不能乱接，所以在使用有极性电容器前需要判别出正、负极。**有极性电容器的正、负极判别方法如下：**

方法一：对于未使用过的新电容，可以根据引脚长短来判别。引脚长的为正极，引脚短的为负极，如图 4-27 所示。

方法二：根据电容器上标注的极性判别。电容器上标"+"为正极，标"–"为负极，如图 4-28 所示。

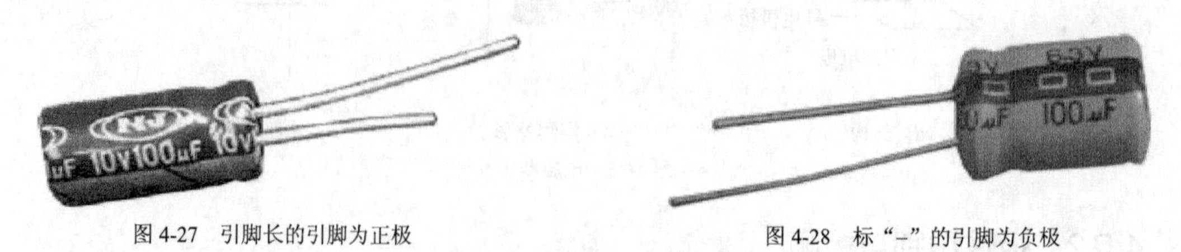

图 4-27　引脚长的引脚为正极　　图 4-28　标"–"的引脚为负极

方法三：用万用表检测。万用表拨 R×10k 挡，测量电容器两极之间阻值，正反各测一次，如图 4-29 所示，每次测量时表针都会先向右摆动，然后慢慢往左返回，待表针稳定不移动后再观察阻值大小，两次测量会出现阻值一大一小，以阻值大的那次为准，如图 4-29（b）所示，黑表笔接的为正极，红表笔接的为负极。

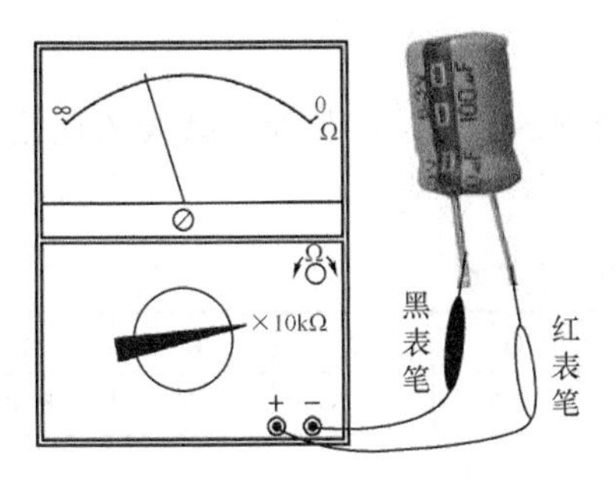

（a）阻值小

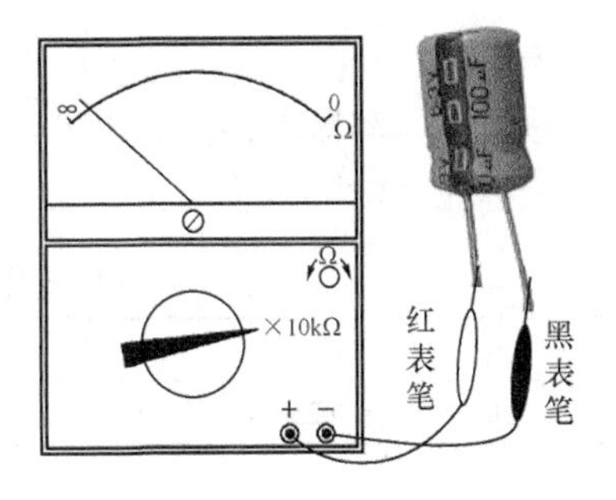

（b）阻值大

图 4-29　用万用表检测电容器的极性

4.5.3　容量与误差的标注方法

容量与误差的标注方法

1. 容量的标注方法

电容器容量标注方法很多，表 4-5 列出了一些常用的容量标注方法。

表 4-5　　电容器常用的容量标注方法

容量标注方法及说明	例图
◆直标法：直标法是指在电容器上直接标出容量值和容量单位。电解电容器常采用直标法，右图左方的电容器的容量为 2200μF，耐压为 63V，误差为±20%，右方电容器的容量为 68nF，J 表示误差为±5% 。	M-LYTIC 2200μF 63V ±20%　63 68nJ
◆小数点标注法：容量较大的无极性电容器常采用小数点标注法。小数点标注法的容量单位是μF。 右图中的两个实物电容器的容量分别是 0.01μF 和 0.033μF。有的电容器用μ、n、p 来表示小数点，同时指明容量单位，如图中的 p1、4n7、3μ分别表示容量 0.1pF、4.7nF、3.3μF，如果用 R 表示小数点，单位则为μF，如 R33 表示容量是 0.33μF。	0.01　.033　p1 0.1pF　4n7 4.7nF　3μ3 3.3μF　R33 0.33μF
◆整数标注法：容量较小的无极性电容器常采用整数标注法，单位为 pF。 若整数末位是 0，如标“330”则表示该电容器容量为 330pF；若整数末位不是 0，如标“103”，则表示容量为 10×10^3pF。右图中的几个电容器的容量分别是 180pF、330pF 和 22000pF。如果整数末尾是 9，不是表示 10^9，而是表示 10^{-1}，如 339 表示 3.3pF。	180　330　223

2. 误差表示法

电容器误差表示方法主要有罗马数字表示法、字母表示法和直接表示法。

（1）罗马数字表示法

罗马数字表示法是在电容器标注罗马数字来表示误差大小。这种方法用 0、Ⅰ、Ⅱ、Ⅲ分别表示误差±2%、±5%、±10%和±20%。

（2）字母表示法

字母表示法是在电容器上标注字母来表示误差的大小。字母及其代表的误差数见表 4-6。例如某电容器上标注“K”，表示误差为±10%。

表 4-6　　字母及其代表的误差数

字母	B	C	D	F	G	J	K	M	N
误差（%）	±0.1	±0.25	±0.5	±1	±2	±5	±10	±20	±30

（3）直接表示法

直接表示法是指在电容器上直接标出误差数值。如标注“68pF±5pF”表示误差为±5pF，标注“±20%”表示误差为±20%，标注“0.033/5”表示误差为±5%（%号被省掉）。

4.5.4　用万用表检测固定电容器

电容器常见的故障有开路、短路和漏电。

1．无极性电容器的检测

无极性电容器的检测如图 4-30 所示。

检测无极性电容器时，万用表拨 R×10k 或 R×1k 挡（对于容量小的电容器选 R×10k 挡位），测量电容器两引脚之间的阻值。

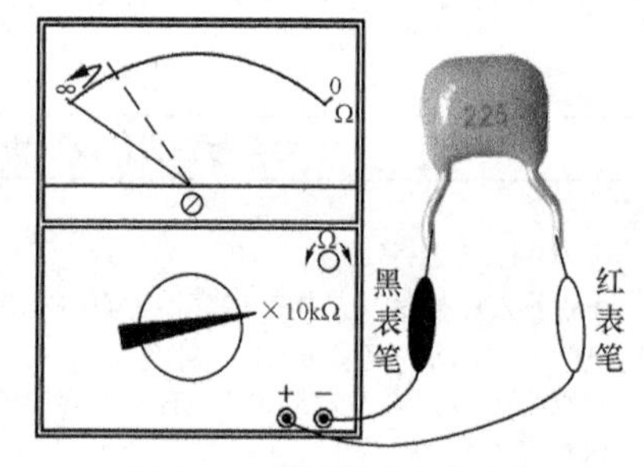

图 4-30　无极性电容器的检测

如果电容器正常，表针先往右摆动，然后慢慢返回到无穷大处，容量越小向右摆动的幅度越小，该过程如图 4-30 所示。表针摆动过程实际上就是万用表内部电池通过表笔对被测电容器充电的过程，被测电容器容量越小充电越快，表针摆动幅度越小，充电完成后表针就停在无穷大处。

若检测时表针无摆动过程，而是始终停在无穷大处，说明电容器不能充电，该电容器开路。

若表针能往右摆动，也能返回，但回不到无穷大，说明电容器能充电，但绝缘电阻小，该电容器漏电。

若表针始终指在阻值小或 0 处不动，这说明电容器不能充电，并且绝缘电阻很小，该电容器短路。

注：对于容量小于 0.01μF 的正常电容器，在测量时表针可能不会摆动，故无法用万用表判断是否开路，但可以判别是否短路和漏电。如果怀疑容量小的电容器开路，万用表又无法检测时，可找相同容量的电容器代换，如果故障消失，就说明原电容器开路。

2．有极性电容器的检测

有极性电容器的检测如图 4-31 所示。

在检测有极性电容器时，万用表拨 R×1k 或 R×10k 挡（对于容量很大的电容器，可选择 R×100 挡），测量电容器正、反向电阻。

如果电容器正常，在测正向电阻（黑表笔接电容器正极引脚，红表笔接负引脚）时，表针先向右作大幅度摆动，然后慢慢返回到无穷大处（用 R×10k 挡测量可能到不了无穷大处，但非常接近也是正常的），如图 4-31（a）所示；在测反向电阻时，表针也是先向右摆动，也能返回，但一般回不到无穷大处，如图 4-31（b）所示。也就是说，正常电解电容器的正向电阻大，反向电阻略小，它的检测过程与判别正负极是一样的。

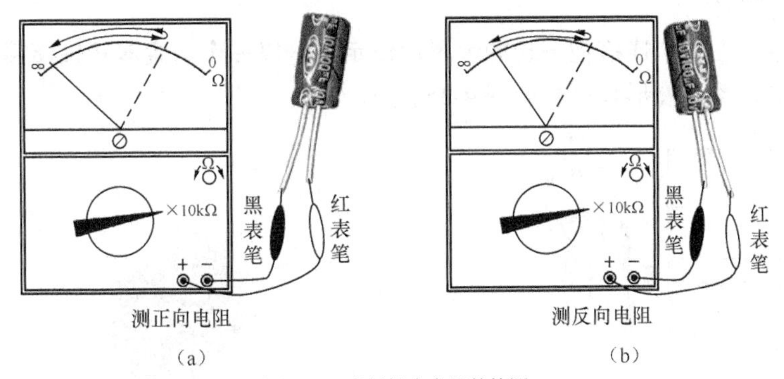

图 4-31　有极性电容器的检测

若正、反向电阻均为无穷大，表明电容器开路。

若正、反向电阻都很小，说明电容器漏电。

若正、反向电阻均为 0，说明电容器短路。

4.5.5　可变电容器的检测

可变电容器又称可调电容器，是指容量可以调节的电容器。可变电容器主要可分为微调电容器、单联电容器和多联电容器。

1. 微调电容器

（1）外形与符号

微调电容器又称半可变电容器，其容量不经常调节。图 4-32（a）是两种常见微调电容器实物外形，微调电容器用图 4-32（b）符号表示。

（2）结构

微调电容器是由一片动片和一片定片构成。微调电容器的典型结构如图 4-33 所示，动片与转轴连接在一起，当转动转轴时，动片也随之转动，动、定片的相对面积就会发生变化，电容器的容量就会变化。

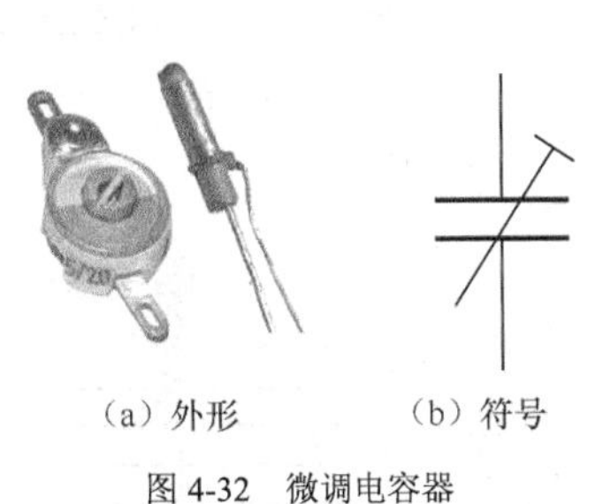

图 4-32　微调电容器

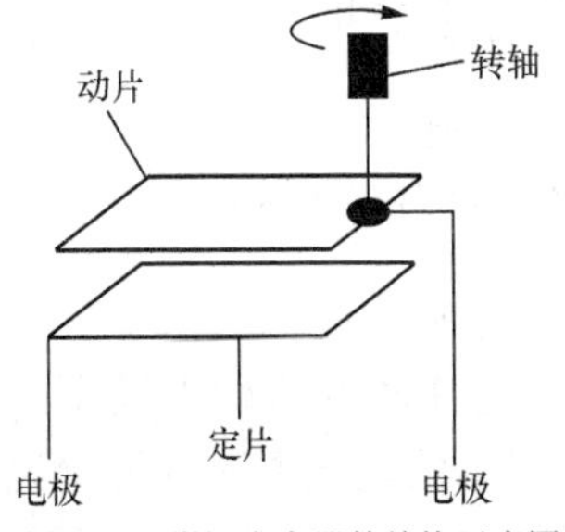

图 4-33　微调电容器的结构示意图

（3）检测

检测微调电容器时，万用表拨 R×10k 挡，测量微调电容器两引脚之间的电阻，如图 4-34 所示，正常测得的阻值应为无穷大。然后调节旋钮，同时观察阻值大小，正常阻值应始终为无穷大，若调节时出现阻值为 0 或阻值变小，说明电容器动、定片之间存在短路或漏电。

2. 单联电容器

（1）外形与符号

单联电容器是由多个连接在一起的金属片作定片，以多个与金属转轴连接的金属片作动片构成。单联电容器的外形和符号如图 4-35 所示。

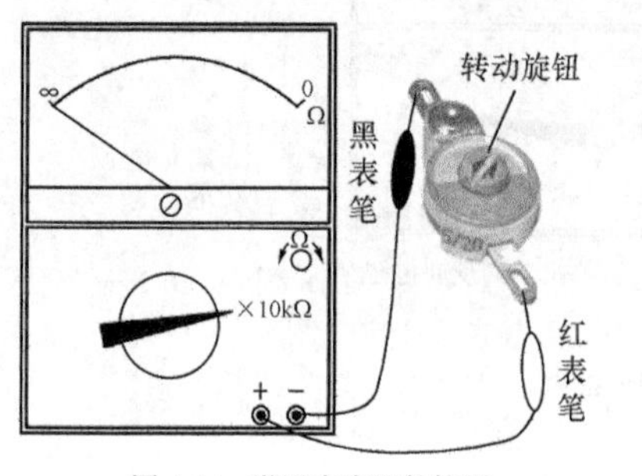

图 4-34 微调电容器的检测

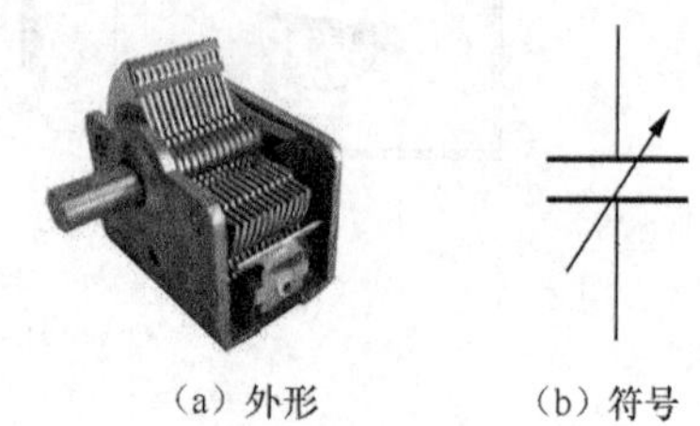
（a）外形 （b）符号

图 4-35 单联电容器

（2）结构

单联电容器的结构如图 4-36 所示，它是以多个有连接的金属片作定片，而将多个与金属转轴连接的金属片作动片，再将定片与动片的金属片交差且相互绝缘叠在一起，当转动转轴时，各个定片与动片之间的相对面积就会发生变化，整个电容器的容量就会变化。

3. 多联电容器

（1）外形与符号

多联电容器是指将两个或两个以上的可变电容器结合在一起而构成的电容器。常见的多联电容器有双联电容器和四联电容器，多联电容器的外形和符号如图 4-37 所示。

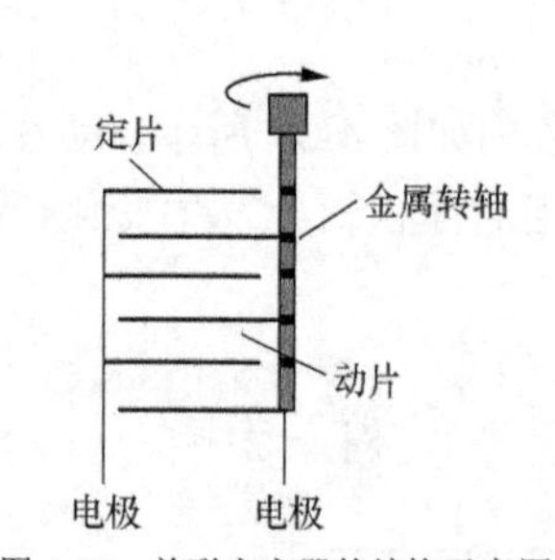

图 4-36 单联电容器的结构示意图

（a）外形

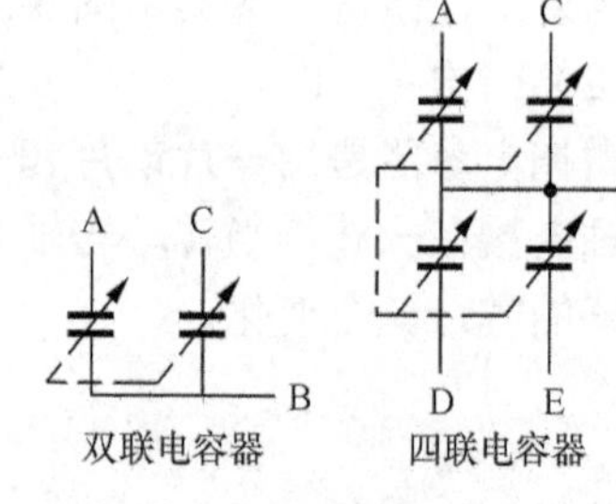

（b）符号

图 4-37 多联电容器

（2）结构

多联电容器虽然种类较多，但结构大同小异，下面以图 4-38 所示的双联电容器为例说明，双联电容器有两组动片和两组定片构成，两组动片都与金属转轴相连，而各组定片都是独立的，当转动转轴时，与转轴连动的两组动片都会移动，它们与各自对应定片的相对面积会同时变化，两个电容器的容量被同时调节。

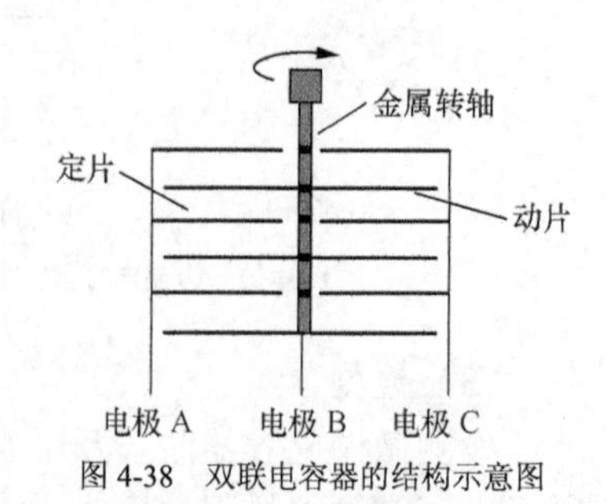

图 4-38 双联电容器的结构示意图

4.6　检测电感器

4.6.1　外形与符号

将导线在绝缘支架上绕制一定的匝数（圈数）就构成了电感器。常见的电感器的实物外形如图 4-39（a）所示，**根据绕制的支架不同，电感器可分为空芯电感器（无支架）、磁芯电感器（磁性材料支架）和铁芯电感器（硅钢片支架）**，它们的电路符号如图 4-39（b）所示。

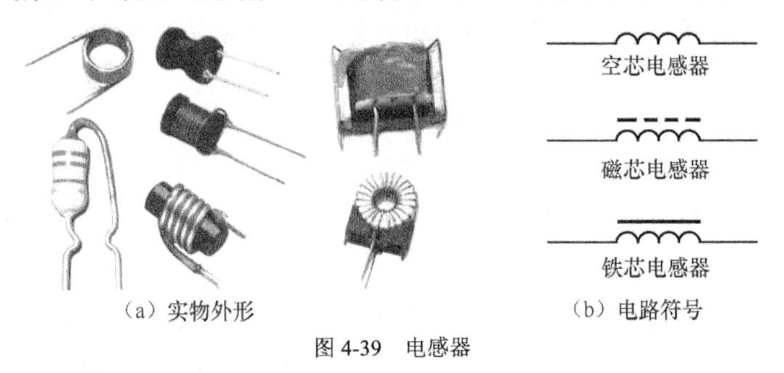

（a）实物外形　　（b）电路符号

图 4-39　电感器

4.6.2　主要参数与标注方法

1．主要参数

电感器的主要参数有电感量、误差、品质因数和额定电流等。

（1）电感量

电感器由线圈组成，当电感器通过电流时就会产生磁场，电流越大，产生的磁场越强，穿过电感器的磁场（又称为磁通量ϕ）就越大。实验证明，通过电感器的磁通量ϕ和通入的电流 I 成正比关系。磁通量ϕ与电流的比值称为自感系数，又称电感量 L，用公式表示为

$$L=\frac{\phi}{I}$$

电感量的基本单位为亨利（简称亨），用字母“H”表示，此外还有毫亨（mH）和微亨（μH），它们之间的关系是：

$$1\text{H}=10^3\text{mH}=10^6\mu\text{H}$$

电感器的电感量大小主要与线圈的匝数（圈数）、绕制方式和磁芯材料等有关。线圈匝数越多、绕制的线圈越密集，电感量就越大；有磁芯的电感器比无磁芯的电感量大；电感器的磁芯导磁率越高，电感量也就越大。

（2）误差

误差是指电感器上标称电感量与实际电感量的差距。对于精度要求高的电路，电感器的允许误差范围通常为±0.2%～±0.5%，一般的电路可采用误差为±10%～±15%的电感器。

（3）品质因数（Q 值）

品质因数也称 Q 值，是衡量电感器质量的主要参数。品质因素是指当电感器两端加某一频率的交流电压时，其感抗 X_L（$X_L=2\pi fL$）与直流电阻 R 的比值。用公式表示：

$$Q=\frac{X_1}{R}$$

从上式可以看出，感抗越大或直流电阻越小，品质因素就越大。电感器对交流信号的阻碍称为感抗，其单位为欧姆Ω。电感器的感抗大小与电感量有关，电感量越大，感抗越大。

提高品质因素既可通过提高电感器的电感量来实现，也可通过减小电感器线圈的直流电阻来实现。例如粗线圈绕制而成的电感器，直流电阻较小，其 Q 值高；有磁芯的电感器较空芯电感器的电感量大，其 Q 值也高。

（4）额定电流

额定电流是指电感器在正常工作时允许通过的最大电流值。电感器在使用时，流过的电流不能超过额定电流，否则电感器就会因发热而使性能参数发生改变，甚至会因过流而烧坏。

2. 参数标注方法

电感器的参数标注方法主要有直标法和色标法。

（1）直标法

电感器采用直标法标注时，一般会在外壳上标注电感量、误差和额定电流值。图 4-40 列出了几个采用直标法标注的电感器。

在标注电感量时，通常会将电感量值及单位直接标出。在标注误差时，分别用Ⅰ、Ⅱ、Ⅲ表示±5%、±10%、±20%。在标注额定电流时，用 A、B、C、D、E 分别表示 50mA、150mA、300mA、0.7A 和 1.6A。

（2）色标法

色标法是采用色点或色环标在电感器上来表示电感量和误差的方法。色码电感器采用色标法标注，其电感量和误差标注方法同色环电阻器，单位为μH。色码电感器的各种颜色含义及代表的数值与色环电阻器相同，具体可见表 4-2。色码电感器颜色的排列顺序方法也与色环电阻器相同。色码电感器与色环电阻器识读不同仅在于单位不同，色码电感器单位为μH。色码电感器的识别如图 4-41 所示，图中的色码电感器上标注“红棕黑银”表示电感量为 21μH，误差为±10%。

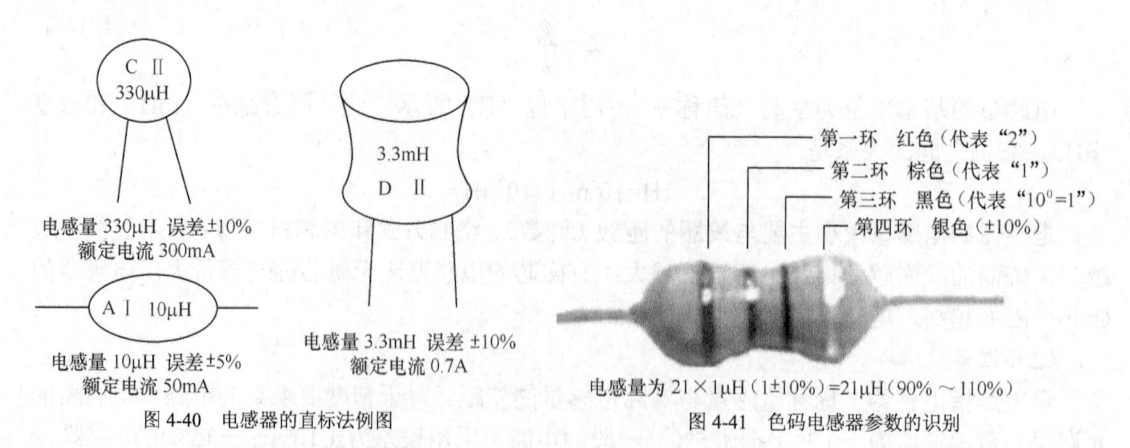

图 4-40 电感器的直标法例图

图 4-41 色码电感器参数的识别

4.6.3 用万用表检测电感器

电感器的电感量和 Q 值一般用专门的电感测量仪和 Q 表来测量，一些功能齐全的万用表

也具有电感量测量功能。电感器常见的故障有开路和线圈匝间短路。电感器实际上就是线圈，由于线圈的电阻一般比较小，测量时一般用万用表的 R×1Ω挡，电感器的检测如图 4-42 所示。

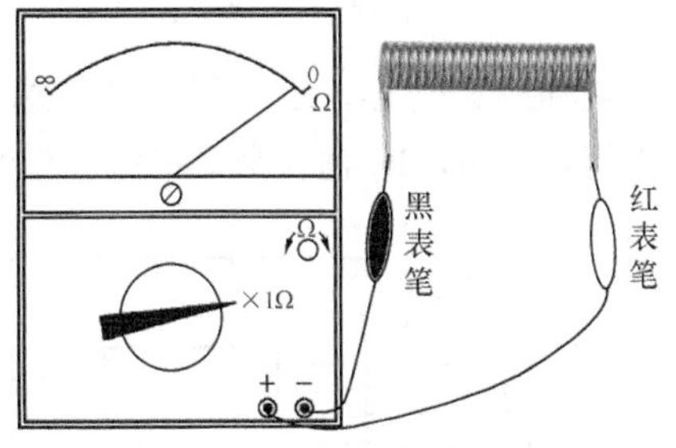

图 4-42　电感器的检测

线径粗、匝数少的电感器电阻小，接近于 0Ω，线径细、匝数多的电感器阻值较大。在测量电感器时，万用表可以很容易检测出是否开路（开路时测出的电阻为无穷大），但很难判断它是否匝间短路，因为电感器匝间短路时电阻减小很少，解决方法是：当怀疑电感器匝间有短路，万用表又无法检测出来时，可更换新的同型号电感器，故障排除则说明原电感器已损坏。

4.7　检测变压器

4.7.1　外形与符号

变压器可以改变交流电压或交流电流的大小。常见变压器的实物外形及电路符号如图 4-43 所示。

（a）实物外形　　（b）电路符号

图 4-43　变压器

4.7.2　结构与工作原理

1. 结构

两组相距很近、又相互绝缘的线圈就构成了变压器。变压器的结构如图 4-44 所示，从图中可以看出，**变压器主要是由绕组和铁芯组成。**绕组通常是由漆包线（在表面涂有绝缘层的导线）或纱包线绕制而成，**与输入信号连接的绕组称为一次绕组（或称为初级线圈），输出信号的绕组称为二次绕组（或称为次级线圈）。**

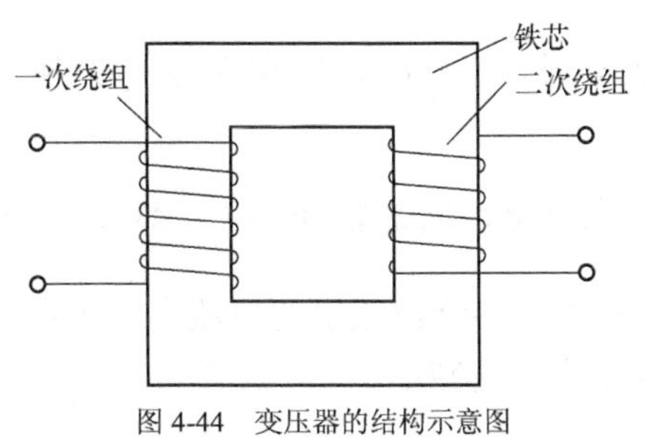

图 4-44　变压器的结构示意图

2. 工作原理

变压器是利用电-磁和磁-电转换原理工作的。下面以图 4-45 所示电路来说明变压器的工作原理。

当交流电压 U_1 送到变压器的一次绕组 L_1 两端时（L_1 的匝数为 N_1），有交流电流 I_1 流过 L_1，L_1 马上产生磁场，磁场的磁感线沿着导磁良好的铁芯穿过二次绕组 L_2（其匝数为 N_2），

有磁感线穿过 L_2，L_2 上马上产生感应电动势，此时 L_2 相当一个电源，由于 L_2 与电阻 R 连接成闭合电路，L_2 就有交流电流 I_2 输出并流过电阻 R，R 两端的电压为 U_2。

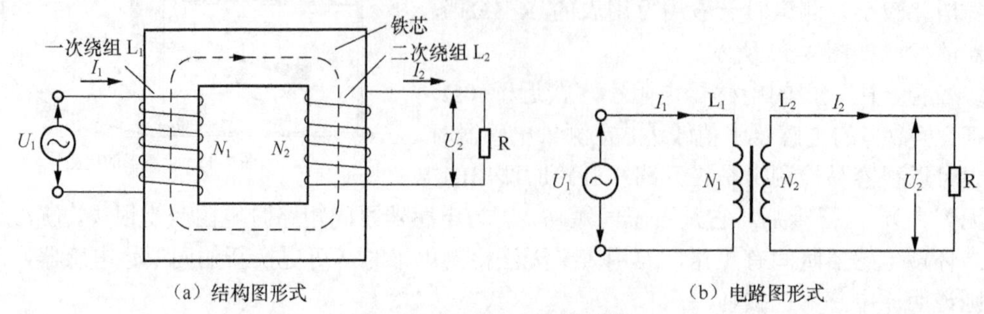

图 4-45　变压器工作原理说明图

变压器的一次绕组进行电-磁转换，而二次绕组进行磁-电转换。

4.7.3　特殊绕组变压器

前面介绍的变压器一、二次绕组分别只有一组绕组，实际应用中经常会遇到其他一些形式绕组的变压器。图 4-46 列出了一些特殊绕组变压器。

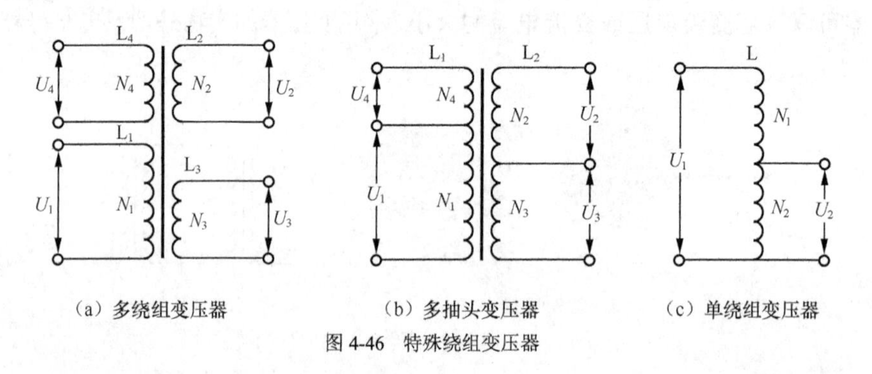

图 4-46　特殊绕组变压器

（1）多绕组变压器

多绕组变压器的一、二次绕组由多个绕组组成，图 4-46（a）是一种典型的多个绕组的变压器，如果将 L_1 作为一次绕组，那么 L_2、L_3、L_4 都是二次绕组，L_1 绕组上的电压与其他绕组的电压关系都满足 $\frac{U_1}{U_2}=\frac{N_1}{N_2}$。

例如 N_1=1000、N_2=200、N_3=50、N_4=10，当 U_1=220V 时，U_2、U_3、U_4 电压分别是 44V、11V 和 2.2V。

对于多绕组变压器，各绕组的电流不能按 $\frac{U_1}{U_2}=\frac{I_2}{I_1}$ 来计算，而遵循 P1=P2+P3+P4，即 $U_1I_1=U_2I_2+U_3I_3+U_4I_4$，当某个二次绕组接的负载电阻很小时，该绕组流出的电流会很大，其输出功率就增大，其他二次绕组输出电流就会减小，功率也相应减小。

（2）多抽头变压器

多抽头变压器的一、二次绕组由两个绕组构成，除了本身具有四个引出线外，还在绕组内部接出抽头，将一个绕组分成多个绕组。图 4-46（b）是一种多抽头变压器。从图中可以看出，多抽头变压器由抽头分出的各绕组之间电气上是连通的，并且两个绕组之间共用一个引出线，而多绕组变压器各个绕组之间电气上是隔离的。如果将输入电压加到匝数为 N_1 的绕组两端，该绕组称为一次绕组，其他绕组就都是二次绕组，各绕组之间的电压关系都满足 $\frac{U_1}{U_2}=\frac{N_1}{N_2}$。

（3）单绕组变压器

单绕组变压器又称自耦变压器，它只有一个绕组，通过在绕组中引出抽头而产生一、二次绕组。单绕组变压器如图 4-46（c）所示。如果将输入电压 U_1 加到整个绕组上，那么整个绕组就为一次绕组，其匝数为（N_1+N_2），匝数为 N_2 的绕组为二次绕组，U_1、U_2 电压关系满足 $\frac{U_1}{U_2}=\frac{N_1+N_2}{N_2}$。

4.7.4　用万用表检测变压器

在检测变压器时，通常要测量各绕组的电阻、绕组间的绝缘电阻、绕组与铁芯之间的绝缘电阻。下面以图 4-47 所示的电源变压器为例来说明变压器的检测方法。（注：该变压器输入电压为 220V、输出电压为 3V-0V-3V、额定功率为 3VA）。

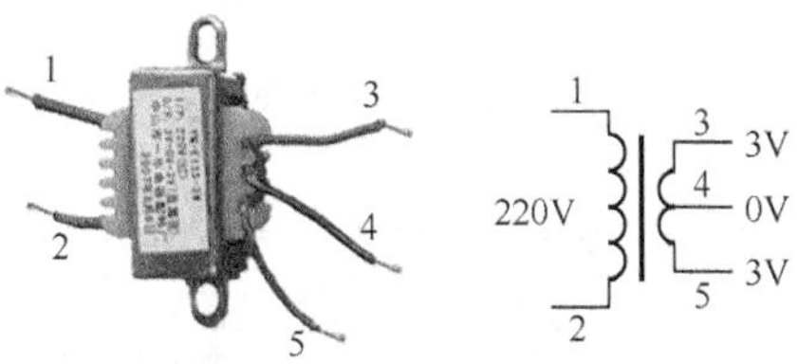

图 4-47　一种常见的电源变压器

变压器的检测如图 4-48 所示。**变压器的检测步骤如下：**

第一步：测量各绕组的电阻。

万用表拨至 R×100Ω挡，红、黑表笔分别接变压器的 1、2 端，测量一次绕组的电阻，如图 4-48（a）所示，然后在刻度盘上读出阻值大小。图中显示的是一次绕组的正常阻值，为 1.7kΩ。

若测得的阻值为∞，说明一次绕组开路。

若测得的阻值为 0，说明一次绕组短路。

若测得的阻值偏小，则可能是一次绕组匝间出现短路。

然后万用表拨至 R×1Ω挡，用同样的方法测量变压器的 3、4 端和 4、5 端的电阻，正常几欧姆。

一般来说，变压器的额定功率越大，一次绕组的电阻越小，变压器的输出电压越高，其二次绕组电阻越大（因匝数多）。

第二步：测量绕组间绝缘电阻。

万用表拨至 R×10kΩ挡，红、黑表笔分别接变压器一、二次绕组的一端，如图 4-48（b）所示，然后在刻度盘上读出阻值大小。图中显示的是阻值为无穷大，说明一、二次绕组间绝缘良好。

若测得的阻值小于无穷大，说明一、二次绕组间存在短路或漏电。

第三步：测量绕组与铁芯间的绝缘电阻。

万用表拨至 R×10kΩ挡，红表笔接变压器铁芯或金属外壳、黑表笔接一次绕组的一端，如图 4-48（c）所示，然后在刻度盘上读出阻值大小。图中显示的是阻值为无穷大，说明绕组与铁芯间绝缘良好。

若测得的阻值小于无穷大，说明一次绕组与铁芯间存在短路或漏电。

再用同样的方法测量二次绕组与铁芯间的绝缘电阻。

对于电源变压器，一般还要按图 4-48（d）所示方法测量其空载二次电压。先给变压器的一次绕组接 220V 交流电压，然后用万用表的 10V 交流挡测量二次绕组某两端的电压，测出的电压值应与变压器标称二次绕组电压相同或相近，允许有 5%～10%的误差。若二次绕组所有接线端间的电压都偏高，则一次绕组局部有短路。若二次绕组某两端电压偏低，则该两端间的绕组有短路。

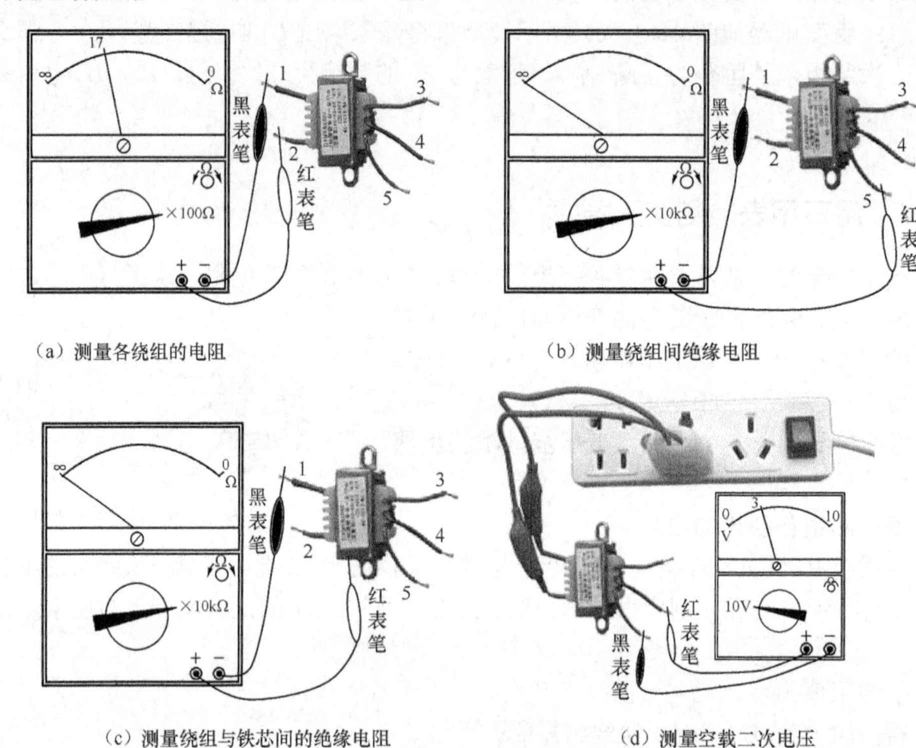

（a）测量各绕组的电阻　　（b）测量绕组间绝缘电阻

（c）测量绕组与铁芯间的绝缘电阻　　（d）测量空载二次电压

图 4-48　变压器的检测

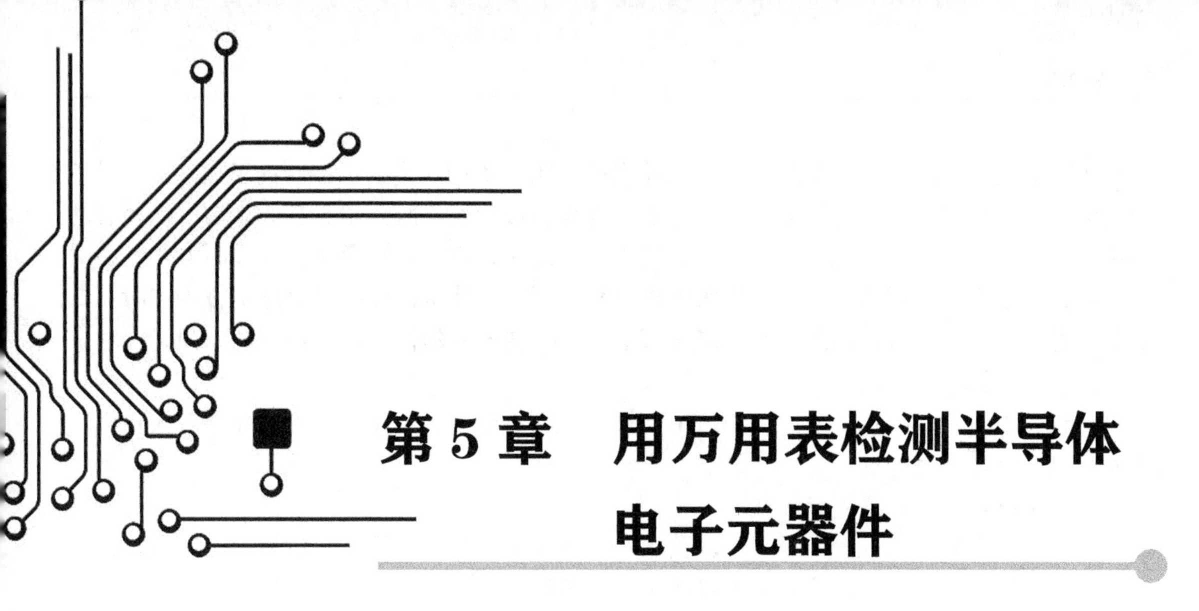

第 5 章　用万用表检测半导体电子元器件

5.1　检测二极管

5.1.1　普通二极管的检测

1. 结构、符号和外形

二极管内部结构、电路符号和实物外形如图 5-1 所示。

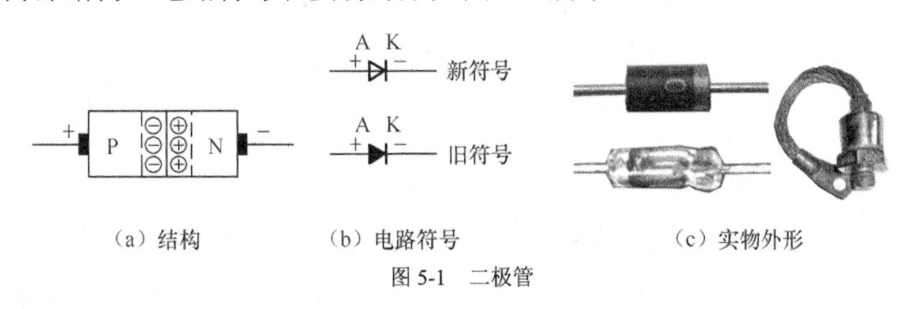

（a）结构　　（b）电路符号　　（c）实物外形

图 5-1　二极管

2. 性质

性质说明

下面通过分析图 5-2 中的两个电路来说明二极管的性质。

在图 5-2（a）电路中，当闭合开关 S 后，发现灯泡会发光，表明有电流流过二极管，二极管导通；而在图 5-2（b）电路中，当开关 S 闭合后灯泡不亮，说明无电流流过二极管，二极管不导通。

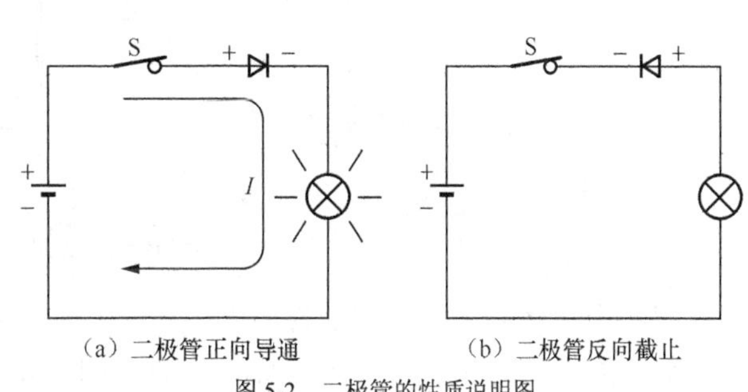

（a）二极管正向导通　　（b）二极管反向截止

图 5-2　二极管的性质说明图

通过观察这两个电路中二极管的接法可以发现：在图 5-2（a）中，二极管的正极通过开关 S 与电源的正极连接，二极管的负极通过灯泡与电源负极相连，而在图 5-2（b）中，二极管的负极通过开关 S 与电源的正极连接，二极管的正极通过灯泡与电源负极相连。

由此可以得出这样的结论：**当二极管正极与电源正极连接，负极与电源负极相连时，二极管能导通，反之二极管不能导通。二极管这种单方向导通的性质称二极管的单向导电性。**

3. 极性的识别与检测

二极管引脚有正、负之分，在电路中乱接，轻则不能正常工作，重则损坏。二极管极性判别可采用下面一些方法：

（1）根据标注或外形判断极性

为了让人们更好区分出二极管正、负极，有些二极管会在表面作一定的标志来指示正、负极，有些特殊的二极管，从外形也可找出正、负极。

在图 5-3 中，左上方的二极管表面标有二极管符号，其中三角形端对应的电极为正极，另一端为负极；左下方的二极管标有白色圆环的一端为负极；右方的二极管金属螺栓为负极，另一端为正极。

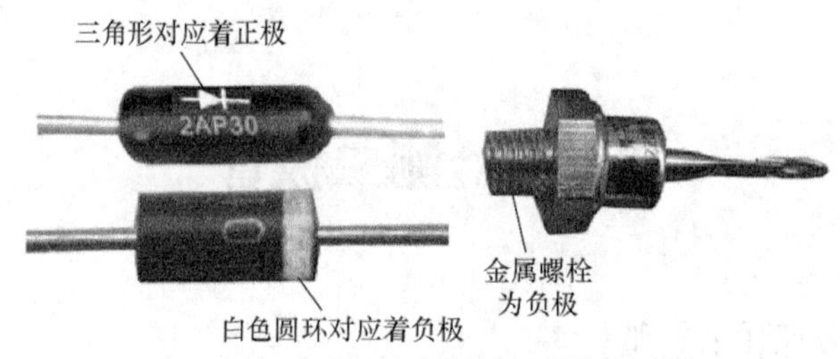

图 5-3　根据标注或外形判断二极管的极性

（2）用指针万用表判断极性

对于没有标注极性或无明显外形特征的二极管，可用指针万用表的欧姆挡来判断极性。万用表拨 R×100 或 R×1k 挡，测量二极管两个引脚之间的阻值，正、反各测一次，会出现阻值一大一小，如图 5-4 所示，以阻值小的一次为准，见图 5-4（a），黑表笔接的为二极管的正极，红表笔接的为二极管的负极。

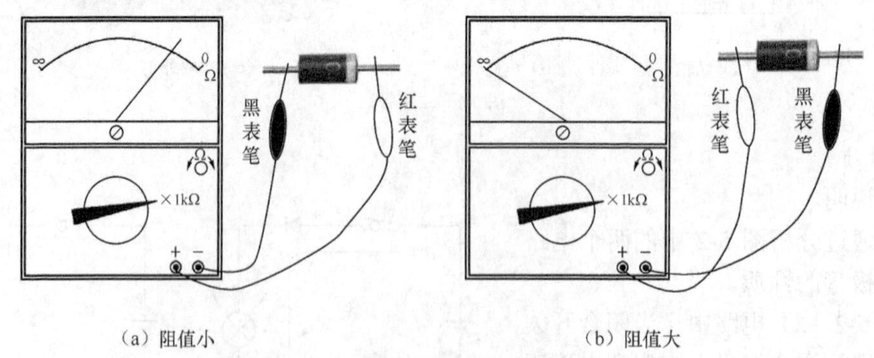

（a）阻值小　　（b）阻值大

图 5-4　用指针万用表判断二极管的极性

（3）用数字万用表判别极性

数字万用表与指针万用表一样，也有电阻挡，但由于两者测量原理不同，数字万用表欧姆挡无法判断二极管的正、负极（数字万用表测量正、反向电阻时阻值都显示无穷大符号“1”），不过数字万用表有一个二极管专用测量挡，可以用该挡来判断二极管的极性。用数字万用表判断二极管极性过程如图 5-5 所示。

在检测判断时，数字万用表拨至“—▶|—”挡（二极管测量专用挡），然后红、黑表笔分别接被测二极管的两极，正反各测一次，测量会出现一次显示“1”，如图 5-5（a）所示，另一次显示 100～800 之间的数字，如图 5-5（b）所示，以显示 100～800 之间数字的那次测量为准，红表笔接的为二极管的正极，黑表笔接的为二极管的负极。在图中，显示“1”表示二极管未导通，显示“575”表示二极管已导通，并且二极管当前的导通电压为 575mV（即 0.575V）。

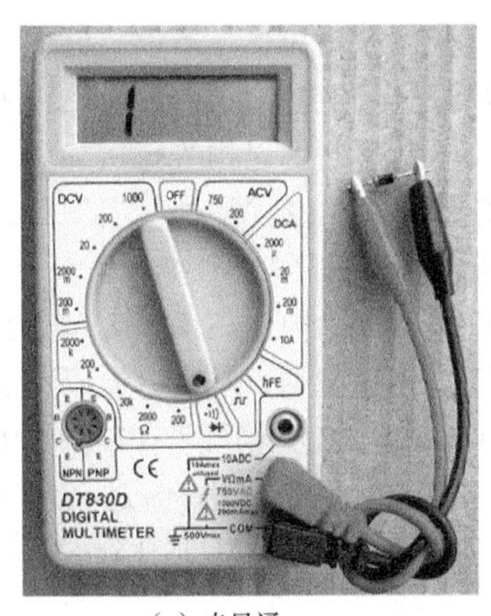

（a）未导通

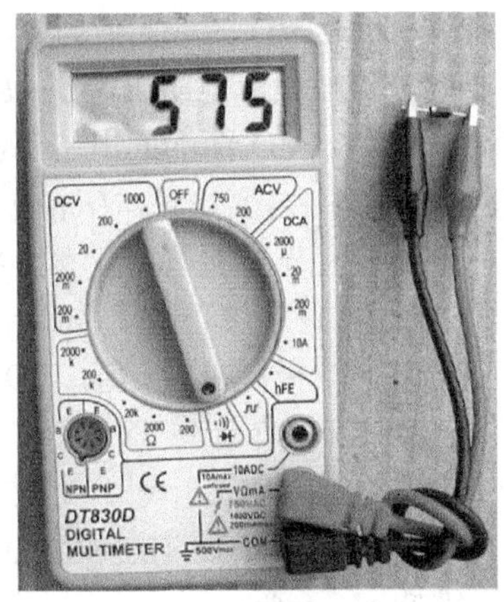

（b）导通

图 5-5　用数字万用表判断二极管的极性

4. 常见故障及检测

二极管常见故障有开路、短路和性能不良。

在检测二极管时，万用表拨 R×1k 挡，测量二极管正、反向电阻，测量方法与极性判断相同，可参见图 5-5。正常锗材料二极管正向阻值在 1kΩ 左右，反向阻值在 500kΩ 以上；正常硅材料二极管正向电阻在 1k～10kΩ，反向电阻为无穷大（注：不同型号万用表测量值略有差距）。也就是说，正常二极管的正向电阻小、反向电阻很大。

若测得二极管正、反电阻均为 0，说明二极管短路。

若测得二极管正、反向电阻均为无穷大，说明二极管开路。

若测得正、反向电阻差距小（即正向电阻偏大，反向电阻偏小），说明二极管性能不良。

5.1.2　稳压二极管的检测

1. 外形与符号

稳压二极管又称齐纳二极管或反向击穿二极管，它在电路中起稳压作用。稳压二极管的实物外形和电路符号如图 5-6 所示。

2. 工作原理

在电路中，稳压二极管可以稳定电压。要让稳压二极管起稳压作用，须将它反接在电路中（即稳压二极管的负极接电路中的高电位，正极接低电位），稳压二极管在电路中正接时的性质与普通二极管相同。下面以图 5-7 所示的电路来说明稳压二极管的稳压原理。

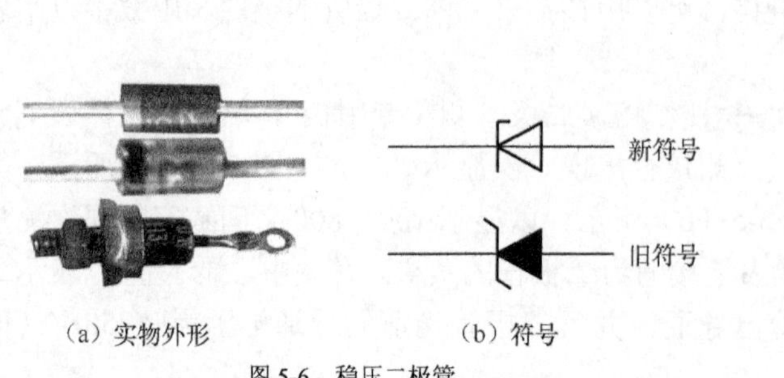

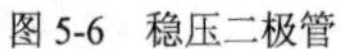

(a) 实物外形　　(b) 符号

图 5-6　稳压二极管

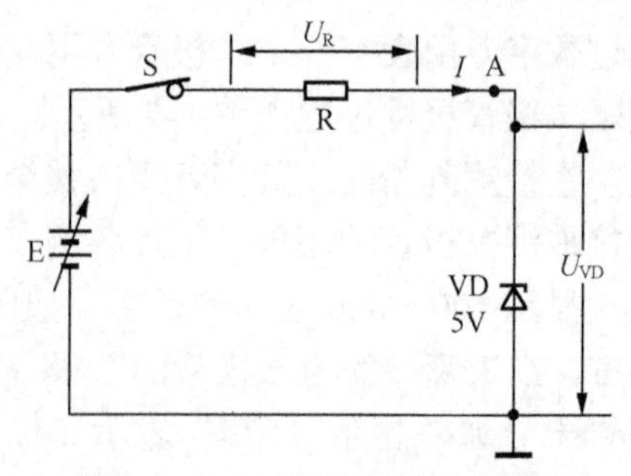

图 5-7　稳压二极管的稳压原理说明图

图 5-7 中的稳压二极管 VD 的稳压值为 5V，若电源电压低于 5V，当闭合开关 S 时，VD 反向不能导通，无电流流过限流电阻 R，$U_R=IR=0$，电源电压途经 R 时，R 上没有压降，故 A 点电压与电源电压相等，VD 两端的电压 U_{VD} 与电源电压也相等，例如 E=4V 时，U_{VD} 也为 4V，电源电压在 5V 范围内变化时，U_{VD} 也随之变化。也就是说，当加到稳压二极管两端电压低于它的稳压值时，稳压二极管处于截止状态，无稳压功能。

若电源电压超过稳压二极管稳压值，如 E=8V，当闭合开关 S 时，8V 电压通过电阻 R 送到 A 点，该电压超过稳压二极管的稳压值，VD 反向击穿导通，马上有电流流过电阻 R 和稳压管 VD，电流在流过电阻 R 时，R 产生 3V 的压降（即 U_R=3V），稳压管 VD 两端的电压 U_{VD}=5V。

若调节电源 E 使电压由 8V 上升到 10V 时，由于电压的升高，流过 R 和 VD 的电流都会增大，因流过 R 的电流增大，R 上的电压 U_R 也随之增大（由 3V 上升到 5V），而稳压二极管 VD 上的电压 U_{VD} 维持 5V 不变。

稳压二极管的稳压原理可概括为：当外加电压低于稳压二极管稳压值时，稳压二极管不能导通，无稳压功能；当外加电压高于稳压二极管稳压值时，稳压二极管反向击穿，两端电压保持不变，其大小等于稳压值。（注：为了保护稳压二极管并使它有良好的稳压效果，需要给稳压二极管串接限流电阻）。

3. 检测

稳压二极管的检测包括极性判断、好坏检测和稳定电压检测。稳压二极管具有普通二极管的单向导电性，故极性检测与普通二极管相同，这里仅介绍稳压二极管的好坏检测和稳定电压检测。

好坏检测

万用表拨至 R×100 或 R×1k 挡，测量稳压二极管正、反向电阻，如图 5-8 所示。正常的稳压二极管正向电阻小，反向电阻很大。

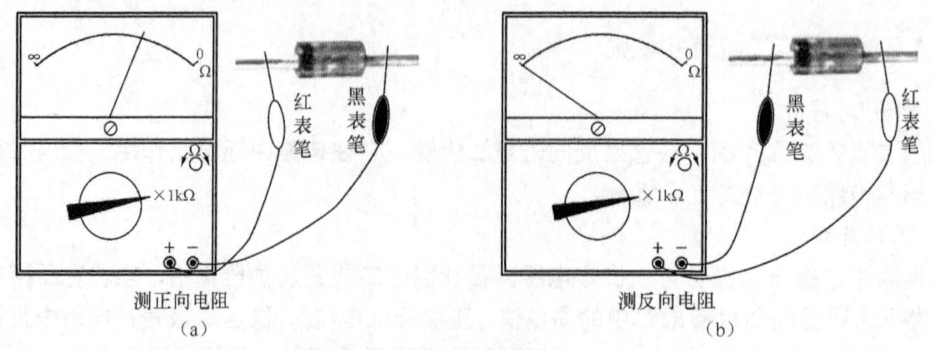

(a)　　(b)

图 5-8　稳压二极管的好坏检测

若测得的正、反向电阻均为 0，说明稳压二极管短路。

若测得的正、反向电阻均为无穷大，说明稳压二极管开路。

若测得的正、反向电阻差距不大，说明稳压二极管性能不良。

注：对于稳压值小于 9V 的稳压二极管，用万用表 R×10k 挡（此挡位万用表内接 9V 电池）测反向电阻时，稳压二极管会被反向击穿，此时测出的反向阻值较小，这属于正常。

4. 稳压值检测

检测稳压二极管稳压值可按下面两个步骤进行：

第一步：按图 5-9 所示的方法将稳压二极管与电容、电阻和耐压大于 300V 的二极管接好，再与 220V 市电连接。

第二步：将万用表拨至直流 50V 挡，红、黑表表笔分别接被测稳压二极管的负、正极，然后在表盘上读出测得的电压值，该值即为稳压二极管的稳定电压值。图中测得稳压二极管的稳压值为 15V。

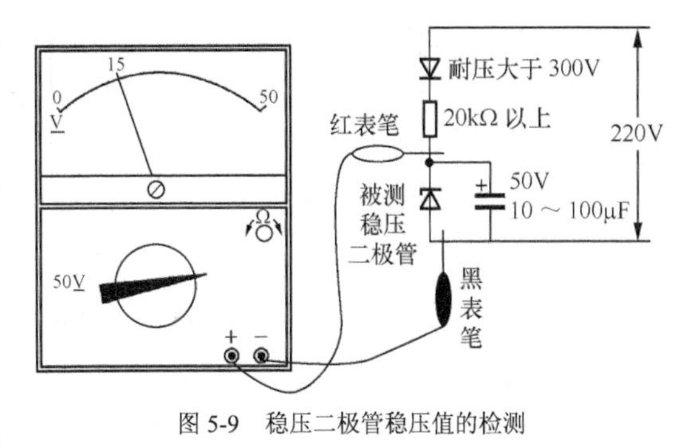

图 5-9　稳压二极管稳压值的检测

5.1.3　变容二极管的检测

1. 外形与符号

变容二极管在电路中可以相当于电容，并且容量可调。变容二极管的实物外形和电路符号如图 5-10 所示。

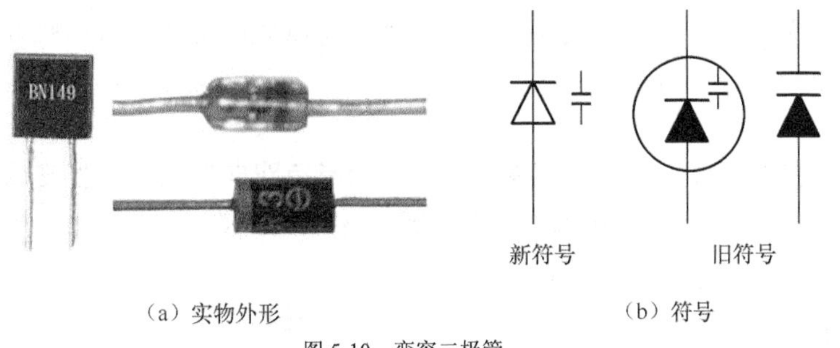

（a）实物外形　　（b）符号

图 5-10　变容二极管

2. 性质说明

变容二极管加反向电压时可以相当于电容器，当反向电压改变时，其容量就会发生变化。下面以图 5-11 所示的电路和曲线来说明变容二极管容量调节规律。

在图 5-11（a）电路中，变容二极管 VD 加有反向电压，电位器 RP 用来调节反向电压的大小。当 RP 滑动端右移时，加到变容二极管负端的电压升高，即反向电压增大，VD 内部的 PN 结变厚，内部的 P、N 型半导体距离变远，形成的电容容量变小；当 RP 滑动端左移时，变容二极管反向电压减小，VD 内部的 PN 结变薄，内部的 P、N 型半导体距离变近，形成的电容容量增大。

也就是说，当调节变容二极管反向电压大小时，其容量会发生变化，反向电压越高，容量越小，反向电压越低，容量越大。

图 5-11（b）为变容二极管的特性曲线，它直观表示出变容二极管两端反向电压与容量变化规律，如当反向电压为 2V 时，容量为 3pF，当反向电压增大到 6V 时，容量减小到 2pF。

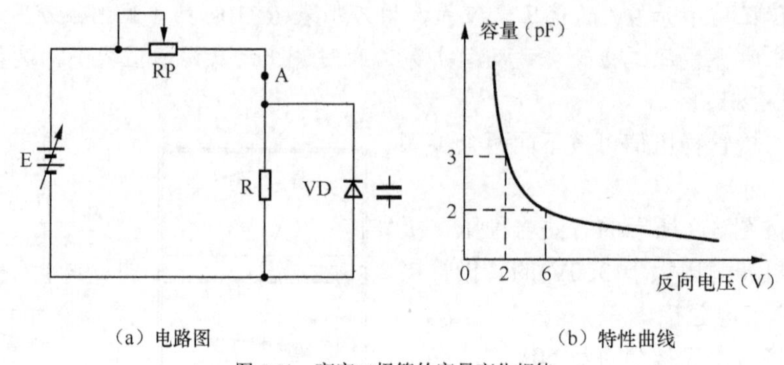

（a）电路图　　（b）特性曲线

图 5-11　变容二极管的容量变化规律

3. 检测

变容二极管检测方法与普通二极管基本相同。检测时万用表拨 R×10k 挡，测量变容二极管正、反向电阻，正常的变容二极管反向电阻为无穷大，正向电阻一般在 200kΩ左右（不同型号该值略有差距）。

若测得正、反向电阻均很小或为 0，说明变容二极管漏电或短路。

若测得正、反向电阻均为无穷大，说明变容二极管开路。

5.1.4　双向触发二极管的检测

1. 外形与符号

双向触发二极管简称双向二极管，它在电路中可以双向导通。双向触发二极管的实物外形和电路符号如图 5-12 所示。

2. 性质说明

普通二极管有单向导电性，而双向触发二极管具有双向导电性，但它的导通电压通常比较高。下面通过图 5-13 所示电路来说明双向触发二极管性质。

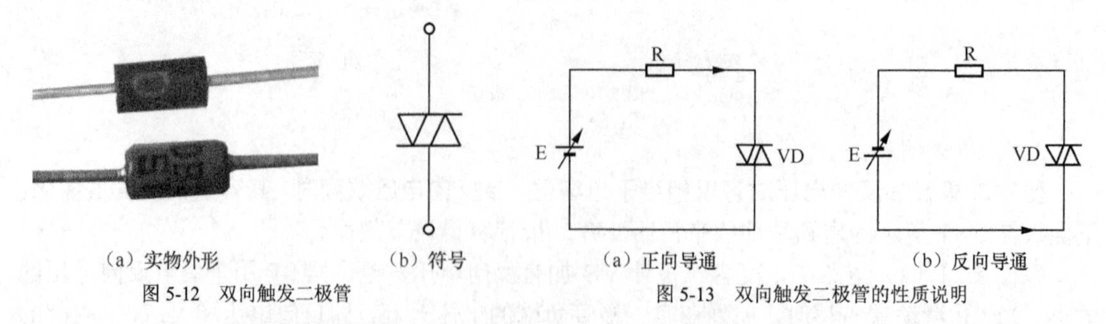

（a）实物外形　　（b）符号

图 5-12　双向触发二极管

（a）正向导通　　（b）反向导通

图 5-13　双向触发二极管的性质说明

① 两端加正向电压。在图 5-13（a）电路中，将双向触发二极管 VD 与可调电源 E 连接起来。当电源电压较低时，VD 并不能导通，随着电源电压的逐渐调高，当调到某一值时（如 30V），VD 马上导通，有从上往下的电流流过双向触发二极管。

② 两端加反向电压。在图 5-13（b）电路中，将电源的极性调换后再与双向触发二极管

VD 连接起来。当电源电压较低时，VD 不能导通，随着电源电压的逐渐调高，当调到某一值时（如 30V），VD 马上导通，有从下向上的电流流过双向触发二极管。

综上所述，不管加正向电压还是反向电压，只要电压达到一定值，双向触发二极管就能导通。

双向触发二极管正、反向特性相同，具有对称性，故双向触发二极管极性没有正、负之分。双向触发二极管的触发电压较高，30V 左右最为常见，双向触发二极管的触发电压一般有 20～60V、100～150V 和 200～250V 三个等级。

3. 检测

双向触发二极管的检测包括好坏检测和触发电压检测。

（1）好坏检测

万用表拨至 R×1k 挡，测量双向触发二极管正、反向电阻，如图 5-14 所示。

若双向触发二极管正常，正、反向电阻均为无穷大。

若测得的正、反向电阻很小或为 0，说明双向触发二极管漏电或短路，不能使用。

（2）触发电压检测

检测双向触发二极管的触发电压可按下面三个步骤进行：

第一步：按图 5-15 所示的方法将双向触发二极管与电容、电阻和耐压大于 300V 的二极管接好，再与 220V 市电连接。

第二步：将万用表拨至直流 50V 挡，红、黑表笔分别接被测双向触发二极管的两极，然后观察表针位置，如果表针在表盘上摆动（时大时小），表针所指最大电压即为触发二极管的触发电压。图中表针指的最大值为 30V，则触发二极管的触发电压值约为 30V。

第三步：将双向触发二极管两极对调，再测两端电压，正常该电压值应与第二步测得的电压值相等或相近。两者差值越小，表明触发二极管对称性越好，即性能越好。

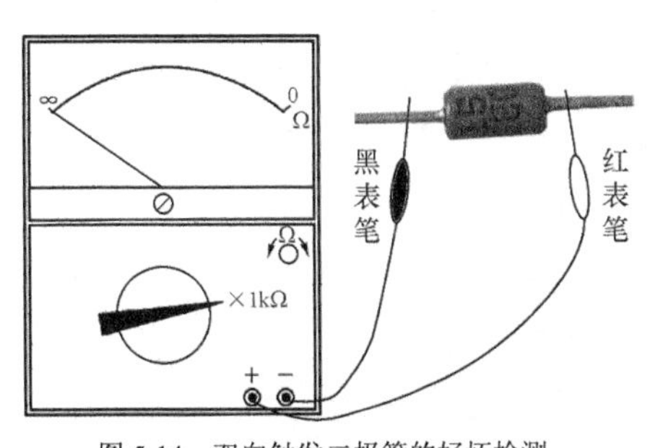

图 5-14　双向触发二极管的好坏检测

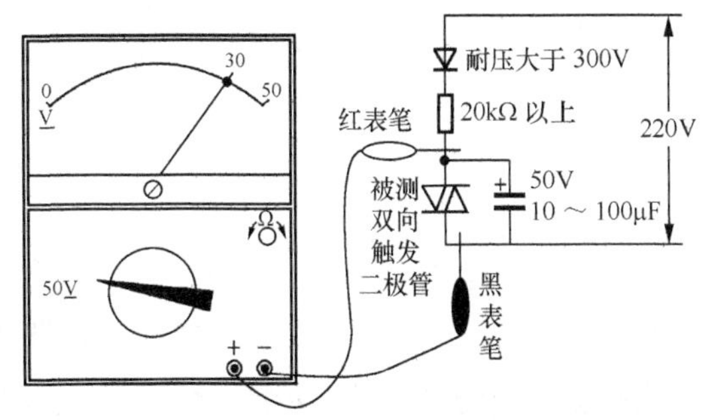

图 5-15　触发二极管触发电压的检测

5.1.5　双基极二极管（单结晶管）的检测

双基极二极管又称单结晶体管，内部只有一个 PN 结，它有三个引脚，分别为发射极 E、基极 B_1 和基极 B_2。

1. 外形、符号、结构和等效图

双基极二极管的外形、符号、结构和等效图如图 5-16 所示。

双基极二极管的制作过程：在一块高阻率的 N 型半导体基片的两端各引出一个铝电极，如图 5-16（c）所示，分别称作第一基极 B_1 和第二基极 B_2，然后在 N 型半导体基片一侧埋入

P 型半导体，在两种半导体的结合部位就形成了一个 PN 结，再在 P 型半导体端引出一个电极，称为发射极 E。

双基极二极管的等效图如图 5-16（d）所示。双基极二极管 B_1、B_2 极之间为高阻率的 N 型半导体，故两极之间的电阻 R_{BB} 较大（4～12kΩ），以 PN 结为中心，将 N 型半导体分作两部分，PN 结与 B_1 极之间的电阻用 R_{B1} 表示，PN 结与 B_2 极之间的电阻用 R_{B2} 表示，$R_{BB}=R_{B1}+R_{B2}$，E 极与 N 型半导体之间的 PN 结可等效为一个二极管，用 VD 表示。

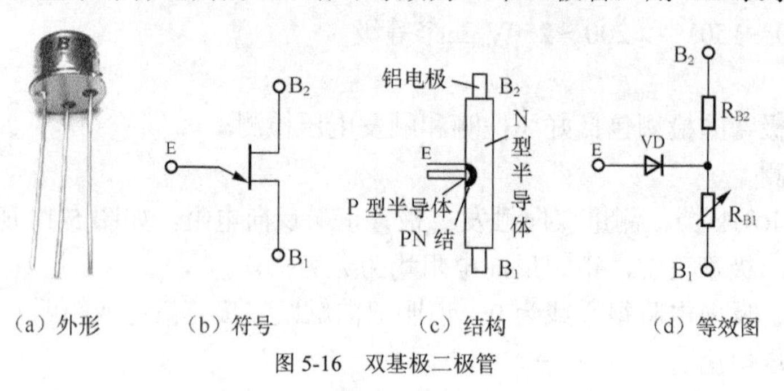

图 5-16　双基极二极管

2. 性质说明

为了分析双基极二极管的工作原理，在发射极 E 和第一基极 B_1 之间加 U_E 电压，在第二基极 B_2 和第一基极 B_1 之间加 U_{BB} 电压，如图 5-17 所示。

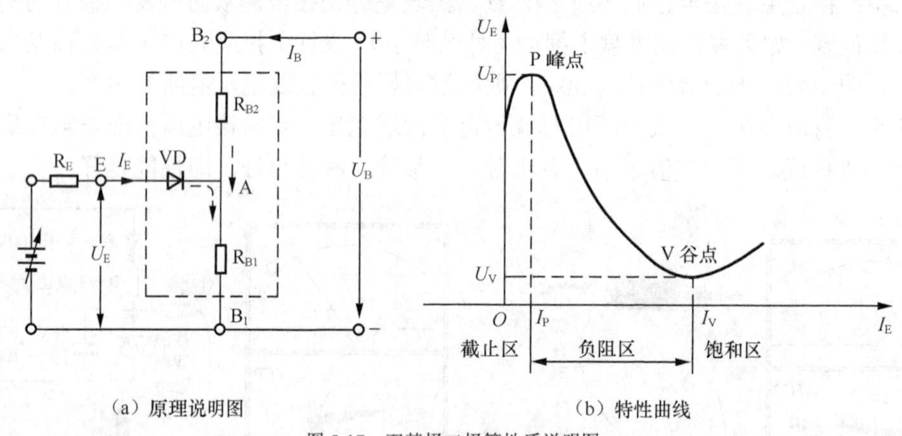

图 5-17　双基极二极管性质说明图

双基极二极管具有以下特点：

① 当发射极 U_E 电压小于峰值电压 U_P（也即小于 $U_{VD}+U_{RB1}$）时，双基极二极管 E、B1 极之间不能导通。

② 当发射极 U_E 电压等于峰值电压 U_P 时，双基极二极管 E、B_1 极之间导通，两极之间的电阻变得很小，U_E 电压的大小马上由峰值电压 U_P 下降至谷值电压 U_V。

③ 双基极二极管导通后，若 $U_E<U_V$，双基极二极管会由导通状态进入截止状态。

④ 双基极二极管内部等效电阻 R_{B1} 的阻值随 I_E 电流变化而变化的，而 R_{B2} 阻值则与 I_E 电流无关。

⑤ 不同的双基极二极管具有不同的 U_P、U_V 值，对于同一个双基极二极管，其 U_{BB} 电压变化，其 U_P、U_V 值也会发生变化。

3．检测

双基极二极管检测包括极性检测和好坏检测。

（1）极性检测

双基极二极管有 E、B_1、B_2 三个电极，从图 5-16（c）所示的内部等效图可以看出，双基极二极管的 E、B_1 极之间和 E、B_2 极之间都相当于一个二极管与电阻串联，B_2、B_1 极之间相当于两个电阻串联。

双基极二极管的极性检测过程如下：

① 检测出 E 极。万用表拨至 R×1kΩ挡，红、黑表笔测量双基极二极管任意两极之间的阻值，每两极之间都正反各测一次。若测得某两极之间的正反向电阻相等或接近时（阻值一般在 2kΩ以上），这两个电极就为 B_1、B_2 极，余下的电极为 E 极；若测得某两极之间的正反向电阻时，出现一次阻值小，另一次无穷大，以阻值小的那次测量为准，黑表笔接的为 E 极，余下的两个电极就为 B_1、B_2 极。

② 检测出 B_1、B_2 极。万用表仍置于 R×1kΩ挡，黑表笔接已判断出的 E 极，红表笔依次接另外两极，两次测得阻值会出现一大一小，以阻值小的那次为准，红表笔接的电极通常为 B_1 极，余下的电极为 B_2 极。由于不同型号双基极二极管的 R_{B1}、R_{B2} 阻值会有所不同，因此这种检测 B_1、B_2 极的方法并不适合所有的双基极二极管，如果在使用时发现双基极二极管工作不理想，可将 B_1、B_2 极对换。

对于一些外形有规律的双基极二极管，其电极也可以根据外形判断，具体如图 5-18 所示。双基极二极管引脚朝上，最接近管子管键（突出部分）的引脚为 E 极，按顺时针方向旋转依次为 B_1、B_2 极。

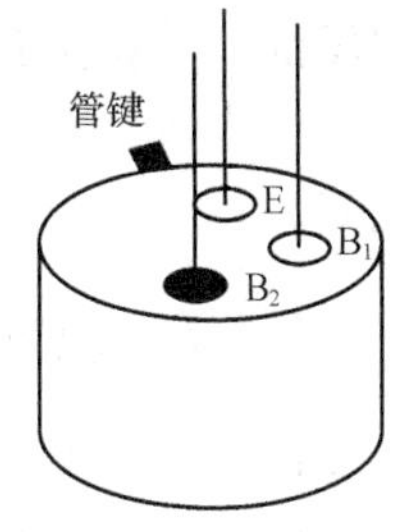

图 5-18　从双基极二极管外形判别电极

（2）好坏检测

双基极二极管的好坏检测过程如下：

① 检测 E、B_1 极和 E、B_2 极之间的正反向电阻。万用表拨至 R×1kΩ挡，黑表笔接双基极二极管的 E 极，红表笔依次接 B_1、B_2 极，测量 E、B_1 极和 E、B_2 极之间的正向电阻，正常时正向电阻较小，然后红表笔接 E 极，黑表笔依次接 B_1、B_2 极，测量 E、B_1 极和 E、B_2 极之间的反向电阻，正常反向电阻无穷大或接近无穷大。

② 检测 B_1、B_2 极之间的正反向电阻。万用表拨至 R×1kΩ挡，红、黑表笔分别接双基极二极管的 B_1、B_2 极，正反各测一次，正常时 B_1、B_2 极之间的正反向电阻通常在 2kΩ～200kΩ之间。

若测量结果与上述不符，则为双基极二极管损坏或性能不良。

5.1.6　肖特基二极管的检测

1．外形与图形符号

肖特基二极管又称肖特基势垒二极管（SBD），其图形符号与普通二极管相同。常见的肖特基二极管实物外形如图 5-19（a）所示。三引脚的肖特基二极管内部有两个二极管组成，其连接有多种方式，如图 5-19（b）所示。

2．特点、应用和检测

肖特基二极管是一种低功耗、大电流、超高速的半导体整流二极管，其工作电流可达几

千安，而反向恢复时间可短至几纳秒。二极管的反向恢复时间越短，从截止转为导通的切换速度越快，普通整流二极管反向恢复时间长，无法在高速整流电路中正常工作。另外，肖特基二极管的正向导通电压较普通硅二极管低，约 0.4V。

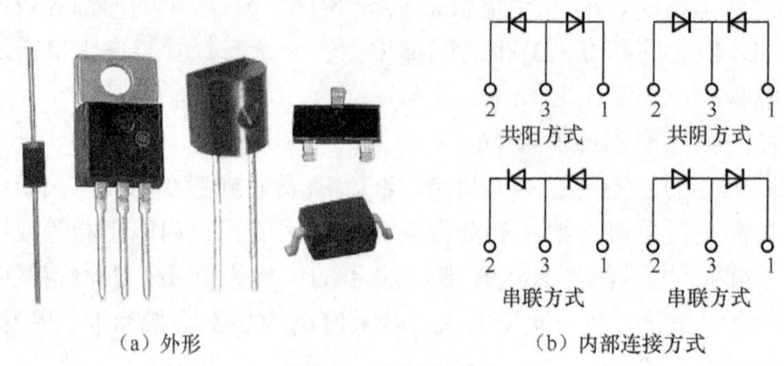

（a）外形　　（b）内部连接方式

图 5-19　肖特基二极管

由于肖特基二极管导通、截止状态可高速切换，故主要用在高频电路中。由于面接触型的肖特基二极管工作电流大，故变频器、电机驱动器、逆变器和开关电源等设备中整流二极管、续流二极管和保护二极管常采用面接触型的肖特基二极管；对于点接触型的肖特基二极管，其工作电流稍小，常在高频电路中用作检波或小电流整流。**肖特基二极管的缺点是反向耐压低，一般在 100V 以下，因此不能用在高电压电路中。**

肖特基二极管与普通二极管一样具有单向导电性，其极性与好坏检测方法与普通二极管相同。

5.1.7　快恢复二极管的检测

1. 外形与图形符号

快恢复二极管（FRD）、超快恢复二极管（SRD）的图形符号与普通二极管相同。常见的快恢复二极管实物外形如图 5-20（a）所示。三引脚的快恢复二极管内部有两个二极管组成，其连接有共阳和共阴两种方式，如图 5-20（b）所示。

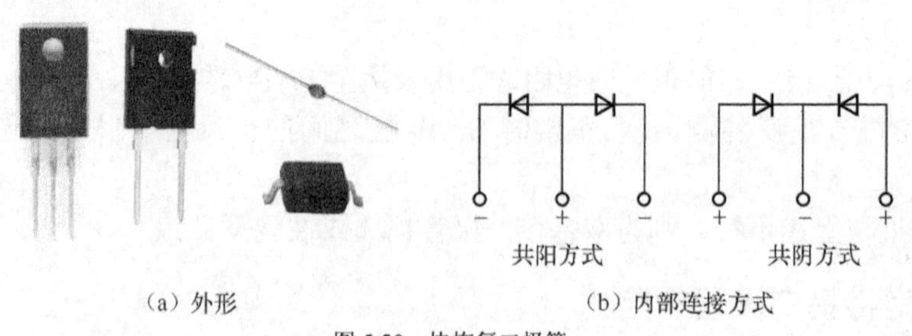

（a）外形　　（b）内部连接方式

图 5-20　快恢复二极管

2. 特点、应用和检测

快恢复二极管是一种反向工作电压高、工作电流较大的高速半导体二极管，其反向击穿电压可达几千伏，反向恢复时间一般为几百纳秒。快恢复二极管广泛应用于开关电源、不间断电源、变频器和电机驱动器中，主要用作高频、高压和大电流整流或续流。

快恢复二极管与肖特基二极管区别主要有：

① 快恢复二极管的反向恢复时间为几百纳秒，肖特基二极管更快，可达几纳秒.

② 快恢复二极管的反向击穿电压高（可达几千伏），肖特基二极管的反向击穿电压低（一般在 100V 以下）.

③ 恢复二极管的功耗较大，而肖特基二极管功耗相对较小。

因此快恢复二极管主要用在高电压小电流的高频电路中，肖特基二极管主要用在低电压大电流的高频电路中。

快恢复二极管与普通二极管一样具有单向导电性，其极性与好坏检测方法与普通二极管相同。

5.1.8 瞬态电压抑制二极管的检测

1. 外形与图形符号

瞬态电压抑制二极管又称瞬态抑制二极管，简称 TVS。常见的瞬态抑制二极管实物外形如图 5-21（a）所示。**瞬态抑制二极管有单极型和双极性之分**，其图形符号如图 5-21（b）所示。

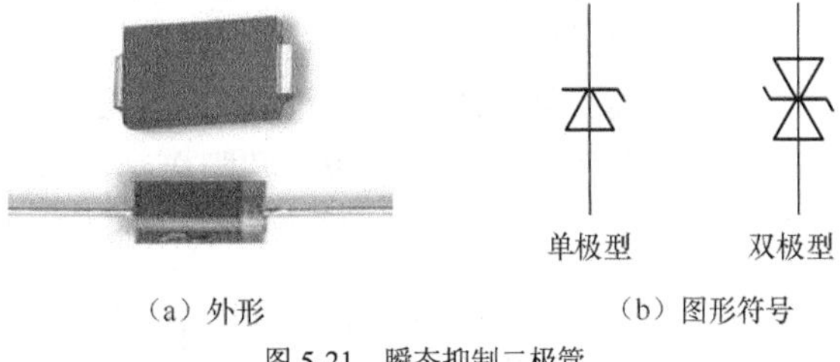

（a）外形 （b）图形符号

图 5-21 瞬态抑制二极管

2. 性质

瞬态抑制二极管是一种二极管形式的高效能保护器件，当它两极间的电压超过一定值时，能以极快的速度导通，将两极间的电压固定在一个预定值上，从而有效地保护电子线路中的精密元器件。

单极性瞬态抑制二极管用来抑制单向瞬间高压，如图 5-22（a）所示，当大幅度正脉冲的尖峰来时，单极性 TVS 反向导通，正脉冲被箝在固定值上，在大幅度负脉冲来时，若 B 点电压低于–0.7V，单极性 TVS 正向导通，B 点电压被箝在–0.7V。

双极性瞬态抑制二极管可抑制双向瞬间高压，如图 5-22（b）所示，当大幅度正脉冲的尖峰来时，双极性 TVS 导通，正脉冲被箝在固定值上，当大幅度负脉冲的尖峰来时，双极性 TVS 导通，负脉冲被箝在固定值上。在实际电路中，双极性瞬态抑制二极管更为常用，如无特别说明，瞬态抑制二极管均是指双极性。

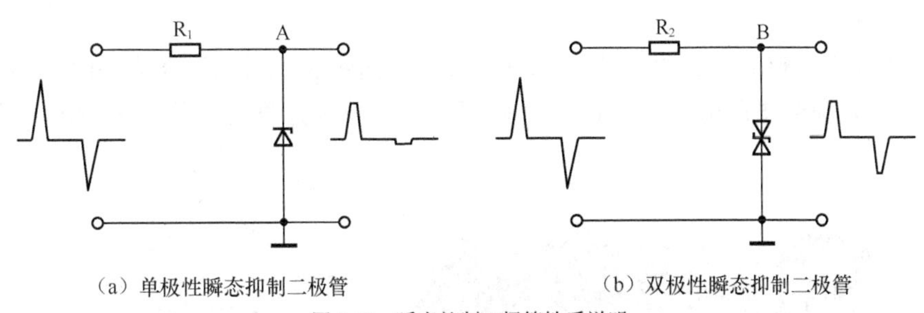

（a）单极性瞬态抑制二极管 （b）双极性瞬态抑制二极管

图 5-22 瞬态抑制二极管性质说明

3. 检测

单极性瞬态抑制二极管具有单向导电性，极性与好坏检测方法与稳压二极管相同。

双极性瞬态抑制二极管两引脚无极性之分，用万用表 R×1kΩ挡检测时正反向阻值应均为无穷大。双极性瞬态抑制二极管的击穿电压的检测如图 5-23 所示，二极管 VD 为整流二极管，白炽灯用作降压限流，在 220V 电压正半周时 VD 导通，对电容充得上正下负的电压，当电容两端电压上升到 TVS 的击穿电压时，TVS 击穿导通，两端电压不再升高，万用表测得电压近似为 TVS 的击穿电压。该方法适用于检测击穿电压小于 300V 的瞬态抑制二极管，因为 220V 电压对电容充电最高达 300 多伏。

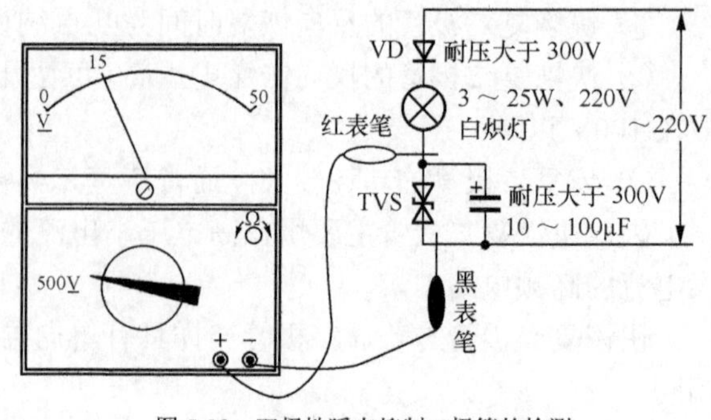

图 5-23　双极性瞬态抑制二极管的检测

5.1.9　整流桥的检测

整流桥又称整流桥堆，它内部含有多个整流二极管，整流桥有半桥和全桥之分。

1. 整流半桥

半桥内部有两个二极管，根据二极管连接方式不同，可分为共阴极半桥、共阳极半桥和独立二极管半桥，共阴极半桥、共阳极半桥有三个引脚，而独立二极管半桥有四个引脚，如图 5-24 所示，

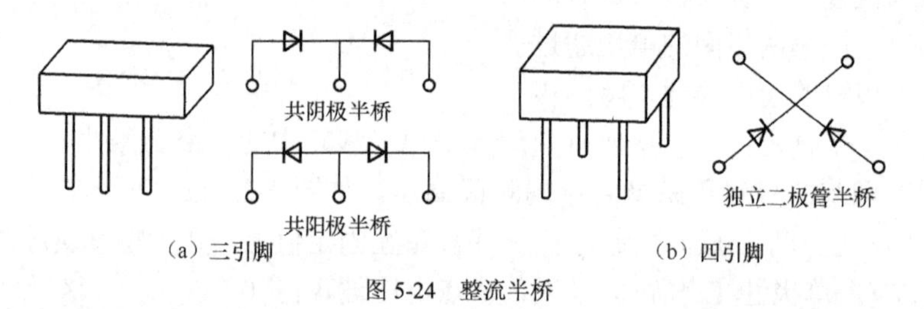

（a）三引脚　（b）四引脚

图 5-24　整流半桥

在检测三引脚整流半桥类型时，万用表拨 R×1kΩ挡，测量任意两引脚之间的阻值，当出现阻值小时，黑表笔的为一个二极管正极，红表笔接的为该二极管的负极，然后黑表笔不动，红表笔接余下的引脚，如果测得阻值也很小，则所测整流半桥的为共阳极，黑表笔接的为公共极，如果测得阻值为无穷大，则所测整流半桥的为共阴极，红表笔先前接的引脚为公共极。

2. 整流全桥

全桥内部有四个整流二极管，其外形与内部连接如图 5-25 所示。**全桥有四个引脚，标有“～”两个引脚为交流电压输入端，标有“+”和“−”分别为直流电压“+”和“−”输出端。**

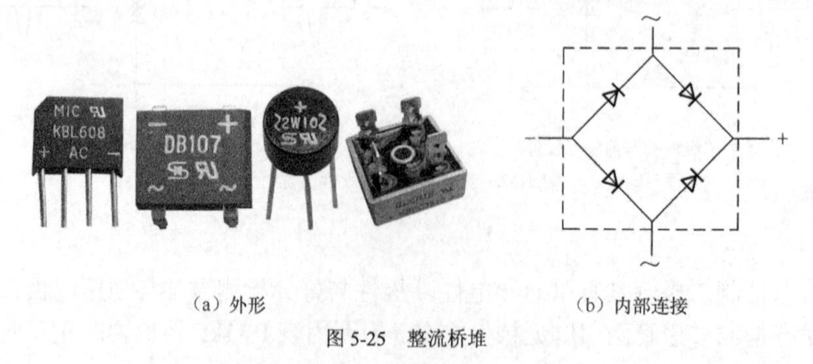

（a）外形　（b）内部连接

图 5-25　整流桥堆

3．整流全桥的检测

（1）引脚极性检测

整流全桥有四个引脚，两个为交流电压输入引脚（两引脚不用区分），两个为直流电压输出引脚（分正引脚和负引脚），在使用时需要区分出各引脚，如果整流全桥上无引脚极性标注，可使用万用表欧姆挡来测量判别。

在判别引脚极性时，万用表选择 R×1kΩ挡，黑表笔固定接某个引脚不动，红表笔分别测其他三个引脚，有以下几种情况：

① 如果测得三个阻值均为无穷大，黑表笔接的为“+”引脚，如图 5-26（a）所示，再将红表笔接已识别的“+”引脚不动，黑表笔分别接其他三个引脚，测得三个阻值会出现两小一大（略大），测得阻值稍大的那次时黑表笔接的为“-”引脚，测得阻值略小的两次时黑表笔接的均为“～”引脚。

② 如果测得三个阻值一小两大（无穷大），黑表笔接的为一个“～”引脚，在测得阻值小的那次时红表笔接的为“+”引脚，如图 5-26（b）所示，再将红表笔接已识别出的“～”引脚，黑表笔分别接另外两个引脚，测得阻值一小一大（无穷大），在测得阻值小的那次时黑表笔接的为“–”引脚，余下的那个引脚为另一个“～”引脚。

③ 如果测得阻值两小一大（略大），黑表笔接的为“-”引脚，在测得阻值略大的那次时红表笔接的为“+”引脚，测得阻值略小的两次时黑表笔接的均为“～”引脚，如图 5-26（c）所示。

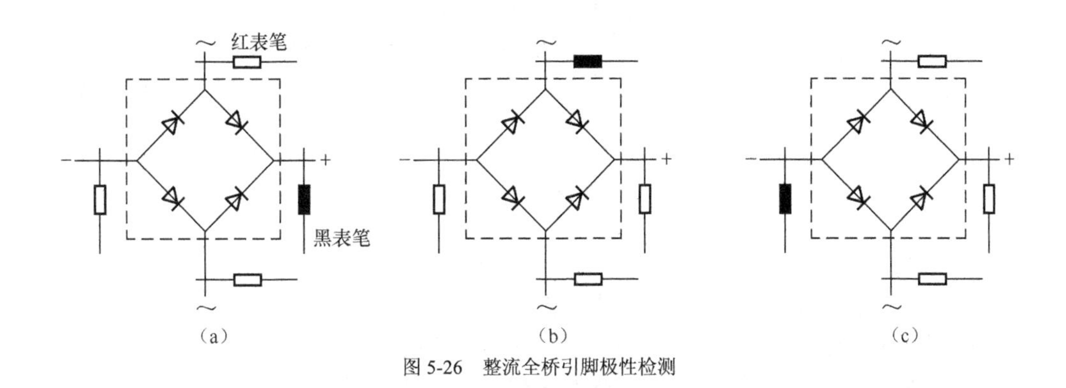

图 5-26 整流全桥引脚极性检测

（2）好坏检测

整流全桥内部由四个整流二极管组成，在检测整流全桥好坏时，应先判明各引脚的极性（如查看全桥上的引脚极性标记），然后用万用表 R×10kΩ挡通过外部引脚测量四个二极管的正反向电阻，如果四个二极管均正向电阻小、反向电阻无穷大，则整流全桥正常。

5.2 检测三极管

三极管是一种电子电路中应用最广泛的半导体元器件，它有放大、饱和和截止三种状态，因此不但可在电路中用来放大，还可当作电子开关使用。

5.2.1 外形与符号

三极管又称晶体三极管，是一种具有放大功能的半导体器件。图 5-27（a）是一些常见的三极管实物外形，三极管的电路符号如图 5-27（b）所示。

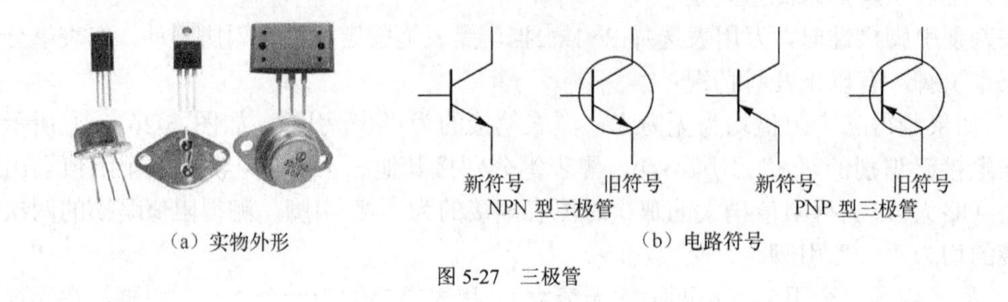

图 5-27 三极管

5.2.2 结构

三极管有 PNP 型和 NPN 型两种。PNP 型三极管的构成如图 5-28 所示。

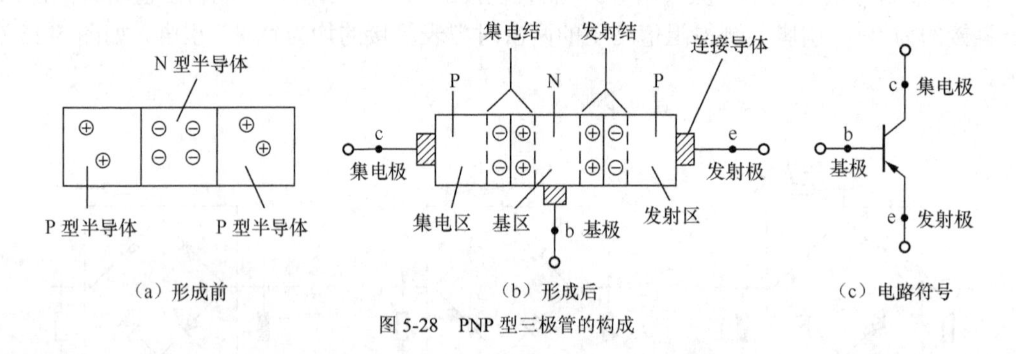

图 5-28 PNP 型三极管的构成

将两个 P 型半导体和一个 N 型半导体按图 5-28（a）所示的方式结合在一起，两个 P 型半导体中的正电荷会向中间的 N 型半导体中移动，N 型半导体中的负电荷会向两个 P 型半导体移动，结果在 P、N 型半导体的交界处形成 PN 结，如图 5-28（b）所示。

在两个 P 型半导体和一个 N 型半导体上通过连接导体各引出一个电极，然后封装起来就构成了三极管。**三极管三个电极分别称为集电极（用 c 或 C 表示）、基极（用 b 或 B 表示）和发射极（用 e 或 E 表示）。**PNP 型三极管的电路符号如图 5-28（c）所示。

三极管内部有两个 PN 结，其中基极和发射极之间的 PN 结称为发射结，基极与集电极之间的 PN 结称为集电结。两个 PN 结将三极管内部分作三个区，与发射极相连的区称为发射区，与基极相连的区称为基区，与集电极相连的区称为集电区。发射区的半导体掺入杂质多，故有大量的电荷，便于发射电荷；集电区掺入的杂质少且面积大，便于收集发射区送来的电荷；基区处于两者之间，发射区流向集电区的电荷要经过基区，故基区可控制发射区流向集电区电荷的数量，基区就像设在发射区与集电区之间的关卡。

NPN 型三极管的构成与 PNP 型三极管类似，它是由两个 N 型半导体和一个 P 型半导体构成的。具体如图 5-29 所示。

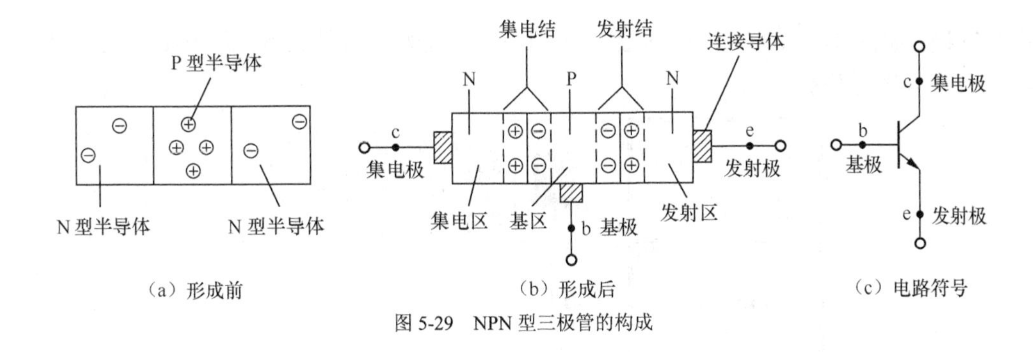

（a）形成前　（b）形成后　（c）电路符号

图 5-29　NPN 型三极管的构成

5.2.3　类型检测

三极管类型有 NPN 型和 PNP 型，三极管的类型可用万用表欧姆挡进行检测。

1．检测规律

NPN 型和 PNP 型三极管的内部都有两个 PN 结，故三极管可视为两个二极管的组合，万用表在测量三极管任意两个引脚之间时有 6 种情况，如图 5-30 所示。

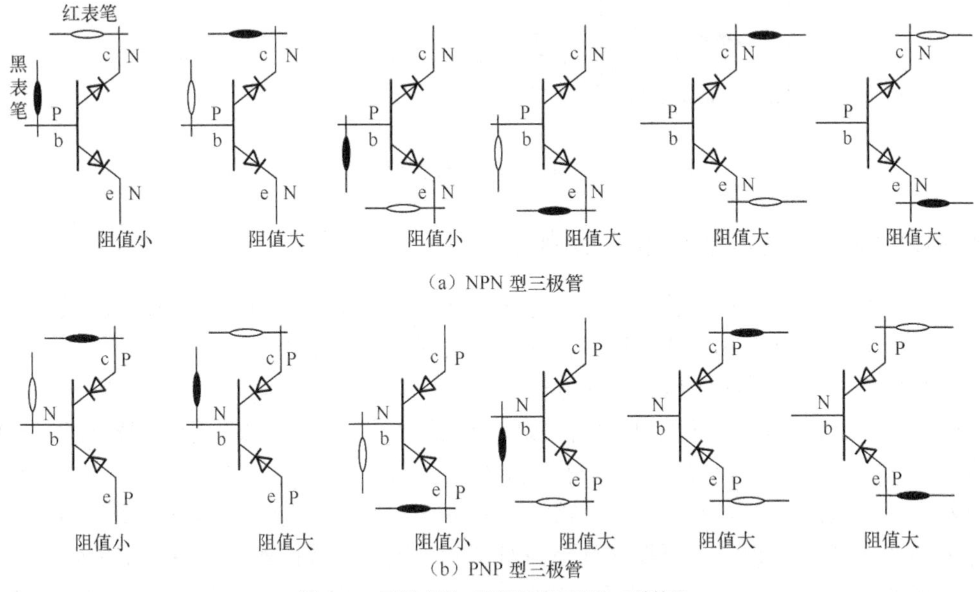

（a）NPN 型三极管

（b）PNP 型三极管

图 5-30　万用表测三极管任意两脚的 6 种情况

从图中不难得出这样的规律：**当黑表笔接 P 端、红表笔接 N 端时，测得是 PN 结的正向电阻，该阻值小；当黑表笔接 N 端，红表笔接 P 端时，测得是 PN 结的反向电阻，该阻值很大（接近无穷大）；当黑、红表笔接得两极都为 P 端（或两极都为 N 端）时，测得阻值大（两个 PN 结不会导通）。**

2．类型检测

三极管的类型检测如图 5-31 所示。在检测时，万用表拨 R×100 或 R×1k 挡，测量三极管任意两脚之间的电阻，当测量出现一次阻值小时，黑表笔接的为 P 极，红表笔接的为 N 极，如图 5-31（a）所示；然后黑表笔不动（即让黑表笔仍接 P），将红表笔接到另外一个极，有两种可能：若测得阻值很大，红表笔接的极一定是 P 极，该三极管为 PNP 型，红表笔先前接的极为基极，如图 5-31（b）所示；若测得阻值小，则红表笔接的为 N 极，则该三极管为 NPN 型，黑表笔所接为基极。

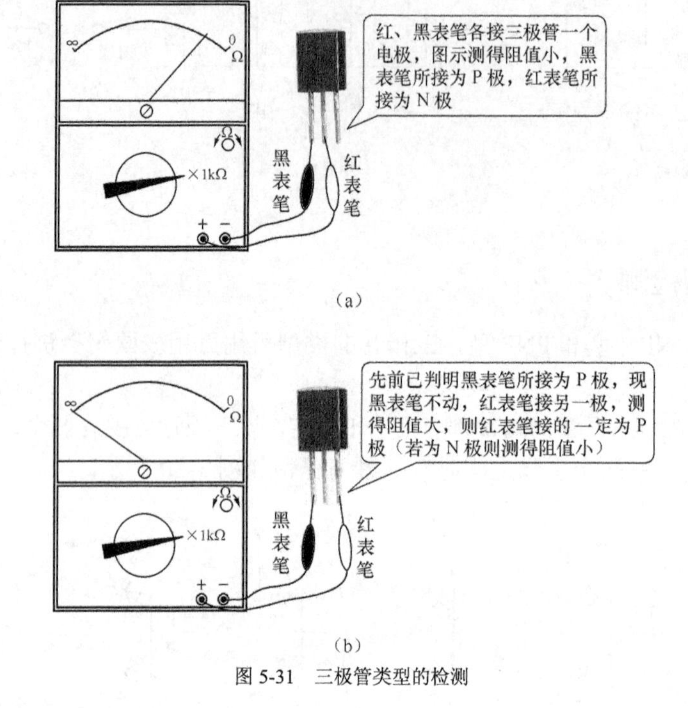

（a）

（b）

图 5-31　三极管类型的检测

5.2.4　集电极与发射极极的检测

三极管有发射极、基极和集电极三个电极，在使用时不能混用，由于在检测类型时已经找出基极，下面介绍如何用万用表欧姆挡检测出发射极和集电极。

1. NPN 型三极管集电极和发射极的判别

NPN 型三极管集电极和发射极的判别如图 5-32 所示。将万用表置于 R×1k 或 R×100 挡，黑表笔接基极以外任意一个极，再用手接触该极与基极（手相当于一个电阻，即在该极与基极之间接一个电阻），红表笔接另外一个极，测量并记下阻值的大小，该过程如图 5-32（a）所示；然后红、黑表笔互换，手再捏住基极与对换后黑表笔所接的极，测量并记下阻值大小，该过程如图 5-32（b）所示。两次测量会出现阻值一大一小，以阻值小的那次为准，如图 5-32（a）所示，黑表笔接的为集电极，红表笔接的为发射极。

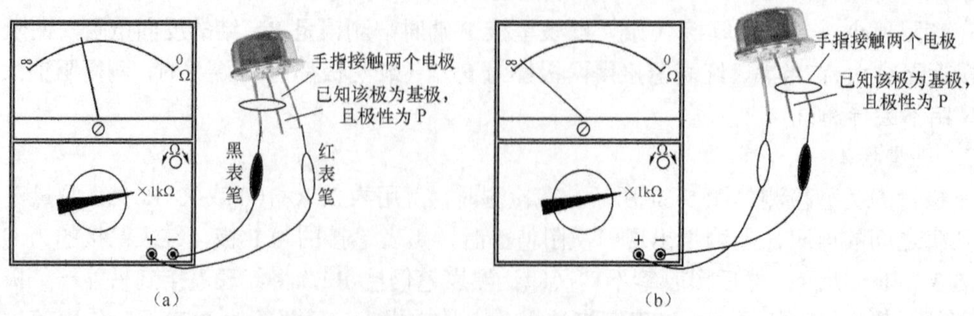

（a）　（b）

图 5-32　NPN 型三极管的发射极和集电极的判别

注意：如果两次测量出来的阻值大小区别不明显，可先将手沾点水，让手的电阻减小，再用手接触两个电极进行测量。

2. PNP 型三极管集电极和发射极的判别

PNP 型三极管集电极和发射极的判别如图 5-33 所示。将万用表置于 R×1k 或 R×100 挡，红表笔接基极以外任意一个极，再用手接触该极与基极，黑表笔接余下的一个极，测量并记下阻值的大小，该过程如图 5-33（a）所示；然后红、黑表笔互换，手再接触基极与对换后红表笔所接的极，测量并记下阻值大小，该过程如图 5-33（b）所示。两次测量会出现阻值一大一小，以阻值小的那次为准，如图 5-33（a）所示，红表笔接的为集电极，黑表笔接的为发射极。

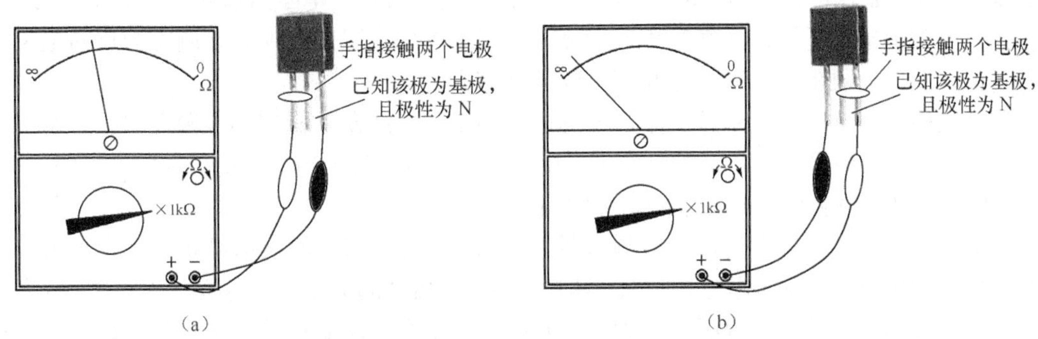

图 5-33　PNP 型三极管的发射极和集电极的判别

3. 利用 hFE 挡来判别发射极和集电极

如果万用表有 hFE 挡（三极管放大倍数测量挡），可利用该挡判别三极管的电极，使用这种方法应在已检测出三极管的类型和基极时使用。

利用万用表的三极管放大倍数挡来判别极性的测量过程如图 5-34 所示。将万用表拨至 hFE 挡（三极管放大倍数测量挡），再根据三极管类型选择相应的插孔，并将基极插入基极插孔中，另外两个未知极分别插入另外两个插孔中，记下此时测得放大倍数值，如图 5-34（a）所示；然后让三极管的基极不动，将另外两个未知极互换插孔，观察这次测得放大倍数，如图 5-34（b）所示，两次测得的放大倍数会出现一大一小，以放大倍数大的那次为准，c 极插孔对应的电极是集电极，e 极插孔对应的电极为发射极。

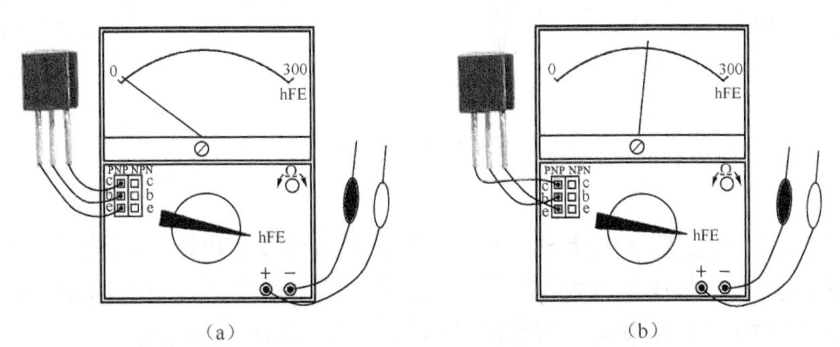

图 5-34　利用万用表的 hFE 挡来判别发射极和集电极

5.2.5　好坏检测

三极管好坏检测具体包括下面内容：

① 测量集电结和发射结的正、反向电阻。

三极管内部有两个 PN 结，任意一个 PN 结损坏，三极管就不能使用，所以三极管检测先要测量两个 PN 结是否正常。检测时万用表拨至 R×100 或 R×1k 挡，测量 PNP 型或 NPN 型三极管集电极和基极之间的正、反向电阻（即测量集电结的正、反向电阻），然后再测量发射极与基极之间的正、反向电阻（即测量发射结的正、反向电阻）。正常时，集电结和发射结正向电阻都比较小，为几百欧至几千欧，反向电阻都很大，为几百千欧至无穷大。

② 测量集电极与发射极之间的正、反向电阻。

对于 PNP 管，红表笔接集电极，黑表笔接发射极测得为正向电阻，正常为十几千欧至几百千欧（用 R×1k 挡测得），互换表笔测得为反向电阻，与正向电阻阻值相近；对于 NPN 型三极管，黑表笔接集电极，红表笔接发射极，测得为正向电阻，互换表笔测得为反向电阻，正常时正、反向电阻阻值相近，为几百千欧至无穷大。

如果三极管任意一个 PN 结的正、反向电阻不正常，或发射极与集电极之间正、反向电阻不正常，说明三极管损坏。如发射结正、反向电阻阻值均为无穷大，说明发射结开路；集、射之间阻值为 0，说明集、射极之间击穿短路。

综上所述，一个三极管的好坏检测需要进行六次测量：其中测发射结正、反向电阻各一次（两次），集电结正、反向电阻各一次（两次）和集射极之间的正、反向电阻各一次（两次）。只有这六次检测都正常才能说明三极管是正常的，只要有一次测量发现不正常，该三极管就不能使用。

5.2.6 带阻三极管的检测

1. 外形与符号

带阻三极管是指基极和发射极接有电阻并封装为一体的三极管。带阻三极管常用在电路中作为电子开关。带阻三极管外形和符号如图 5-35 所示。

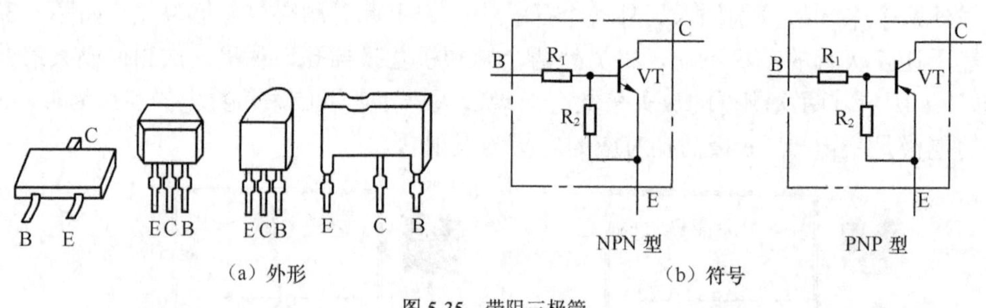

图 5-35　带阻三极管

2. 检测

带阻三极管检测与普通三极管基本类似，但由于内部接有电阻，故检测出来的阻值大小稍有不同。以图 5-35（b）中的 NPN 型带阻三极管为例，检测时万用表选择 R×1kΩ挡，测量 B、E、C 极任意之间的正反电阻，若带阻三极管正常，则有下面的规律：

B、E 极之间正反向电阻都比较小（具体大小与 R_1、R_2 值有关），但 B、E 极之间的正向电阻（黑表笔接 B 极、红表笔接 E 极测得）会略小一点，因为测正向电阻时发射结会导通。

B、C 极之间正向电阻（黑表笔接 B 极，红表笔接 C 极）小，反向电阻接近无穷大。

C、E 极之间正反向电阻都接近无穷大。

检测时如果与上述结果不符，则为带阻三极管损坏。

5.2.7　带阻尼三极管的检测

1. 外形与符号

带阻尼三极管是指在集电极和发射极之间接有二极管并封装为一体的三极管。带阻尼三极管功率很大，常用在彩电和电脑显示器的扫描输出电路中。带阻尼三极管外形和符号如图 5-36 所示。

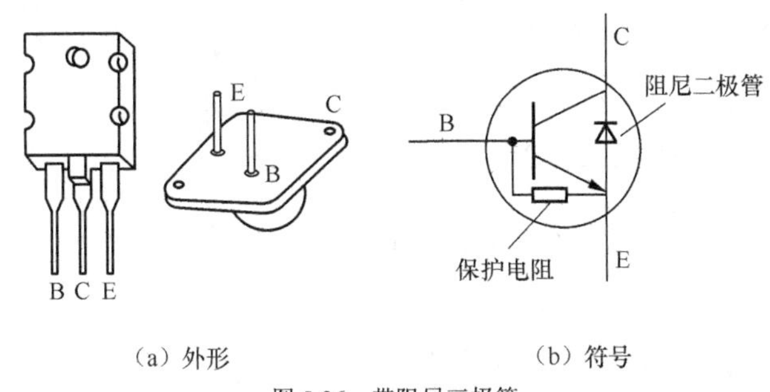

（a）外形　　（b）符号

图 5-36　带阻尼三极管

2. 检测

在检测带阻尼三极管时，万用表选择 R×1kΩ挡，测量 B、E、C 极任意之间的正反电阻，若带阻尼三极管正常，则有下面的规律：

B、E 极之间正反向电阻都比较小，但 B、E 极之间的正向电阻（黑表笔接 B 极，红表笔接 E 极）会略小一点。

B、C 极之间正向电阻（黑表笔接 B 极，红表笔接 C 极）小，反向电阻接近无穷大。

C、E 极之间正向电阻（黑表笔接 C 极，红表笔接 E 极）接近无穷大，反向电阻很小（因为阻尼二极管会导通）。

检测时如果与上述结果不符，则为带阻尼三极管损坏。

5.2.8　达林顿三极管的检测

1. 外形与符号

达林顿三极管又称复合三极管，它是由两只或两只以上三极管组成并封装为一体的三极管。达林顿三极管外形如图 5-37（a）所示。图 5-37（b）是两种常见的达林顿三极管电路符号。

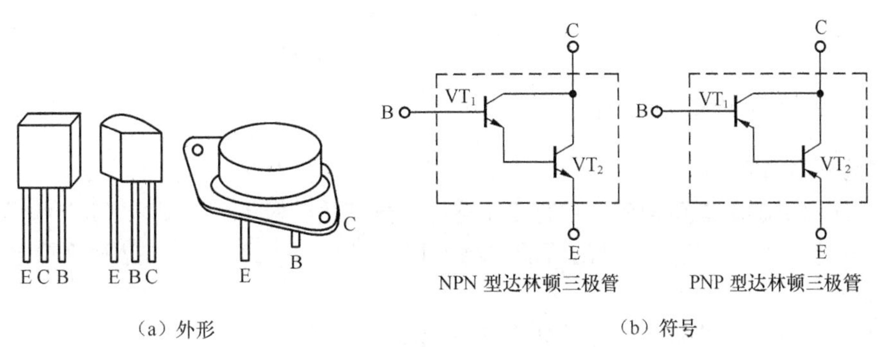

（a）外形　　（b）符号

图 5-37　达林顿三极管

2．工作原理

与普通三极管一样，达林顿三极管也需要给各极提供电压，让各极有电流流过，才能正常工作。达林顿三极管具有放大倍数高、热稳定性好和简化放大电路等优点。图 5-38 是一种典型的达林顿三极管偏置电路。

接通电源后，达林顿三极管 C、B、E 极得到供电，内部的 VT_1、VT_2 均导通，VT_1 的 I_{b1}、I_{c1}、I_{e1} 电流和 VT_2 的 I_{b2}、I_{c2}、I_{e2} 电流途径见图中箭头所示。达林顿三极管的放大倍数 β 与 VT_1、VT_2 的放大倍数 β_1、β_2 有如下的关系：

$$\begin{aligned}\beta=\frac{I_c}{I_b}=\frac{I_{c1}+I_{c2}}{I_{b1}}&=\frac{\beta_1\cdot I_{b1}+\beta_2\cdot I_{b2}}{I_{b1}}\\&=\frac{\beta_1\cdot I_{b1}+\beta_2\cdot I_{e1}}{I_{b1}}\\&=\frac{\beta_1\cdot I_{b1}+\beta_2(I_{b1}+\beta_1\cdot I_{b1})}{I_{b1}}\\&=\frac{\beta_1\cdot I_{b1}+\beta_2\cdot I_{b1}+\beta_2\beta_1\cdot I_{b1}}{I_{b1}}\\&=\beta_1+\beta_2+\beta_2\beta_1\\&\approx\beta_2\beta_1\end{aligned}$$

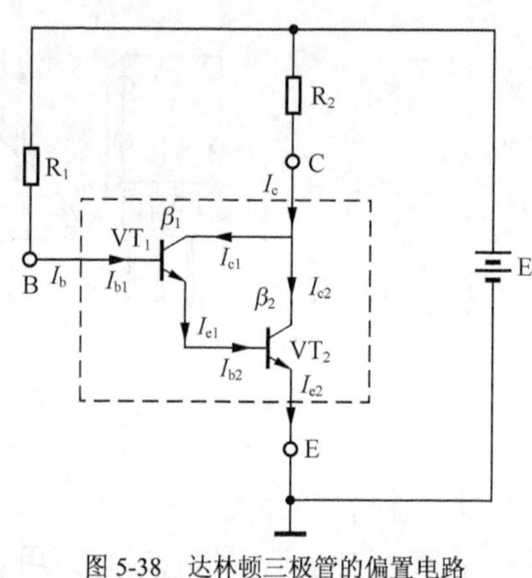

图 5-38 达林顿三极管的偏置电路

即达林顿三极管的放大倍数为

$$\beta=\beta_1\cdot\beta_2\cdot\cdots\beta_n$$

3．检测

以检测图 5-37（b）所示的 NPN 型达林顿三极管为例，在检测时，万用表选择 R×10kΩ 挡，测量 B、E、C 极任意之间的正反电阻，若达林顿三极管正常，则有下面的规律：

B、E 极之间正向电阻（黑表笔接 B 极，红表笔接 E 极）小，反向电阻接近无穷大。

B、C 极之间正向电阻（黑表笔接 B 极，红表笔接 C 极）小，反向电阻接近无穷大。

C、E 极之间正反向电阻都接近无穷大。

检测时如果与上述结果不符，则为达林顿三极管损坏。

5.3 检测晶闸管

5.3.1 单向晶闸管的检测

1．实物外形与符号

单向晶闸管又称单向可控硅，它有三个电极，分别是阳极（A）、阴极（K）和门极（G）。图 5-39（a）是一些常见的单向晶闸管的实物外形，图 5-39（b）为单向晶闸管的电路符号。

2．结构

单向晶闸管的内部结构和等效图如图 5-40 所示。

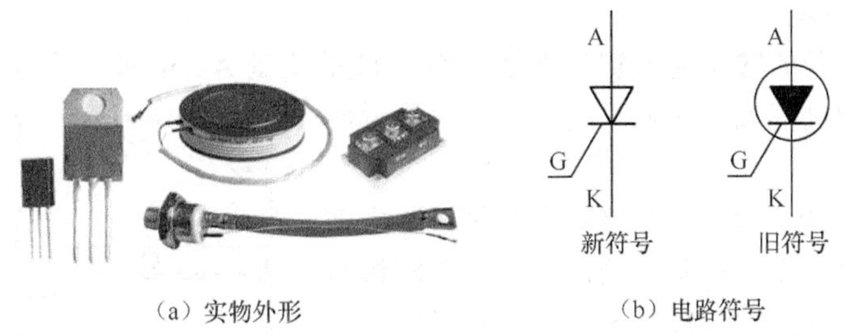

（a）实物外形　　（b）电路符号

图 5-39　单向晶闸管

单向晶闸管有三个极：A 极（阳极）、G 极（门极）和 K 极（阴极）。单向晶闸管内部结构如图 5-40（a）所示，它相当于 PNP 型三极管和 NPN 型三极管以图 5-40（b）所示的方式连接而成。

3. 引脚极性检测

单向晶闸管有 A、G、K 三个电极，三者不能混用，在使用单向晶闸管前要先检测出各个电极。单向晶闸管的 G、K 极之间有一个 PN 结，它具有单向导电性（即正向电阻小、反向电阻大），而 A、K 极与 A、G 极之间的正反向电阻都是很大的。根据这个原则，可采用下面的方法来判别单向晶闸管的电极：

万用表拨至 R×100Ω或 R×1kΩ挡，测量任意两个电极之间的阻值，如图 5-41 所示，当测量出现阻值小时，以这次测量为准，黑表笔接的电极为 G 极，红表笔接的电极为 K 极，剩下的一个电极为 A 极。

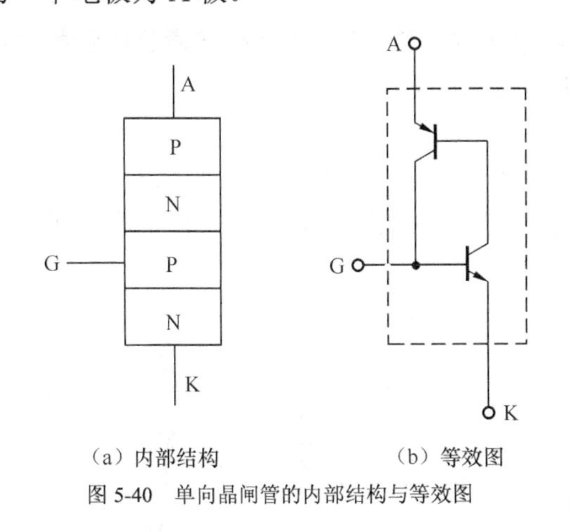

（a）内部结构　　（b）等效图

图 5-40　单向晶闸管的内部结构与等效图

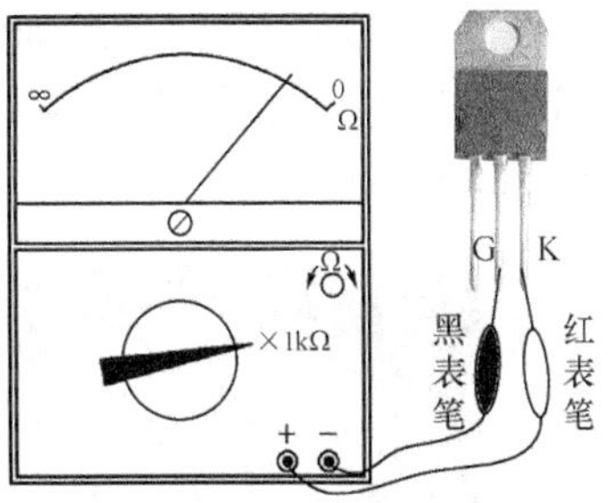

图 5-41　单向晶闸管的电极检测

4. 好坏检测

正常的单向晶闸管除了 G、K 极之间的正向电阻小、反向电阻大外，其他各极之间的正、反向电阻均接近无穷大。在检测单向晶闸管时，将万用表拨至 R×1kΩ挡，测量单向晶闸管任意两极之间的正、反向电阻。

若出现两次或两次以上阻值小，说明单向晶闸管内部有短路。

若 G、K 极之间的正、反向电阻均为无穷大，说明单向晶闸管 G、K 极之间开路。

若测量时只出现一次阻值小，并不能确定单向晶闸管一定正常（如 G、K 极之间正常，A、G 极之间出现开路），在这种情况下，需要进一步测量单向晶闸管的触发能力。

5. 触发能力检测

检测单向晶闸管的触发能力实际上就是检测 G 极控制 A、K 极之间导通的能力。单向晶闸管触发能力检测过程如图 5-42 所示，测量过程说明如下：

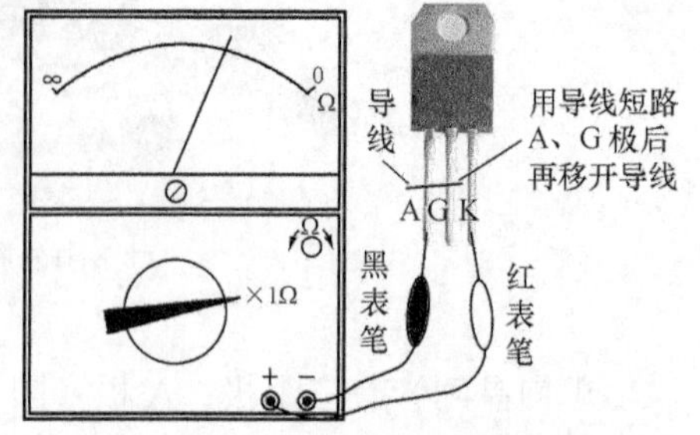

图 5-42 单向晶闸管触发能力的检测

将万用表拨至 R×1Ω挡，测量单向晶闸管 A、K 极之间的正向电阻（黑表笔接 A 极，红表笔接 K 极），A、K 极之间的阻值正常应接近无穷大，然后用一根导线将 A、G 极短路，为 G 极提供触发电压，如果单向晶闸管良好，A、K 极之间应导通，A、K 极之间的阻值马上变小，再将导线移开，让 G 极失去触发电压，此时单向晶闸管还应处于导通状态，A、K 极之间阻值仍很小。

在上面的检测中，若导线短路 A、G 极前后，A、K 极之间的阻值变化不大，说明 G 极失去触发能力，单向晶闸管损坏；若移开导线后，单向晶闸管 A、K 极之间阻值又变大，则为单向晶闸管开路（注：即使单向晶闸管正常，如果使用万用表高阻挡测量，由于在高阻挡时万用表提供给单向晶闸管的维持电流比较小，有可能不足以维持单向晶闸管继续导通，也会出现移开导线后 A、K 极之间阻值变大，为了避免检测判断失误，应采用 R×1Ω或 R×10Ω挡测量）。

5.3.2 门极可关断晶闸管的检测

门极可关断晶闸管是晶闸管的一种派生器件，简称 GTO，它除了具有普通晶闸管触发导通功能外，还可以通过在 G、K 极之间加反向电压将晶闸管关断。

1. 外形、结构与符号

门极可关断晶闸管（GTO）如图 5-43 所示，从图中可以看出，GTO 与普通的晶闸管（SCR）结构相似，但为了实现关断功能，GTO 的两个等效三极管的放大倍数较 SCR 的小，另外制造工艺上也有所改进。

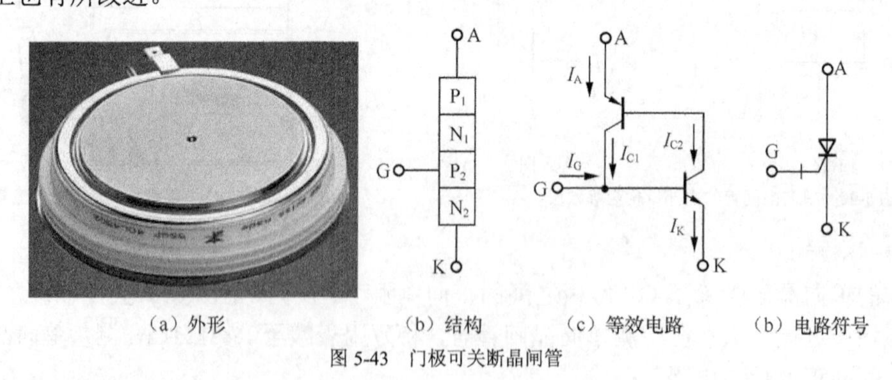

（a）外形 （b）结构 （c）等效电路 （b）电路符号

图 5-43 门极可关断晶闸管

2. 引脚极性检测

由于 GTO 的结构与普通晶闸管相似，G、K 极之间都有一个 PN 结，故两者的极性检测与普通晶闸管相同。检测时，万用表选择 R×100 挡，测量 GTO 各引脚之间的正、反向电阻，当出现一次阻值小时，以这次测量为准，黑表笔接的是门极 G，红表笔接的是阴极 K，剩下的一只引脚为阳极 A。

3. 好坏检测

GTO 的好坏检测可按下面的步骤进行：

第一步：检测各引脚间的阻值。用万用表 R×1KΩ挡检测 GTO 各引脚之间的正反向电阻，正常只会出现一次阻值小。若出现两次或两次以上阻值小，可确定 GTO 损坏；若只出现一次阻值小，还不能确定 GTO 正常，需要进行触发能力和关断能力的检测。

第二步：检测触发能力和关断能力。将万用表拨至 R×1Ω挡，黑表笔接 GTO 的 A 极，红表笔接 K 极，此时表针指示的阻值为无穷大，然后用导线瞬间将 A、G 极短接，让万用表的黑表笔为 G 极提供正向触发电压，如果表针指示的阻值马上由大变小，表明 GTO 被触发导通，GTO 触发能力正常。然后按图 5-44 所示的方法将一节 1.5V 电池与 50Ω 的电阻串联，再反接在 GTO 的 G、K 极之间，给 GTO 的 G 极提供负压，如果表针指示的阻值马上由小变大（无穷大），表明 GTO 被关断，GTO 关断能力正常。

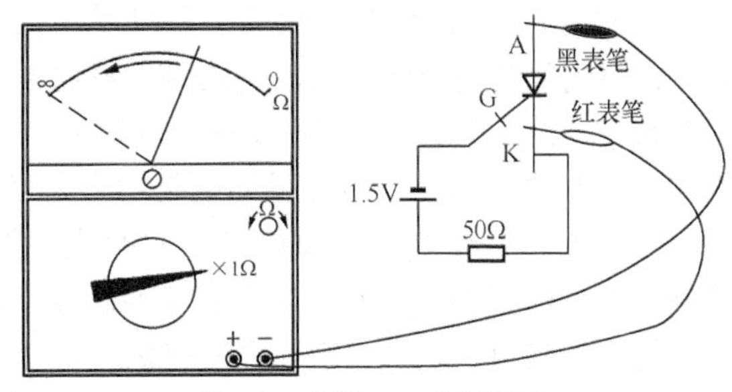

图 5-44 检测 GTO 的关断能力

检测时，如果测量结果与上述不符，则为 GTO 损坏或性能不良。

5.3.3 双向晶闸管的检测

1. 符号与结构

双向晶闸管符号与结构如图 5-45 所示，**双向晶闸管有三个电极：主电极 T_1、主电极 T_2 和控制极 G。**

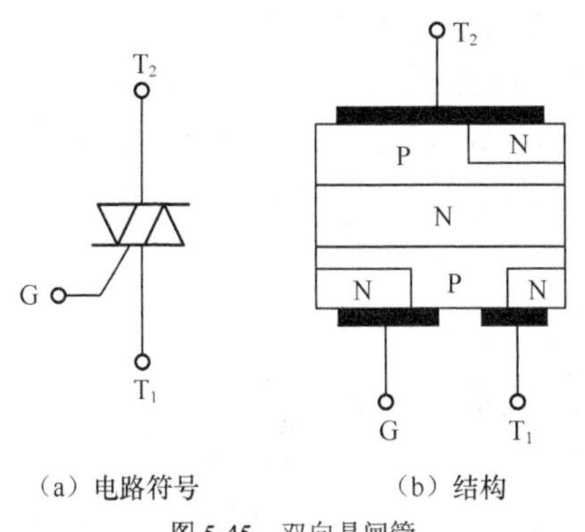

（a）电路符号　（b）结构

图 5-45 双向晶闸管

2. 引脚极性检测

双向晶闸管电极检测分两步：

第一步：找出 T_2 极。从图 5-45 所示的双向晶闸管内部结构可以看出，T_1、G 极之间为 P 型半导体，而 P 型半导体的电阻很小，为几十欧姆，而 T_2 极距离 G 极和 T_1 极都较远，故它们之间的正反向阻值都接近无穷大。在检测时，万用表拨至 R×1Ω挡，测量任意两个电极之间的正反向电阻，当测得某两个极之间的正反向电阻均很小（为几十欧姆），则这两个极为 T_1 和 G 极，另一个电极为 T_2 极。

第二步：判断 T_1 极和 G 极。找出双向晶闸管的 T_2 极后，才能判断 T_1 极和 G 极。在测量时，万用表拨至 R×10Ω挡，先假定一个电极为 T_1 极，另一个电极为 G 极，将黑表笔接假定的 T_1 极，红表笔接 T_2 极，测量的阻值应为无穷大。接着用红表笔尖把 T_2 与 G 短路，如图 5-46 所示，给 G 极加上负触发信号，阻值应为几十欧，说明管子已经导通，再将红表笔尖与 G 极脱开（但仍接 T_2），如果阻值变化不大，仍很小，表明管子在触发之后仍能维持导通状态，先前的假设正确，即黑表笔接的电极为 T_1 极，红表笔接的为 T_2 极（先前已判明），另一个电极为 G 极。如果红表笔尖与 G 极脱开后，阻值马上由小变为无穷大，说明先前假设错误，即先前假定的 T_1 极实为 G 极，假定的 G 极实为 T_1 极。

3. 好坏检测

正常的双向晶闸管除了T_1、G极之间的正反向电阻较小外，T_1、T_2极和T_2、G极之间的正反向电阻均接近无穷大。双向晶闸管好坏检测分两步：

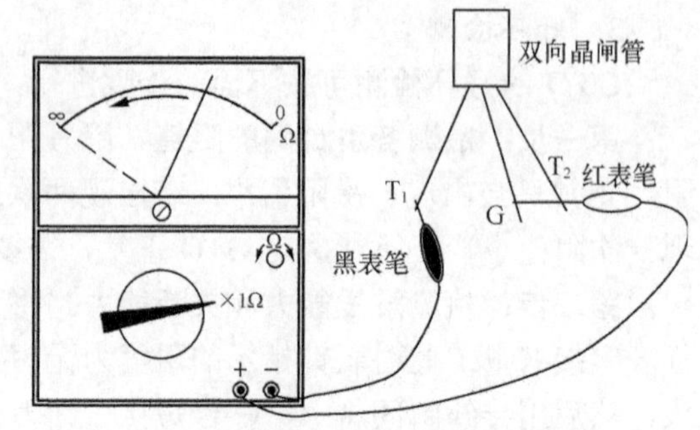

图5-46 检测双向晶闸管的T_1极和G极

第一步：测量双向晶闸管T_1、G极之间的电阻。将万用表拨至R×10Ω挡，测量晶闸管T_1、G极之间的正反向电阻，正常时正反向电阻都很小，为几十欧姆；若正反向电阻均为0，则T_1、G极之间短路；若正反向电阻均为无穷大，则T_1、G极之间开路。

第二步：测量T_2、G极和T_2、T_1极之间的正反向电阻。将万用表拨至R×1kΩ挡，测量晶闸管T_2、G极和T_2、T_1极之间的正反向电阻，正常它们之间的电阻均接近无穷大，若某两极之间出现阻值小，表明它们之间有短路。

如果检测时发现T_1、G极之间的正反向电阻小，T_1、T_2极和T_2、G极之间的正反向电阻均接近无穷大，不能说明双向晶闸管一定正常，还应检测它的触发能力。

4. 触发能力检测

双向晶闸管触发能力检测分两步：

第一步：万用表拨R×10Ω挡，红表笔接T_1极，黑表笔接T_2极，测量的阻值应为无穷大，再用导线将T_1极与G极短路，如图5-47（a）所示，给G极加上触发信号，若晶闸管触发能力正常，晶闸管马上导通，T_1、T_2极之间的阻值应为几十欧，移开导线后，晶闸管仍维持导通状态。

第二步：万用表拨R×10Ω挡，黑表笔接T_1极，红表笔接T_2极，测量的阻值应为无穷大，再用导线将T_2极与G极短路，如图5-47（b）所示，给G极加上触发信号，若晶闸管触发能力正常，晶闸管马上导通，T_1、T_2极之间的阻值应为几十欧，移开导线后，晶闸管维持导通状态。

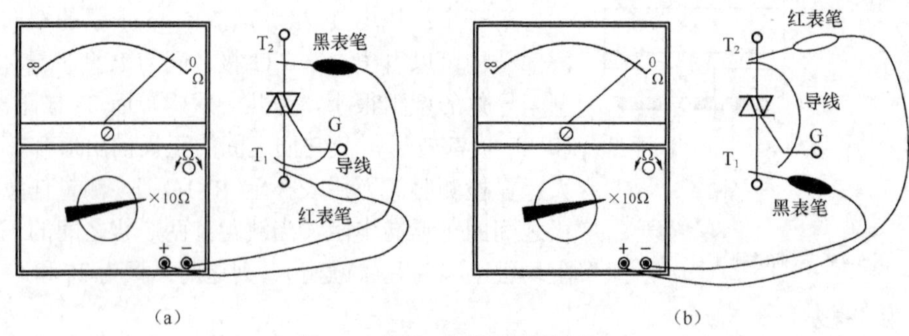

图5-47 检测双向晶闸管的触发能力

对双向晶闸管进行两步测量后，若测量结果都表现正常，说明晶闸管触发能力正常，否则晶闸管损坏或性能不良。

5.4 检测场效应管

场效应管与三极管一样具有放大能力，三极管是电流控制型元器件，而场效应管是电压

控制型器件。场效应管主要有结型场效应管和绝缘栅型场应管，它们除了可参与构成放大电路外，还可当作电子开关使用。

5.4.1　结型场效应管的检测

1. 外形与符号

结型场效应管外形与符号如图5-48所示。

(a) 实物外形

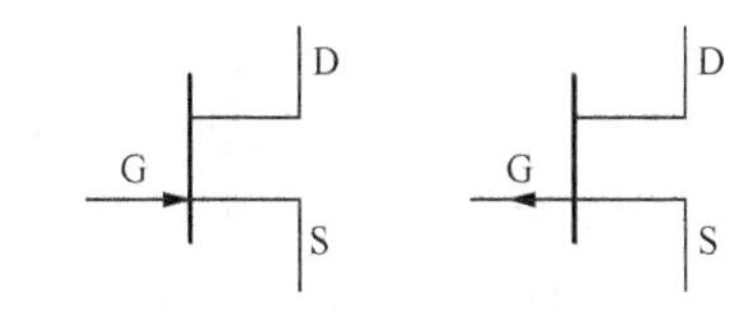

(b) 结型场效管的电路符号

图 5-48　场效应管

2. 结构说明

与三极管一样，结型场效应管也是由 P 型半导体和 N 型半导体组成，三极管有 PNP 型和 NPN 型两种，场效应管则分 P 沟道和 N 沟道两种。两种沟道的结型场效应管的结构如图 5-49 所示。

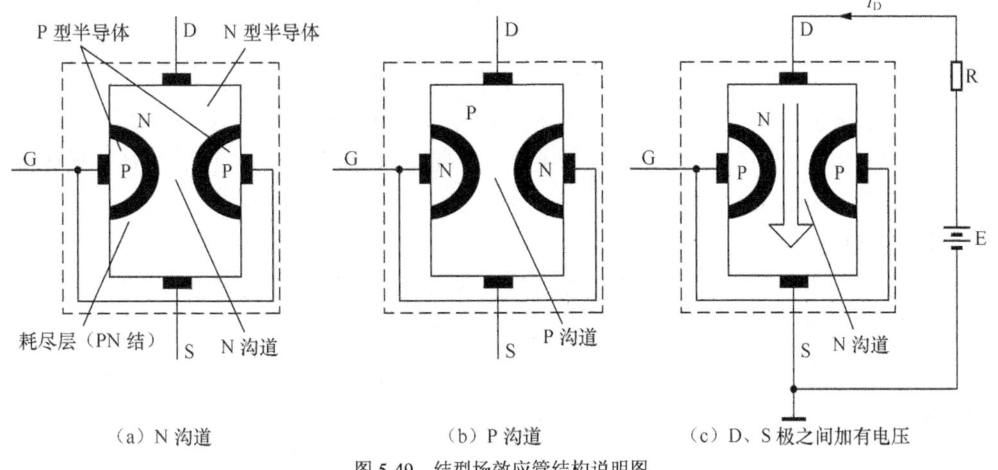

(a) N 沟道　(b) P 沟道　(c) D、S 极之间加有电压

图 5-49　结型场效应管结构说明图

图 5-49（a）为 N 沟道结型场效应管的结构图，从图中可以看出，场效应管内部有两块 P 型半导体，它们通过导线内部相连，再引出一个电极，该电极称栅极 G，两块 P 型半导体以外的部分均为 N 型半导体，在 P 型半导体与 N 型半导体交界处形成两个耗尽层（即 PN 结），耗尽层中间区域为沟道，由于沟道由 N 型半导体构成，所以称为 N 沟道，漏极 D 与源极 S 分别接在沟道两端。

图 5-49（b）为 P 沟道结型场效应管的结构图，P 沟道场效应管内部有两块 N 型半导体，栅极 G 与它们连接，两块 N 型半导体与邻近的 P 型半导体在交界处形成两个耗尽层，耗尽层中间区域为 P 沟道。

如果在 N 沟道场效应管 D、S 极之间加电压，如图 5-49（c）所示，电源正极输出的电流就会由场效应管 D 极流入，在内部通过沟道从 S 极流出，回到电源的负极。场效应管流过电流的大小与沟道的宽窄有关，沟道越宽，能通过的电流越大。

3. 类型与引脚极性的检测

结型场效应管的源极和漏极在制造工艺上是对称的，故两极可互换使用，并不影响正常工作，所以一般不判别漏极和源极（漏源之间的正反向电阻相等，均为几十至几千欧姆），只判断栅极和沟道的类型。

在判断栅极和沟道的类型前，首先要了解几点：

① **与 D、S 极连接的半导体类型总是相同的（要么都是 P，或者都是 N）**，如图 5-12 所示，D、S 极之间的正反向电阻相等并且比较小。

② **G 极连接的半导体类型与 D、S 极连接的半导体类型总是不同的**，如 G 极连接的为 P 型时，D、S 极连接的肯定是 N 型。

③ **G 极与 D、S 极之间有 PN 结，PN 结的正向电阻小、反向电阻大。**

结型场效应管栅极与沟道的类型判别方法是：万用表拨 R×100 挡，测量场效应管任意两极之间的电阻，正反各测一次，两次测量阻值有以下情况：

若两次测得阻值相同或相近，则这两极是 D、S 极，剩下的极为栅极，然后红表笔不动，黑表笔接已判断出的 G 极。如果阻值很大，此测得为 PN 结的反向电阻，黑表笔接的应为 N，红表笔接的为 P，由于前面测量已确定黑表笔接的是 G 极，而现测量又确定 G 极为 N，故沟道应为 P，所以该管子为 P 沟道场效应管；如果测得阻值小，则为 N 沟道场效应管。

若两次阻值一大一小，以阻值小的那次为准，红表笔不动，黑表笔接另一个极，如果阻值小，并且与黑表笔换极前测得的阻值相等或相近，则红表笔接的为栅极，该管子为 P 沟道场效应管；如果测得的阻值与黑表笔换极前测得的阻值有较大差距，则黑表笔换极前接的极为栅极，该管子为 N 沟道场效应管。

4. 放大能力的检测

万用表没有专门测量场效应管跨导的挡位，所以无法准确检测场效应管放大能力，但可用万用表大致估计放大能力大小。结型场效应管放大能力估测方法如图 5-50 所示。

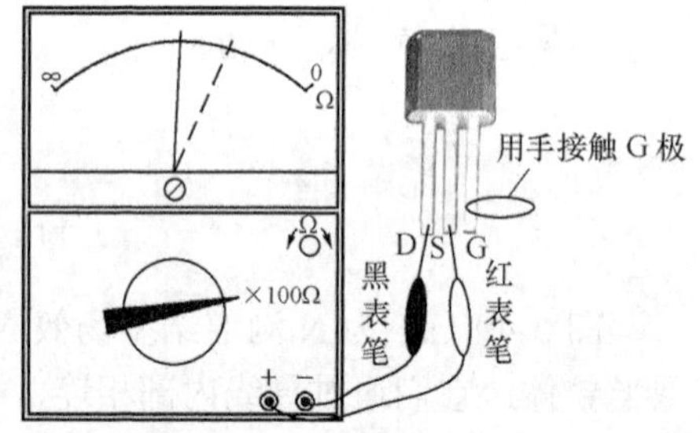

图 5-50　结型场效应管放大能力的估测方法

万用表拨 R×100Ω挡，红表笔接源极 S，黑表笔接漏极 D，由于测量阻值时万用表内接 1.5V 电池，这样相当于给场效应管 D、S 极加上一个正向电压，然后用手接触栅极 G，将人体的感应电压作为输入信号加到栅极上。由于场效应管放大作用，表针会摆动（I_D 电流变化引起），表针摆动幅度越大（不论向左或向右摆动均正常），表明场效应管放大能力越大，若表针不动说明已经损坏。

5. 好坏检测

结型场效应管的好坏检测包括漏源极之间的正反向电阻、栅漏极之间的正反电阻和栅源之间的正反向电阻。这些检测共有六步，只有每步检测都通过才能确定场效应管是正常的。

在检测漏源之间的正、反向电阻时，万用表置于 R×10Ω或 R×100Ω挡，测量漏源之间的正反向电阻，正常阻值应在几十至几千欧（不同型号有所不同）。若超出这个阻值范围，则可能是漏源之间短路、开路或性能不良。

在检测栅漏极或栅源极之间的正反向电阻时，万用表置于 R×1kΩ挡，测量栅漏或栅源之间的正反向电阻，正常时正向电阻小，反向电阻无穷大或接近无穷大。若不符合，则可能是栅漏极或栅源之间短路、开路或性能不良。

5.4.2 绝缘栅型场效应管（MOS 管）的检测

绝缘栅型场效应管（MOSFET）简称 MOS 管，绝缘栅型场效应管分为耗尽型和增强型，每种类型又分为 P 沟道和 N 沟道。

1. 增强型 MOS 管的外形与符号

增强型 MOS 管分为 N 沟道 MOS 管和 P 沟道 MOS 管，增强型 MOS 管外形与符号如图 5-51 所示。

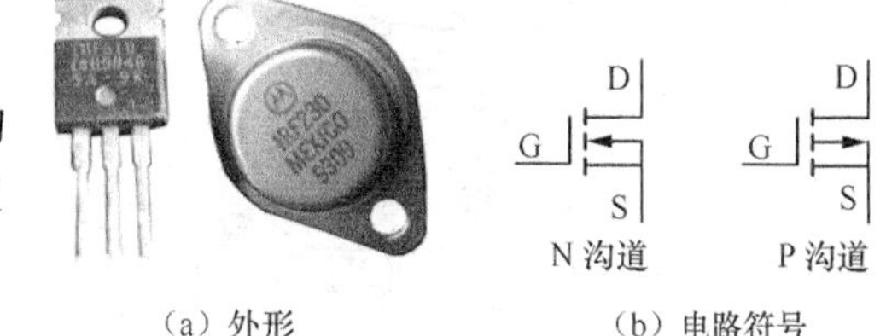

（a）外形　（b）电路符号

图 5-51　增强型 MOS 管

2. 增强型 MOS 管的结构与工作原理

增强型 MOS 管有 N 沟道和 P 沟道之分，分别称作增强型 NMOS 管和增强型 PMOS 管，其结构与工作原理基本相似，在实际中增强型 NMOS 管更为常用。下面以增强型 NMOS 管为例来说明增强型 MOS 管的结构与工作原理。

（1）结构

增强型 NMOS 管的结构与等效符号如图 5-52 所示。

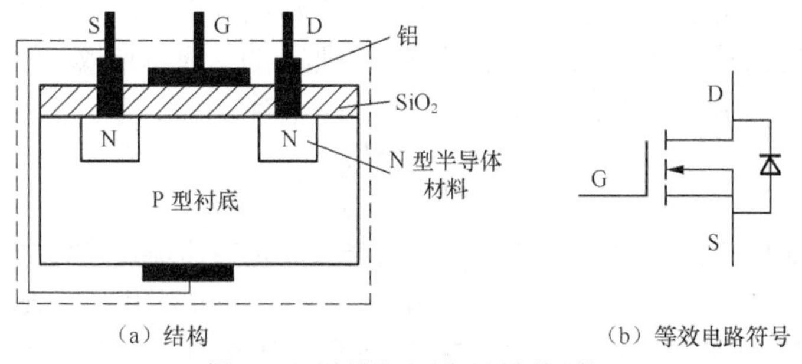

（a）结构　（b）等效电路符号

图 5-52　N 沟道增强型绝缘栅场效应管

增强型 NMOS 管是以 P 型硅片作为基片（又称衬底），在基片上制作两个含很多杂质的 N 型材料，再在上面制作一层很薄的二氧化硅（SiO_2）绝缘层，在两个 N 型材料上引出两个铝电极，分别称为漏极（D）和源极（S），在两极中间的二氧化硅绝缘层上制作一层铝制导电层，从该导电层上引出电极称为 G 极。**P 型衬底与 D 极连接的 N 型半导体会形成二极管结构（称之为寄生二极管）**，由于 P 型衬底通常与 S 极连接在一起，所以增强型 NMOS 管又可用图 5-52（b）所示的符号表示。

（2）工作原理

增强型 NMOS 场应管需要加合适的电压才能工作。加有电压的增强型 NMOS 场效应管如图 5-53 所示，图（a）为结构图形式，图（b）为电路图形式。

如图 5-53（a）所示，电源 E_1 通过 R_1 接场效应管 D、S 极，电源 E_2 通过开关 S 接场效应管的 G、S 极。在开关 S 断开时，场效应管的 G 极无电压，D、S 极所接的两个 N 区之间没有导电沟道，所以两个 N 区之间不能导通，I_D 电流为 0；如果将开关 S 闭合，场效应管的 G 极获得正电压，与 G 极连接的铝电极有正电荷，它产生的电场穿过 SiO_2 层，将 P 衬底很多电子吸引靠近 SiO_2 层，从而在两个 N 区之间出现导电沟道，由于此时 D、S 极之间加上正向电压，就有 I_D 电流从 D 极流入，再经导电沟道从 S 极流出。

如果改变 E_2 电压的大小，也即是改变 G、S 极之间的电压 U_{GS}，与 G 极相通的铝层产生的电场大小就会变化，SiO_2下面的电子数量就会变化，两个N区之间沟道宽度就会变化，流过的I_D电流大小就会变化。U_{GS}电压越高，沟道就会越宽，I_D电流就会越大。

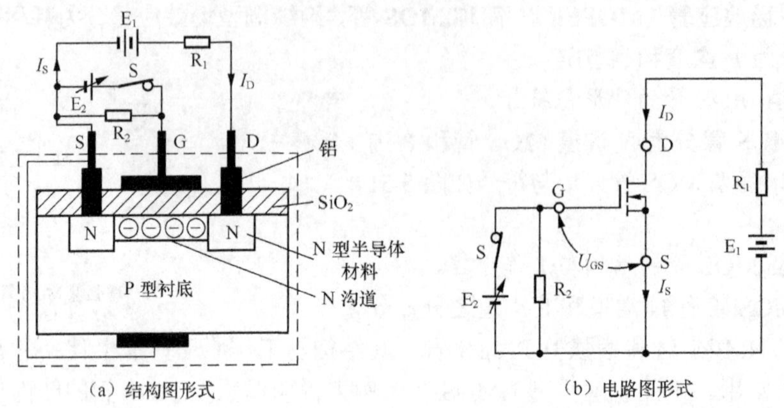

（a）结构图形式　　（b）电路图形式

图5-53　加有电压的增强型NMOS场效应管

由此可见，改变G、S极之间的电压U_{GS}，D、S极之间的内部沟道宽窄就会发生变化，从D极流向S极的I_D电流大小也就发生变化，并且I_D电流变化较U_{GS}电压变化大得多，这就是场效应管的放大原理（即电压控制电流变化原理）。为了表示场效应管的放大能力，引入一个参数-跨导g_m，g_m用下面公式计算：

$$g_m = \frac{\Delta I_D}{\Delta U_{GS}}$$

g_m反映了栅源电压U_{GS}对漏极电流I_D的控制能力，是表述场效应管放大能力的一个重要的参数（相当于三极管的β），g_m的单位是西门子（S），也可以用A/V表示。

增强型绝缘栅场效应管具有特点是：在G、S极之间未加电压（即U_{GS}=0）时，D、S极之间没有沟道，I_D=0；当G、S极之间加上合适电压（大于开启电压U_T）时，D、S极之间有沟道形成，U_{GS}电压变化时，沟道宽窄会发生变化，I_D电流也会变化。

对于N沟道增强型绝缘栅场效应管，G、S极之间应加正电压（即$U_G > U_S$，$U_{GS}=U_G-U_S$为正压），D、S极之间才会形成沟道；对于P沟道增强型绝缘栅场效应管，G、S极之间须加负电压（即$U_G < U_S$，$U_{GS}=U_G-U_S$为负压），D、S极之间才有沟道形成。

3. 增强型MOS管的检测

（1）引脚极性检测

正常的增强型NMOS管的G极与D、S极之间均无法导通，它们之间的正反向电阻均为无穷大。在G极无电压时，增强型NMOS管D、S极之间无沟道形成，故D、S极之间也无法导通，但由于D、S极之间存在一个反向寄生二极管，如图5-52（b）所示，所以D、S极反向电阻较小。

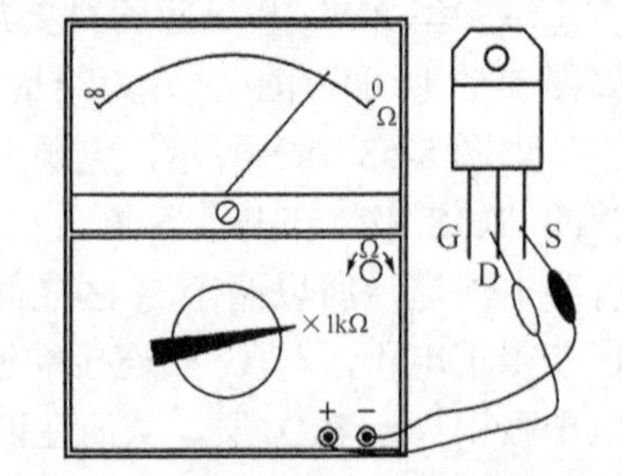

图5-54　检测增强型NMOS管的引极极性

在检测增强型NMOS管的电极时，万用表选择R×1kΩ挡，测量MOS管各脚之间的正反向电阻，当出现一次阻值小时（测得为寄生二极管正向电阻），红表笔接的引脚为D极，黑表笔接的引脚为S极，余下的引脚为G极，测量如图5-54所示。

（2）好坏检测

增强型 NMOS 管的好坏检测可按下面的步骤进行：

第一步：用万用表 R×1kΩ挡检测 MOS 管各引脚之间的正反向电阻，正常只会出现一次阻值小。若出现两次或两次以上阻值小，可确定 MOS 管一定损坏；若只出现一次阻值小，还不能确定 MOS 管正常，需要进行第二步测量。

第二步：先用导线将 MOS 管的 G、S 极短接，释放 G 极上的电荷（G 极与其他两极间的绝缘电阻很大，感应或测量充得的电荷很难释放，故 G 极易积累较多的电荷而带有很高的电压），再将万用表拨至 R×10kΩ挡（该挡内接 9V 电源），红表笔接 MOS 管的 S 极，黑表笔接 D 极，此时表针指示的阻值为无穷大或接近无穷大，然后用导线瞬间将 D、G 极短接，这样万用表内电池的正电压经黑表笔和导线加给 G 极，如果 MOS 管正常，在 G 极有正电压时会形成沟道，表针指示的阻值马上由大变小，如图 5-55（a）所示，再用导线将 G、S 极短路，释放 G 极上的电荷来消除 G 极电压，如果 MOS 管正常，内部沟道会消失，表针指示的阻值马上由小变为无穷大，如图 5-55（b）所示。

以上两步检测时，如果有一次测量不正常，则为 NMOS 管损坏或性能不良。

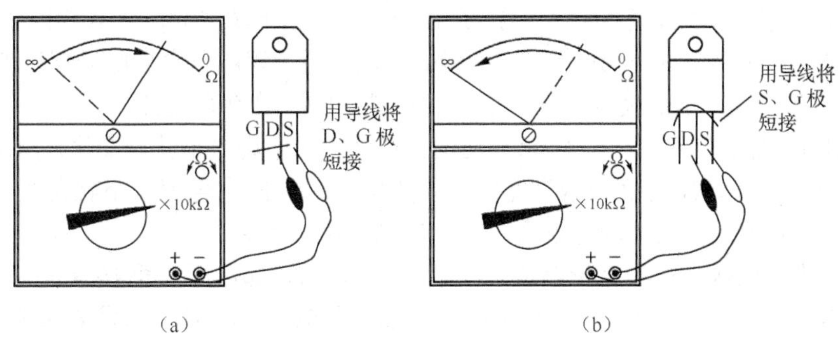

图 5-55　检测增强型 NMOS 管的好坏

4. 耗尽型 MOS 管介绍

（1）外形与符号

耗尽型 MOS 管也有 N 沟道和 P 沟道之分。耗尽型 MOS 管的外形与符号如图 5-56 所示。

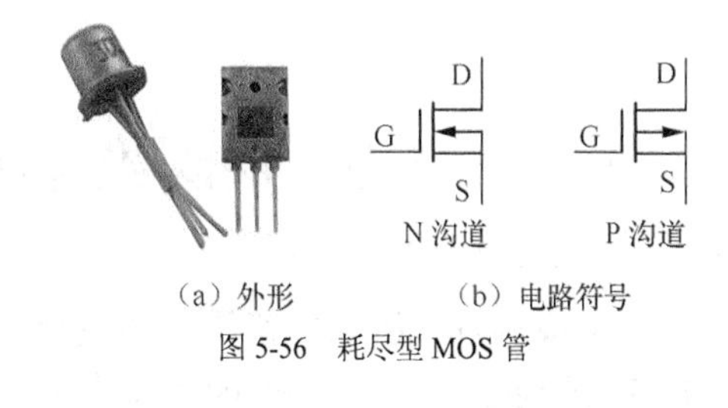

图 5-56　耗尽型 MOS 管

（2）结构与原理

P 沟道和 N 沟道的耗尽型场效应管工作原理基本相同，下面以 N 沟道耗尽型 MOS 管（简称耗尽型 NMOS 管）为例来说明耗尽型 MOS 管的结构与原理。耗尽型 NMOS 管的结构与等效符号如图 5-57 所示。

N 沟道耗尽型绝缘栅场效应管是以 P 型硅片作为基片（又称衬底），在基片上再制作两个含很多杂质的 N 型材料，再在上面制作一层很薄的二氧化硅（SiO_2）绝缘层，在两个 N 型材料上引出两个铝电极，分别称为漏极（D）和源极（S），在两极中间的二氧化硅绝缘层上制作一层铝制导电层，从该导电层上引出电极称为 G 极。

与增强型绝缘栅场效应管不同的是，在耗尽型绝缘栅场效应管内的二氧化硅中掺入大量的杂质，其中含有大量的正电荷，它将衬底中大量的电子吸引靠近 SiO_2 层，从而在两个 N

区之间出现导电沟道。

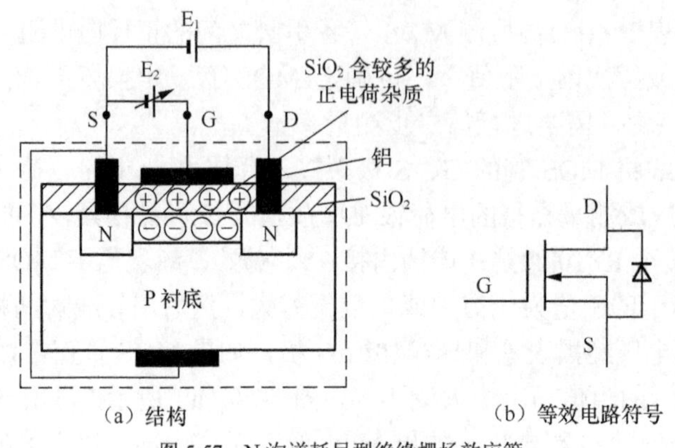

（a）结构　　（b）等效电路符号

图 5-57　N 沟道耗尽型绝缘栅场效应管

当场效应管 D、S 极之间加上电源 E_1 时，由于 D、S 极所接的两个 N 区之间有导电沟道存在，所以有 I_D 电流流过沟道；如果再在 G、S 极之间加上电源 E_2，E_2 的正极除了接 S 极外，还与下面的 P 衬底相连，E_2 的负极则与 G 极的铝层相通，铝层负电荷电场穿过 SiO_2 层，排斥 SiO_2 层下方的电子，从而使导电沟道变窄，流过导电沟道的 I_D 电流减小。

如果改变 E_2 电压的大小，与 G 极相通的铝层产生的电场大小就会变化，SiO_2 下面的电子数量就会变化，两个 N 区之间沟道宽度就会变化，流过的 I_D 电流大小就会变化。例如 E_2 电压增大，G 极负电压更低，沟道就会变窄，I_D 电流就会减小。

耗尽型绝缘栅场效应管具有特点是：在 G、S 极之间未加电压（即 $U_{GS}=0$）时，D、S 极之间就有沟道存在，I_D 不为 0；当 G、S 极之间加上负电压 U_{GS} 时，如果 U_{GS} 电压变化，沟道宽窄会发生变化，I_D 电流就会变化。

在工作时，N 沟道耗尽型绝缘栅场效应管 G、S 极之间应加负电压，即 $U_G<U_S$，$U_{GS}=U_G-U_S$ 为负压；P 沟道耗尽型绝缘栅场效应管 G、S 极之间应加正电压，即 $U_G>U_S$，$U_{GS}=U_G-U_S$ 为正压。

5.5　检测绝缘栅双极型晶体管（IGBT）

绝缘栅双极型晶体管是一种由场效应管和三极管组合成的复合元件，简称为 IGBT 或 IGT，它综合了三极管和 MOS 管的优点，故有很好的特性，因此广泛应用在各种中小功率的电力电子设备中。

5.5.1　外形、结构与符号

IGBT 的外形、结构及等效图和符号如图 5-58 所示，从等效图可以看出，**IGBT 相当于一个 PNP 型三极管和增强型 NMOS 管以图（c）所示的方式组合而成。**IGBT 有三个极：C 极（集电极）、G 极（栅极）和 E 极（发射极）。

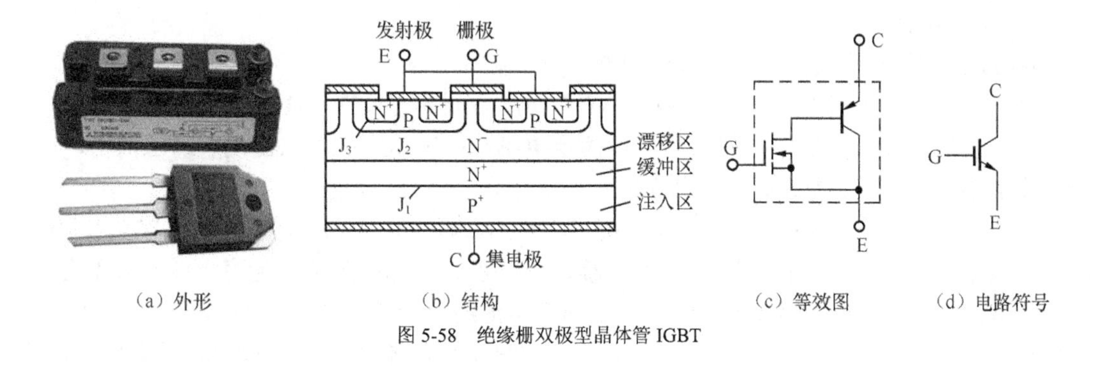

(a) 外形 (b) 结构 (c) 等效图 (d) 电路符号

图 5-58 绝缘栅双极型晶体管 IGBT

5.5.2 工作原理

图 5-58 中的 IGBT 是由 PNP 型三极管和 N 沟道 MOS 管组合而成，这种 IGBT 称作 N-IGBT，用图 5-58（d）符号表示，相应的还有 P 沟道 IGBT，称作 P-IGBT，将图 5-58（d）符号中的箭头改为由 E 极指向 G 极即为 P-IGBT 的电路符号。

由于电力电子设备中主要采用 N-IGBT，下面以图 5-59 所示电路来说明 N-IGBT 工作原理。

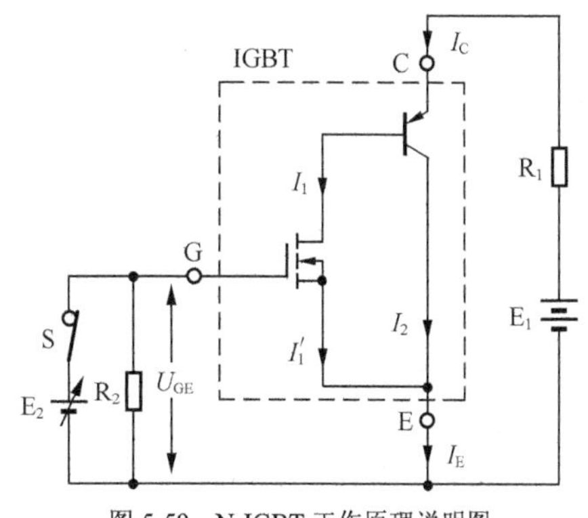

图 5-59 N-IGBT 工作原理说明图

电源 E_2 通过开关 S 为 IGBT 提供 U_{GE} 电压，电源 E_1 经 R_1 为 IGBT 提供 U_{CE} 电压。当开关 S 闭合时，IGBT 的 G、E 极之间获得电压 U_{GE}，只要 U_{GE} 电压大于开启电压（为 2～6V），IGBT 内部的 NMOS 管就有导电沟道形成，MOS 管 D、S 极之间导通，为三极管 I_b 电流提供通路，三极管导通，有电流 I_C 从 IGBT 的 C 极流入，经三极管发射极后分成 I_1 和 I_2 两路电流，I_1 电流流经 MOS 管的 D、S 极，I_2 电流从三极管的集电极流出，I_1、I_2 电流汇合成 I_E 电流从 IGBT 的 E 极流出，即 IGBT 处于导通状态。当开关 S 断开后，U_{GE} 电压为 0，MOS 管导电沟道夹断（消失），I_1、I_2 都为 0，I_C、I_E 电流也为 0，即 IGBT 处于截止状态。

调节电源 E_2 可以改变 U_{GE} 电压的大小，IGBT 内部的 MOS 管的导电沟道宽度会随之变化，I_1 电流大小会发生变化，由于 I_1 电流实际上是三极管的 I_b 电流，I_1 细小的变化会引起 I_2 电流（I_2 为三极管的 I_c 电流）的急剧变化。例如当 U_{GE} 增大时，MOS 管的导通沟道变宽，I_1 电流增大，I_2 电流也增大，即 IGBT 的 C 极流入、E 极流出的电流增大。

5.5.3 引脚极性和好坏检测

IGBT 检测包括极性检测和好坏检测，检测方法增强型 NMOS 管相似。

1. 引脚极性检测

正常的 IGBT 的 G 极与 C、E 极之间不能导通，正反向电阻均为无穷大。在 G 极无电压时，IGBT 的 C、E 极之间不能正向导通，但由于 C、E 极之间存在一个反向寄生二极管，所以 C、E 极正向电阻无穷大，反向电阻较小。

在检测 IGBT 时，万用表选择 R×1kΩ挡，测量 IGBT 各脚之间的正反向电阻，当出现一次阻值小时，红表笔接的引脚为 C 极，黑表笔接的引脚为 E 极，余下的引脚为 G 极。

2. 好坏检测

IGBT 的好坏检测可按下面的步骤进行：

第一步：用万用表 R×1kΩ挡检测 IGBT 各引脚之间的正反向电阻，正常只会出现一次阻值小。若出现两次或两次以上阻值小，可确定 IGBT 一定损坏；若只出现一次阻值小，还不能确定 IGBT 正常，需要进行第二步测量。

第二步：用导线将 IGBT 的 G、S 极短接，释放 G 极上的电荷，再将万用表拨至 R×10kΩ挡，红表笔接 IGBT 的 E 极，黑表笔接 C 极，此时表针指示的阻值为无穷大或接近无穷大，然后用导线瞬间将 C、G 极短接，让万用表内部电池经黑表笔和导线给 G 极充电，让 G 极获得电压，如果 IGBT 正常，内部会形成沟道，表针指示的阻值马上由大变小，再用导线将 G、E 极短路，释放 G 极上的电荷来消除 G 极电压，如果 IGBT 正常，内部沟道会消失，表针指示的阻值马上由小变为无穷大。

以上两步检测时，如果有一次测量不正常，则为 IGBT 损坏或性能不良。

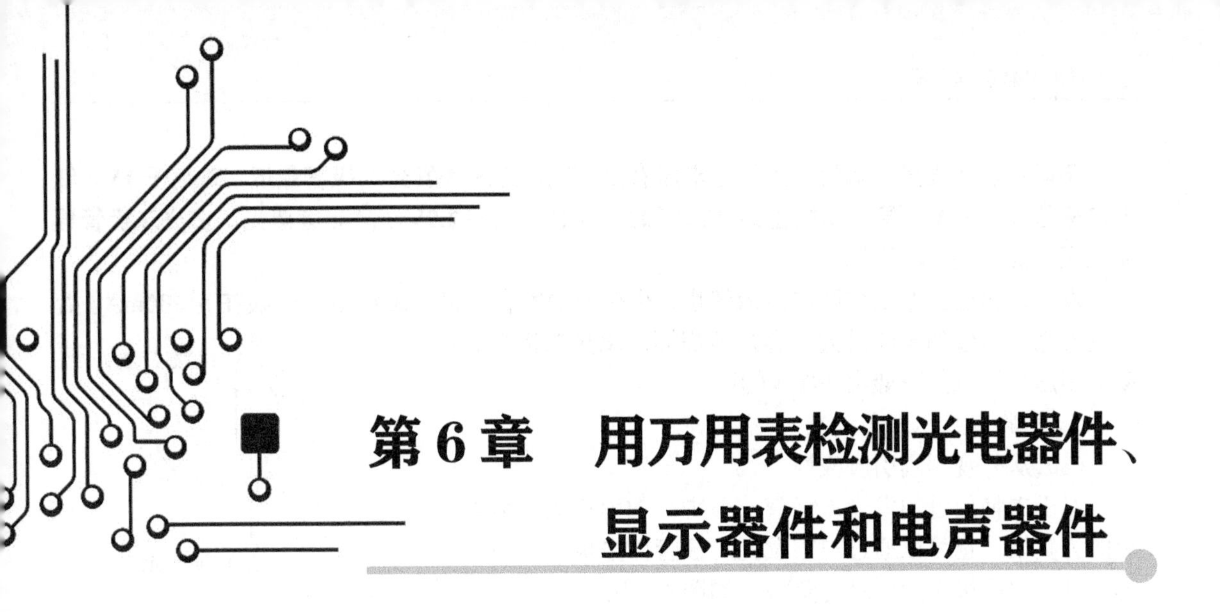

第 6 章　用万用表检测光电器件、显示器件和电声器件

6.1　光电器件的检测

6.1.1　普通发光二极管的检测

1. 外形与符号

发光二极管是一种电-光转换器件，能将电信号转换成光。图 6-1（a）是一些常见的发光二极管的实物外形，图 6-1（b）为发光二极管的电路符号。

2. 性质

发光二极管在电路中需要正接才能工作。下面以图 6-2 所示的电路来说明发光二极管的性质。

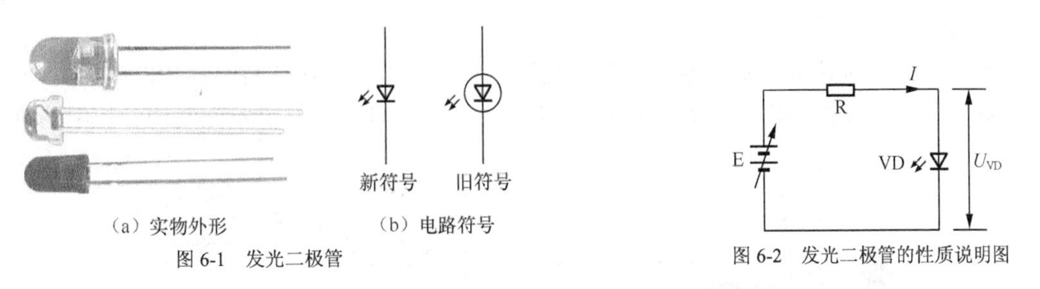

（a）实物外形　（b）电路符号

图 6-1　发光二极管

图 6-2　发光二极管的性质说明图

在图 6-2 中，可调电源 E 通过电阻 R 将电压加到发光二极管 VD 两端，电源正极对应 VD 的正极，负极对应 VD 的负极。将电源 E 的电压由 0 开始慢慢调高，发光二极管两端电压 U_{VD} 也随之升高，在电压较低时发光二极管并不导通，只有 U_{VD} 达到一定值时，VD 才导通，此时的 U_{VD} 电压称为发光二极管的导通电压。发光二极管导通后有电流流过，就开始发光，流过的电流越大，发出光线越强。

不同颜色的发光二极管，其导通电压有所不同，红外线发光二极管最低，略高于 1V，红光二极管 1.5～2V，黄光二极管约 2V，绿光二极管 2.5～2.9V，高亮度蓝光、白光二极管导通电压一般达到 3V 以上。

发光二极管正常工作时的电流较小，小功率的发光二极管工作电流一般在 5～30mA，若流过发光二极管的电流过大，容易被烧坏。**发光二极管的反向耐压也较低，一般在 10V 以下。**

3. 引脚极性识别与检测

（1）从外观判别引脚极性

对于未使用过的发光二极管，引脚长的为正极，引脚短的为负极，也可以通过观察发光二极管内电极来判别引脚极性，内电极大的引脚为负极，如图 6-3 所示。

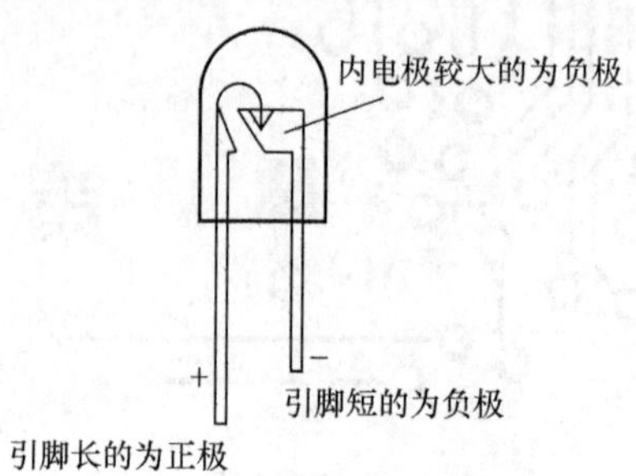

图 6-3　从外观判别引脚极性

（2）万用表检测引脚极性

发光二极管与普通二极管一样具有单向导电性，即正向电阻小，反向电阻大。根据这一点可以用万用表检测发光二极管的极性。

由于发光二极管的导通电压在 1.5V 以上，而万用表选择 R×1Ω～R×1kΩ 挡时，内部使用 1.5V 电池，它所提供的电压无法使发光二极管正向导通，故检测发光二极管极性时，万用表选择 R×10kΩ 挡（内部使用 9V 电池），红、黑表笔分别接发光二极管的两个电极，正、反各测一次，两次测量的阻值会出现一大一小，以阻值小的那次为准，黑表笔接的为正极，红表笔接的为负极。

4. 好坏检测

在检测发光二极管好坏时，万用表选择 R×10kΩ 挡，测量两引脚之间的正、反向电阻。若发光二极管正常，正向电阻小，反向电阻大（接近∞）。

若正、反向电阻均为∞，则发光二极管开路。

若正、反向电阻均为 0Ω，则发光二极管短路。

若反向电阻偏小，则发光二极管反向漏电。

6.1.2　双色发光二极管的检测

1. 外形与符号

双色发光二极管可以发出多种颜色的光线。双色发光二极管有两引脚和三引脚之分，常见的双色发光二极管实物外形如图 6-4（a）所示，图 6-4（b）为双色发光二极管的电路符号。

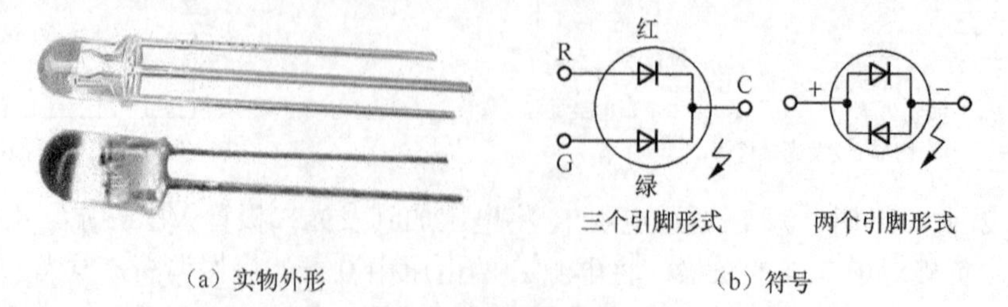

（a）实物外形　　（b）符号

图 6-4　双色发光二极管

2. 工作原理

双色发光二极管是将两种颜色的发光二极管制作封装在一起构成的，常见的有红绿双色发光二极管。**双色发光二极管内部两个二极管的连接方式有两种：一是共阳或共阴形式（即正极或负极连接成公共端），二是正负连接形式（即一只二极管正极与另一只二极管负极连接）**。共阳或共阴式双色二极管有三个引脚，正负连接式双色二极管有两个引脚。

下面以图 6-5 所示的电路来说明双色发光二极管工作原理。

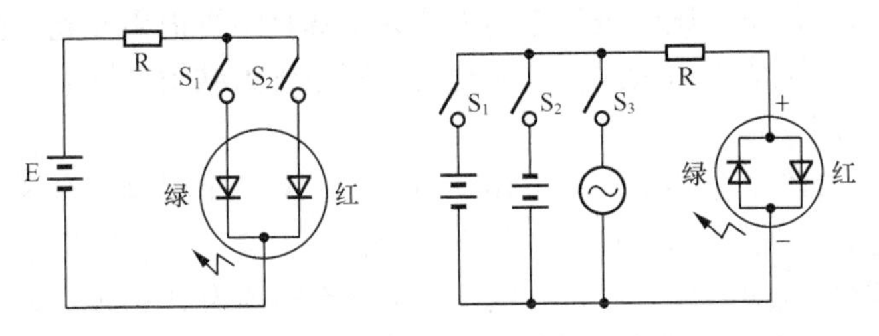

（a）三个引脚双色发光二极管　　（b）两个引脚的双色发光二极管应用电路

图 6-5　双色发光二极管工作原理说明图

图 6-5（a）为三个引脚的双色发光二极管应用电路。当闭合开关 S_1 时，有电流流过双色发光二极管内部的绿管，双色发光二极管发出绿色光，当闭合开关 S_2 时，电流通过内部红管，双色发光二极管发出红光，若两个开关都闭合，红、绿管都亮，双色二极管发出的混合色光—黄光。

图 6-5（b）为两个引脚的双色发光二极管应用电路。当闭合开关 S_1 时，有电流流过红管，双色发光二极管发出红色光；当闭合开关 S_2 时，电流通过内部绿管，双色发光二极管发出绿光；当闭合开关 S_3 时，由于交流电源极性周期性变化，它产生的电流交替流过红、绿管，红、绿管都亮，双色二极管发出的光线呈红、绿混合色—黄色。

6.1.3　三基色发光二极管的检测

1. 外形与图形符号

三基色发光二极管又称全彩发光二极管，其外形和图形符号如图 6-6 所示。

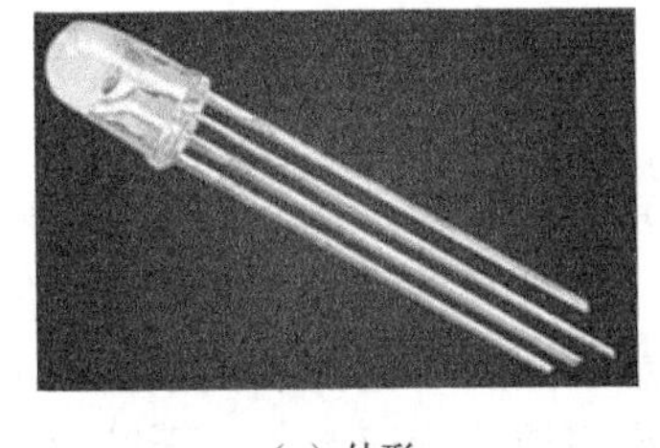

（a）外形

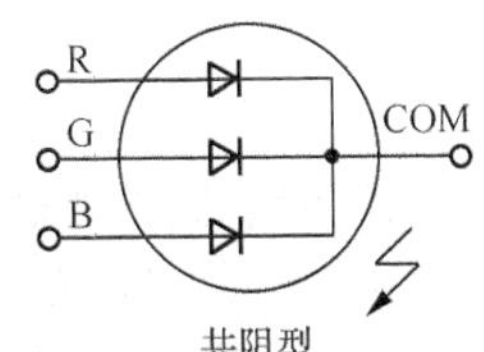

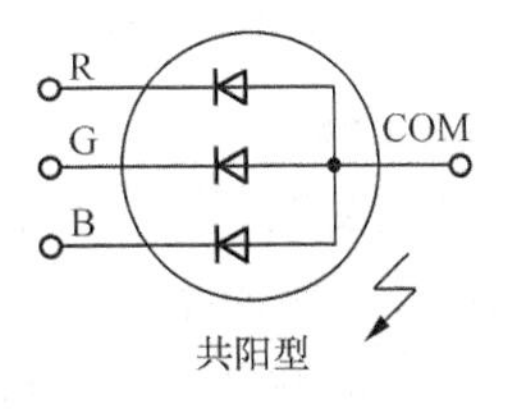

（b）图形符号

图 6-6　双色发光二极管

2. 工作原理

三基色发光二极管是将红、绿、蓝三种颜色的发光二极管制作并封装在一起构成的，在内部将三个发光二极管的负极（共阴型）或正极（共阳型）连接在一起，再接一个公共引脚。下面以图 6-7 所示的电路来说明共阴极三基色发光二极管的工作原理。

当闭合开关 S_1 时，有电流流过内部的 R 发光二极管，三基色发光二极管发出红光；当闭合开关 S_2 时，有电流流过内部的 G 发光二极管，三基色发光二极管发出绿光；若 S_1、S_3 两个开关都闭合，R、B 发光二极管都亮，三基色二极管发出混合色光-紫光。

3. 类型及公共引脚极性的检测

（1）类型检测

三基色发光二极管有共阴、共阳之分，使用时要区分开来。在检测时，万用表拨至 R×10kΩ挡，测量任意两引脚之间的阻值，当出现阻值小时，红表笔不动，黑表笔接剩下两个引脚中的任意一个，若测得阻值小，则红表笔接的为公共引脚且该脚内接发光二极管的负极，该管子为共阴型管，若测得阻值无穷大或接近无穷大，则该管为共阳型管。

（2）引脚极性检测

三基色发光二极管除了公共引脚外，还有 R、G、B 三个引脚，在区分这些引脚时，万用表拨至 R×10kΩ挡，对于共阴型管子，红表笔接公共引脚，黑表笔接某个引脚，管子有微弱的光线发出，观察光线的颜色，若为红色，则黑表笔接的为 R 引脚，若为绿色，则黑表笔接的为 G 引脚，若为蓝色，则黑表笔接的为 G 引脚。

由于万用表的 R×10kΩ挡提供的电流很小，因此测量时有可能无法让三基色发光二极管内部的发光二极管正常发光，虽然万用表使用 R×1Ω～R×1kΩ挡时提供的电流大，但内部使用 1.5V 电池，无法使发光二极管导通发光。解决这个问题的方法是将万用表拨至 R×10Ω或 R×1Ω挡，按图 6-8 所示，给红表笔串接 1.5V 或 3V 电池，电池的负极接三基色发光二极管的公共引脚，黑表笔接其他引脚，根据管子发出的光线判别引脚的极性。

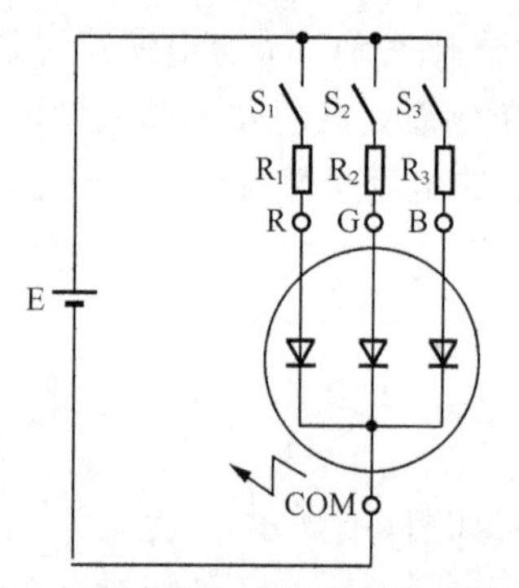

图 6-7　三基色发光二极管工作原理说明图

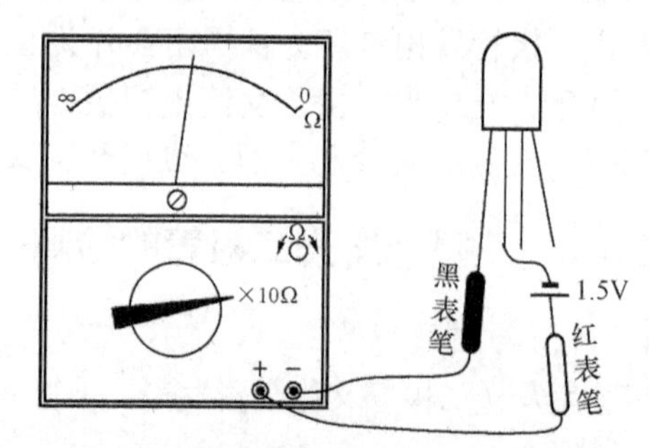

图 6-8　三基色发光二极管的引脚极性检测

4. 好坏检测

从三基色发光二极管内部的三只发光二极管连接方式可以看出，R、G、B 引脚与 COM 引脚之间的正向电阻小，反向电阻大（无穷大），R、G、B 任意两引脚之间的正反向电阻均为无穷大。在检测时，万用表拨至 R×10kΩ挡，测量任意两引脚之间的阻值，正反向各测一次，若两次测量阻值均很小或为 0，则管子损坏，若两次阻值均为无穷大，无法确定管子好坏，应一只表笔不动，另一只表笔接其他引脚，再进行正反向电阻测量。也可以先检测出公共引脚和类型，然后测 R、G、B 引脚与 COM 引脚之间的正反向阻值，正常应正向电阻小、反向电阻无穷大，R、G、B 任意两引脚之间的正反向电阻也均为无穷大，否则管子损坏。

6.1.4　闪烁发光二极管的检测

1. 外形与结构

闪烁发光二极管在通电后会时亮时暗闪烁发光。图 6-9（a）为常见的闪烁发光二极管，图 6-9（b）为闪烁发光二极管的结构。

2．工作原理

闪烁发光二极管是将集成电路（IC）和发光二极管制作并封装在一起。下面以图 6-10 所示的电路来说明闪烁发光二极管的工作原理。

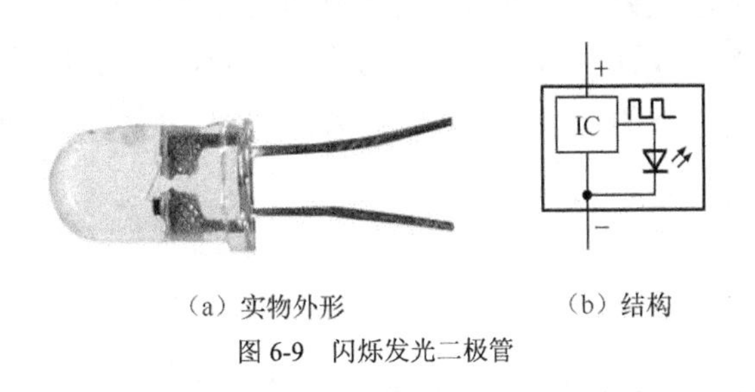

（a）实物外形　　（b）结构

图 6-9　闪烁发光二极管

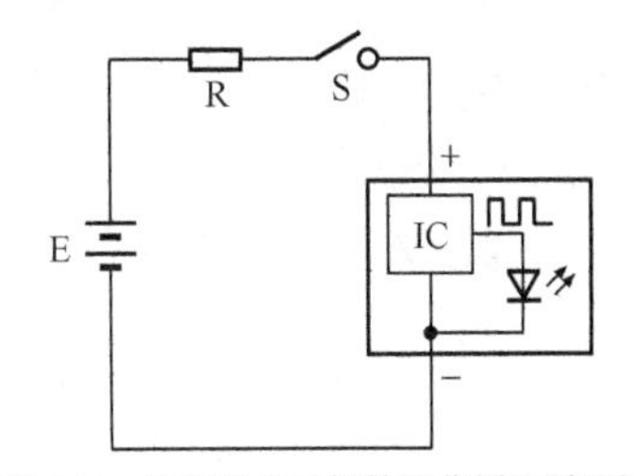

图 6-10　闪烁发光二极管工作原理说明图

当闭合开关 S 后，电源电压通过电阻 R 和开关 S 加到闪烁发光二极管两端，该电压提供给内部的 IC 作为电源，IC 马上开始工作，工作后输出时高时低的电压（即脉冲信号），发光二极管时亮时暗，闪烁发光。常见的闪烁发光二极管有红、绿、橙、黄四种颜色，它们的正常工作电压为 3～5.5V。

3．检测

闪烁发光二极管电极有正、负之分，在电路中不能接错。闪烁发光二极管的电极判别可采用万用表 R×1kΩ挡。

在检测闪烁发光二极管时，万用表拨至 R×1kΩ挡，红、黑表笔分别接两个电极，正、反各测一次，其中一次测量表针会往右摆动到一定的位置，然后在该位置轻微的摆动（内部的IC在万用表提供的1.5V电压下开始微弱地工作），如图 6-11 所示，以这次测量为准，黑表笔接的为正极，红表接的为负极。

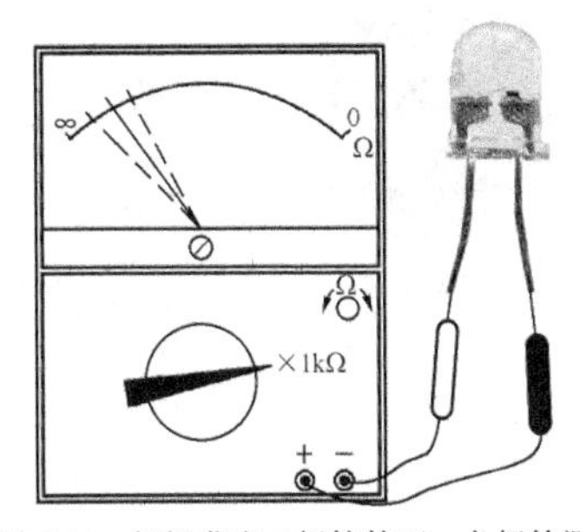

图 6-11　闪烁发光二极管的正、负极检测

6.1.5　红外线发光二极管的检测

1．外形与图形符号

红外线发光二极管通电后会发出人眼无法看见的红外光，家用电器的遥控器采用红外线发光二极管发射遥控信号。红外线发光二极管的外形与图形符号如图 6-12 所示。

（a）外形　　（b）图形符号

图 6-12　红外线发光二极管

2．引脚极性及好坏检测

红外线发光二极管具有单向导电性，其正向导通电压略高于 1V。在检测时，万用表拨至 R×1kΩ 挡，红、黑表笔分别接两个电极，正、反各测一次，以阻值小的一次测量为准，红表笔接的为负极，黑表笔接的为正极。对于未使用过的红外线发光二极管，引脚长的为正极，引脚短的为负极。

在检测红外线发光二极管好坏时，使用万用表的 R×1kΩ 挡测正反向电阻，正常时正向电阻在 20～40kΩ之间，反向电阻应有 500kΩ以上，若正向电阻偏大或反向电阻偏小，表明管子性能不良，若正反向电阻均为 0 或无穷大，表明管子短路或开路。

3. 区分红外线发光二极管与普通发光二极管的检测

红外线发光二极管的起始导通电压为1～1.3V，普通发光二极管为1.6～2V，万用表选择R×1Ω～R×1kΩ挡时，内部使用1.5V电池，根据这些规律可使用万用表R×100Ω挡来测管子的正反向电阻。若正反向电阻均为无穷大或接近无穷大，所测管子为普通发光二极管，若正向电阻小反向电阻大，所测管子为红外线发光二极管。由于红外线为不可见光，故也可使用R×10kΩ挡测量正反向管子，同时观察管子是否有光发出，有光发出者为普通二极管，无光发出者为红外线发光二极管。

6.1.6 普通光敏二极管的检测

1. 外形与符号

光敏二极管又称光电二极管，它是一种光-电转换器件，能将光转换成电信号。图6-13（a）是一些常见的光敏二极管的实物外形，图6-13（b）为光敏二极管的电路符号。

2. 性质说明

光敏二极管在电路中需要反向连接才能正常工作。下面以图6-14所示的电路来说明光敏二极管的性质。

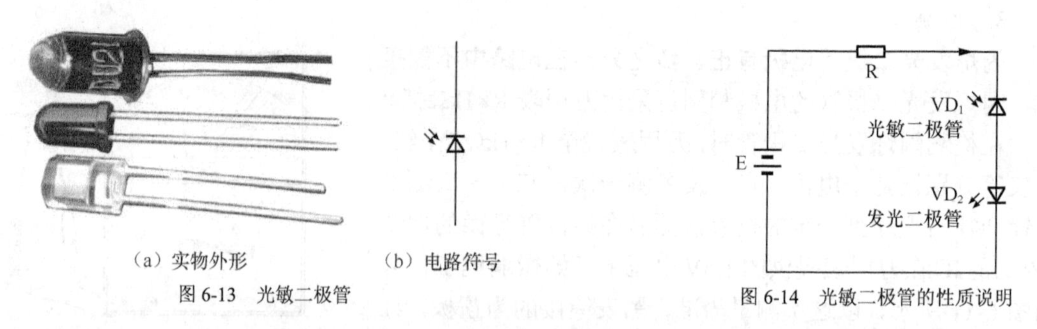

（a）实物外形　（b）电路符号

图6-13　光敏二极管

图6-14　光敏二极管的性质说明

在图6-14中，当无光线照射时，光敏二极管VD_1不导通，无电流流过发光二极管VD_2，VD_2不亮。如果用光线照射VD_1，VD_1导通，电源输出的电流通过VD_1流经发光二极管VD_2，VD_2亮，照射光敏二极管的光线越强，光敏二极管导通程度越深，自身的电阻变得越小，经它流到发光二极管的电流越大，发光二极管发出的光线越亮。

3. 引脚极性检测

与普通二极管一样，光敏二极管也有正、负极。对于未使用过的光敏二极管，引脚长的为正极（P），引脚短的为负极。在无光线照射时，光敏二极管也具有正向电阻小、反向电阻大的特点。根据这一点可以用万用表检测光敏二极管的极性。

在检测光敏二极管极性时，万用表选择R×1kΩ挡，用黑色物体遮住光敏二极管，然后红、黑表笔分别接光敏二极管两个电极，正、反各测一次，两次测量阻值会出现一大一小，如图6-15所示，以阻值小的那次为准，如图6-15（a）所示，黑表笔接的为正极，红表笔接的为负极。

4. 好坏检测

光敏二极管的检测包括遮光检测和受光检测。

在进行遮光检测时，用黑纸或黑布遮住光敏二极管，然后检测两电极之间的正、反向电阻，正常应正向电阻小，反向电阻大，具体检测可参见图6-15。

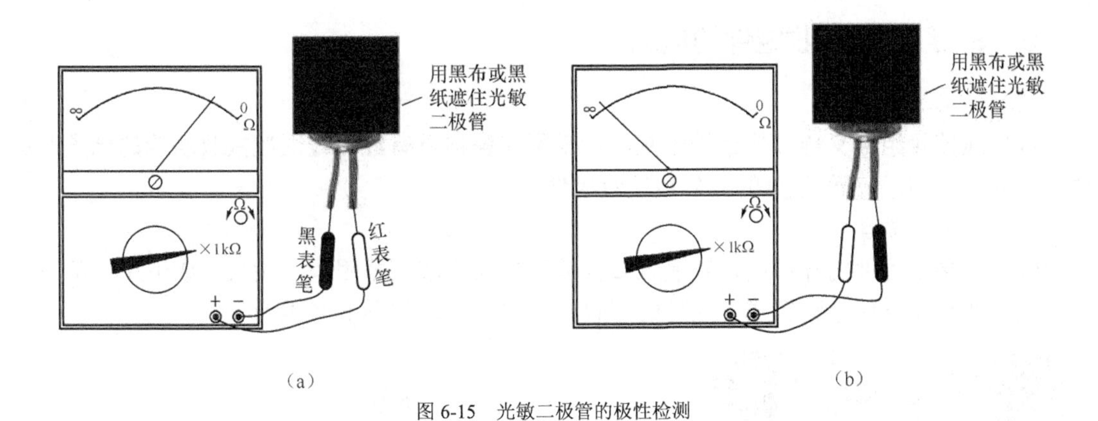

（a）　　　　（b）

图 6-15　光敏二极管的极性检测

在进行受光检测时，万用表仍选择 R×1kΩ挡，用光源照射光敏二极管的受光面，如图 6-16 所示，再测量两电极之间的正、反向电阻。若光敏二极管正常，光照射时测得的反向电阻明显变小，而正向电阻变化不大。

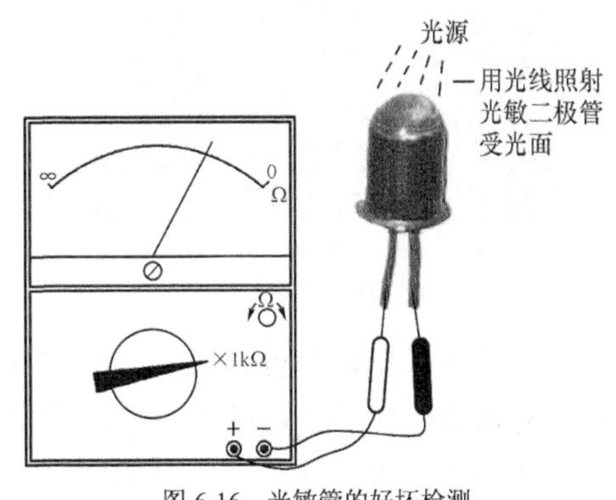

图 6-16　光敏管的好坏检测

若正、反向电阻均为无穷大，则光敏二极管开路。

若正、反向电阻均为 0，则光敏二极管短路。

若遮光和受光测量时的反向电阻大小无变化，则光敏二极管失效。

6.1.7　红外线接收二极管的检测

1. 外形与图形符号

红外线接收二极管又称红外线光敏二极管，简称红外线接收管，能将红外光转换成电信号，为了减少可见光的干扰，常采用黑色树脂材料封装。红外线接收二极管的外形与图形符号如图 6-17 所示。

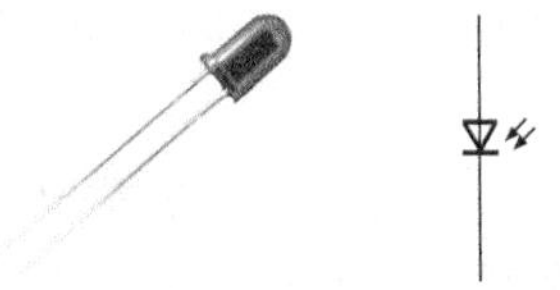

（a）外形　　（b）图形符号

图 6-17　红外线发光二极管

2. 引脚极性与好坏检测

红外线接收二极管具有单向导电性，在检测时，万用表拨至 R×1kΩ 挡，红、黑表笔分别接两个电极，正、反各测一次，以阻值小的一次测量为准，红表笔接的为负极，黑表笔接的为正极。对于未使用过的红外线发光二极管，引脚长的为正极，引脚短的为负极。

在检测红外线接收二极管好坏时，使用万用表的 R×1kΩ 挡测正反向电阻，正常时正向电阻在 3～4kΩ之间，反向电阻应达 500kΩ以上，若正向电阻偏大或反向电阻偏小，表明管子性能不良，若正反向电阻均为 0 或无穷大，表明管子短路或开路。

3. 受光能力检测

将万用表拨至 50μA 或 0.1mA 挡，让红表笔接红外线接收二极管的正极，黑表笔接负极，然后让被阳光照射被测管，此时万用表表针应向右摆动，摆动幅度越大，表明管子光-电转换能力越强，性能越好，若表针不摆动，说明管子性能不良，不可使用。

6.1.8 红外线接收组件的检测

（1）外形

红外线接收组件又称红外线接收头，广泛用在各种具有红外线遥控接收功能的电子产品中。图 6-18 列出了三种常见的红外线接收组件。

（2）结构与原理

红外线接收组件内部由红外线接收二极管和接收集成电路组成，接收集成电路内部主要有放大、选频及解调电路组成，红外线接收组件内部结构如图 6-19 所示。

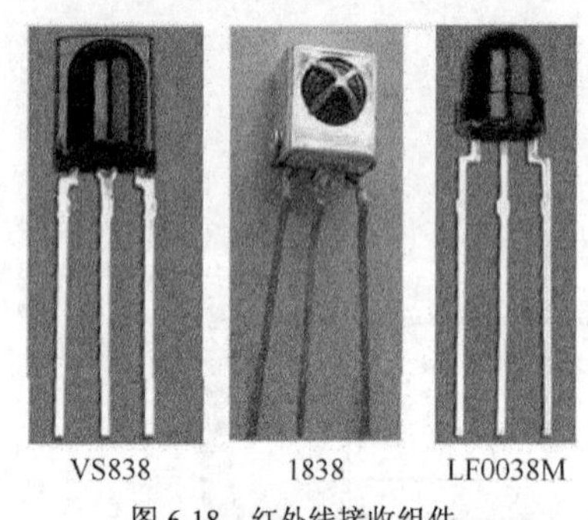

图 6-18 红外线接收组件

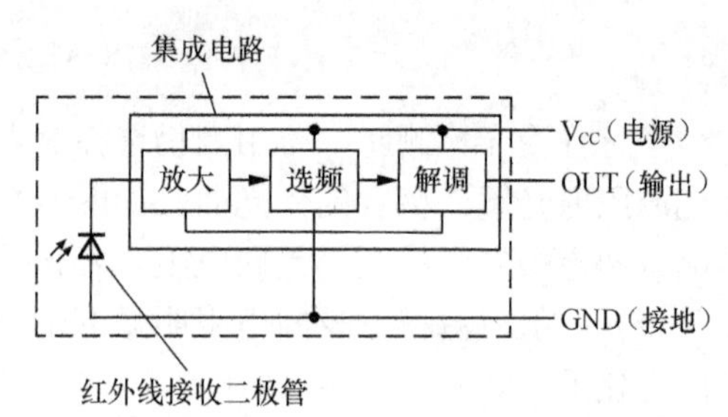

图 6-19 红外线接收组件内部结构

接收头内的红外线接收二极管将遥控器发射来的红外光转换成电信号，送入接收集成电路进行放大，然后经选频电路选出特定频率的信号（频率多数为 38kHz），再由解调电路从该信号中取出遥控指令信号，从 OUT 端输出去单片机。

（3）引脚极性识别

红外线接收组件有 V_{CC}（电源，通常为 5V）、OUT（输出）和 GND（接地）三个引脚，在安装和更换时，这三个引脚不能弄错。红外线接收组件三个引脚排列没有统一规范，可以使用万用表来判别三个引脚的极性。

在检测红外线接收组件引脚极性时，万用表置于 R×10Ω 挡，测量各引脚之间的正反向电阻（共测量 6 次），以阻值最小的那次测量为准，黑表笔接的为 GND 脚，红表笔接的为 V_{CC} 脚，余下的为 OUT 脚。

如果要在电路板上判别红外线接收组件的引脚极性，可找到接收组件旁边的有极性电容器，因为接收组件的 V_{CC} 端一般会接有极性电容器进行电源滤波，故接收组件的 V_{CC} 引脚与有极性电容器正引脚直接连接（或通过一个 100 多欧姆的电阻连接），GNG 引脚与电容器的负引脚直接连接，余下的引脚为 OUT 引脚，如图 6-20 所示。

图 6-20 在电路板上判别红外线接收组件三个引脚的极性

（4）好坏判别与更换

在判别红外线接收组件好坏时，在红外线接收组件的 V_{CC} 和 GND 引脚之间接上 5V 电源，然后将万用表置于直流 10V 挡，测量 OUT 引脚电压（红、黑表笔分别接 OUT、GND 引脚），在未接收遥控信号时，OUT 脚电压约为 5V，再将遥控器对准接收组件，按压按键让遥控器发射红外线信号，若接收组件正常，OUT 引脚电压电压会发生变化（下降），说明输出脚有信号输出，否则可能接收组件损坏。

红外线接收组件损坏后，若找不到同型号组件更换，也可用其他型号的组件更换。**一般来说，相同接收频率的红外线接收组件都能互换，38 系列（1838、838、0038 等）红外线接收组件频率相同，可以互换，由于它们引脚排列可能不一样，更换时要先识别出各引脚，再将新组件引脚对号入座安装。**

6.1.9　光敏三极管的检测

1. 外形与符号

光敏三极管是一种对光线敏感且具有放大能力的三极管。光敏三极管大多只有两个引脚，少数有三个引脚。图 6-21（a）是一些常见的光敏三极管的实物外形，图 6-21（b）为光敏三极管的电路符号。

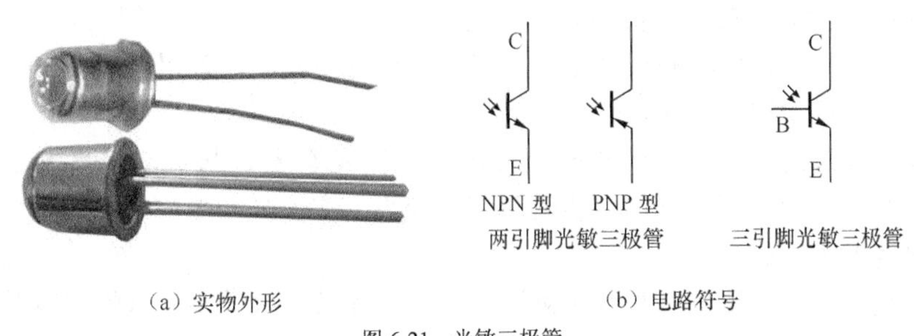

（a）实物外形　　（b）电路符号

图 6-21　光敏三极管

2. 性质说明

光敏三极管与光敏二极管区别在于，光敏三极管除了具有光敏性外，还具有放大能力。两引脚的光敏三极管的基极是一个受光面，没有引脚，三引脚的光敏三极管基极既作受光面，又引出电极。下面通过图 6-22 所示的电路来说明光敏三极管的性质。

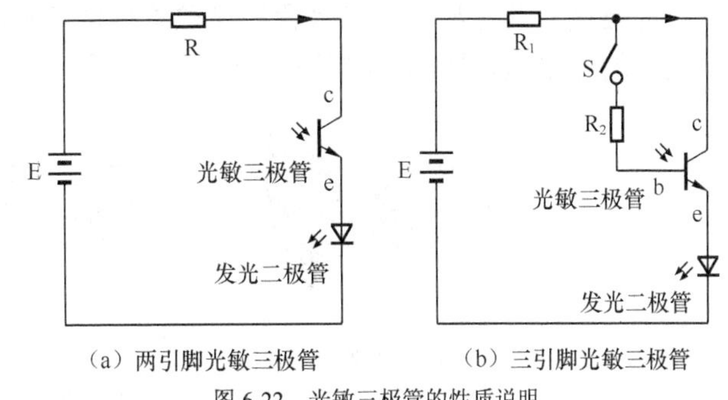

（a）两引脚光敏三极管　　（b）三引脚光敏三极管

图 6-22　光敏三极管的性质说明

在图 6-22（a）中，两引脚光敏三极管与发光二极管串接在一起。在无光照射时，光敏三极管不导通，发光二极管不亮。当光线照光敏三极管受光面（基极）时，受光面将入射光转换成 I_b 电流，该电流控制光敏三极管 c、e 极之间导通，有 I_c 电流流过，光线越强，I_b 电流越大，I_c 越大，发光二极管越亮。

图 6-22（b）中，三引脚光敏三极管与发光二极管串接在一起。光敏三极管 c、e 间导通可由三种方式控制：一是用光线照射受光面；二是给基极直接通入 I_b 电流；三是既通 I_b 电流又用光线照射。

由于光敏三极管具有放大能力，比较适合用在光线微弱的环境中，它能将微弱光线产生的小电流进行放大，控制光敏三极管导通效果比较明显，而光敏二极管对光线的敏感度较差，常用在光线较强的环境中。

3. 光敏二极管和光敏三极管的识别检测

光敏二极管与两引脚光敏三极管的外形基本相同，其判定方法是：遮住受光窗口，万用表选择 R×1kΩ挡，测量两管引脚间正、反向电阻，均为无穷大的为光敏三极管，正、反向阻值一大一小者为光敏二极管。

4. 引脚极性检测

光敏三极管有 C 极和 E 极，可根据外形判断电极。引脚长的为 E 极、引脚短的为 C 极；对于有标志（如色点）管子，靠近标志处的引脚为 E 极，另一引脚为 C 极。

光敏三极管的 C 极和 E 极也可用万用表检测。以 NPN 型光敏三极管为例，万用表选择 R×1kΩ挡，将光敏三极管对着自然光或灯光，红、黑表笔测量光敏三极管的两引脚之间的正、反向电阻，两次测量中阻值会出现一大一小，以阻值小的那次为准，黑表笔接的为 C 极，红表笔接的为 E 极。

5. 好坏检测

光敏三极好坏检测包括无光检测和受光检测。

在进行无光检测时，用黑布或黑纸遮住光敏三极管受光面，万用表选择 R×1kΩ挡，测量两管引脚间正、反向电阻，正常应均为无穷大。

在进行受光检测时，万用表仍选择 R×1kΩ挡，黑表笔接 C 极，红表笔接 E 极，让光线照射光敏三极管受光面，正常光敏三极管阻值应变小。在无光和受光检测时阻值变化越大，表明光敏三极管灵敏度越高。

若无光检测和受光检测的结果与上述不符，则为光敏三极管损坏或性能变差。

6.1.10 光电耦合器的检测

1. 外形与符号

光电耦合器是将发光二极管和光敏管组合在一起并封装起来构成的。图 6-23（a）是一些常见的光电耦合器的实物外形，图 6-23（b）为光电耦合器的电路符号。

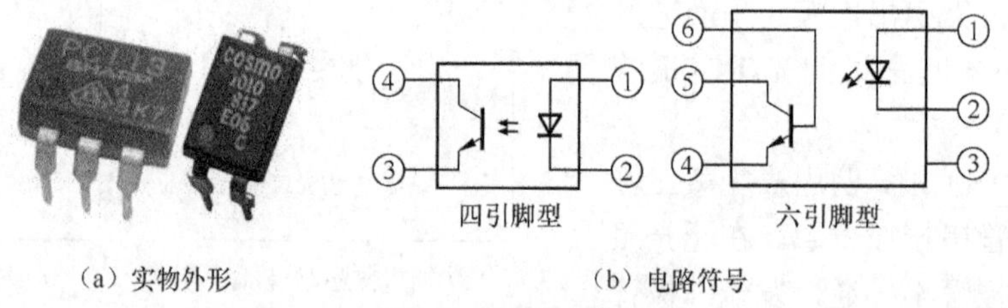

（a）实物外形　　（b）电路符号

图 6-23　光电耦合器

2. 工作原理

光电耦合器内部集成了发光二极管和光敏管。下面以图 6-24 所示的电路来说明光电耦合器的工作原理。

在图 6-24 中，当闭合开关 S 时，电源 E_1 经开关 S 和电位器 RP 为光电耦合器内部的发光管提供电压，有电流流过发光管，发光管发出光线，光线照射到内部的光敏管，光敏管导通，电源 E_2 输出的电流经电阻 R、发光二极管 VD 流入光电耦合器的 C 极，然后从 E 极流出回到 E_2 的负极，有电流流过发光二极管 VD，VD 发光。

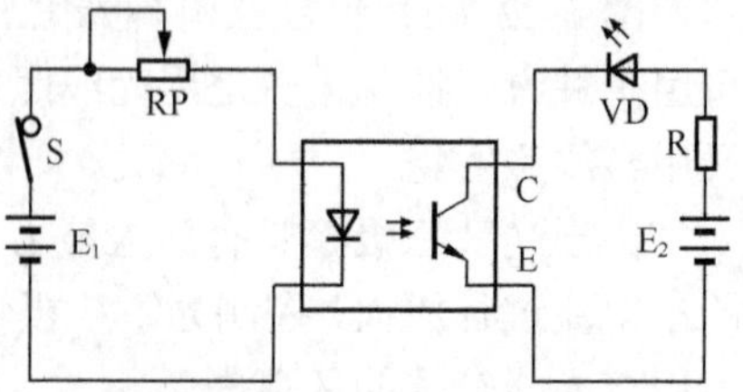

RP　S　E_1　C　E　VD　R　E_2

图 6-24　光电耦合器工作原理说明

调节电位器 RP 可以改变发光二极管 VD 的光线亮度。当 RP 滑动端右移时，其阻值变小，流入光电耦合器内发光管的电流大，发光管光线强，光敏管导通程度深，光敏管 C、E 极之间电阻变小，电源 E_2 的回路总电阻变小，流经发光二极管 VD 的电流大，VD 变得更亮。

若断开开关 S，无电流流过光电耦合器内的发光管，发光管不亮，光敏管无光照射不能导通，电源 E_2 回路切断，发光二极管 VD 无电流通过而熄灭。

3. 引脚极性检测

光电耦合器内部有发光二极管和光敏管，根据引出脚数量不同，可分为四引脚型和六引脚型。光电耦合器引脚识别如图 6-25 所示，光电耦合器上小圆点处对应①脚，按逆时针方向依次为②、③、④脚。对于四引脚光电耦合器，通常①②脚接内部发光二极管，③④脚接内部光敏管，如图 6-23（b）所示，对于六引脚型光电耦合器，通常①②脚接内部发光二极管，③脚空脚，④⑤⑥脚接内部光敏三极管。

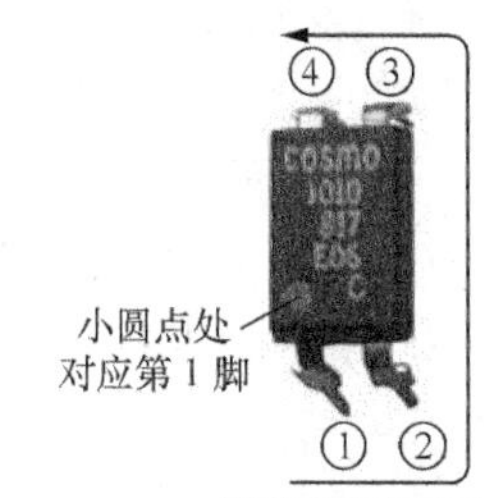

图 6-25　光电耦合器引脚识别

光电耦合器的电极也可以用万用表判别。下面以检测四引脚型光电耦合器为例来说明。

在检测光电耦合器时，先检测出的发光二极管引脚。万用表选择 R×1kΩ挡，测量光电耦合器任意两脚之间的电阻，当出现阻值小时，如图 6-26 所示，黑表笔接的为发光二极管的正极，红表笔接的为负极，剩余两极为光敏管的引脚。

找出光电耦合器的发光二极管引脚后，再判别光敏管的 C、E 极引脚。在判别光敏管 C、E 引脚时，可采用两只万用表，如图 6-27 所示，其中一只万用表拨至 R×100Ω挡，黑表笔接发光二极管的正极，红表笔接负极，这样做是利用万用表内部电池为发光二极管供电，使之发光；另一只万用表拨至 R×1kΩ挡，红、黑表笔接光电耦合器光敏管引脚，正、反各测一次，测量会出现阻值一大一小，以阻值小的测量为准，黑表笔接的为光敏管的 C 极，红表笔接的为光敏管和 E 极。

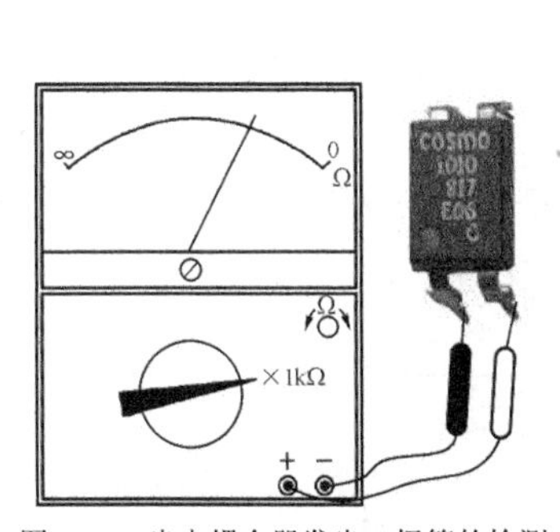

图 6-26　光电耦合器发光二极管的检测

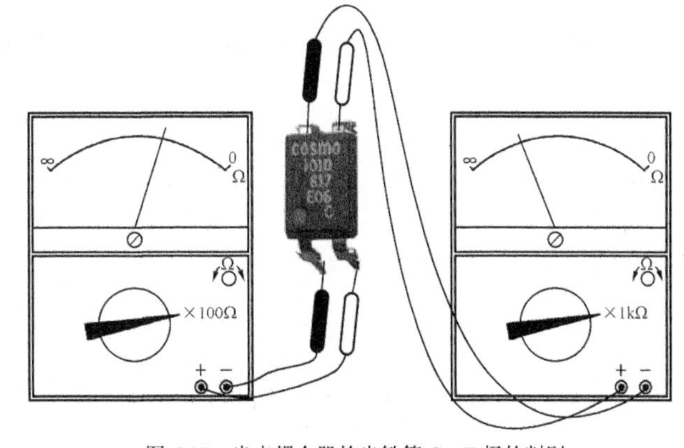

图 6-27　光电耦合器的光敏管 C、E 极的判别

如果只有一只万用表，可用一节 1.5V 电池串联一个 100Ω的电阻，来代替万用表为光电耦合器的发光二极管供电。

4. 好坏检测

在检测光电耦合器好坏时，要进行三项检测：①检测发光二极管好坏；②检测光敏管好坏；③检测发光二极管与光敏管之间的绝缘电阻。

在检测发光二极管好坏时，万用表选择 R×1kΩ挡，测量发光二极管两引脚之间的正、反向电阻。若发光二极管正常，正向电阻小、反向电阻无穷大，否则发光二极管损坏。

在检测光敏管好坏时，万用表仍选择 R×1kΩ挡，测量光敏管两引脚之间的正、反向电阻。若光敏管正常，正、反向电阻均为无穷大，否则光敏管损坏。

在检测发光二极管与光敏管绝缘电阻时，万用表选择 R×10kΩ挡，一只表笔接发光二极管任意一个引脚，另一只表笔接光敏管任意一个引脚，测量两者之间的电阻，正、反各测一次。若光电耦合器正常，两次测得发光二极管与光敏管之间的绝缘电阻应均为无穷大。

检测光电耦合器时，只有上面三项测量都正常，才能说明光电耦合器正常，任意一项测量不正常，光电耦合器都不能使用。

6.1.11 光遮断器的检测

光遮断器又称光断续器、穿透型光电感应器，它与光电耦合器一样，都是由发光管和光敏管组成，但光电遮断器的发光管和光敏管并没有封装成一体，而是相互独立。

1. 外形与符号

光遮断器外形与符号如图 6-28 所示。

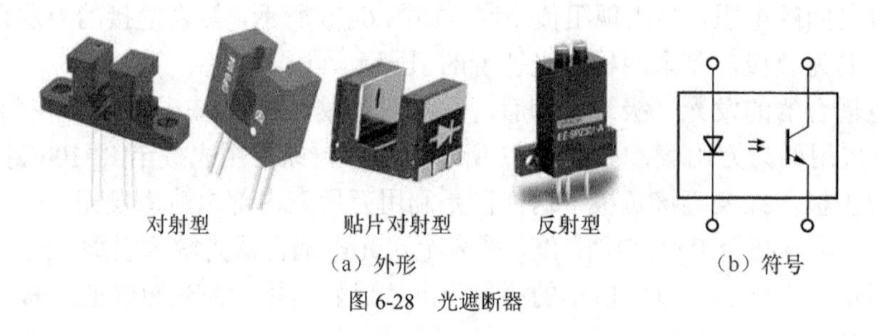

（a）外形　　（b）符号

图 6-28　光遮断器

2. 工作原理

光遮断器可分为对射型和反射型，下面以图 6-29 电路为例来说明这两种光遮断器的工作原理。

图 6-29（a）为对射型光遮断器的结构及应用电路。当电源通过 R_1 为发光电二极管供电时，发光二极管发光，其光线通过小孔照射到光敏管，光敏管受光导通，输出电压 U_0 为低电平，如果用一个遮光体放在发光管和光敏管之间，发光管的光线无法照射到光敏管，光敏管截止，输出电压 U_0 为高电平。

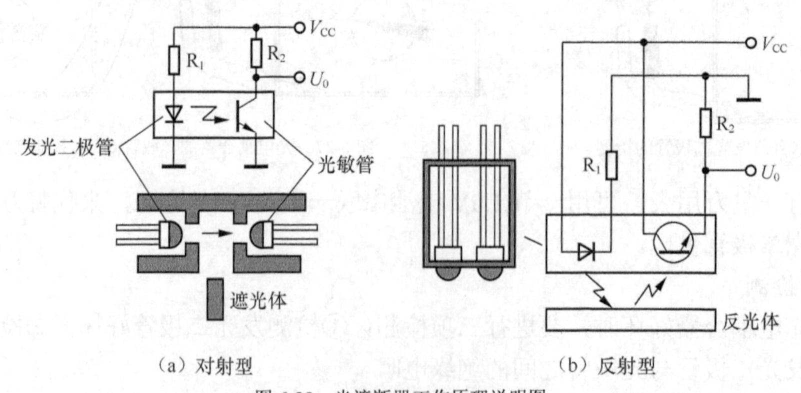

（a）对射型　　（b）反射型

图 6-29　光遮断器工作原理说明图

图 6-29（b）为反射型光遮断器的结构及应用电路。当电源通过 R_1 为发光电二极管供电时，发光二极管发光，其光线先照射到反光体上，再反射到光敏管，光敏管受光导通，输出电压 U_0 为高电平，如果无反光体存在，发光管的光线无法反射到光敏管，光敏管截止，输出电压 U_0 为低电平。

3. 引脚极性检测

光遮断器的结构与光电耦合器类似，因此检测方法也大同小异。

在检测光遮断器时，先检测出的发光二极管引脚。万用表选择 R×1kΩ挡，测量光电耦合器任意两脚之间的电阻，当出现阻值小时，黑表笔接的为发光二极管的正极，红表笔接的为负极，剩余两极为光敏管的引脚。

找出光遮断器的发光二极管引脚后，再判别光敏管的 C、E 极引脚。在判别光敏管 C、E 引脚时，可采用两只万用表，其中一只万用表拨至 R×100Ω挡，黑表笔接发光二极管的正极，红表笔接负极，这样做是利用万用表内部电池为发光二极管供电，使之发光；另一只万用表拨至 R×1kΩ挡，红、黑表笔接光遮断器光敏管引脚，正、反各测一次，测量会出现阻值一大一小，以阻值小的测量为准，黑表笔接的为光敏管的 C 极，红表笔接的为光敏管和 E 极。

4. 好坏检测

在检测光遮断器好坏时，要进行三项检测：①检测发光二极管好坏；②检测光敏管好坏；③检测遮光效果。

在检测发光二极管好坏时，万用表选择 R×1kΩ挡，测量发光二极管两引脚之间的正、反向电阻。若发光二极管正常，正向电阻小、反向电阻无穷大，否则发光二极管损坏。

在检测光敏管好坏时，万用表仍选择 R×1kΩ挡，测量光敏管两引脚之间的正、反向电阻。若光敏管正常，正、反向电阻均为无穷大，否则光敏管损坏。

在检测光遮断器遮光效果时，可采用两只万用表，其中一只万用表拨至 R×100Ω挡，黑表笔接发光二极管的正极，红表笔接负极，利用万用表内部电池为发光二极管供电，使之发光，另一只万用表拨至 R×1kΩ挡，红、黑表笔分别接光遮断器光敏管的 C、E 极，对于对射型光遮断器，光敏管会导通，故正常阻值应较小，对于反射型光遮断器，光敏管处于截止，故正常阻值应无穷大，然后用遮光体或反光体遮挡或反射光线，光敏管的阻值应发生变化，否则光遮断器损坏。

检测光遮断器时，只有上面三项测量都正常，才能说明光遮断器正常，任意一项测量不正常，光遮断器都不能使用。

6.2　显示器件的检测

6.2.1　LED 数码管的检测

1. 一位 LED 数码管的检测

（1）外形、结构与类型

一位 LED 数码管如图 6-30 所示，它将 a、b、c、d、e、f、g、dp 共八个发光二极管排成图示的“8”字形，通过让 a、b、c、d、e、f、g 不同的段发光来显示数字 0～9。

由于8个发光二极管共有16个引脚，为了减少数码管的引脚数，在数码管内部将8个发光二极管正极或负极引脚连接起来，接成一个公共端（COM端），根据公共端是发光二极管正极还是负极，可分为共阳极接法（正极相连）和共阴极接法（负极相连），如图6-31所示。

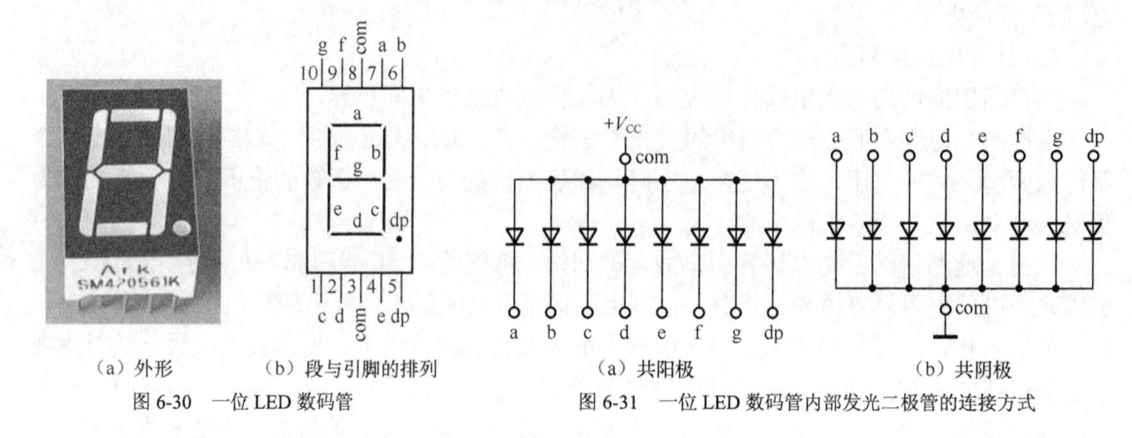

（a）外形　（b）段与引脚的排列

图6-30　一位LED数码管

（a）共阳极　（b）共阴极

图6-31　一位LED数码管内部发光二极管的连接方式

对于共阳极接法的数码管，需要给发光二极管加低电平才能发光；而对于共阴极接法的数码管，需要给发光二极管加高电平才能发光。假设图6-30是一个共阴极接法的数码管，如果让它显示一个“5”字，那么需要给a、c、d、f、g引脚加高电平（即这些引脚为1），b、e引脚加低电平（即这些引脚为0），这样a、c、d、f、g段的发光二极管有电流通过而发光，b、e段的发光二极管不发光，数码管就会显示出数字“5”。

（2）类型及引脚极性检测

检测LED数码管使用万用表的R×10kΩ挡。从图6-31所示的数码管内部发光二极管的连接方式可以看出：对于共阳极数码管，黑表笔接公共极、红表笔依次接其他各极时，会出现8次阻值小；对于共阴极数码管，红表笔接公共极、黑表笔依次接其他各极时，也会出现8次阻值小。

① 类型与公共极的判别

在判别LED数码管类型及公共极（com）时，万用表拨至R×10kΩ挡，测量任意两引脚之间的正反向电阻，当出现阻值小时，如图6-32（a）所示，说明黑表笔接的为发光二极管的正极，红表笔接的为负极，然后黑表笔不动，红表笔依次接其他各引脚，若出现阻值小的次数大于2次时，则黑表笔接的引脚为公共极，被测数码管为共阳极类型，若出现阻值小的次数仅有1次，则该次测量时红表笔接的引脚为公共极，被测数码管为共阴极。

② 各段极的判别

在检测LED数码管各引脚对应的段时，万用表选择R×10kΩ挡。对于共阳极数码管，黑表笔接公共引脚，红表笔接其他某个引脚，这时会发现数码管某段会有微弱的亮光，如a段有亮光，表明红表笔接的引脚与a段发光二极管负极连接；对于共阴极数码管，红表笔接公共引脚，黑表笔接其他某个引脚，会发现数码管某段会有微弱的亮光，则黑表笔接的引脚与该段发光二极管正极连接。

由于万用表的R×10kΩ挡提供的电流很小，因此测量时有可能无法让一些数码管内部的发光二极管正常发光，虽然万用表使用R×1Ω～R×1kΩ挡时提供的电流大，但内部使用1.5V电池，无法使发光二极管导通发光。解决这个问题的方法是将万用表拨至R×10Ω或R×1Ω挡，给红表笔串接一个 1.5V 的电池，电池的正极连接红表笔，负极接被测数码管的引脚，如图 6-32（b）所示，具体的检测方法与万用表选择 R×10kΩ挡时相同。

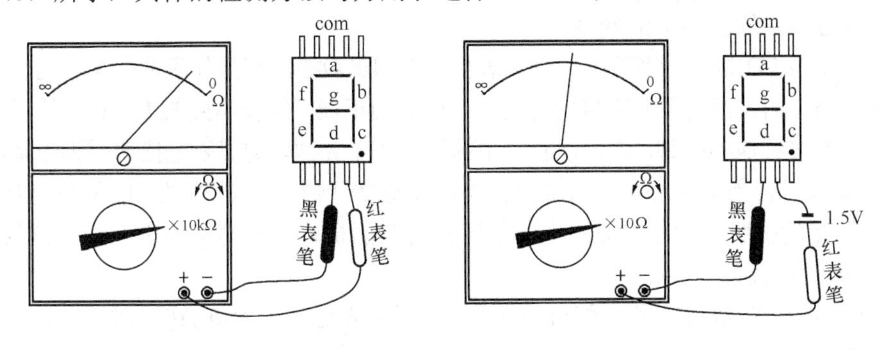

（a）检测方法一　　（b）检测方法二

图 6-32　LED 数码管的检测

2. 多位 LED 数码管的检测

（1）外形与类型

图 6-33　四位 LED 数码管

图 6-33 是四位 LED 数码管，它有两排共 12 个引脚，其内部发光二极管有共阳极和共阴极两种连接方式，如图 6-35 所示，12、9、8、6 脚分别为各位数码管的公共极，11、7、4、2、1、10、5、3 脚同时接各位数码管的相应段，称为段极。

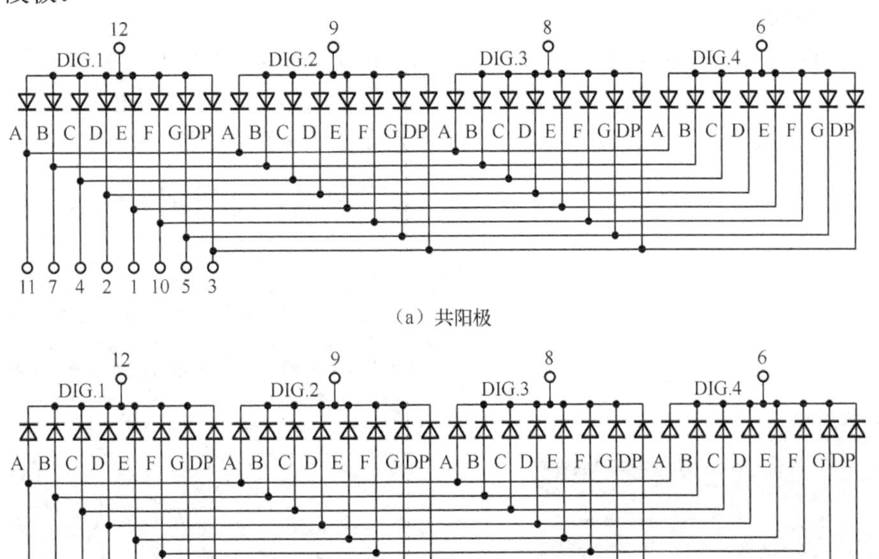

（a）共阳极

（b）共阴极

图 6-34　四位 LED 数码管内部发光二极管的连接方式

（2）检测

检测多位 LED 数码管使用万用表的 R×10kΩ挡。从图 6-34 所示的多位数码管内部发光二极管的连接方式可以看出：对于共阳极多位数码管，黑表笔接某一位极、红表笔依次接其他各极时，会出现 8 次阻值小；对于共阴极多位数码管，红表笔接某一位极、黑表笔依次接其他各极时，也会出现 8 次阻值小。

① 类型与某位的公共极的判别

在检测多位 LED 数码管类型时，万用表拨至 R×10kΩ挡，测量任意两引脚之间的正反向电阻，当出现阻值小时，说明黑表笔接的为发光二极管的正极，红表笔接的为负极，然后黑表笔不动，红表笔依次接其他各引脚，若出现阻值小的次数等于 8 次，则黑表笔接的引脚为某位的公共极，被测多位数码管为共阳极，若出现阻值小的次数等于数码管的位数（四位数码管为 4 次）时，则黑表笔接的引脚为段极，被测多位数码管为共阴极，红表笔接的引脚为某位的公共极。

② 各段极的判别

在检测多位 LED 数码管各引脚对应的段时，万用表选择 R×10kΩ挡。对于共阳极数码管，黑表笔接某位的公共极，红表笔接其他引脚，若发现数码管某段有微弱的亮光，如 a 段有亮光，表明红表笔接的引脚与 a 段发光二极管负极连接；对于共阴极数码管，红表笔接某位的公共极，黑表笔接其他引脚，若发现数码管某段有微弱的亮光，则黑表笔接的引脚与该段发光二极管正极连接。

如果使用万用表 R×10kΩ挡检测无法观察到数码管的亮光，可按图 6-32（b）所示的方法，将万用表拨至 R×10Ω或 R×1Ω挡，给红表笔串接一个 1.5V 的电池，电池的正极连接红表笔，负极接被测数码管的引脚，具体的检测方法与万用表选择 R×10kΩ挡时相同。

6.2.2 LED 点阵显示器的检测

1. 外形与结构

图 6-35（a）为 LED 点阵显示器的实物外形，图 6-35（b）为 8×8 LED 点阵显示器内部结构，它是由 8×8=64 个发光二极管组成，每个发光管相当于一个点，发光管为单色发光二极管可构成单色点阵显示器，发光管为双色发光二极管或三基色发光二极管则能构成彩色点阵显示器。

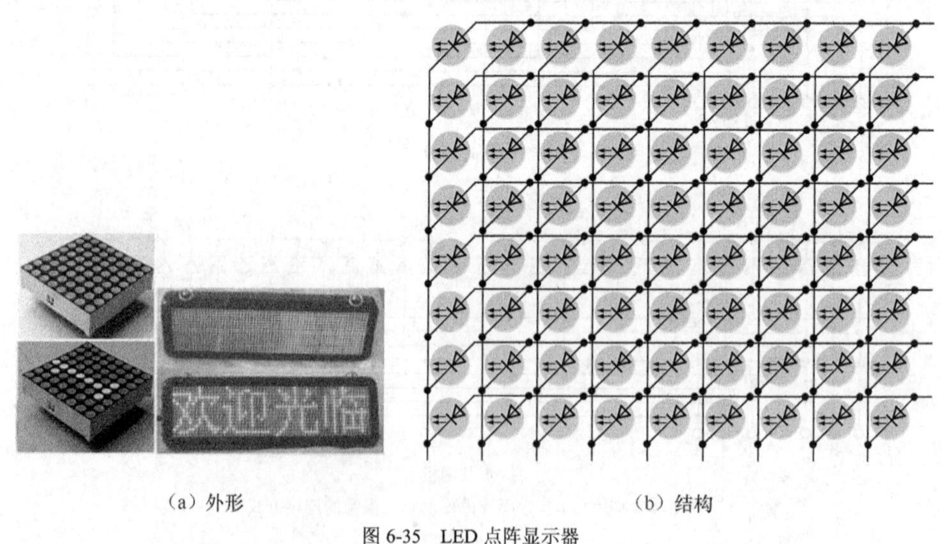

（a）外形　　（b）结构

图 6-35　LED 点阵显示器

2. 共阴型和共阳型点阵显示器的电路结构

根据内部发光二极管连接方式不同，LED 点阵显示器可分为共阴型和共阳型，其结构如

图 6-36 所示，对单色 LED 点阵来说，若第一个引脚（引脚旁通常标有 1）接发光二极管的阴极，该点阵叫作共阴型点阵（又称行共阴列共阳点阵），反之则叫共阳点阵（又称行共阳列共阴点阵）。

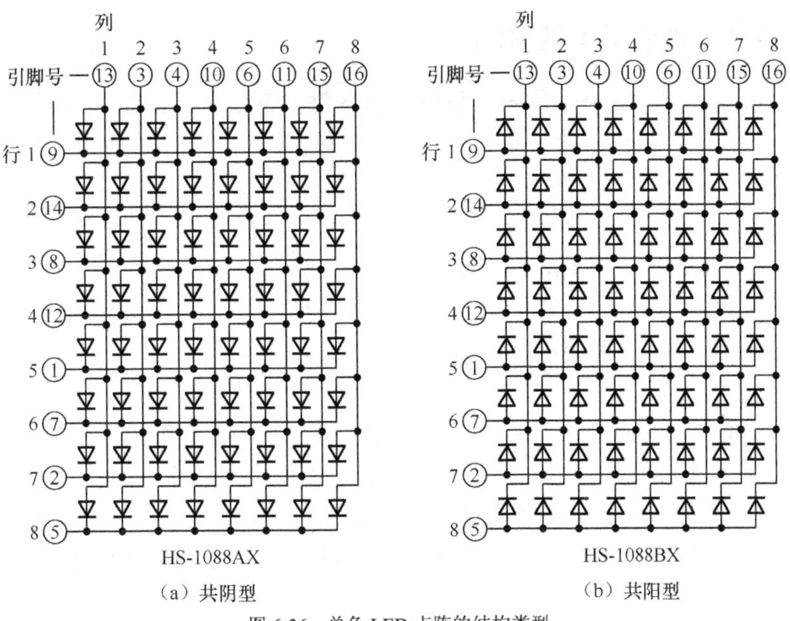

（a）共阴型　（b）共阳型

图 6-36　单色 LED 点阵的结构类型

3. 共阳、共阴类型的检测

对单色 LED 点阵来说，若第一引脚接 LED 的阴极，该点阵叫作共阴型点阵，反之则叫共阳点阵。在检测时，万用表拨至 R×10k 挡，红表笔接点阵的第一引脚（引脚旁通常标有 1）不动，黑表笔接其他引脚，若出现阻值小，表明红表笔接的第一引脚为 LED 的负极，该点阵为共阴型，若未出现阻值小，则红表笔接的第一引脚为 LED 的正极，该点阵为共阳型。

4. 各引脚与内部 LED 正负极连接关系的检测

从图 6-36 所示的点阵内部 LED 连接方式来看，共阴、共阳型点阵没有根本的区别，共阴型上下翻转过来就可变成共阳型，因此如果找不到第一脚，只要判断点阵哪些引脚接 LED 正极，哪些引脚接 LED 负极，驱动电路是采用正极扫描或是负极扫描，在使用时就不会出错。

点阵引脚与 LED 正、负极连接检测：万用表拨至 R×10k 挡，测量点阵任意两脚之间的电阻，当出现阻值小时，黑表笔接的引脚接 LED 的正极，红表笔接的为 LED 的负极，然后黑表笔不动，红表笔依次接其他各脚，所有出现阻值小时红表笔接的引脚都与 LED 负极连接，其余引脚都与 LED 正极连接。

5. 好坏判别

LED 点阵由很多发光二极管组成，只要检测这些发光二极管是否正常，就能判断点阵是否正常。判别时，将 3～6V 直流电源与一只 100Ω电阻串联，如图 6-37 所示，再用导线将行①～⑤引脚短接，并将电

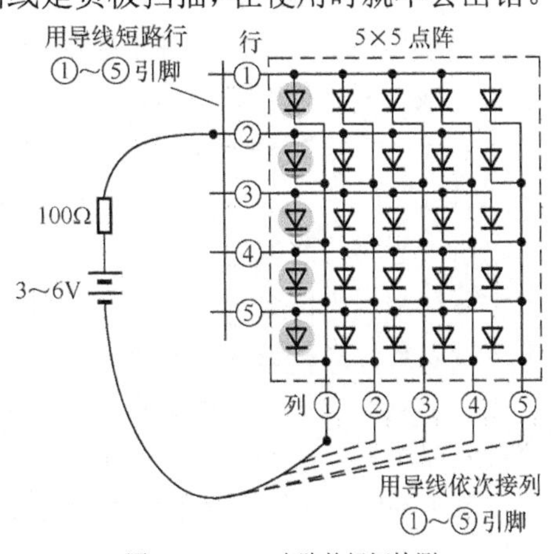

图 6-37　LED 点阵的好坏检测

源正极（串有电阻）与行某引脚连接，然后将电源负极接列①引脚，列①五个 LED 应全亮，若某个 LED 不亮，则该 LED 损坏，用同样方法将电源负极依次接列②～⑤引脚，若点阵正常，则列①～⑤的每列 LED 会依次亮。

6.2.3 真空荧光显示器的检测

真空荧光显示器简称 VFD，是一种真空显示器件，常用在一些家用电器中（如影碟机、录像机和音响设备）、办公自动化设备、工业仪器仪表及汽车等各种领域中，用来显示机器的状态和时间等信息。

1. 外形

真空荧光显示器外形如图 6-38 所示。

2. 结构与工作原理

真空荧光显示器有一位荧光显示器和多位荧光显示器。

（1）一位真空荧光显示器

图 6-39 为一位数字显示荧光显示器的结构示意图，它内部有灯丝、栅极（控制极）和 a、b、c、d、e、f、g 七个阳极，这七个阳极上都涂有荧光粉并排列成“8”字样，灯丝的作用是发射电子，栅极（金属网格状）处于灯丝和阳极之间，灯丝发射出来的电子能否到达阳极受栅极的控制，阳极上涂有荧光粉，当电子轰击荧光粉时，阳极上的荧光粉发光。

图 6-38 真空荧光显示器

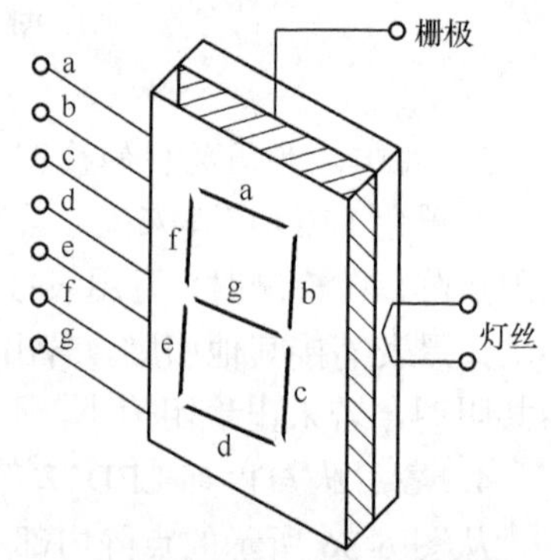

图 6-39 一位真空荧光显示器的结构示意图

在真空荧光显示器工作时，要给灯丝提供 3V 左右的交流电压，灯丝发热后才能发射电子，栅极加上较高的电压才能吸引电子，让它穿过栅极并往阳极方向运动。电子要轰击某个阳极，该阳极必须有高电压。

当要显示“3”字样时，由驱动电路给真空荧光显示器的 a、b、c、d、e、f、g 七个阳极分别送 1、1、1、1、0、0、1，即给 a、b、c、d、g 五个阳极送高电压，另外给栅极也加上高电压，于是灯丝发射的电子穿过网格状的栅极后轰击加有高电压的 a、b、c、d、g 阳极，由于这些阳极上涂有荧光粉，在电子的轰击下，这些阳极发光，显示器显示“3”的字样。

（2）多位真空荧光显示器

一个真空荧光显示器能显示一位数字，若需要同时显示多位数字或字符，可使用多位真空荧光显示器。图 6-40（a）为四位真空荧光显示器的结构示意图。

图 6-40 中的真空荧光显示器有 A、B、C、D 四个位区，每个位区都有单独的栅极，四个位区的栅极引出脚分别为 G_1、G_2、G_3、G_4；每个位区的灯丝在内部以并联的形式连接起来，

对外只引出两个引脚；A、B、C 位区数字的相应各段的阳极都连接在一起，再与外面的引脚相连，例如 C 位区的阳极段 a 与 B、A 位区的阳极段 a 都连接起来，再与显示器引脚 a 连接，D 位区两个阳极为图形和文字形状，消毒图形与文字为一个阳极，与引脚 f 连接，干燥图形与文字为一个阳极，与引脚 g 连接。

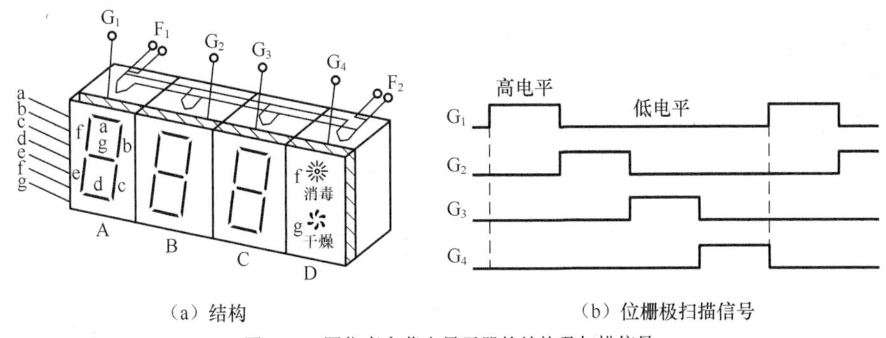

（a）结构　　（b）位栅极扫描信号

图 6-40　四位真空荧光显示器的结构及扫描信号

多位真空荧光显示器与多位 LED 数码管一样，都采用扫描显示原理。下面以在图 6-41 所示的显示器上显示“127 消毒”为例来说明。

首先给灯丝引脚 F_1、F_2 通电，再给 G_1 引脚加一个高电平，此时 G_2、G_3、G_4 均为低电平，然后分别给 b、c 引脚加高电平，灯丝通电发热后发射电子，电子穿过 G_1 栅极轰击 A 位阳极 b、c，这两个电极的荧光粉发光，在 A 位显示“1”字样，这时虽然 b、c 引脚的电压也会加到 B、C 位的阳极 b、c 上，但因为 B、C 位的栅极为低电平，B、C 位的灯丝发射的电子无法穿过 B、C 位的栅极轰击阳极，故 B、C 位无显示；接着给 G_2 脚加高电平，此时 G_1、G_3、G_4 引脚均为低电平，再给阳极 a、b、d、e、g 加高电平，灯丝发射的电子轰击 B 位阳极 a、b、d、e、g，这些阳极发光，在 B 位显示“2”字样。同样原理，在 C 位和 D 位分别显示“7”、“消毒”字样，G_1、G_2、G_3、G_4 极的电压变化关系如图 6-41（b）所示。

显示器的数字虽然是一位一位地显示出来的，但由于人眼视觉暂留特性，当显示器显示最后“消毒”字样时，人眼仍会感觉前面 3 位数字还在显示，故看起好像是一下子显示“127 消毒”。

（3）检测

真空荧光显示器 VFD 处于真空工作状态，如果发生显示器破裂漏气就会无法工作。在工作时，VFD 的灯丝加有 3V 左右的交流电压，在暗处 VFD 内部灯丝有微弱的红光发出。

在检测 VFD 时，可用万用表 R×1Ω或 R×10Ω挡测量灯丝的阻值，正常阻值很小，如果阻值无穷大，则为灯丝开路或引脚开路。在检测各栅极和阳极时，万用表 R×1kΩ挡，测量各栅极之间、各阳极之间、栅阳极之间和栅阳极与灯丝间的阻值，正常应均为无穷大，若出现阻值为 0 或较小，则为所测极之间出现短路故障。

6.2.4　液晶显示屏的检测

液晶显示屏简称 LCD 屏，其主要材料是液晶。液晶是一种有机材料，在特定的温度范围内，既有液体的流动性，又有某些光学特性，其透明度和颜色随电场、磁场、光及温度等外界条件的变化而变化。液晶显示器是一种被动式显示器件，液晶本身不会发光，它是通过反射或透射外部光线来显示，光线愈强，其显示效果愈好。液晶显示屏是利用液晶在电场作用下光学性能变化的特性制成的。

液晶显示屏可分为笔段式显示屏和点阵式显示屏。

1. 笔段式液晶显示屏的检测

（1）外形

笔段式液晶显示屏外形如图 6-41 所示。

（2）结构与工作原理

图 6-42 是一位笔段式液晶显示屏的结构。

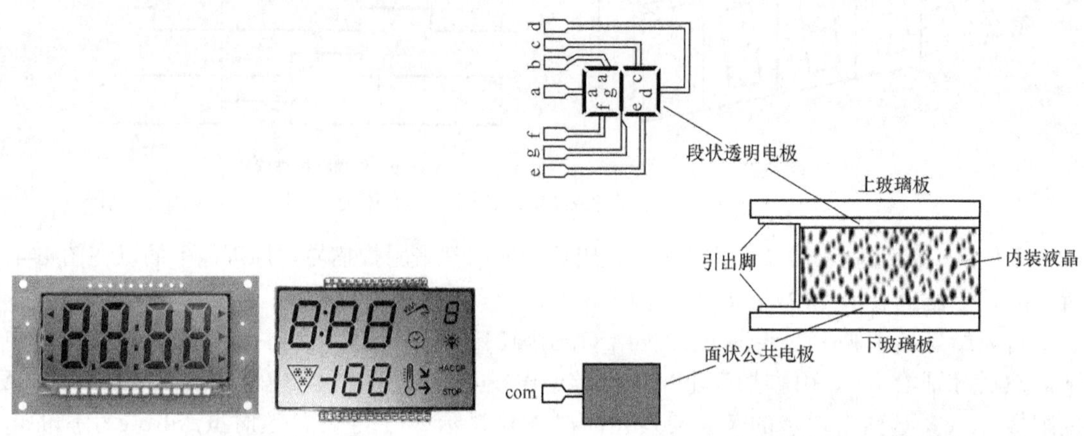

图 6-41　笔段式液晶显示屏　　图 6-42　一位笔段式液晶显示屏的结构

一位笔段式液晶显示屏是将液晶材料封装在两块玻璃之间，在上玻璃内表面涂上“8”字形的七段透明电极，在下玻璃内表面整个涂上导电层作公共电极（或称背电极）。

当给液晶显示屏上玻璃板的某段透明电极与下玻璃的公共电极之间加上适当大小的电压时，该段极与下玻璃上的公共电极之间夹持的液晶会产生“散射效应”，夹持的液晶不透明，就会显示出该段形状。例如给下玻璃上的公共电极加一个低电压，而给上玻璃板内表面的 a、b 段透明电极加高电压，a、b 段极与下玻璃上的公共电极存在电压差，它们中间夹持的液晶特性改变，a、b 段下面的液晶变得不透明，呈现出“1”字样。

如果在上玻璃板内表面涂上某种形状的透明电极，只要给该电极与下面的公共电极之间加一定的电压，液晶屏就能显示该形状。笔段式液晶显示屏上玻璃板内表面可以涂上各种形状的透明电极，如图 6-42 所示横、竖、点状和雪花状，由于这些形状的电极是透明的，且液晶未加电压时也是透明的，故未加电时显示屏无任何显示，只要给这些电极与公共极之间加电压，就可以将这些形状显示出来。

（3）多位笔段式 LCD 屏的驱动方式

多位笔段式液晶显示屏有静态和动态（扫描）两种驱动方式。在采用静态驱动方式时，整个显示屏使用一个公共背电极并接出一个引脚，而各段电极都需要独立接出引脚，如图 6-43 所示，故静态驱动方式的显示屏引脚数量较多。在采用动态驱动（即扫描方式）时，各位都要有独立的背极，各位相应的段电极在内部连接在一起再接出一个引脚，动态驱动方式的显示屏引脚数量较少。

动态驱动方式的多位笔段式液晶显示屏的工作原理与多位 LED 数码管、多位真空荧光显示器一样，采用逐位快速显示的扫描方式，利用人眼的视觉暂留特性来产生屏幕整体显示的效果。如果要将图 6-43 所示的静态驱动显示屏改成动态驱动显示屏，只需将整个公共背极切分成五个独立的背极，并引出 5 个引脚，然后将五个位中相同的段极在内部连接起来并接出 1 个引脚，共接出 8 个引脚，这样整个显示屏只需 13 个引脚。在工作时，先给第 1 位背极加电压，同时给各段极传送相应电压，显示屏第 1 位会显示出需要的数字，然后给第 2 位背极加电压，同时给各段极传送相应电压，显示屏第 2 位会显示出需要的数字，如此工作，直至第 5 位显示出需要的数字，然后重新从第 1 位开始显示。

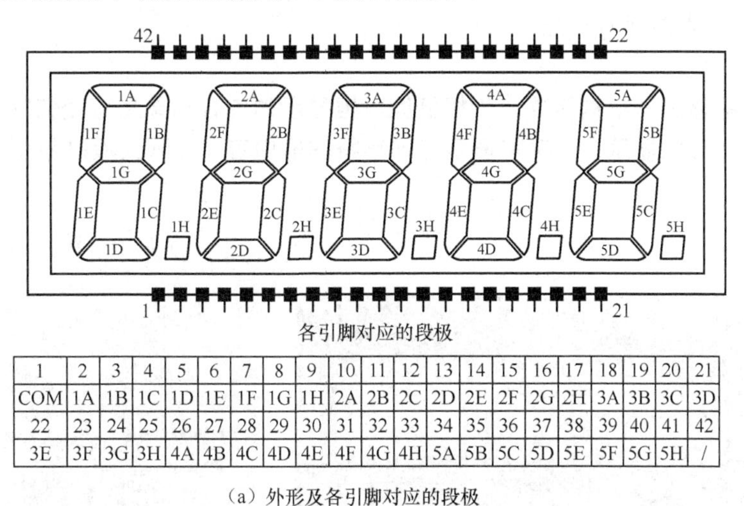

各引脚对应的段极

1	2	3	4	5	6	7	8	9	10	11	12	13	14	15	16	17	18	19	20	21
COM	1A	1B	1C	1D	1E	1F	1G	1H	2A	2B	2C	2D	2E	2F	2G	2H	3A	3B	3C	3D
22	23	24	25	26	27	28	29	30	31	32	33	34	35	36	37	38	39	40	41	42
3E	3F	3G	3H	4A	4B	4C	4D	4E	4F	4G	4H	5A	5B	5C	5D	5E	5F	5G	5H	/

（a）外形及各引脚对应的段极

（b）等效图

图 6-43　静态驱动方式的多位笔段式液晶显示屏

（4）检测

① 公共极的判断

由液晶显示屏的工作原理可知，只有公共极与段极之间加有电压，段极形状才能显示出来，段极与段极之间加电压无显示，根据该原理可检测出公共极。检测时，万用表拨至 R×10kΩ挡（也可使用数字万用表的二极管测量挡），红黑表笔接显示屏任意两引脚，当显示屏有某段显示时，一只表笔不动，另一只表笔接其他引脚，如果有其他段显示，则不动的表笔所接为公共极。

② 好坏检测

在检测静态驱动式笔段式液晶显示屏时，万用表拨至 R×10kΩ挡，将一只表笔接显示屏的公共极引脚，另一只表笔依次接各段极引脚，当接到某段极引脚时，万用表就通过两表笔给公共极与段极之间加有电压，如果该段正常，该段的形状将会显示出来。如果显示屏正常，各段显示应清晰、无毛边；如果某段无显示或有断线，则该段极可能有开路或断极；如果所有段均不显示，可能是公共极开路或显示屏损坏。在检测时，有时测某段时邻近的段也会显示出来，这是正常的感应现象，可用导线将邻近段引脚与公共极引脚短路，即可消除感应现象。

在检测动态驱动式笔段式液晶显示屏时，万用表仍拨至 R×10kΩ挡，由于动态驱动显示屏有多个公共极，检测时先将一只表笔接某位公共极引脚，另一只表笔依次接各段引脚，正常各段应正常显示，再将接位公共极引脚的表笔移至下一个位公共极引脚，用同样的方法检测该位各段是否正常。

用上述方法不但可以检测液晶显示屏的好坏，还可以判断出各引脚连接的段极。

2. 点阵式液晶显示屏介绍

① 外形

笔段式液晶显示屏结构简单，价格低廉，但显示的内容简单且可变化性小，而点阵式液晶显示屏以点的形式显示，几乎可显示任何字符图形内容。点阵式液晶显示屏外形如图 6-44 所示。

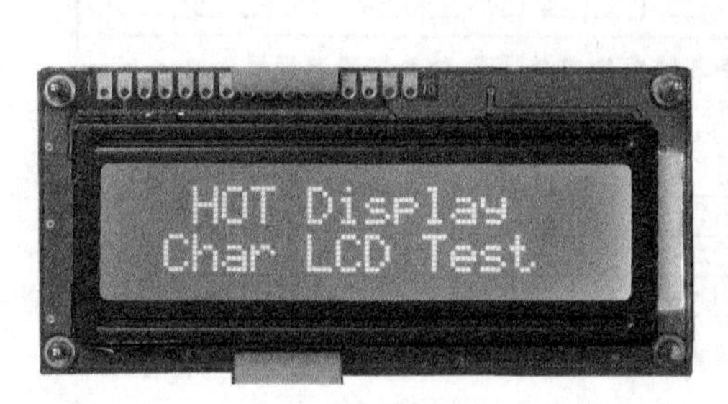

图 6-44　点阵式液晶显示屏外形

② 结构与工作原理

图 6-45（a）为 5×5 点阵式液晶显示屏的结构示意图，它是在封装有液晶的下玻璃内表面涂有 5 条行电极，在上玻璃内表面涂有 5 条透明列电极，从上往下看，行电极与列电极有 25 个交点，每个交点相当于一个点（又称像素）。

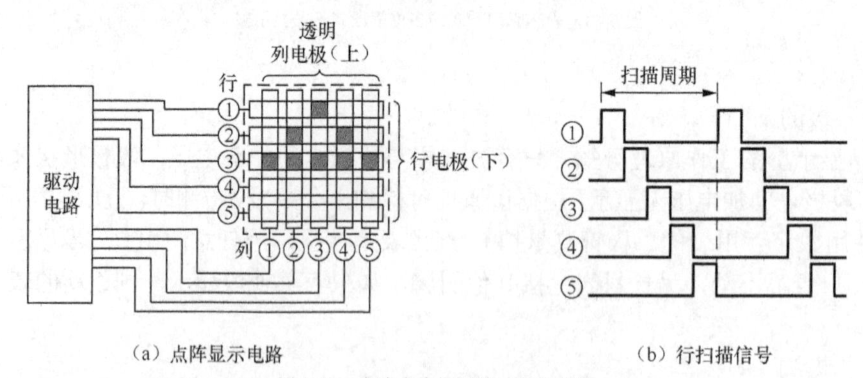

（a）点阵显示电路　　（b）行扫描信号

图 6-45　点阵式液晶屏显示原理说明

点阵式液晶屏与点阵 LED 显示屏一样，也采用扫描方式，也可分为三种方式：行扫描、列扫描和点扫描。下面以显示“△”图形为例来说明最为常用的行扫描方式。

在显示前，让点阵所有行、列线电压相同，这样下行线与上列线之间不存在电压差，中间的液晶处于透明。在显示时，首先让行①线为 1（高电平），如图 6-45（b）所示，列①～

⑤线为 11011，第①行电极与第③列电极之间存在电压差，其夹持的液晶不透明；然后让行②线为 1，列①～⑤线为 10101，第②行与第②、④列夹持的液晶不透明；再让行③线为 1，列①～⑤线为 00000，第③行与第①～⑤列夹持的液晶都不透明；接着让行④线为 1，列①～⑤线为 11111，第 4 行与第①～⑤列夹持的液晶全透明，最后让行⑤线为 1，列①～⑤为 11111，第 5 行与第①～⑤列夹持的液晶全透明。第 5 行显示后，由于人眼的视觉暂留特性，会觉得前面几行内容还在亮，整个点阵显示一个“△”图形。

点阵式液晶显示屏有反射型和透射型之分，如图 6-46 所示，反射型 LCD 屏依靠液晶不透明来反射光线显示图形，如电子表显示屏、数字万用表的显示屏等都是利用液晶不透明（通常为黑色）来显示数字，透射型 LCD 屏依靠光线透过透明的液晶来显示图像，如手机显示屏、液晶电视显示屏等都是采用透射方式显示图像。

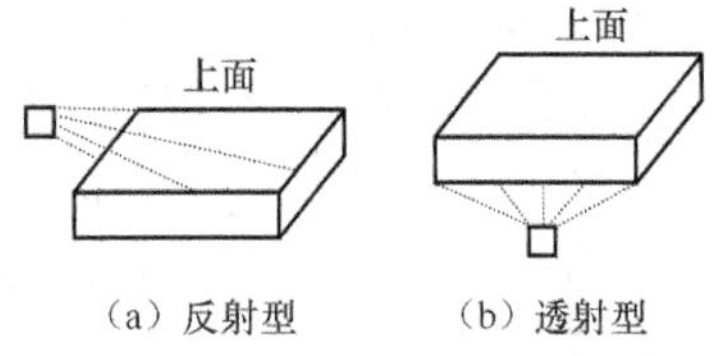

（a）反射型 （b）透射型

图 6-46 点阵式液晶显示屏的类型

图 6-46（a）所示的点阵为反射型 LCD 屏，如果将它改成透射型 LCD 屏，行、列电极均需为透明电极，另外还要用光源（背光源）从下往上照射 LCD 屏，显示屏的 25 个液晶点象 25 个小门，液晶点透明相当于门打开，光线可透过小门从上玻璃射出，该点看起来为白色（背光源为白色），液晶点不透明相当于门关闭，该点看起来为黑色。

点阵式液晶显示屏引脚数量很多，并且需要专门的电路来驱动，市面上的这种液晶显示屏通常与配套的驱动电路集成做在一块电路板上，再从这个电路板上接出引脚，单独用万用表很难检测其好坏，一般做法是将这种带驱动电路的显示屏直接安装在应用系统中，观察显示屏是否显示正常来判别其好坏。

6.3 检测电声器件

6.3.1 扬声器的检测

1．外形与符号

扬声器又称喇叭，是一种最常用的电-声转换器件，其功能将电信号转换成声音。扬声器实物外形和电路符号如图 6-47 所示。

2．工作原理

扬声器的种类很多，工作原理大同小异，这里仅介绍应用最为广泛动圈式扬声器工作原理。动圈式扬声器的结构如图 6-48 所示。

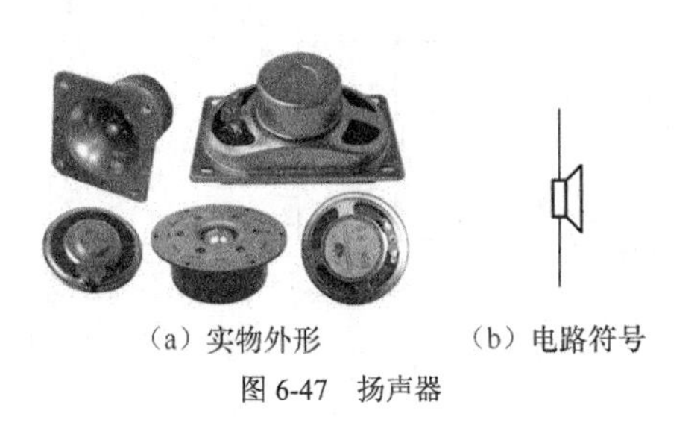
（a）实物外形 （b）电路符号

图 6-47 扬声器

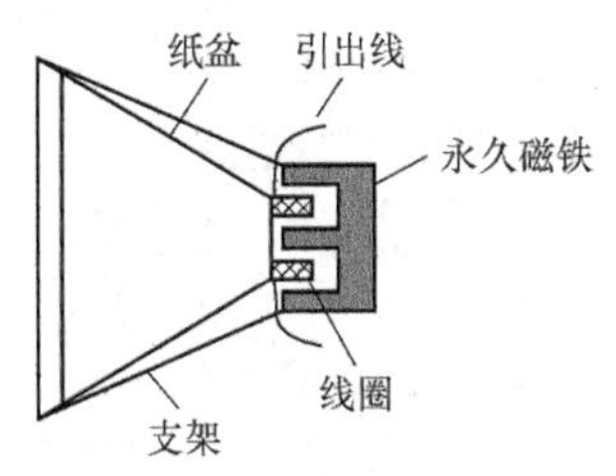

图 6-48 动圈式扬声器的结构

从图 6-48 可以看出，动圈式扬声器主要由永久磁铁、线圈（或称为音圈）和与线圈做在一起的纸盆等构成。当电信号通过引出线流进线圈时，线圈产生磁场，由于流进线圈的电流是变化的，故线圈产生的磁场也是变化的，线圈变化的磁场与磁铁的磁场相互作用，线圈和磁铁不断出现排斥和吸引，重量轻的线圈产生运动（时而远离磁铁，时而靠近磁铁），线圈的运动带动与它相连的纸盆振动，纸盆就发出声音，从而实现了电-声转换。

3. 好坏检测

在检测扬声器时，万用表选择 R×1Ω挡，红、黑表笔分别接扬声器的两个接线端，测量扬声器内部线圈的电阻，如图 6-49 所示。

如果扬声器正常，测得的阻值应与标称阻抗相同或相近，同时扬声器会发出轻微的“嚓嚓”声，图中扬声器上标注阻抗为 8Ω，万用表测出的阻值也应在 8Ω左右。若测得阻值无穷大，则为扬声器线圈开路或接线端脱焊。若测得阻值为 0，则为扬声器线圈短路。

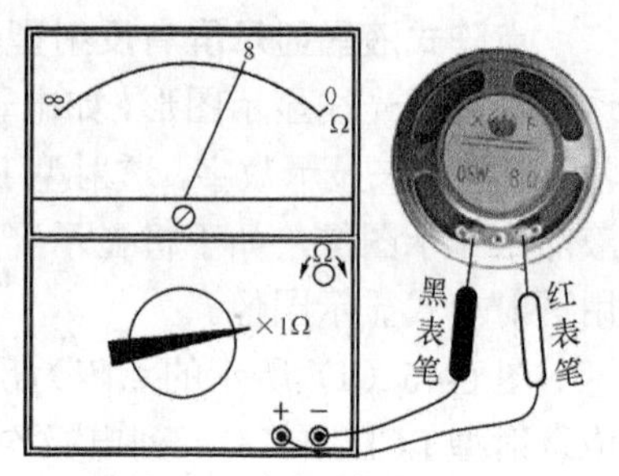

图 6-49 扬声器的好坏检测

4. 引脚极性检测

单个扬声器接在电路中，可以不用考虑两个接线端的极性，但如果将多个扬声器并联或串联起来使用，就需要考虑接线端的极性。这是因为相同的音频信号从不同极性的接线端流入扬声器时，扬声器纸盆振动方向会相反，这样扬声器发出的声音会抵消一部分，扬声器间相距越近，抵消越明显。

在检测扬声器极性时，万用表选择 0.05mA 挡，红、黑表笔分别接扬声器的两个接线端，如图 6-50 所示，然后手轻压纸盆，会发现表针摆动一下又返回到 0 处。若表针向右摆动，则红表笔接的接线端为“+”，黑表笔接的接线端为“−”；若表针向左摆动，则红表笔接的接线端为“−”，黑表笔接的接线端为“+”。

用上述方法检测扬声器理论根据是：当手轻压纸盆时，纸盆带动线圈运动，线圈切割磁铁的磁力线而产生电流，电流从扬声器的“+”接线端流出。当红表笔接“+”端时，表针往右摆动，若红表笔接“−”端时，表针反偏（左摆）。

当多个扬声器并联使用时，要将各个扬声器的“+”端与“+”端连接在一起，“−”端与“−”端连接在一起，如图 6-51 所示。**当多个扬声器串联使用时，要将下一个扬声器的“+”端与上一个扬声器的“−”端连接在一起。**

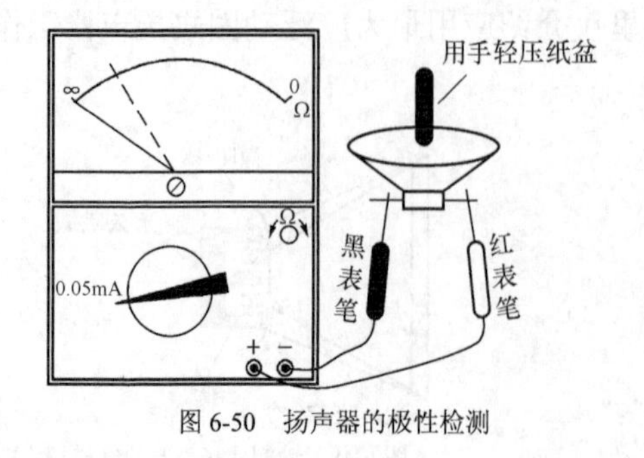

图 6-50 扬声器的极性检测

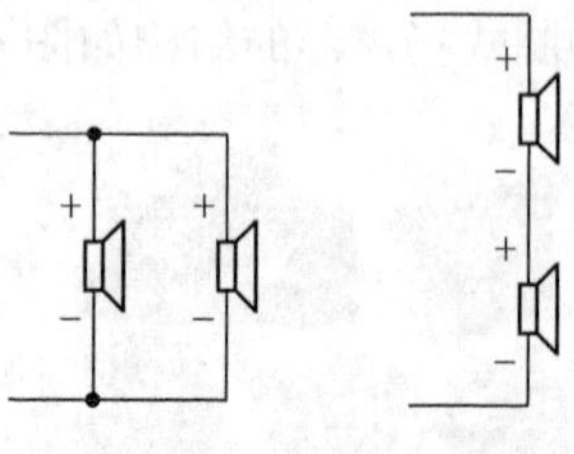

（a）并联连接 （b）串联连接

图 6-51 多个扬声器并、串联时正确的连接方法

6.3.2　耳机的检测

1. 外形与图形符号

耳机与扬声器一样，是一种电-声转换器件，其功能是将电信号转换成声音。耳机的实物外形和图形符号如图 6-52 所示。

2. 种类与工作原理

耳机的种类很多，可分为动圈式、动铁式、压电式、静电式、气动式、等磁式和驻极体式七类，动圈式、动铁式和压电式耳机较为常见，其中动圈式耳机使用最为广泛。

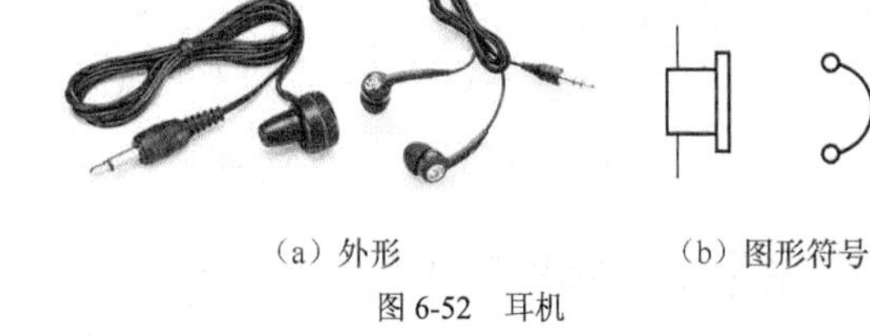

（a）外形　（b）图形符号

图 6-52　耳机

动圈式耳机：是一种最常用的耳机，其工作原理与动圈式扬声器相同，可以看作是微型动圈式扬声器，其结构与工作原理可参见动圈式扬声器。动圈式耳机的优点是制作相对容易，且线性好、失真小、频响宽。

动铁式耳机：又称电磁式耳机，其结构如图 6-53 所示，一个铁片振动膜被永久磁铁吸引，在永久磁铁上绕有线圈，当线圈通入音频电流时会产生变化的磁场，它会增强或削弱永久磁铁的磁场，磁铁变化的磁场使铁片振动膜发生振动而发声。动铁式耳机优点是使用寿命长、效率高，缺点是失真大，频响窄，在早期较为常用。

压电式耳机：它是利用压电陶瓷的压电效应发声，压电陶瓷的结构如图 6-54 所示，在铜片和涂银层之间夹有压电陶瓷片，当给铜片和涂银层之间施加变化的电压时，压电陶瓷片会发生振动而发声。压电式耳机效率高、频率高，其缺点是失真大、驱动电压高、低频响应差，抗冲击力差。这种耳机使用远不及动圈式耳机广泛。

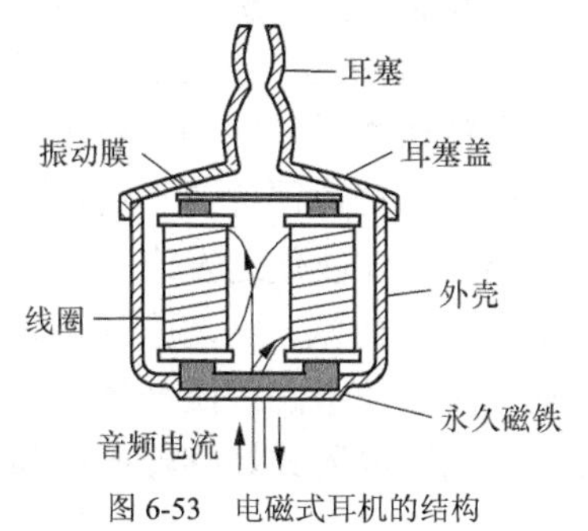

图 6-53　电磁式耳机的结构

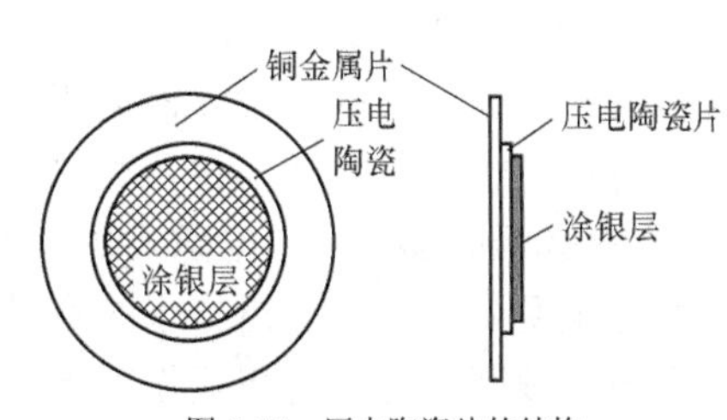

图 6-54　压电陶瓷片的结构

3. 用指针万用表检测耳机

图 6-55 是双声道耳机的接线示意图，从图中可以看出，耳机插头有 L、R、公共三个导电环，由两个绝缘环隔开，三个导电环内部接出三根导线，一根导线引出后一分为二，三根导线变为四根后两两与左、右声道耳机线圈连接。

在检测耳机时，万用表选择 R×1Ω或 R×10Ω挡，先将黑表笔接耳机插头的公共导电环，红表笔间断接触 L 导电环，听左声道耳机有无声音，正常耳机有“嚓嚓”声发出，红黑表笔接触两导环不动时，测得左声道耳机线圈阻值应为几至几百欧姆，如图 6-56 所示。如果阻值为 0 或无穷大，表明左声道耳机线圈短路或开路。然后黑表笔不动，红表笔间断接触 R 导电环，检测右声道耳机是否正常。

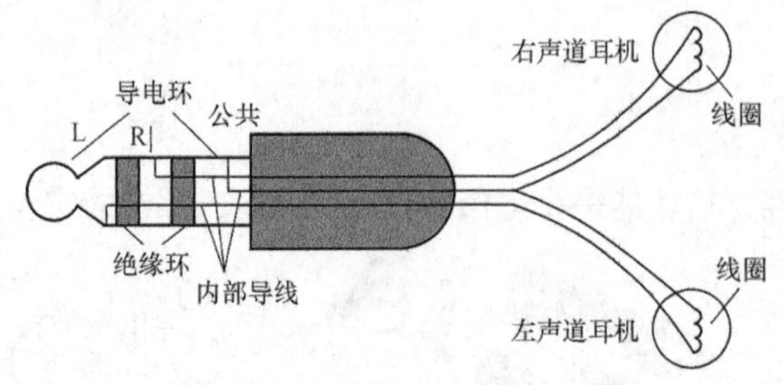

图 6-55　双声道耳机的接线示意图

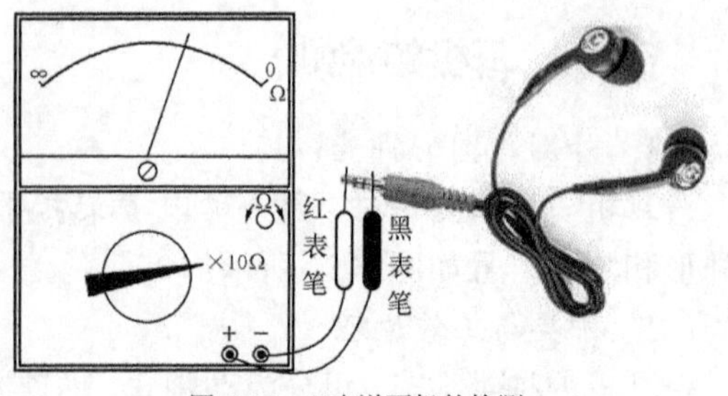

图 6-56　双声道耳机的检测

6.3.3　蜂鸣器的检测

蜂鸣器是一种一体化结构的电子讯响器，广泛应用于空调器、计算机、打印机、复印机、报警器、电子玩具、汽车电子设备、电话机、定时器等电子产品中作发声器件。

1. 外形与符号

蜂鸣器实物外形和符号如图 6-57 示，蜂鸣器在电路中用字母“H”或“HA”表示。

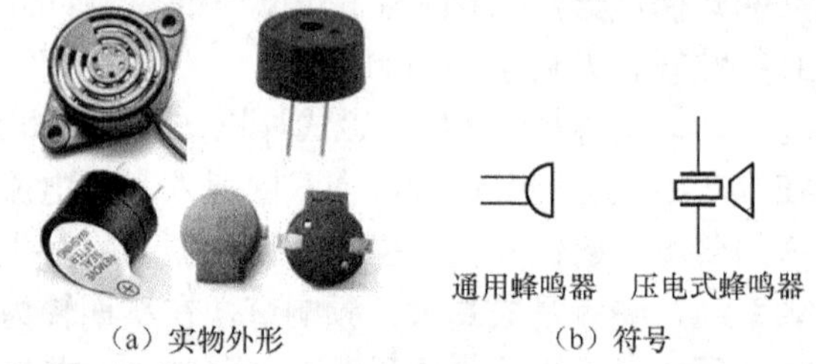

（a）实物外形　（b）符号

图 6-57　蜂鸣器

2. 种类及结构原理

蜂鸣器种类很多，根据发声材料不同，可分为压电式蜂鸣器和电磁式蜂鸣器，根据是否含有音源电路，可分为无源蜂鸣器和有源蜂鸣器。

① 压电式蜂鸣器。有源压电式蜂鸣器主要由音源电路（多谐振荡器）、压电蜂鸣片、阻抗匹配器及共鸣腔、外壳等组成。有的压电式蜂鸣器外壳上还装有发光二极管。多谐振荡器由晶体管或集成电路构成，只要提供直流电源（1.5～15V），音源电路会产生 1.5～2.5kHz 的音频信号，经阻抗匹配器推动压电蜂鸣片发声。压电蜂鸣片由锆钛酸铅或铌镁酸铅压电陶瓷材料制成，在陶瓷片的两面镀上银电极，经极化和老化处理后，再与黄铜片或不锈钢片粘在一起。无源压电蜂鸣器内部不含音源电路，需要外部提供音频信号才能使之发声。

② 电磁式蜂鸣器。有源电磁式蜂鸣器由音源电路、电磁线圈、磁铁、振动膜片及外壳等组成。接通电源后，音源电路产生的音频信号电流通过电磁线圈，使电磁线圈产生磁场。振动膜片在电磁线圈和磁铁的相互作用下，周期性地振动发声。无源电磁式蜂鸣器的内部无音源电路，需要外部提供音频信号才能使之发声。

3. 蜂鸣器类型判别

蜂鸣器类型可从以下几个方面进行判别：

① 从外观上看，有源蜂鸣器引脚有正、负极性之分（引脚旁会标注极性或用不同颜色引线），无源蜂鸣器引脚则无极性，这是因为有源蜂鸣器内部音源电路的供电有极性要求。

② 给蜂鸣器两引脚加合适的电压（3～24V），能连续发音的为有源蜂鸣器，仅接通断开电源时发出“咔咔”声为无源电磁式蜂鸣器，不发声的为无源压电式蜂鸣器。

③ 用万用表合适的欧姆挡测量蜂鸣器两引脚间的正反电阻，正反向电阻相同且很小（一般 8Ω或 16Ω左右，用 R×1Ω挡测量）的为无源电磁式蜂鸣器，正反向电阻均为无穷大（用 R×10kΩ挡）的为无源压电式蜂鸣器，正反向电阻在几百欧以上且测量时可能会发出连续音的

为有源蜂鸣器。

6.3.4　话筒的检测

1. 外形与符号

话筒又称麦克风、传声器，是一种声-电转换器件，其功能是将声音转换成电信号。话筒实物外形和电路符号如图 6-58 所示。

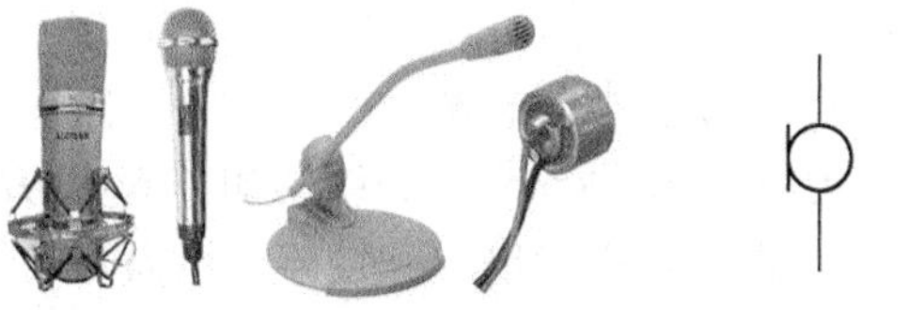

（a）实物外形　　（b）电路符号

图 6-58　话筒

2. 工作原理

话筒的种类很多，下面介绍最常用的动圈式话筒和驻极体式话筒的工作原理。

（1）动圈式话筒工作原理

动圈式话筒的结构如图 6-59 所示，它主要由振动膜、线圈和永久磁铁组成。

当声音传递到振动膜时，振动膜产生振动，与振动膜连在一起的线圈会随振动膜一起运动，由于线圈处于磁铁的磁场中，当线圈在磁场中运动时，线圈会切割磁铁的磁感线而产生与运动相对应的电信号，该电信号从引出线输出，从而实现声-电转换。

（2）驻极体式话筒工作原理

驻极体式话筒具有体积小、性能好，并且价格便宜，广泛用在一些小型具有录音功能的电子设备中。驻极体式话筒的结构如图 6-60 所示。

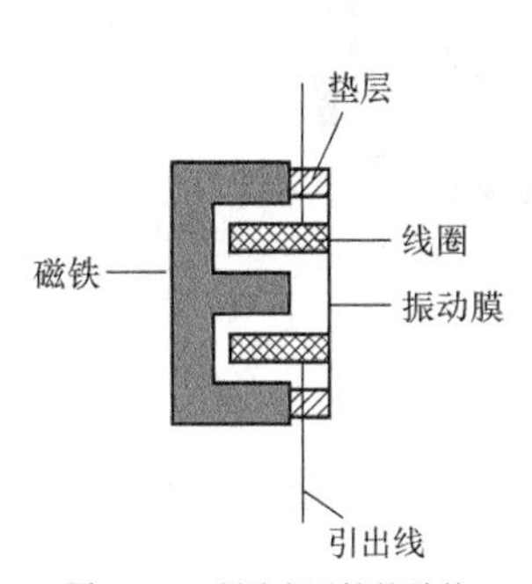

图 6-59　动圈式话筒的结构

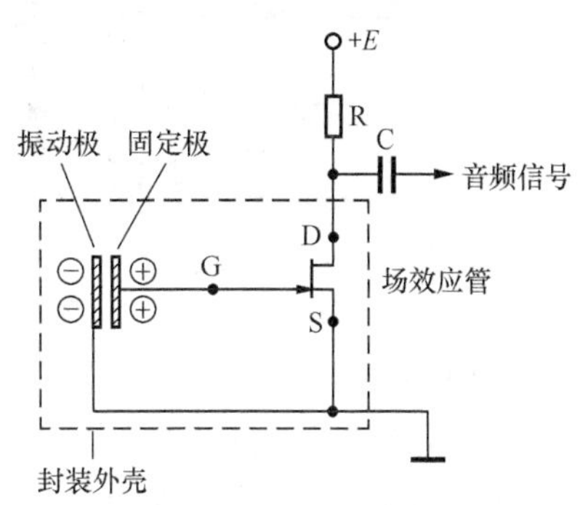

图 6-60　驻极体式话筒的结构

虚线框内的为驻极体式话筒，它由振动极、固定极和一个场效应管构成。振动极与固定极形成一个电容，由于两电极是经过特殊处理的，所以它本身具有静电场（即两电极上有电荷），当声音传递到振动极时，振动极发生振动，振动极与固定极距离发生变化，引起容量发生变化，容量的变化导致固定电极上的电荷向场效应管栅极 G 移动，移动的电荷就形成电信号，电信号经场效应管放大后从 D 极输出，从而完成了声-电转换过程。

3. 动圈式话筒的检测

动圈式话筒外部接线端与内部线圈连接，根据线圈电阻大小可分为低阻抗话筒（几十至几百欧）和高阻抗话筒（几百至几千欧）。

在检测低阻抗话筒时，万用表选择 R×10Ω挡，检测高阻抗话筒时，可选择 R×100Ω或 R×1kΩ挡，然后测量话筒两接线端之间的电阻。

若话筒正常，阻值应在几十至几千欧，同时话筒有轻微的“嚓嚓”声发出。

若阻值为 0，说明话筒线圈短路。

若阻值为无穷大，则为话筒线圈开路。

4. 驻极体式话筒的检测

驻极体式话筒检测包括电极检测、好坏检测和灵敏度检。

(a) 外形

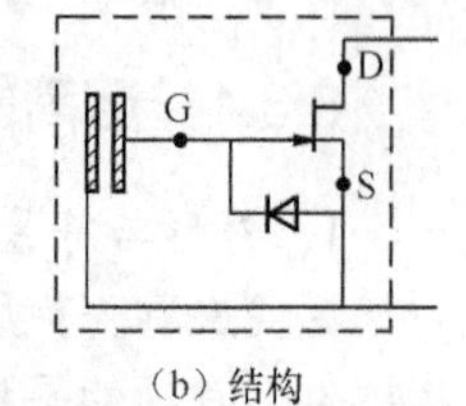

(b) 结构

图 6-61 驻极体话筒

(1) 引脚极性检测

驻极体式话筒外形和结构如图 6-61 所示。

从图中可以看出，驻极体式话筒有两个接线端，分别与内部场效应管的 D、S 极连接，其中 S 极与 G 极之间接有一个二极管。在使用时，驻极体话筒的 S 极与电路的地连接，D 极除了接电源外，还是话筒信号输出端，具体连接可参见图 6-61。

驻极体话筒电极判断用直观法，也可以用万用表检测。在用直观法观察时，会发现有一个电极与话筒的金属外壳连接，如图 6-61（a）所示，该极为 S 极，另一个电极为 D 极。

在用万用表检测时，万用表选择 R×100Ω或 R×1kΩ挡，测量两电极之间的正、反向电阻，如图 6-62 所示，正常测得阻值一大一小，以阻值小的那次为准，如图 6-62（a）所示，黑表笔接的为 S 极，红表笔接的为 D 极。

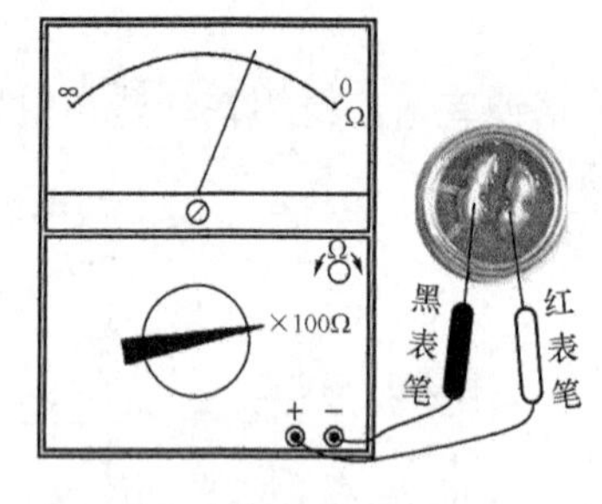

(a) 阻值小

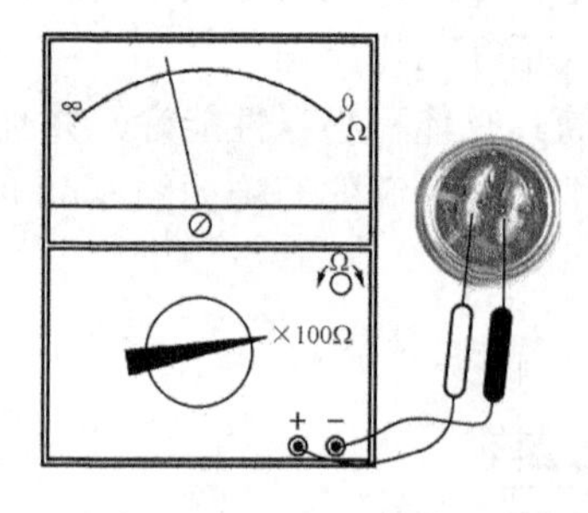

(b) 阻值大

图 6-62 驻极体话筒的检测

(2) 好坏检测

在检测驻极体式话筒好坏时，万用表选择 R×100Ω或 R×1kΩ挡，测量两电极之间的正、反向电阻，正常测得阻值为一大一小。

若正、反向电阻均为无穷大，则话筒内部的场效应管开路。

若正、反向电阻均为 0，则话筒内部的场效应管短路。

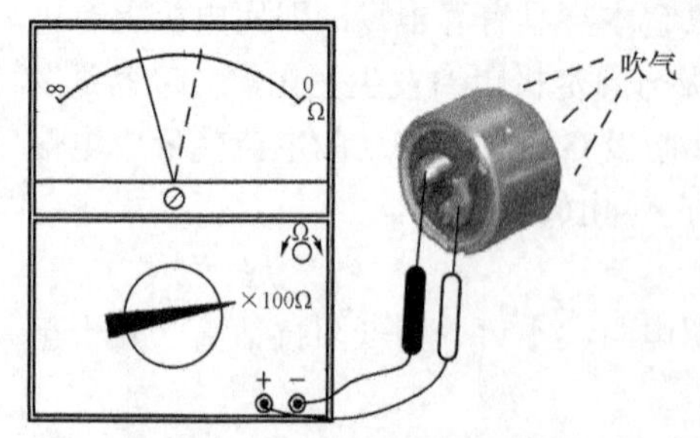

图 6-63 驻极体话筒灵敏度的检测

若正、反向电阻相等，则话筒内部场效应管 G、S 极之间的二极管开路。

(3) 灵敏度检测

灵敏度检测可以判断话筒的声-电转换效果。在检测灵敏度时，万用表选择 R×100Ω或 R×1kΩ挡，黑表笔接话筒的 D 极，红表笔接话筒的 S 极，这样做是利用万用表内部电池为场效应管 D、S 极之间提供电压，然后对话筒正面吹气，如图 6-63 所示。

若话筒正常，表针应发生摆动，话筒灵敏度越高，表针摆动幅度越大。

若表针不动，则话筒失效。

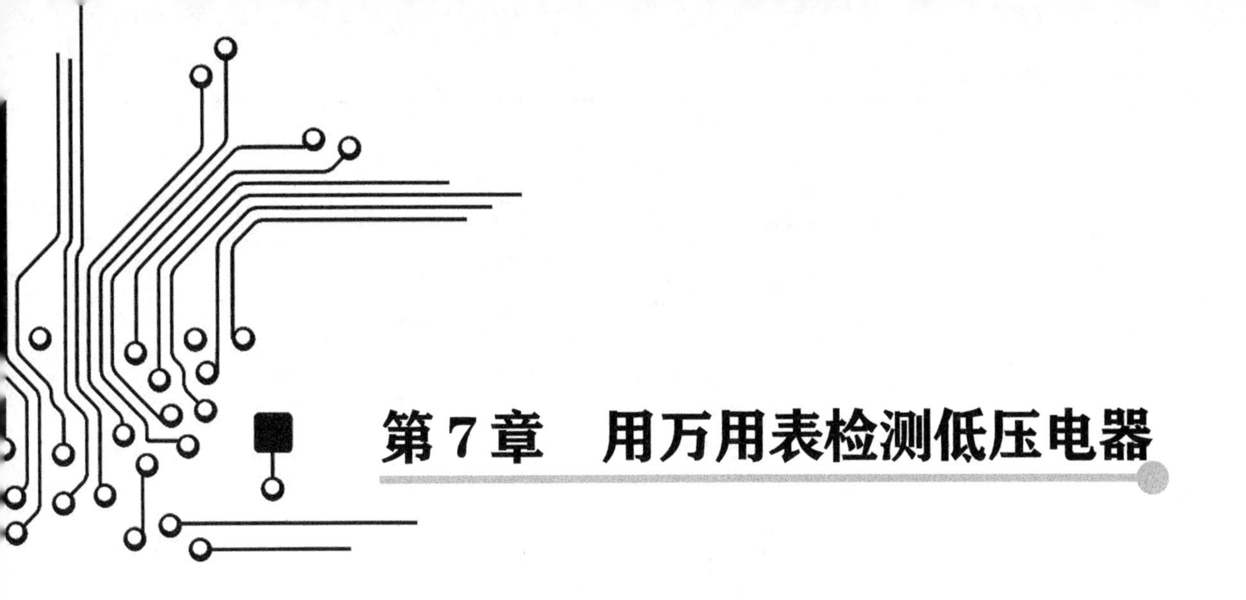

第7章　用万用表检测低压电器

7.1　开关的检测

开关是电气线路中使用最广泛的一种低压电器，其作用是接通和切断电气线路。常见的开关有照明开关、按钮开关、闸刀开关、铁壳开关和组合开关等。开关有通、断两种状态，其检测使用万用表的电阻挡，当开关处于接通位置时其电阻值应为 0Ω，处于断开位置时其电阻值为无穷大。下面以按钮开关为例来说明开关的检测。

7.1.1　按钮开关的种类、结构与外形

按钮开关用来在短时间内接通或切断小电流电路，主要用在电气控制电路中。按钮开关允许流过的电流较小，一般不能超过 5A。

按钮开关用符号“SB”表示，它可分为三种类型：常闭按钮开关、常开按钮开关和复合按钮开关。这三种开关的内部结构示意图和电路图形符号如图 7-1 所示。

图 7-1（a）所示为常闭按钮开关。在未按下按钮时，依靠复位弹簧的作用力使内部的金属动触点将常闭静触点 a、b 接通；当按下按钮时，动触点与常闭静触点脱离，a、b 断开；当松开按钮后，触点自动复位（闭合状态）。

图 7-1（b）所示为常开按钮开关。在未按下按钮时，金属动触点与常开静触点 c、d 断开；当按下按钮时，动触点与常闭静触点接通；当松开按钮后，触点自动复位（断开状态）。

图 7-1（c）所示为复合按钮开关。在未按下按钮时，金属动触点与常闭静触点 a、b 接通，而与常开静触点 c、d 断开；当按下按钮时，动触点与常闭静触点 a、b 断开，而与常开静触点 c、d 接通；当松开按钮后，触点自动复位（常开断开，常闭闭合）。

有些按钮开关内部有多对常开、常闭触点，它可以在接通多个电路的同时切断多个电路。常开触点也称为 A 触点，常闭触点又称 B 触点。

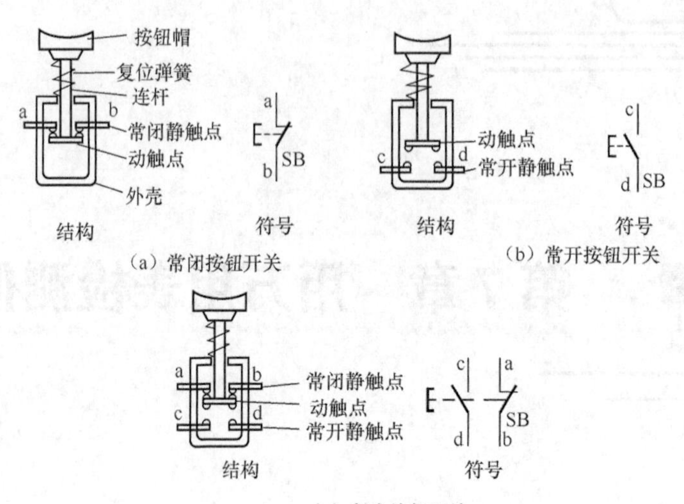

图 7-1　三种开关的结构与符号

常见的按钮开关实物外形如图 7-2 所示。

图 7-2　常见的按钮开关

7.1.2　按钮开关的检测

图 7-3 所示为复合型按钮开关，该按钮开关有一个常开触点和一个常闭触点，共有 4 个接线端子。

图 7-3　复合型按钮开关的接线端子

复合按钮开关的检测可分为以下两个步骤：

① **在未按下按钮时进行检测**。复合型按钮开关有一个常闭触点和一个常开触点。在检测时，先测量常闭触点的两个接线端子之间的电阻，如图 7-4（a）所示，正常电阻近 0Ω，然后测量常开触点的两个接线端子之间的电阻，若常开触点正常，数字万用表会显示超出量程符号“1”或“OL”，用指针万用表测量时电阻为无穷大。

② **在按下按钮时进行检测**。在检测时，将按钮按下不放，分别测量常闭触点和常开触点两个接线端子之间的电阻。如果按钮开关正常，则常闭触点的电阻应为无穷大，如图 7-4（b）所示，而常开触点的电阻应接近 0Ω；若与之不符，则表明按钮开关损坏。

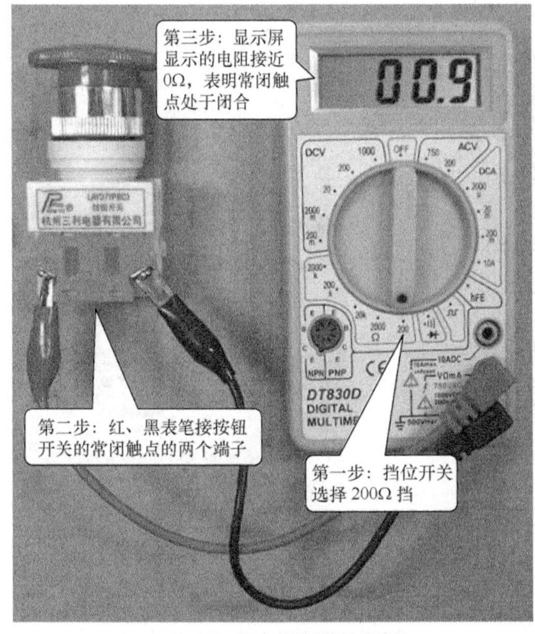

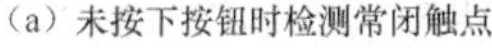
（a）未按下按钮时检测常闭触点

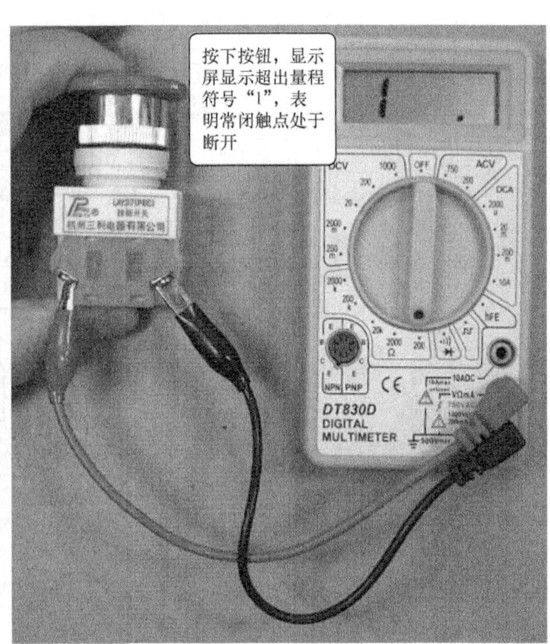

（b）按下按钮时检测常闭触点

图 7-4　按钮开关的检测

在测量常闭或常开触点时，如果出现阻值不稳定，则通常是由于相应的触点接触不良。因为开关的内部结构比较简单，如果检测时发现开关不正常，可将开关拆开进行检查，找出具体的故障原因，并进行排除，无法排除的就需要更换新的开关。

7.2　熔断器的检测

熔断器是对电路、用电设备短路和过载进行保护的电器。熔断器一般串接在电路中，当电路正常工作时，熔断器就相当于一根导线；当电路出现短路或过载时，流过熔断器的电流很大，熔断器就会开路，从而保护电路和用电设备。

7.2.1　种类

熔断器的种类很多，常见的有 RC 插入式熔断器、RL 螺旋式熔断器、RM 无填料封闭式熔断器、RS 快速熔断器、RT 有填料管式熔断器和 RZ 自复式熔断器等，如图 7-5 所示。

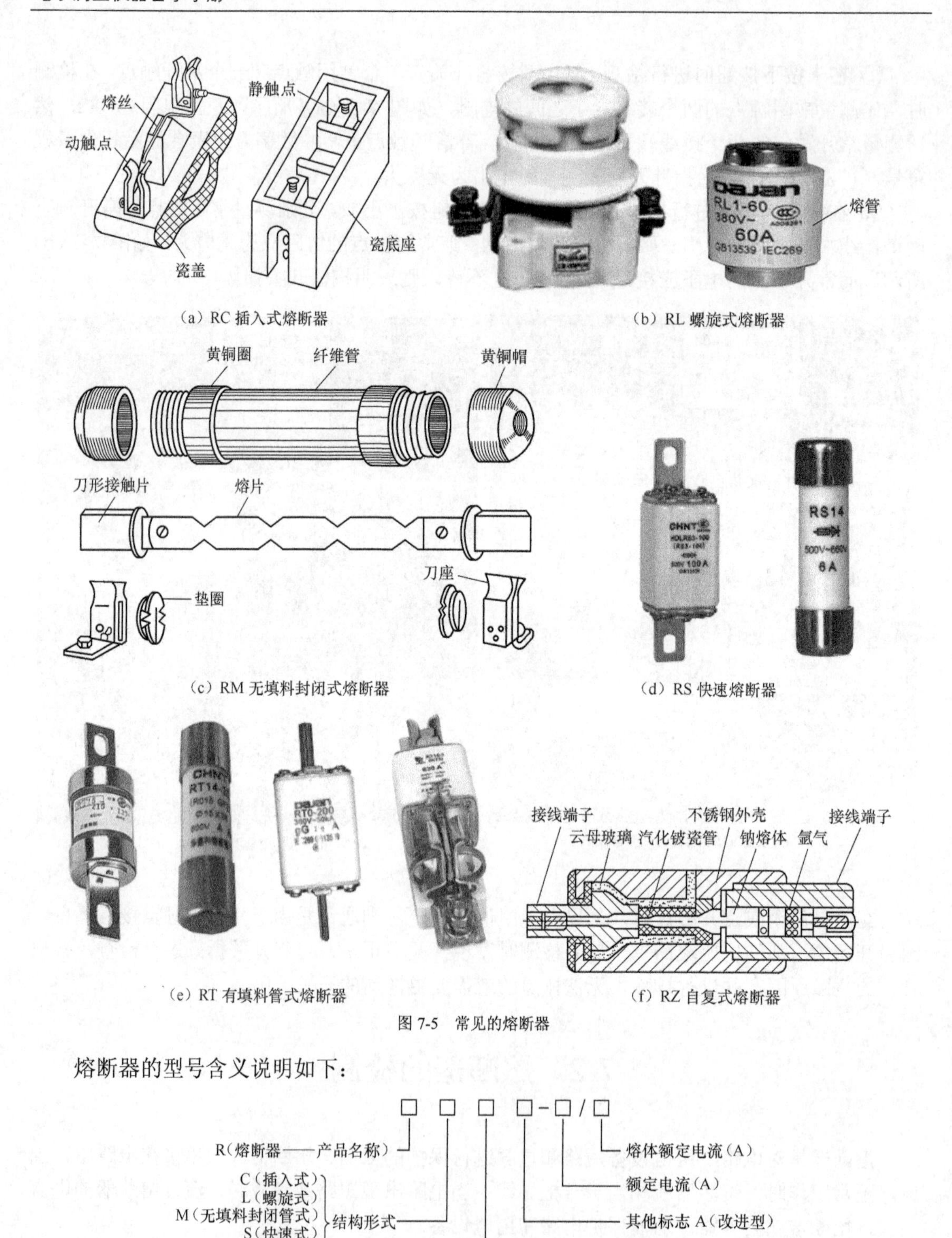

图 7-5　常见的熔断器

熔断器的型号含义说明如下：

7.2.2　检测

熔断器常见故障是开路和接触不良。熔断器的种类很多，但检测方法基本相同。熔断器的检测如图 7-6 所示。检测时，万用表的挡位开关选择 200Ω挡，然后将红、黑表笔分别接熔断器的两端，测量熔断器的电阻。若熔断器正常，则电阻接近 0Ω；若显示屏显示超出量程符号“1”或“OL”（指针万用表显示电阻无穷大），则表明熔断器开路；若阻值不稳定（时大时小），则表明熔断器内部接触不良。

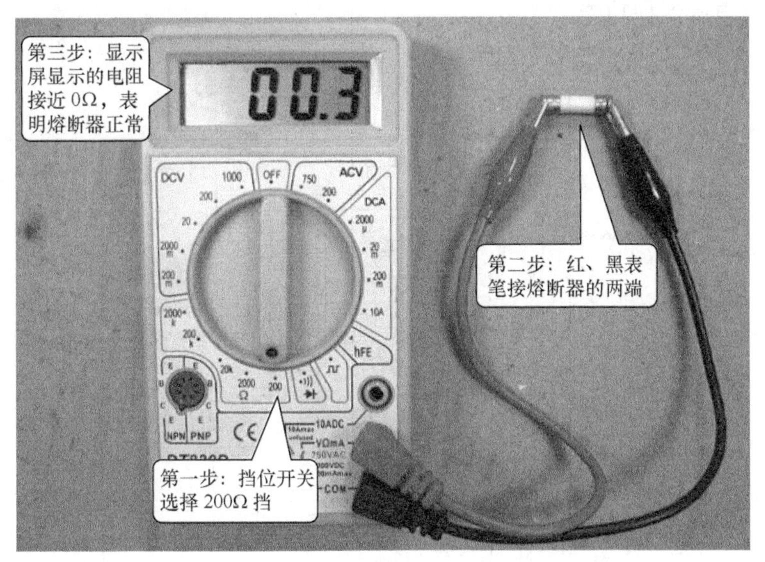

图 7-6　熔断器的检测

7.3　断路器的检测

断路器又称为自动空气开关，它既能对电路进行不频繁的通断控制，又能在电路出现过载、短路和欠电压（电压过低）时自动掉闸（即自动切断电路），因此它既是一个开关电器，又是一个保护电器。

7.3.1　外形与符号

断路器种类较多，图 7-7（a）是一些常用的塑料外壳式断路器，断路器的电路符号如图 7-7（b）所示，从左至右依次为单极（1P）、两极（2P）和三极（3P）断路器。在断路器上标有额定电压、额定电流和工作频率等内容。

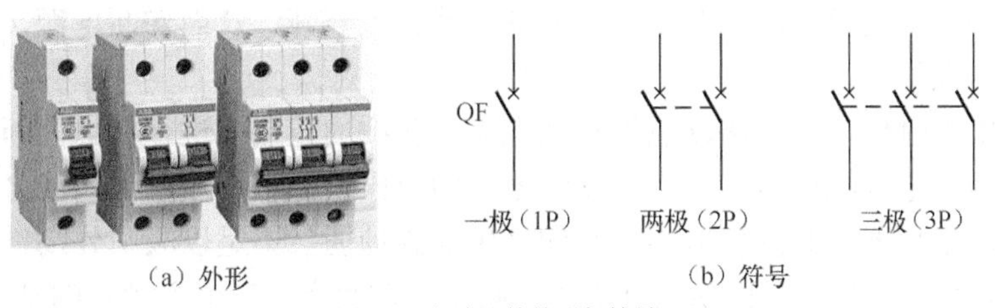

（a）外形　（b）符号

图 7-7　断路器的外形与符号

7.3.2 结构与工作原理

断路器的典型结构如图 7-8 所示。该断路器是一个三相断路器，内部主要由主触点、反力弹簧、搭钩、杠杆、电磁脱扣器、热脱扣器和欠电压脱扣器等组成。该断路器可以实现过电流、过热和欠电压保护功能。

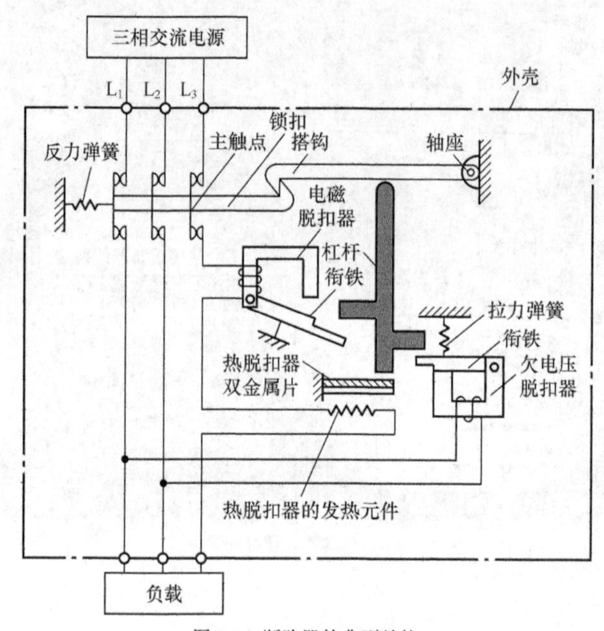

图 7-8 断路器的典型结构

（1）过电流保护

三相交流电源经断路器的三个主触点和三条线路为负载提供三相交流电，其中一条线路中串接了电磁脱扣器线圈和发热元件。当负载有严重短路时，流过线路的电流很大，流过电磁脱扣器线圈的电流也很大，线圈产生很强的磁场并通过铁芯吸引衔铁，衔铁动作，带动杠杆上移，两个搭钩脱离，依靠反力弹簧的作用，三个主触点的动、静触点断开，从而切断电源以保护短路的负载。

（2）过热保护

如果负载没有短路，但若长时间超负荷运行，负载就比较容易损坏。虽然在这种情况下电流也较正常时大，但还不足以使电磁脱扣器动作，断路器的热保护装置可以解决这个问题。若负载长时间超负荷运行，则流过发热元件的电流长时间偏大，发热元件温度升高，它加热附近的双金属片（热脱扣器），其中上面的金属片热膨胀小，双金属片受热后向上弯曲，推动杠杆上移，使两个搭钩脱离，三个主触点的动、静触点断开，从而切断电源。

（3）欠电压保护

如果电源电压过低，则断路器也能切断电源与负载的连接，进行保护。断路器的欠电压脱扣器线圈与两条电源线连接，当三相交流电源的电压很低时，两条电源线之间的电压也很低，流过欠电压脱扣器线圈的电流小，线圈产生的磁场弱，不足以吸引住衔铁，在拉力弹簧的拉力作用下，衔铁上移，并推动杠杆上移，两个搭钩脱离，三个主触点的动、静触点断开，从而断开电源与负载的连接。

7.3.3　面板标注参数的识读

（1）主要参数

断路器的主要参数有：

① 额定工作电压 Ue：是指在规定条件下断路器长期使用能承受的最高电压，一般指线电压。

② 额定绝缘电压 Ui：是指在规定条件下断路器绝缘材料能承受最高电压，该电压一般较额定工作电压高。

③额定频率：是指断路器适用的交流电源频率。

④额定电流 In：是指在规定条件下断路器长期使用而不会脱扣跳闸的最大电流。流过断路器的电流超过额定电流，断路器会脱扣跳闸，电流越大，跳闸时间越短，比如有的断路器电流为 1.13In 时一小时内不会跳闸，当电流达到 1.45In 时一小时内会跳闸，当电流达到 10In 时会瞬间（小于 0.1s）跳闸。

⑤ 瞬间脱扣整定电流：是指会引起断路器瞬间（<0.1s）脱扣跳闸的动作电流。

⑥ 额定温度：是指断路器长时间使用允许的最高环境温度。

⑦ 短路分断能力：它可分为极限短路分断能力（Icu）和运行短路分断能力（Ics），分别是指在极限条件下和运行时断路器触点能断开（触点不会产生熔焊、粘连等）所允许通过的最大电流。

（2）面板标注参数的识读

断路器面板上上一般会标注重要的参数，在选用时要会识读这些参数含义。断路器面板标注参数的识读如图 7-9 所示。

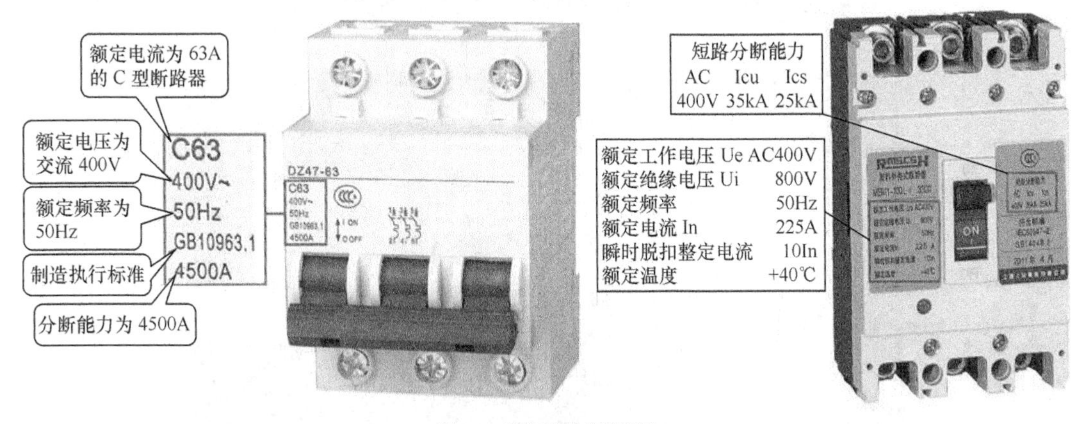

图 7-9　断路器的参数识读

7.3.4　断路器的检测

断路器检测通常使用万用表的电阻挡，检测过程如图 7-10 所示，具体分以下两步：

① 将断路器上的开关拨至“OFF（断开）”位置，然后将红、黑表笔分别接断路器一路触点的两个接线端子，正常电阻应为无穷大（数字万用表显示超出量程符号“1”或“OL”），如图 7-26（a）所示，接着再用同样的方法测量其他路触点的接线端子间的电阻，正常电阻均应为无穷大，若某路触点的电阻为 0 或时大时小，则表明断路器的该路触点短路或接触不良。

② 将断路器上的开关拨至“ON（闭合）”位置，然后将红、黑表笔分别接断路器一路触

点的两个接线端子，正常电阻应接近 0Ω，如图 7-10（b）所示，接着再用同样的方法测量其他路触点的接线端子间的电阻，正常电阻均应接近 0Ω，若某路触点的电阻为无穷大或时大时小，则表明断路器的该路触点开路或接触不良。

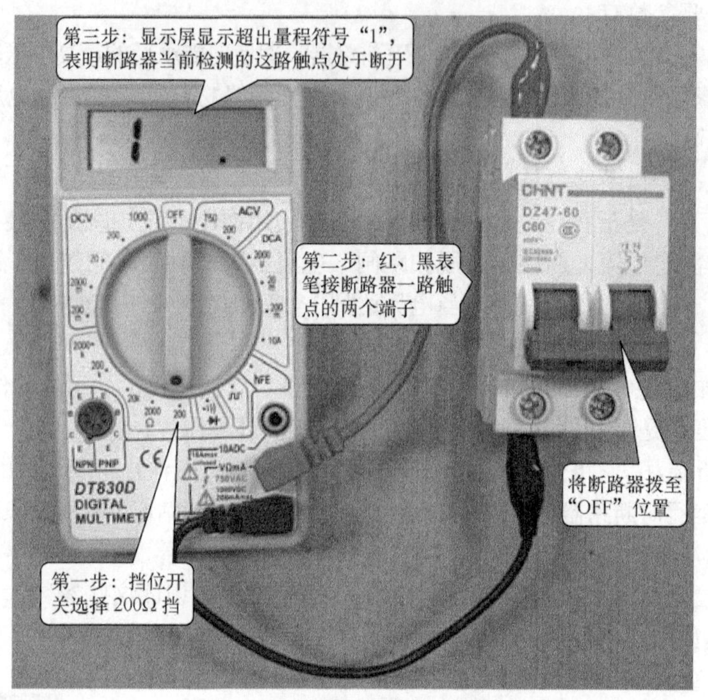

（a）断路器开关处于“OFF”时

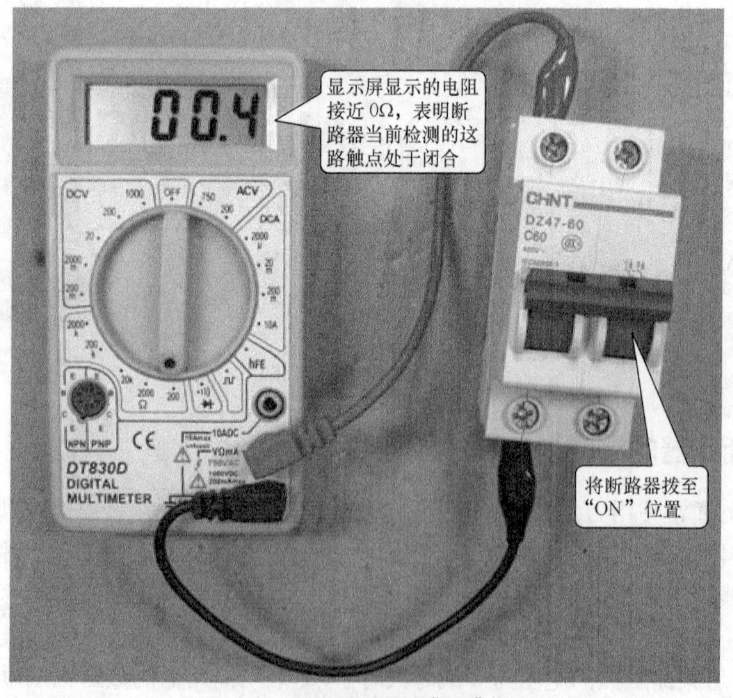

（b）断路器开关处于“OFF”时

图 7-10　断路器的检测

7.4　漏电保护器的检测

断路器具有过流、过热和欠压保护功能，但用电设备绝缘性能下降而出现漏电时却无保护功能，这是因为漏电电流一般较短路电流小得多，不足以使断路器跳闸。**漏电保护器是一种具有断路器功能和漏电保护功能的电器，在线路出现过流、过热、欠压和漏电时，均会脱扣跳闸保护。**

7.4.1　外形与符号

漏电保护器又称为漏电保护开关，英文缩写为 RCD，其外形和符号如图 7-11 所示。在图 7-11（a）中，左边的为单极漏电保护器，当后级电路出现漏电时，只切断一条 L 线路（N 线路始终是接通的），中间的为两极漏电保护器，漏电时切断两条线路，右边的为三相漏电保护器，漏电时切断三条线路。对于图 7-11（a）后面两种漏电保护器，其下方有两组接线端子，如果接左边的端子（需要拆下保护盖），则只能用到断路器功能，无漏电保护功能。

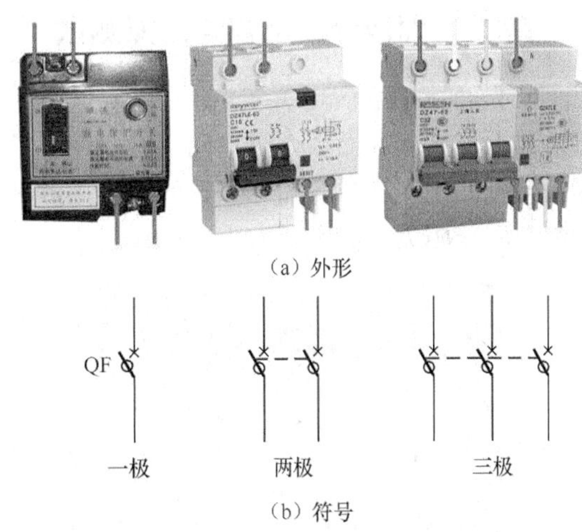

图 7-11　漏电保护器的外形与符号

7.4.2　结构与工作原理

图 7-12 是漏电保护器的结构示意图。

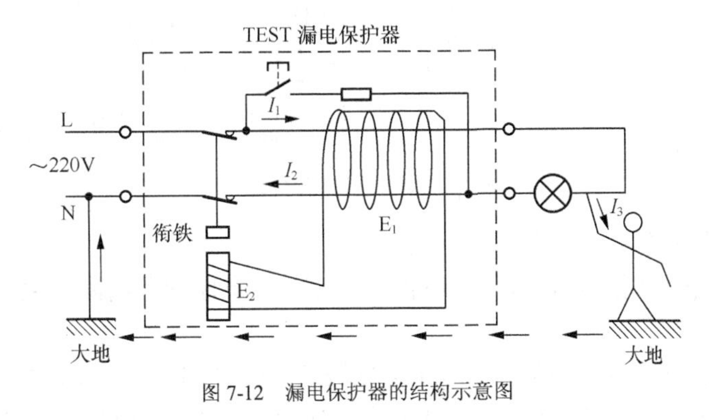

图 7-12　漏电保护器的结构示意图

工作原理说明：

220V 的交流电压经漏电保护器内部的触点在输出端接负载（灯泡），在漏电保护器内部两根导线上缠有线圈 E_1，该线圈与铁芯上的线圈 E_2 连接，当人体没有接触导线时，流过两根导线的电流 I_1、I_2 大小相等，方向相反，它们产生大小相等、方向相反的磁场，这两个磁场相互抵消，穿过 E_1 线圈的磁场为 0，E_1 线圈不会产生电动势，衔铁不动作。一旦人体接触导线，如图所示，一部分电流 I_3（漏电电流）会经人体直接到地，再通过大地回到电源的另一端，这样流过漏电保护器内部两根导线的电流 I_1、I_2 就不相等，它们产生的磁场也就不相等，不能完全抵消，即两根导线上的 E_1 线圈有磁场通过，线圈会产生电流，电流流入铁芯上的 E_2 线圈，E_2 线圈产生磁场吸引衔铁而脱扣跳闸，将触点断开，切断供电，触电的人就得到了保护。

为了在不漏电的情况下检验漏电保护器的漏电保护功能是否正常，漏电保护器一般设有"TEST（测试）"按钮，当按下该按钮时，L 线上的一部分电流通过按钮、电阻流到 N 线上，这样流过 E_1 线圈内部的两根导线的电流不相等（$I_2>I_1$），E_1 线圈产生电动势，有电流过 E_2 线圈，衔铁动作而脱扣跳闸，将内部触点断开。

7.4.3 面板介绍及漏电模拟测试

（1）面板介绍

漏电保护器的面板介绍如图 7-13 所示，左边为断路器部分，右边为漏电保护部分，漏电保护部分的主要参数有漏电保护的动作电流和动作时间，对于人体来说，30mA 以下是安全电流，动作电流一般不要大于 30mA。

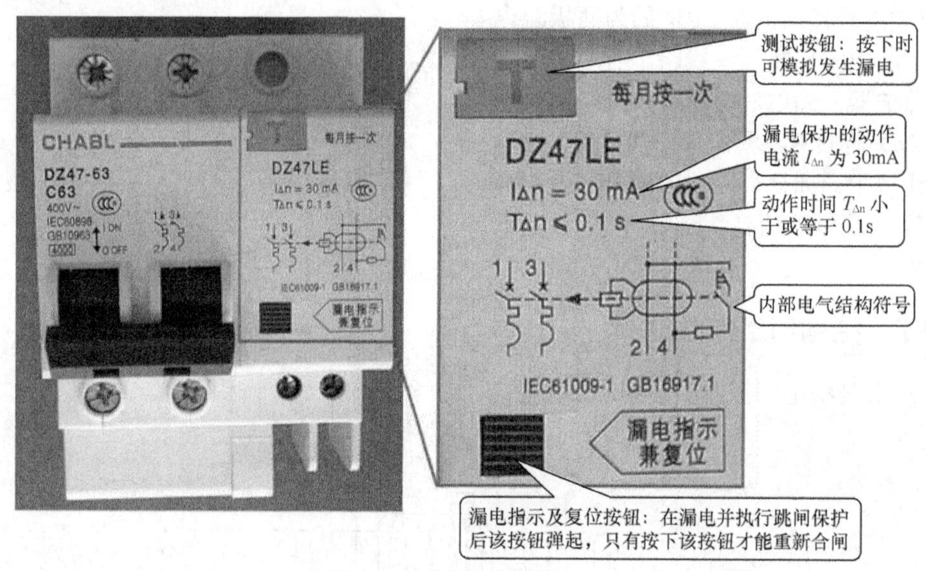

图 7-13 漏电保护器的面板介绍

（2）漏电模拟测试

在使用漏电保护器时，先要对其进行漏电测试。漏电保护器的漏电测试操作如图 7-14 所示，具体操作如下：

① 按下漏电指示及复位按钮（如果该按钮处于弹起状态），再将漏电保护器合闸（即开关拨至"ON"），复位按钮处于弹起状态时无法合闸，然后将漏电保护器的输入端接交流电源，如图 7-14（a）所示。

② 按下测试按钮，模拟线路出现漏电，如果漏电保护器正常，则会跳闸，同时漏电指示及复位按钮弹起，如图 7-14（b）所示。

当漏电保护器的漏电测试通过后才能投入使用，如果未通过测试继续使用，可能在线路出现漏电时无法执行漏电保护。

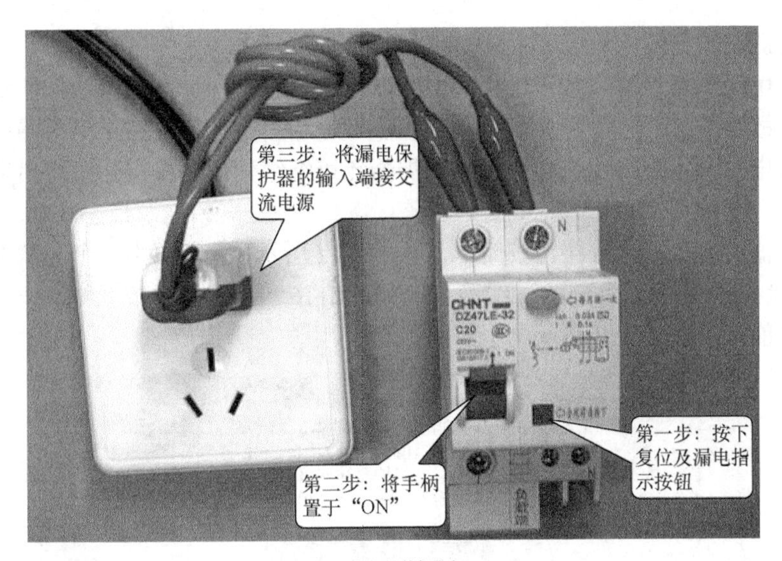

（a）测试准备

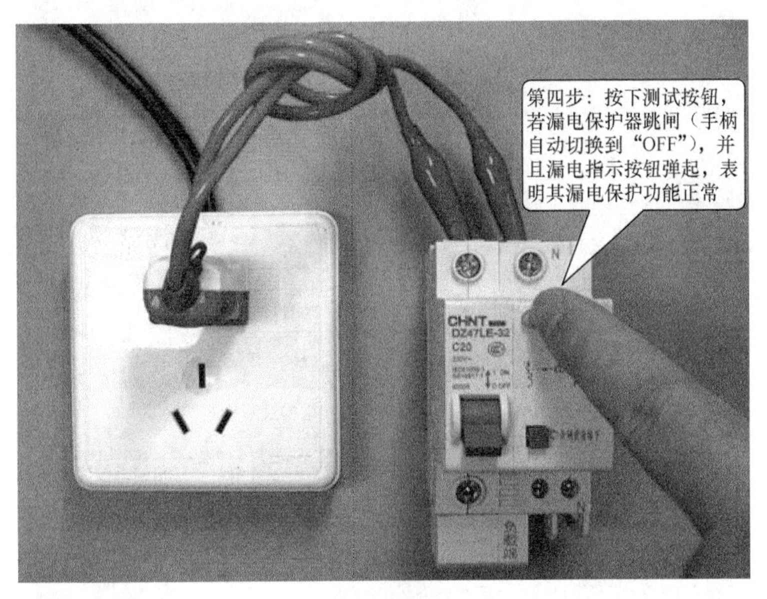

（b）开始测试

图 7-14　漏电保护器的漏电测试

7.4.4　检测

（1）输入输出端的通断检测

漏电保护器输入输出端的通断检测与断路器基本相同，即将开关分别置于“ON”和“OFF”位置，分别测量输入端与对应输出端之间的电阻。

在检测时，先将漏电保护器的开关置于“ON”位置，用万用表测量输入与对应输出端之间的电阻，正常应接近 0Ω，如图 7-15 所示；再将开关置于于“OFF”位置，测量输入与对应输出端之间的电阻，正常应为无穷大（数字万用表显示超出量程符号“1”或“OL”）。若检测与上述不符，则漏电保护器损坏。

（2）漏电测试线路的检测

在按压漏电保护器的测试按钮进行漏电测试时，若漏电保护器无跳闸保护动作，可能是漏电测试线路故障，也可能是其他故障（如内部机械类故障），如果仅是内部漏电测试线路出现故障导致漏电测试不跳闸，这样的漏电保护器还可继续使用，在实际线路出现漏电时仍会执行跳闸保护。

漏电保护器的漏电测试线路比较简单，如图 7-12 所示，它主要由一个测试按钮开关和一个电阻构成。漏电保护器的漏电测试线路检测如图 7-16 所示，如果按下测试按钮测得电阻为无穷大，则可能是按钮开关开路或电阻开路。

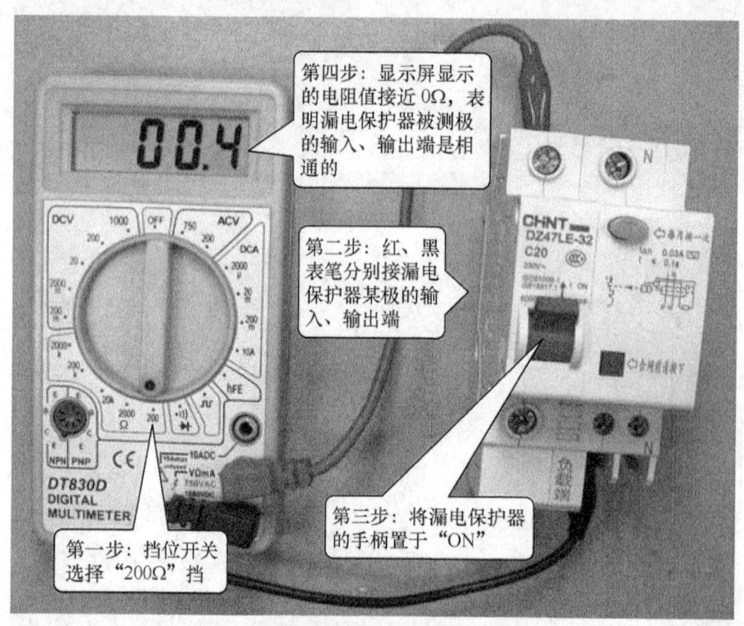

图 7-15　漏电保护器输入输出端的通断检测

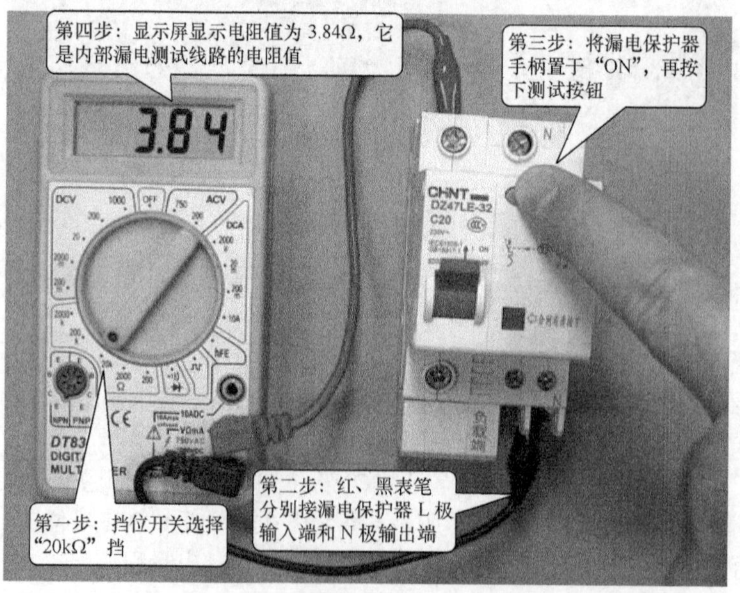

图 7-16　漏电保护器的漏电测试线路检测

7.5 接触器的检测

接触器是一种利用电磁、气动或液压操作原理，来控制内部触点频繁通断的电器，它主要用作频繁接通和切断交、直流电路。

接触器的种类很多，按通过的电流来分，接触器可分为交流接触器和直流接触器；按操作方式来分，接触器可分为电磁式接触器、气动式接触器和液压式接触器，本书主要介绍最为常用的电磁式交流接触器。

7.5.1 结构、符号与工作原理

交流接触器的结构及符号如图 7-17 所示，它主要由三组主触点、一组常闭辅助触点、一组常开辅助触点和控制线圈组成，当给控制线圈通电时，线圈产生磁场，磁场通过铁芯吸引衔铁，而衔铁则通过连杆带动所有的动触点动作，与各自的静触点接触或断开。交流接触器的主触点允许流过的电流较辅助触点大，故主触点通常接在大电流的主电路中，辅助触点接在小电流的控制电路中。

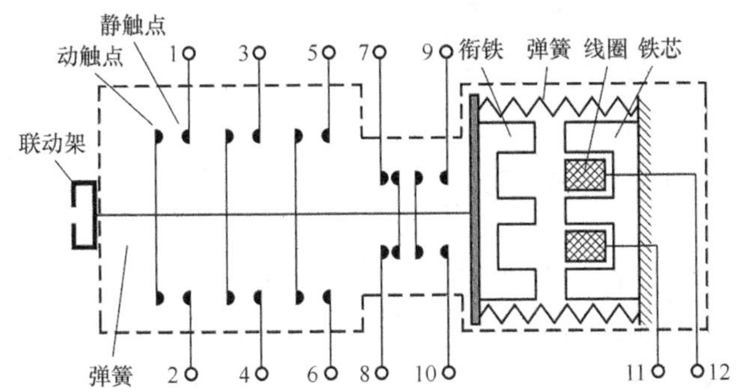

（a）结构

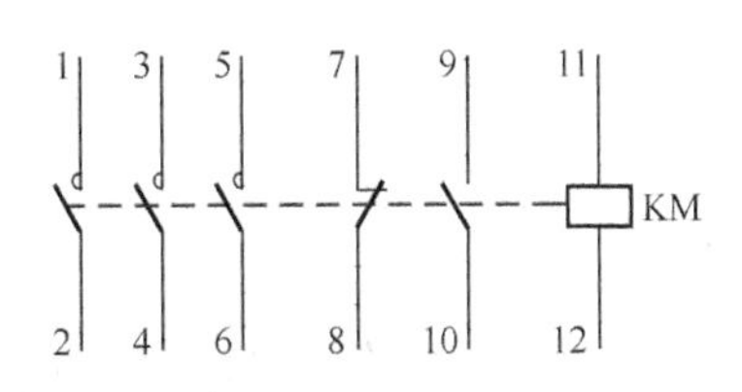

（b）符号

图 7-17 交流接触器的结构与符号

有些交流接触器带有联动架，按下联动架可以使内部触点动作，使常开触点闭合、常闭触点断开，在线圈通电时衔铁会动作，联动架也会随之运动，因此如果接触器内部的触点不够用时，可以在联动架上安装辅助触点组，接触器线圈通时联动架会带动辅助触点组内部的触点同时动作。

7.5.2 外形与接线端

图 7-18 是一种常用的交流接触器，它内部有三个主触点和一个常开触点，没有常闭触点，控制线圈的接线端位于接触器的顶部，从标注可知，该接触器的线圈电压为 220～230V（电

压频率为 50Hz 时）或 220～240V（电压频率为 60Hz 时）。

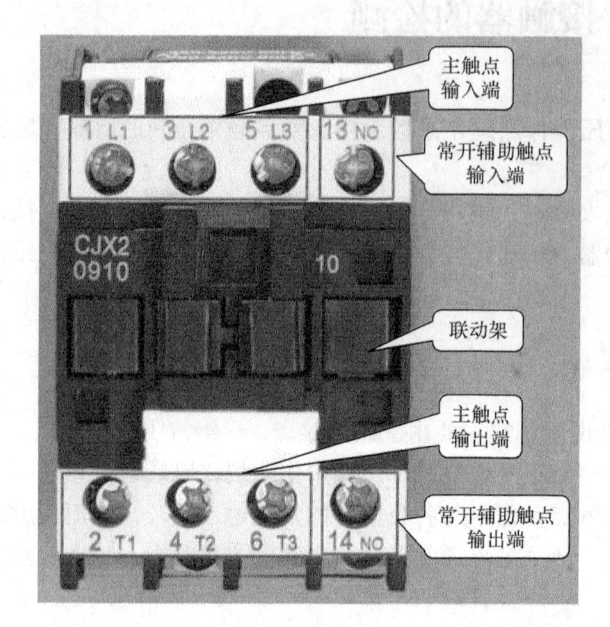

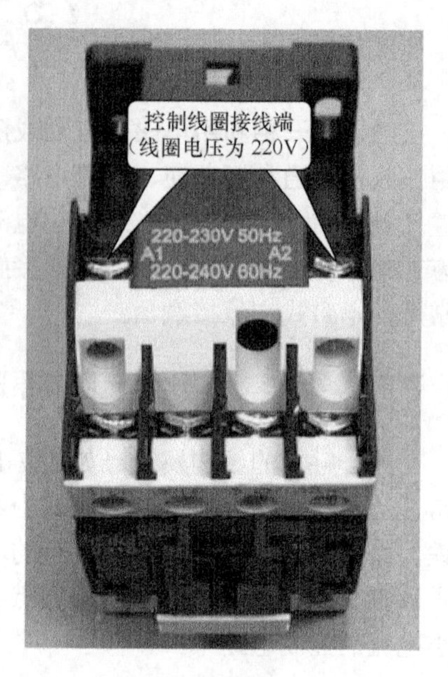

（a）前视图　（b）俯视图

图 7-18　一种常用的交流接触器的外形与接线端

7.5.3　铭牌参数的识读

交流接触器的参数很多，在外壳上会标注一些重要的参数，其识读如图 7-19 所示。

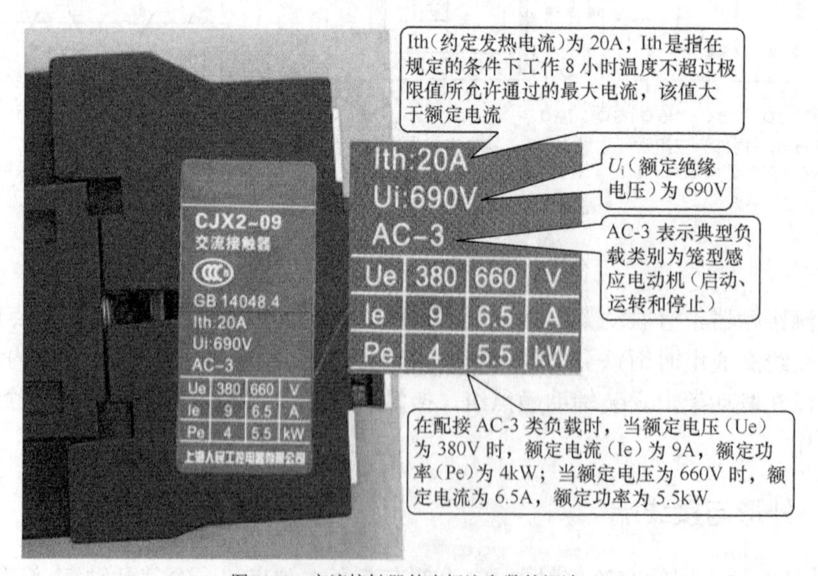

图 7-19　交流接触器外壳标注参数的识读

7.5.4　接触器的检测

接触器的检测使用万用表的电阻挡，交流和直流接触器的检测方法基本相同，下面以交流接触器为例进行说明。交流接触器的检测过程如下：

① 常态下检测常开触点和常闭触点的电阻。图 7-20 为在常态下检测交流接触器常开触点的电阻，因为常开触点在常态下处于开路，故正常电阻应为无穷大，数字万用表检测时会显示超出量程符号“1”或“OL”，在常态下检测常闭触点的电阻时，正常测得的电阻值应接近 0Ω。对于带有联动架的交流接触器，按下联动架，内部的常开触点会闭合，常闭触点会断开，可以用万用表检测这一点是否正常。

② 检测控制线圈的电阻。检测控制线圈的电阻如图 7-21 所示，控制线圈的电阻值正常应在几百欧，一般来说，交流接触器功率越大，要求线圈对触点的吸合力越大（即要求线圈流过的电流大），线圈电阻更小。若线圈的电阻为无穷大则线圈开路，线圈的电阻为 0 则为线圈短路。

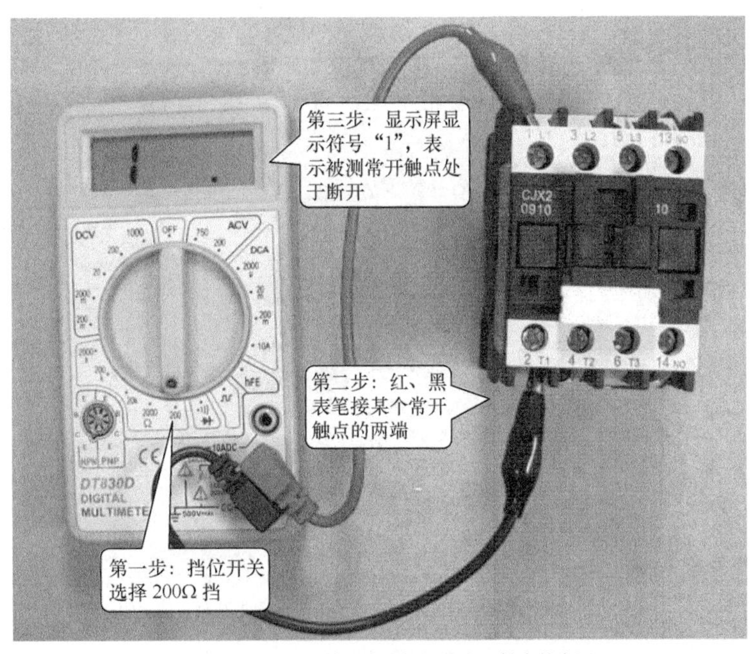

图 7-20　在常态下检测交流接触器常开触点的电阻

③ 给控制线圈通电来检测常开、常闭触点的电阻。图 7-22 为给交流接触器的控制线圈通电来检测常开触点的电阻，在控制线圈通电时，若交流接触器正常，会发出“咔哒”声，同时常开触点闭合、常闭触点断开，故测得常开触点电阻应接近 0Ω、常闭触点应为无穷大（数字万用表检测时会显示超出量程符号“1”或“OL”）。如果控制线圈通电前后被测触点电阻无变化，则可能是控制线圈损坏或传动机构卡住等。

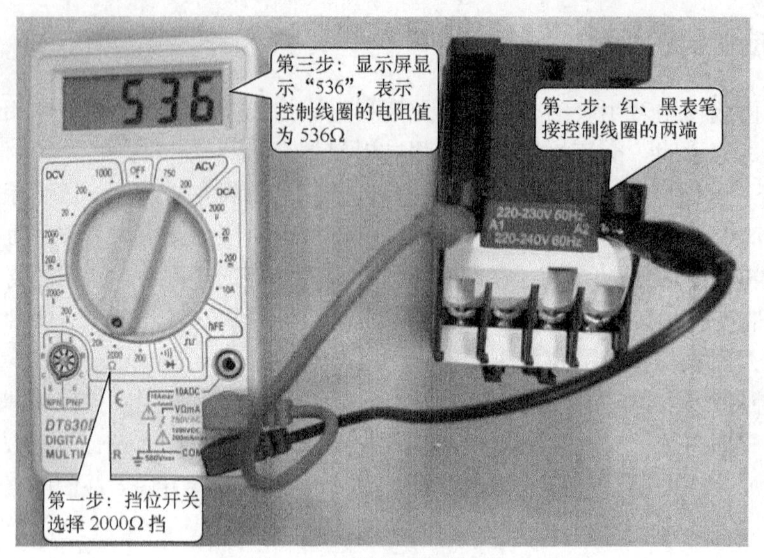

图 7-21　检测控制线圈的电阻

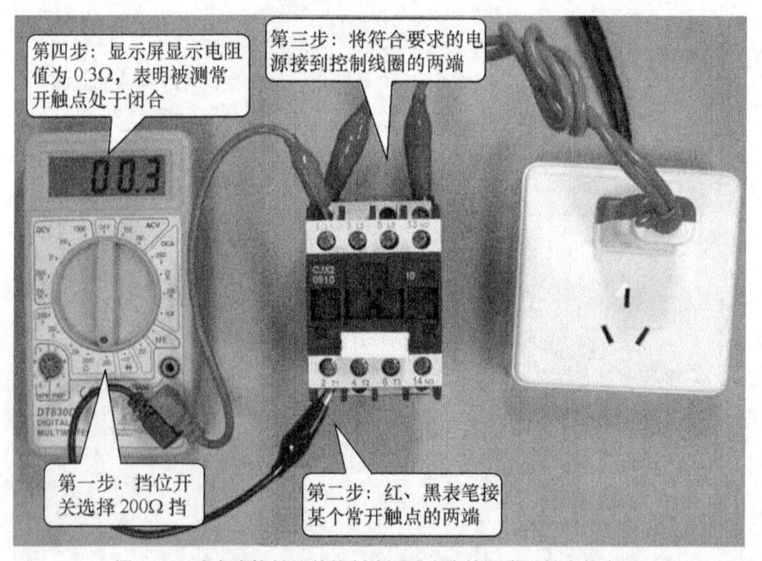

图 7-22　给交流接触器的控制线圈通电来检测常开触点的电阻

7.6　热继电器的检测

热继电器是利用电流通过发热元件时产生热量而使内部触点动作的。热继电器主要用于电气设备发热保护，如电动机过载保护。

7.6.1　结构与工作原理

热继电器的典型结构及符号如图 7-23 所示，从图中可以看出，热继电器由电热丝、双金属片、导板、测试杆、推杆、动触片、静触片、弹簧、螺钉、复位按钮和整定旋钮等组成。

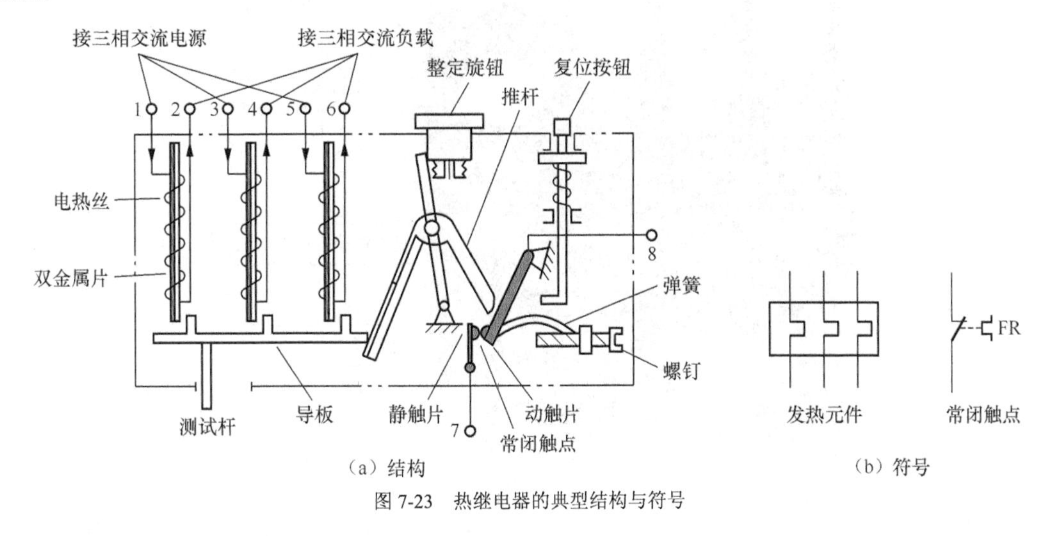

（a）结构　　（b）符号

图 7-23　热继电器的典型结构与符号

该热继电器有 1-2、3-4、5-6、7-8 四组接线端，1-2、3-4、5-6 三组串接在主电路的三相交流电源和负载之间，7-8 一组串接在控制电路中，1-2、3-4、5-6 三组接线端内接电热丝，电热丝绕在双金属片上，当负载过载时，流过电热丝的电流大，电热丝加热双金属片，使之往右弯曲，推动导板往右移动，导板推动推杆转动而使动触片运动，动触点与静触点断开，从而向控制电路发出信号，控制电路通过电器（一般为接触器）切断主电路的交流电源，防止负载长时间过载而损坏。

在切断交流电源后，电热丝温度下降，双金属片恢复到原状，导板左移，动触点和静触点又重新接触，该过程称为自动复位，出厂时热继电器一般被调至自动复位状态。如需手动复位，可将螺钉（图中右下角）往外旋出数圈，这样即使切断交流电源让双金属片恢复到原状，动触点和静触点也不会自动接触，需要用手动方式按下复位按钮才可使动触点和静触点接触，该过程称为手动复位。

只有流过发热元件的电流超过一定值（发热元件额定电流值）时，内部机构才会动作，使常闭触点断开（或常开触点闭合），电流越大，动作时间越短，例如流过某热继电器的电流为 1.2 倍额定电流时，2h 内动作，为 1.5 倍额定电流时 2min 内动作。**热继电器的发热元件额定电流可以通过整定旋钮来调整**，例如对于图 7-23 所示的热继电器，将整定旋钮往内旋时，推杆位置下移，导板需要移动较长的距离才能让推杆运动而使触点动作，而只有流过电热丝电流大，才能使双金属片弯曲程度更大，即将整定旋钮往内旋可将发热元件额定电流调大一些。

7.6.2　外形与接线端

图 7-24 是一种常用的热继电器，它内部有三组发热元件和一个常开触点，一个常闭触点，发热元件的一端接交流电源，另一端接负载，当流过发热元件的电流长时间超过整定电流时，发热元件弯曲最终使常开触点闭合、常闭触点断开。在热继电器上还有整定电流旋钮、复位按钮、测试杆和手动/自动复位切换螺钉，其功能说明如图标注所示。

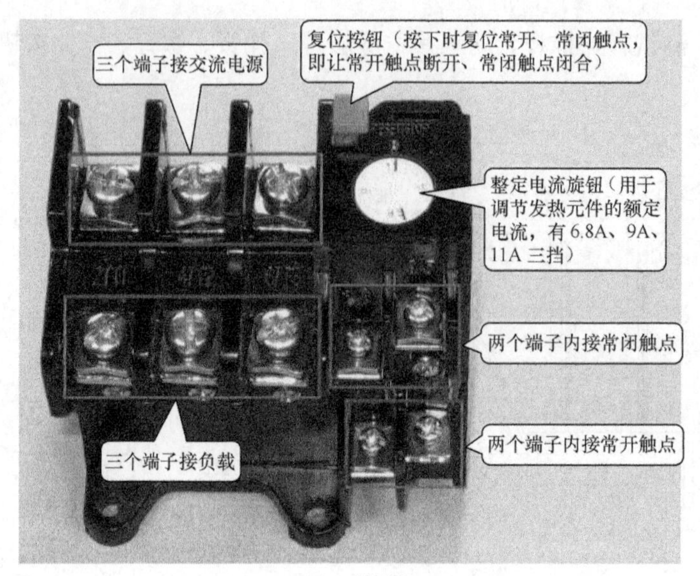

（a）前视图

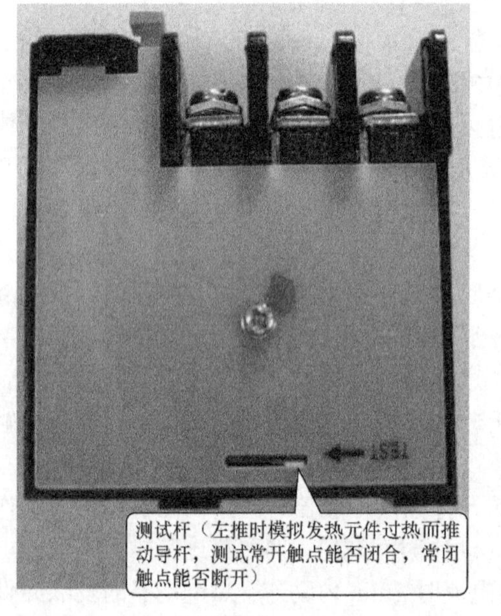

（b）后视图

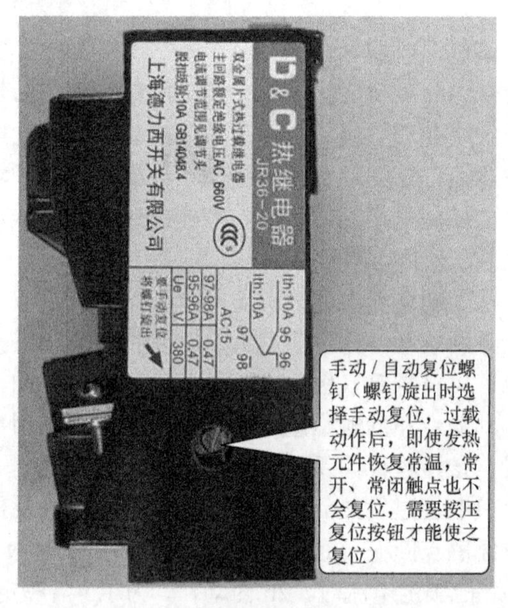

（c）侧视图

图7-24　一种常用热继电器的接线端及外部操作部件

7.6.3　铭牌参数的识读

热继电器铭牌参数的识读如图7-25所示。

热、电磁和固态继电器的脱扣分四个等级，它是根据在7.2倍额定电流时的脱扣时间来确定的，具体见表7-1，例如，对于10A等级的热继电器，如果施加7.2倍额定电流，在2～10s内会产生脱扣动作。

热继电器是一种保护电器，其触点开关接在控制电路，图7-25中的热继电器使用类别为AC-15，即控制电磁铁类负载，更多控制电路的电器开关元件的使用类型见表7-2。

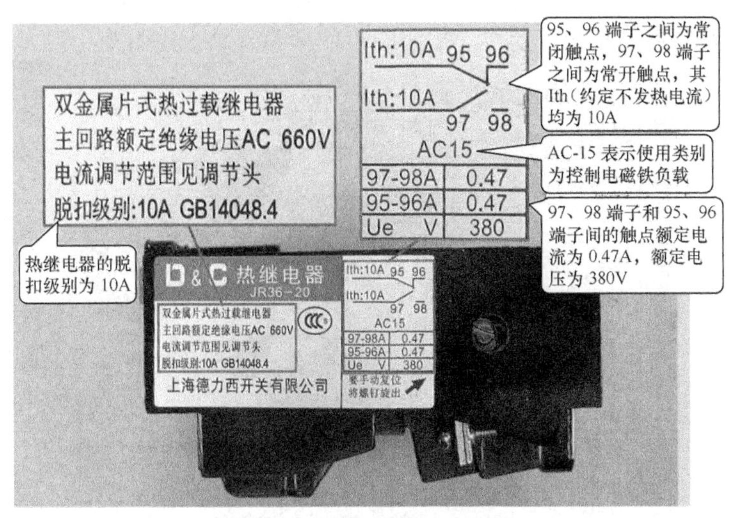

图 7-25　热继电器铭牌参数的识读

表 7-1　　热、电磁和固态继电器的脱扣级别与时间

级别	在 7.2 倍额定电流下的脱扣时间
10A	$2<T_p\leqslant 10$
10A	$4<T_p\leqslant 10$
20A	$6<T_p\leqslant 20$
30A	$9<T_p\leqslant 30$

表 7-2　　控制电路的电器开关元件的使用类型

电流种类	使用类别	典型用途
交流	AC-12	控制电阻性负载和光电耦合隔离的固态负载
	AC-13	控制具有变压器隔离的固态负载
	AC-14	控制小型电磁铁负载（≤72VA）
	AC-15	控制电磁铁负载（>72VA）
直流	DC-12	控制电阻性负载和光电耦合隔离的固态负载
	DC-13	控制电磁铁负载
	DC-14	控制电路中具有经济电阻的电磁铁负载

7.6.4　检测

热继电器检测分为发热元件检测和触点检测，两者检测都使用万用表电阻挡。

（1）检测发热元件

发热元件由电热丝或电热片组成，其电阻很小（接近 0Ω）。热继电器的发热元件检测如图 7-26 所示，三组发热元件的正常电阻均应接近 0Ω，如果电阻无穷大（数字万用表显示超出量程符号“1”或“OL”），则为发热元件开路。

（2）检测触点

热继电器一般有一个常闭触点和一个常开触点，触点检测包括未动作时检测和动作时检测。检测热继电器常闭触点的电阻如图 7-27 所示，图（a）为检测未动作时的常闭触点电阻，正常应接近 0Ω，然后检测动作时的常闭触点电阻，检测时拨动测试杆，如图（b）所示，模拟发热元件过流发热弯曲使触点动作，常闭触点应变为开路，电阻为无穷大。

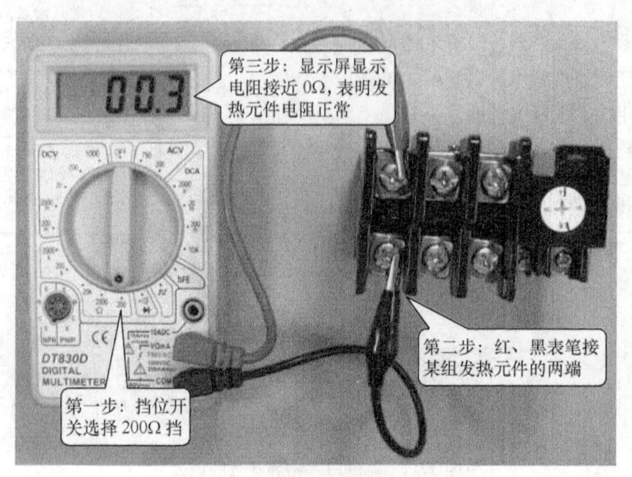

图7-26　检测热继电器的发热元件

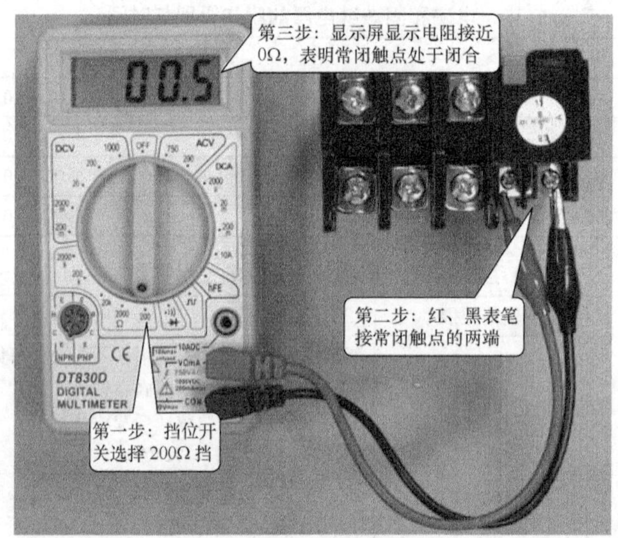

（a）检测未动作时的常闭触点电阻

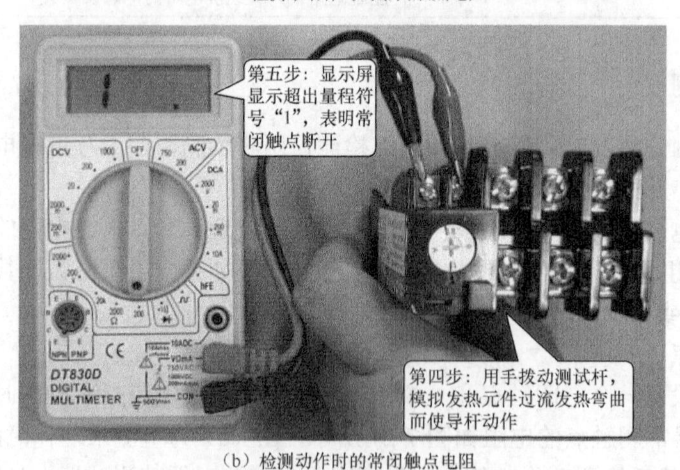

（b）检测动作时的常闭触点电阻

图7-27　检测热继电器常闭触点的电阻

7.7　小型电磁继电器的检测

电磁继电器是一种利用线圈通电产生磁场来吸合衔铁而驱动带动触点开关通、断的元器件。

7.7.1　外形与图形符号

电磁继电器实物外形和图形符号如图 7-28 所示。

（a）外形　　（b）图形符号

图 7-28　电磁继电器

7.7.2　结构与应用

（1）结构

电磁继电器是利用线圈通过电流产生磁场，来吸合衔铁而使触点断开或接通的。电磁继电器内部结构如图 7-29 所示，从图中可以看出，电磁继电器主要由线圈、铁芯、衔铁、弹簧、动触点、常闭触点（动断触点）、常开触点（动合触点）和一些接线端等组成。

当线圈接线端 1、2 脚未通电时，依靠弹簧的拉力将动触点与常闭触点接触，4、5 脚接通。当线圈接线端 1、2 脚通电时，有电流流过线圈，线圈产生磁场吸合衔铁，衔铁移动，将动触点与常开触点接触，3、4 脚接通。

（2）应用

电磁继电器典型应用电路如图 7-30 所示。

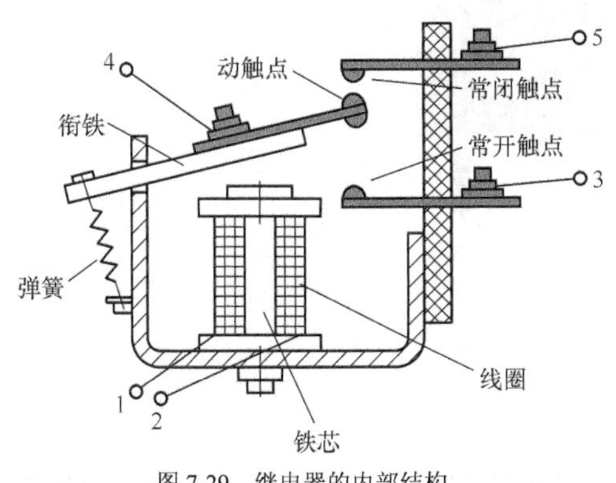

图 7-29　继电器的内部结构

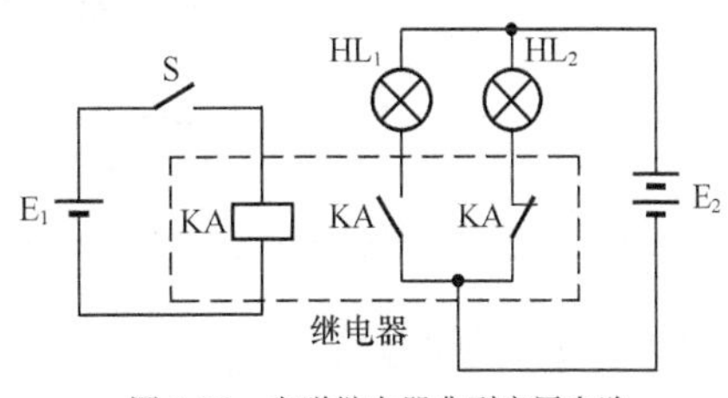

图 7-30　电磁继电器典型应用电路

当开关 S 断开时，继电器线圈无电流流过，线圈没有磁场产生，继电器的常开触点断开，常闭触点闭合，灯泡 HL_1 不亮，灯泡 HL_2 亮。

当开关 S 闭合时，继电器的线圈有电流流过，线圈产生磁场吸合内部衔铁，使常开触点闭合、常闭触点断开，结果灯泡 HL_1 亮，灯泡 HL_2 熄灭。

7.7.3 检测

电磁继电器的检测包括触点、线圈检测和吸合能力检测。

（1）触点、线圈检测

电磁继电器内部主要有触点和线圈，在判断电磁继电器好坏时需要检测这两部分。

在检测电磁继电器的触点时，万用表选择 R×1Ω挡，测量常闭触点的电阻，正常应为 0Ω，如图 7-31（a）所示；若常闭触点阻值大于 0Ω或为∞，说明常闭触点已氧化或开路。再测量常开触点间的电阻，正常应∞，如图 7-31（b）所示；若常开触点阻值为 0Ω，说明常开触点短路。

在检测电磁继电器的线圈时，万用表选择 R×10Ω或 R×100Ω挡，测量线圈两引脚之间的电阻，正常阻值应为 25Ω～2kΩ，如图 7-31（c）所示。一般电磁继电器线圈额定电压越高，线圈电阻越大。若线圈电阻为∞，则线圈开路；若线圈电阻小于正常值或为 0Ω，则线圈存在短路故障。

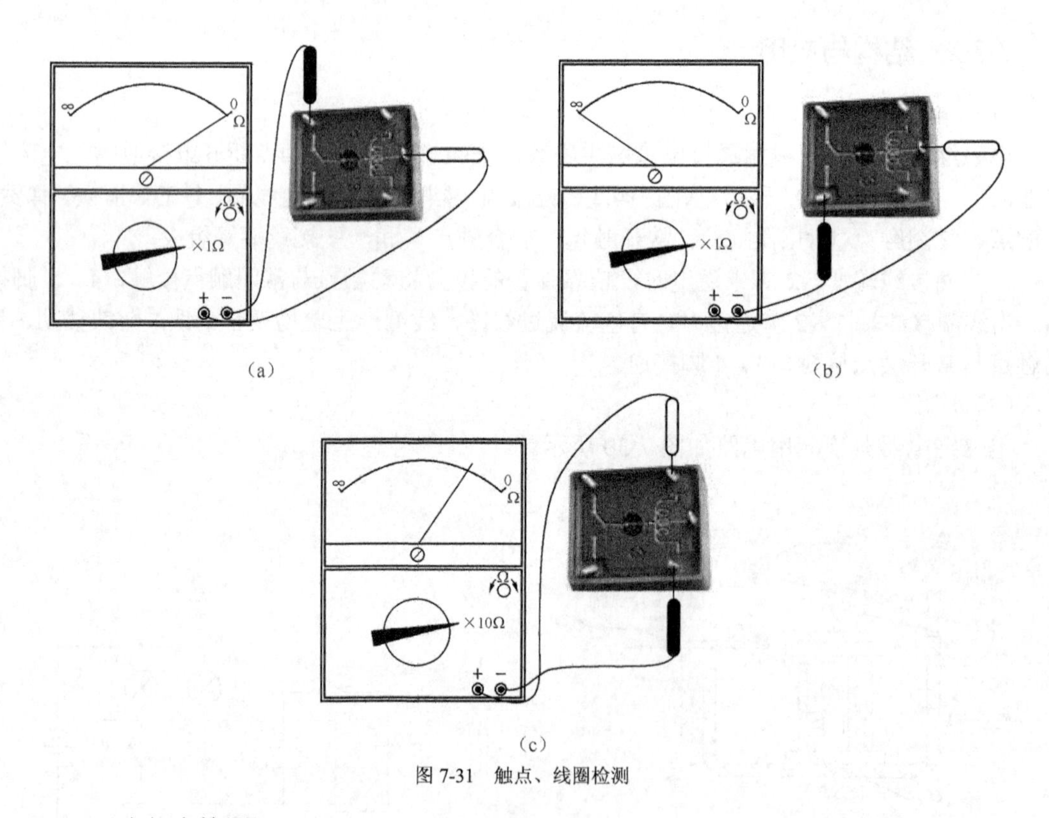

图 7-31 触点、线圈检测

（2）吸合能力检测

在检测电磁继电器时，如果测量触点和线圈的电阻基本正常，还不能完全确定电磁继电器能正常工作，还需要通电检测线圈控制触点的吸合能力。

在检测电磁继电器吸合能力时，给电磁继电器线圈端加额定工作电压，如图 7-32 所示，将万用表置于 R×1Ω挡，测量常闭触点的阻值，正常应为∞（线圈通电后常闭触点应断开），再测量常开触点的阻值，正常应为 0Ω（线圈通电后常开触点应闭合）。

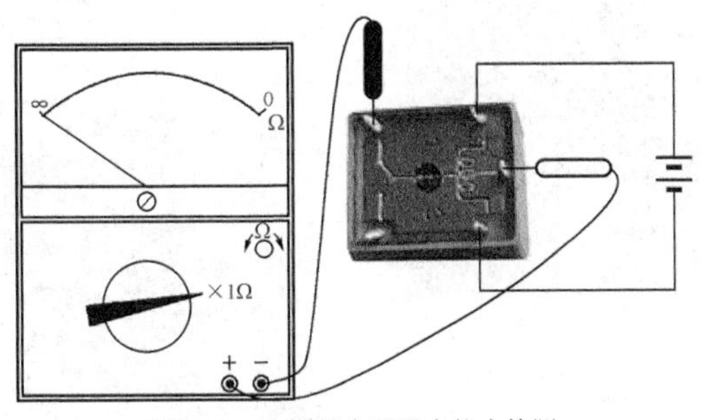

图 7-32　电磁继电器吸合能力检测

若测得常闭触点阻值为 0Ω，常开触点阻值为∞，则可能是线圈因局部短路而导致产生的吸合力不够，或者电磁继电器内部触点切换部件损坏。

7.8　中间继电器的检测

中间继电器实际上也是电磁继电器，中间继电器有很多触点，并且触点允许流过的电流较大，可以断开和接通较大电流的电路。

7.8.1　符号及实物外形

中间继电器的外形与符号如图 7-33 所示。

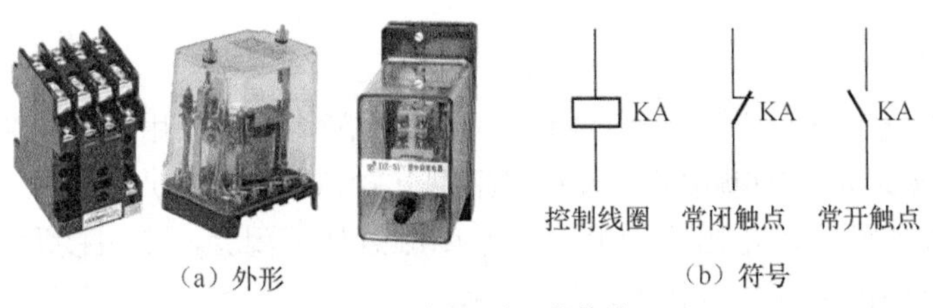

（a）外形　（b）符号

图 7-33　中间继电器的符号

7.8.2　引脚触点图及重要参数的识读

采用直插式引脚的中间继电器，为了便于接线安装，需要配合相应的底座使用。中间继电器的引脚触点图及重要参数的识读如图 7-34 所示。

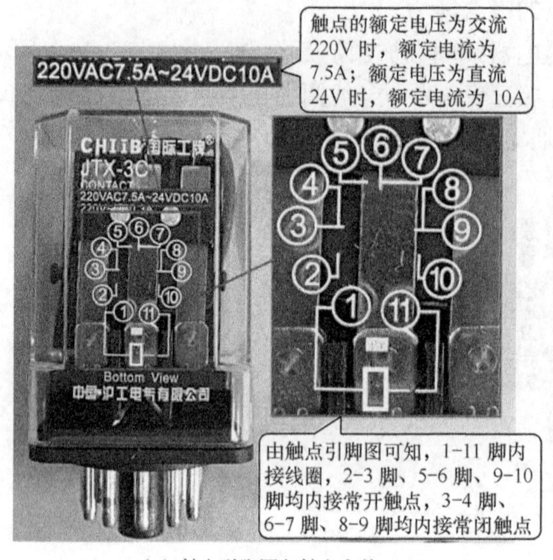

（a）触点引脚图与触点参数

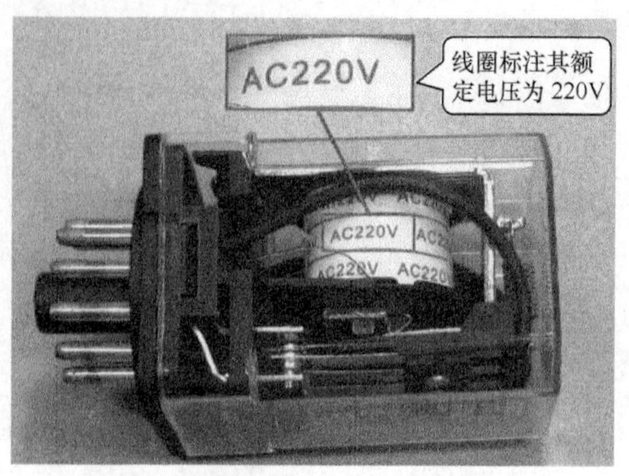

（b）在控制线圈上标有其额定电压

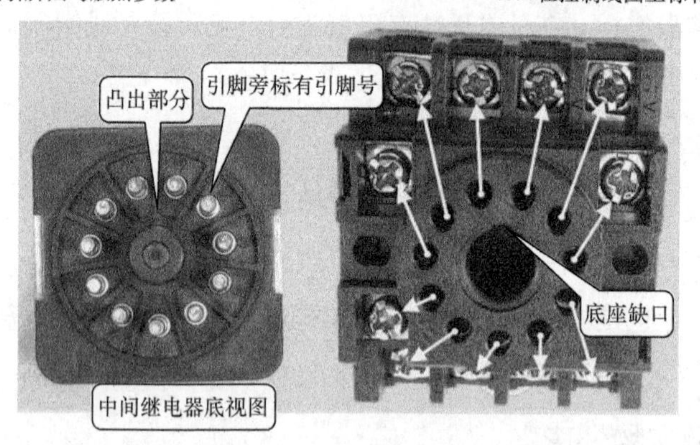

（c）引脚与底座

图7-34　中间继电器的引脚触点图及重要参数的识读

7.8.3 检测

中间继电器电气部分由线圈和触点组成，两者检测均使用万用表的电阻挡。

① 控制线圈未通电时检测触点。触点包括常开触点和常闭触点，在控制线圈未通电的情况下，常开触点处于断开，电阻为无穷大，常闭触点处于闭合，电阻接近0Ω。中间继电器控制线圈未通电时检测常开触点如图7-35所示。

② 检测控制线圈。中间继电器控制线圈的检测如图7-36所示，一般触点的额定电流越大，控制线圈的电阻越小，这是因为触点的额定电流越大，触点体积越大，只有控制线圈电阻小（线径更粗）才能流过更大的电流，才能产生更强的磁场吸合触点。

③ 给控制线圈通电来检测触点。给中间继电器的控制线圈施加额定电压，再用万用表检测常开、常闭触点的电阻，正常常开触点应处于闭合，电阻接近0Ω，常闭触点处于断开，电阻为无穷大。

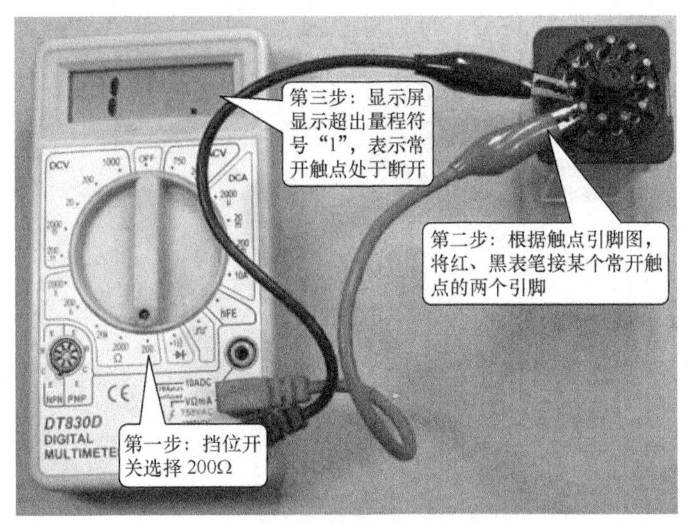

图 7-35　中间继电器控制线圈未通电时检测常开触点

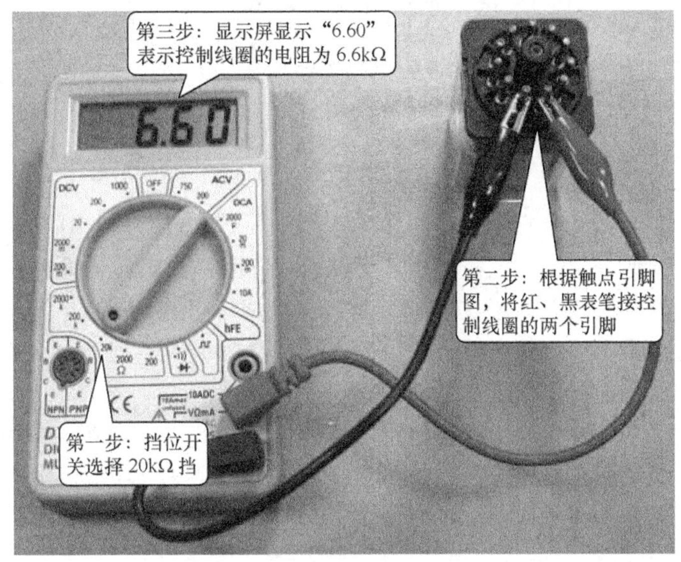

图 7-36　中间继电器控制线圈的检测

7.9　固态继电器的检测

7.9.1　直流固态继电器

1. 外形与符号

直流固态继电器（DC-SSR）的输入端 INPUT（相当于线圈端）接直流控制电压，输出端 OUTPUT 或 LOAD（相当于触点开关端）接直流负载。直流固态继电器外形与符号如图 7-37 所示。

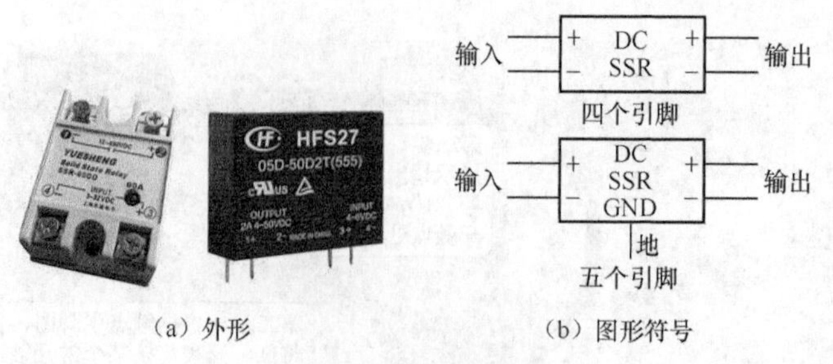

（a）外形　　（b）图形符号

图 7-37　直流固态继电器

2. 结构与工作原理

图 7-38 是一种典型的五引脚直流固态继电器的内部电路结构及等效图。

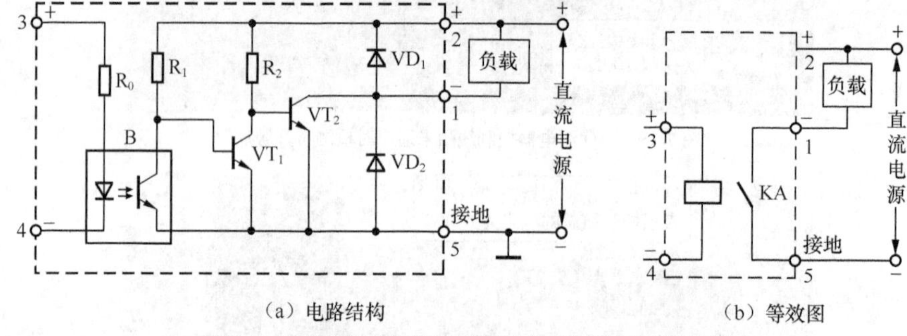

（a）电路结构　　（b）等效图

图 7-38　典型的五引脚直流固态继电器的电路结构及等效图

如图 7-38（a）所示，当 3、4 端未加控制电压时，光电耦合器中的光敏管截止，VT_1 基极电压很高而饱和导通，VT_1 集电极电压被旁路，VT_2 因基极电压低而截止，1、5 端处于开路状态，相当于触点开关断开。当 3、4 端加控制电压时，光电耦合器中的光敏管导通，VT_1 基极电压被旁路而截止，VT_1 集电极电压很高，该电压加到 VT_2 基极，使 VT_2 饱和导通，1、5 端处于短路状态，相当于触点开关闭合。

VD_1、VD_2 为保护二极管，若负载是感性负载，在 VT_2 由导通转为截止时，负载会产生很高的反峰电压，该电压极性是下正上负，VD_1 导通，迅速降低负载上的反峰电压，防止其击穿 VT_2，如果 VD_1 出现开路损坏，不能降低反峰电压，该电压会先击穿 VD_2（VD_2 耐压较 VT_2 低），也可避免 VT_2 被击穿。

图 7-39 是一种典型的四引脚直流固态继电器的内部电路结构及等效图。

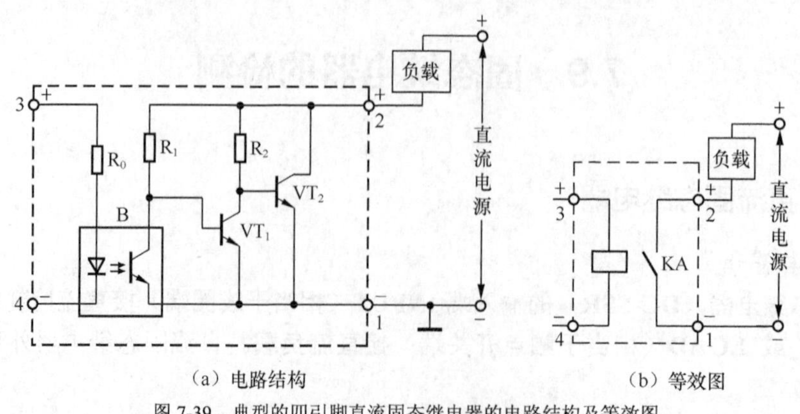

（a）电路结构　　（b）等效图

图 7-39　典型的四引脚直流固态继电器的电路结构及等效图

7.9.2　交流固态继电器

1. 外形与符号

交流固态继电器（AC-SSR）的输入端接直流控制电压，输出端接交流负载。交流固态继电器外形与符号如图 7-40 所示。

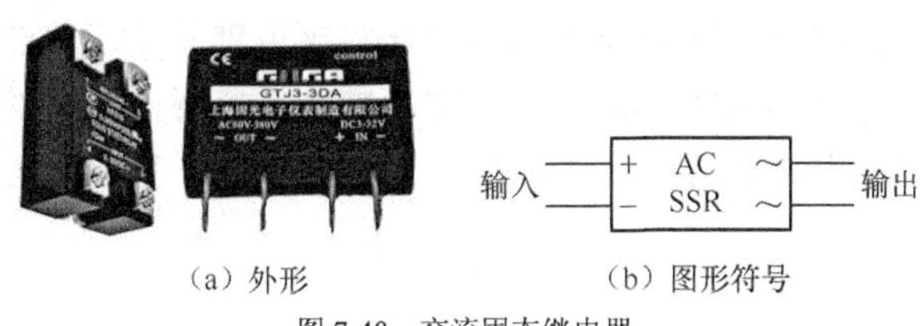

（a）外形　　（b）图形符号

图 7-40　交流固态继电器

2. 结构与工作原理

图 7-41 是一种典型的交流固态继电器的内部电路结构。

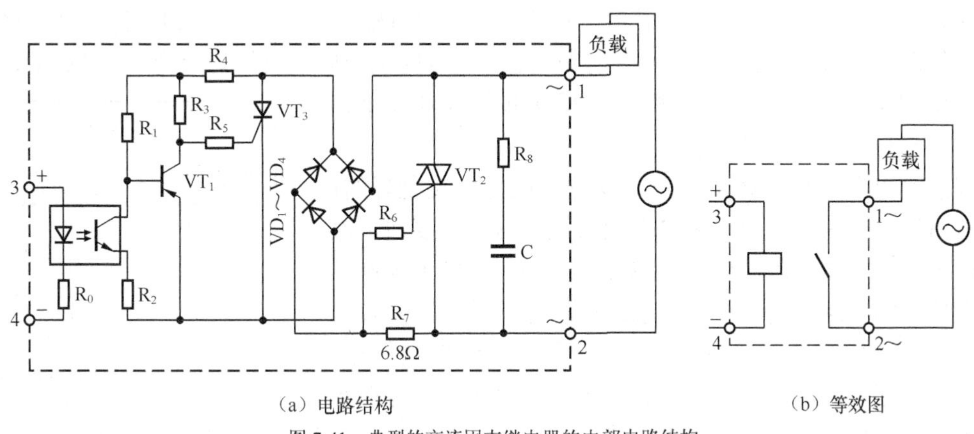

（a）电路结构　　（b）等效图

图 7-41　典型的交流固态继电器的内部电路结构

如图 7-41（a）所示，当 3、4 端未加控制电压时，光电耦合器内的光敏管截止，VT_1 基极电压高而饱和导通，VT_1 集电极电压低，晶闸管 VT_3 门极电压低，VT_3 不能导通，桥式整流电路中的 VD_1～VD_4 都无法导通，双向晶闸管 VT_2 的门极无触发信号，处于截止状态，1、2 端处于开路状态，相当于开关断开。

当 3、4 端加控制电压后，光电耦合器内的光敏管导通，VT_1 基极电压被光敏管旁路，进入截止状态，VT_1 集电极电压很高，该电压送到晶闸管 VT_3 的门极，VT_3 被触发而导通。在交流电压正半周时，1 端为正，2 端为负，VD_1、VD_3 导通，有电流流过 VD_1、VT_3、VD_3 和 R_7，电流在流经 R_7 时会在两端产生压降，R_7 左端电压较右端电压高，该电压使 VT_2 的门极电压较主电极电压高，VT_2 被正向触发而导通；在交流电压负半周时，1 端为负，2 端为正，VD_2、VD_4 导通，有电流流过 R_7、VD_2、VT_3 和 VD_4，电流在流经 R_7 时会在两端产生压降，R_7 左端电压较右端电压低，该电压使 VT_2 的门极电压较主电极电压低，VT_2 被反向触发而导通。也就是说，当 3、4 控制端加控制电压时，不管交流电压是正半周还是负半周，1、2 端都处于通路状态，相当于继电器加控制电压时，常开开关闭合。

若 1、2 端处于通路状态，如果撤去 3、4 端控制电压，晶闸管 VT_3 的门极电压会被 VT_1

旁路，在 1、2 端交流电压过零时，流过 VT_3 的电流为 0，VT_3 被关断，R_7 上的压降为 0，双向晶闸管 VT_2 会因门、主极电压相等而关断。

7.9.3 固态继电器的检测

1. 类型及引脚极性识别

固态继电器的类型及引脚可通过外表标注的字符来识别。交、直流固态继电器输入端标注基本相同，一般都含有“INPUT（或 IN）、DC、+、−”字样，两者的区别在于输出端标注不同，交流固态继电器输出端通常标有“AC、～、～”字样，直流固态继电器输出端通常标有“DC、+、−”字样。

2. 好坏检测

交、直流固态继电器的常态（未通电时的状态）好坏检测方法相同。在检测输入端时，万用表拨至 R×10kΩ挡，测量输入端两引脚之间的阻值，若固态继电器正常，黑表笔接“+”端、红表笔接“−”端时测得阻值较小，反之阻值无穷大或接近无穷大，这是因为固态继电器输入端通常为电阻与发光二极管的串联电路；在检测输出端时，万用表仍拨至 R×10kΩ挡，测量输出端两引脚之间的阻值，正反各测一次，正常时正反向电阻均为无穷大，有的 DC-SSR 输出端的晶体管反接有一只二极管，反向测量（红表笔接“+”、黑表笔接“−”）时阻值小。

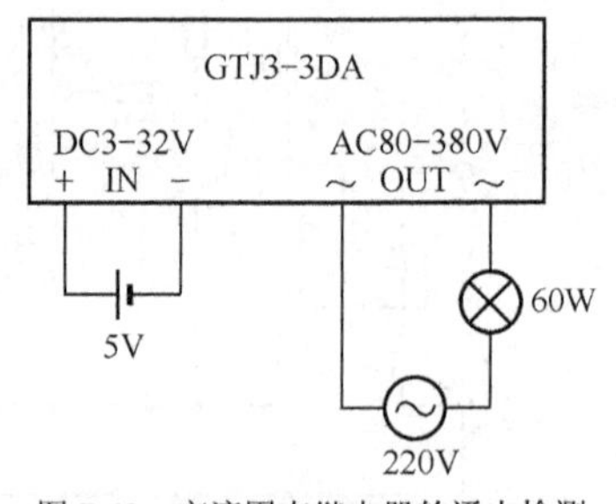

图 7-42 交流固态继电器的通电检测

固态继电器的常态检测正常，还无法确定它一定是好的，比如输出端开路时正反向阻值也会无穷大，这时需要通电检查。下面以图 7-42 所示的交流固态继电器 GTJ3-3DA 为例说明通电检查的方法。先给交流固态继电器输入端接 5V 直流电源，然后在输出端接上 220V 交流电源和一只 60W 的灯泡，如果继电器正常，输出端两引脚之间内部应该相通，灯泡发光，否则继电器损坏。在连接输入输出端电源时，电源电压应在规定的范围之间，否则会损坏固态继电器。

7.10 时间继电器的检测

时间继电器是一种延时控制继电器，它在得到动作信号后并不是立即让触点动作，而是延迟一段时间才让触点动作。时间继电器主要用在各种自动控制系统和电动机的启动控制线路中。

7.10.1 外形与符号

图 7-43 列出一些常见的时间继电器。

时间继电器分为通电延时型和断电延时型两种，其符号如图 7-44 所示。对于通电延时型时间继电器，当线圈通电时，通电延时型触点经延时时间后动作（常闭触点断开、常开触点闭合），线圈断电后，该触点马上恢复常态；对于断电延时型时间继电器，当线圈通电时，断电延时型触点马上动作（常闭触点断开、常开触点闭合），线圈断电后，该触点需要经延时时间后才会恢复到常态。

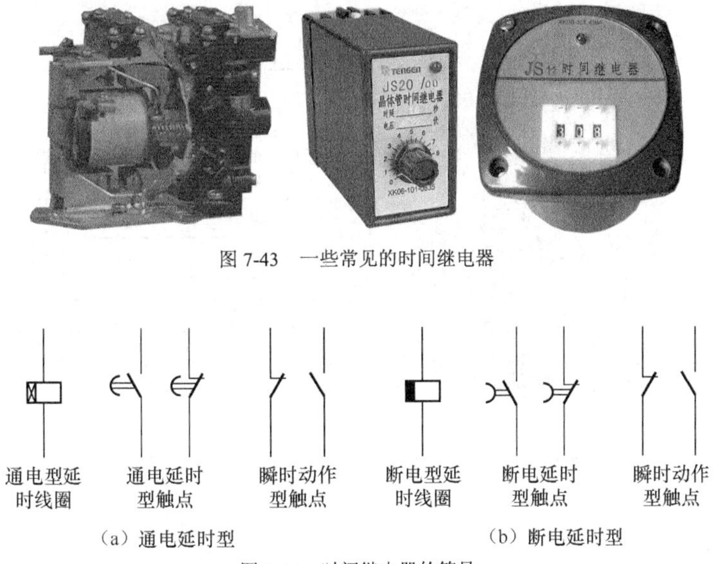

图 7-43　一些常见的时间继电器

图 7-44　时间继电器的符号

7.10.2　电子式时间继电器

时间继电器的种类很多，主要有空气阻尼式、电磁式、电动式和电子式。电子式时间继电器具有体积小、延时时间长和延时精度高等优点，使用越来越广泛。图 7-45 是一种常用的通电延时型电子式时间继电器。

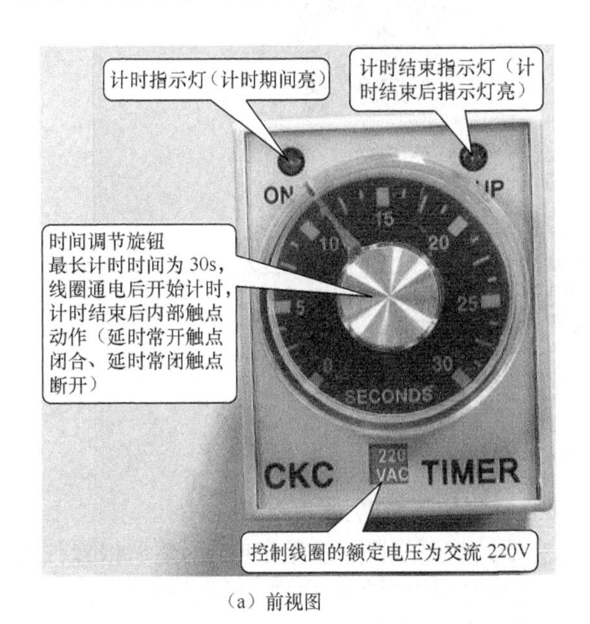

CKC
AH3-2
HP5862010
引脚（引脚旁标有脚号，为方便接线，一般要将引脚插在相应的带接线端的底座上使用）

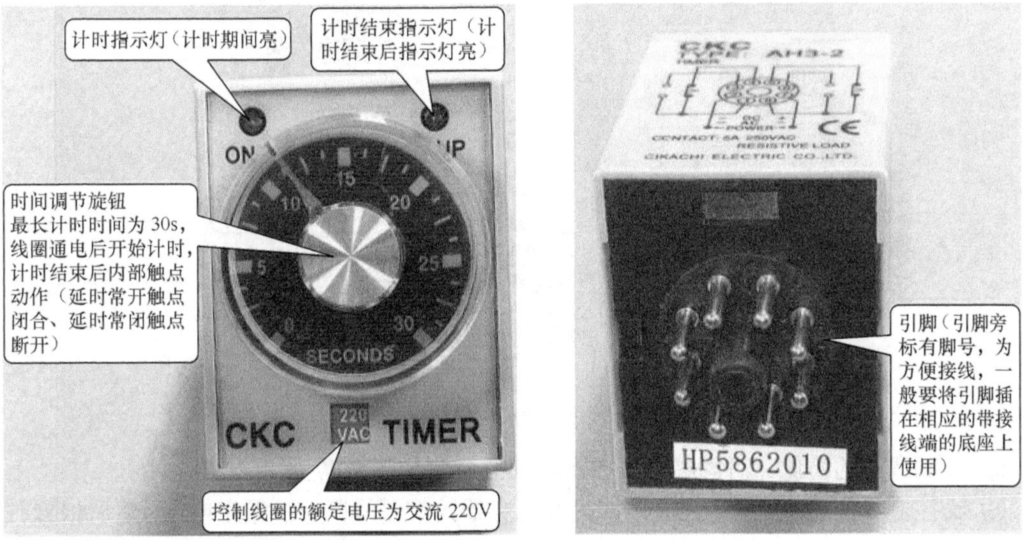

（a）前视图　　（b）后视图

图 7-45　一种常用的通电延时型电子式时间继电器

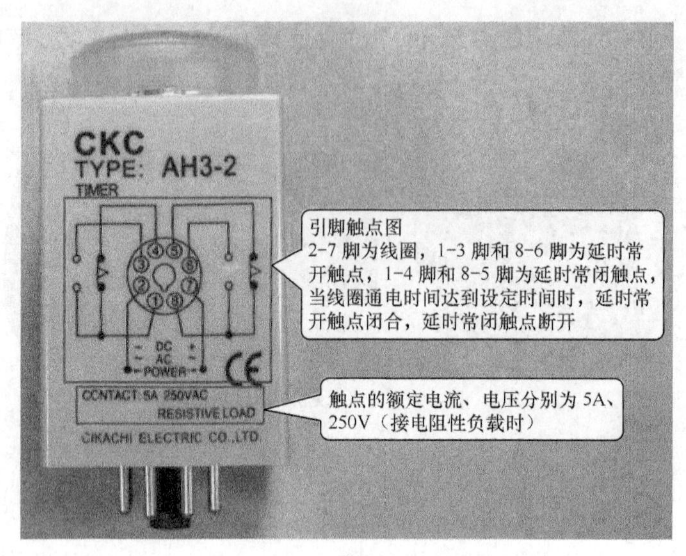

（c）俯视图

图 7-45 一种常用的通电延时型电子式时间继电器（续）

7.10.3 检测

时间继电器的检测主要包括触点常态检测、线圈的检测和线圈通电检测。

① 触点的常态检测。触点常态检测是指在控制线圈未通电的情况下检测触点的电阻，常开触点处于断开，电阻为无穷大，常闭触点处于闭合，电阻接近 0Ω。时间继电器常开触点的常态检测如图 7-46 所示。

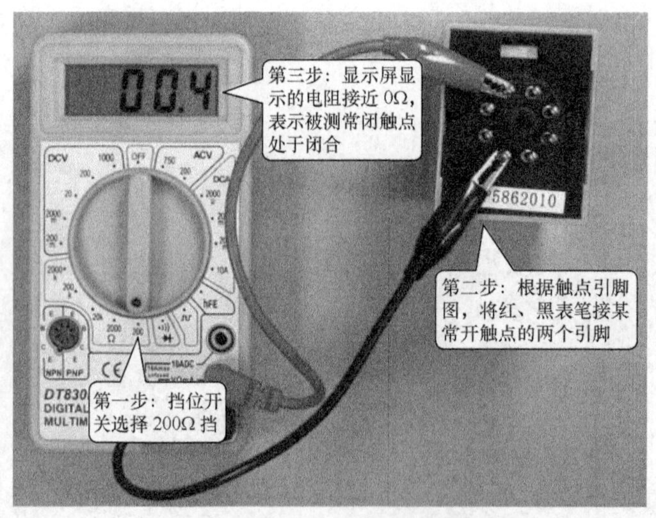

图 7-46 时间继电器常开触点的常态检测

② 控制线圈的检测。时间继电器控制线圈的检测如图 7-47 所示。

③ 给控制线圈通电来检测触点。给时间继电器的控制线圈施加额定电压，然后根据时间继电器的类型检测触点状态有无变化，例如对于通电延时型时间继电器，通电经延时时间后，其延时常开触点是否闭合（电阻接近 0Ω）、延时常闭触点是否断开（电阻为无穷大）。

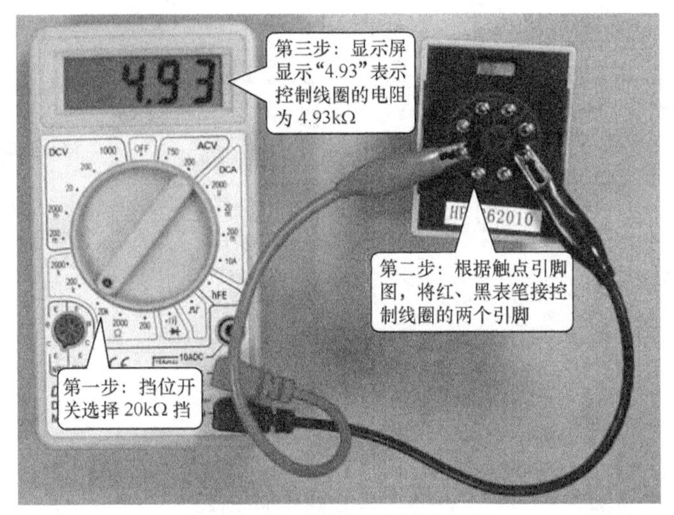

图 7-47　时间继电器控制线圈的检测

7.11　干簧管与干簧继电器的检测

7.11.1　干簧管的检测

1. 外形与图形符号

干簧管是一种利用磁场直接磁化触点而让触点开关产生接通或断开动作的器件。图 7-48（a）所示是一些常见干簧管的实物外形，图 7-48（b）所示为干簧管的图形符号。

2. 工作原理

干簧管的工作原理如图 7-49 所示。

当干簧管未加磁场时，内部两个簧片不带磁性，处于断开状态。若将磁铁靠近干簧管，内部两个簧片被磁化而带上磁性，一个簧片磁性为 N，另一个簧片磁性为 S，两个簧片磁性相异产生吸引，从而使两簧片的触点接触。

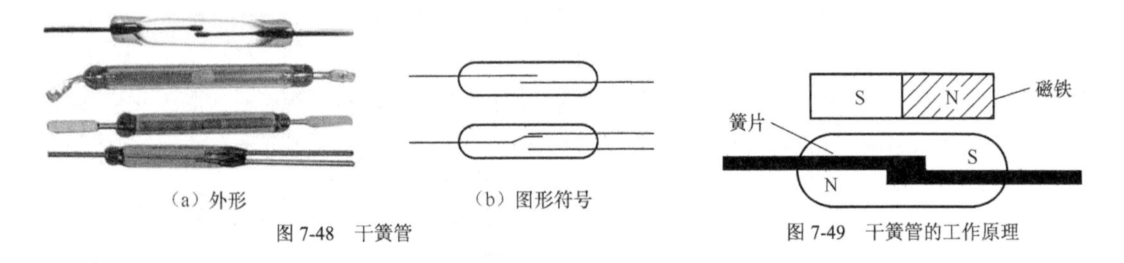

（a）外形　（b）图形符号

图 7-48　干簧管

图 7-49　干簧管的工作原理

3. 检测

干簧管的检测如图 7-50 所示。

干簧管的检测包括常态检测和施加磁场检测。

常态检测是指未施加磁场时对干簧管进行检测。在常态检测时，万用表选择 R×1Ω挡，测量干簧管两个引脚之间的电阻，如图 7-50（a）所示，对于常开触点正常阻值应为∞，若阻值为 0Ω，说明干簧管簧片触点短路。

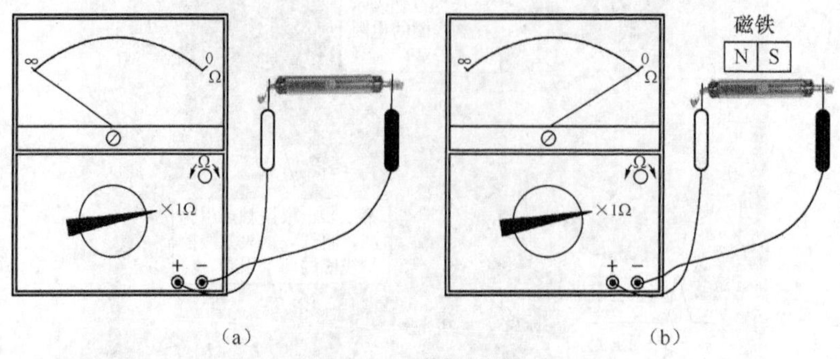

图 7-50　干簧管的检测

在施加磁场检测时，万用表选择 R×1Ω挡，测量干簧管两个引脚之间的电阻，同时用一块磁铁靠近干簧管，如图 7-50（b）所示，正常阻值应由∞变为 0Ω，若阻值始终为∞，说明干簧管触点无法闭合。

7.11.2　干簧继电器的检测

1. 外形与图形符号

干簧继电器由干簧管和线圈组成。图 7-51（a）所示列出一些常见的干簧继电器，图 7-51（b）所示为干簧继电器的图形符号。

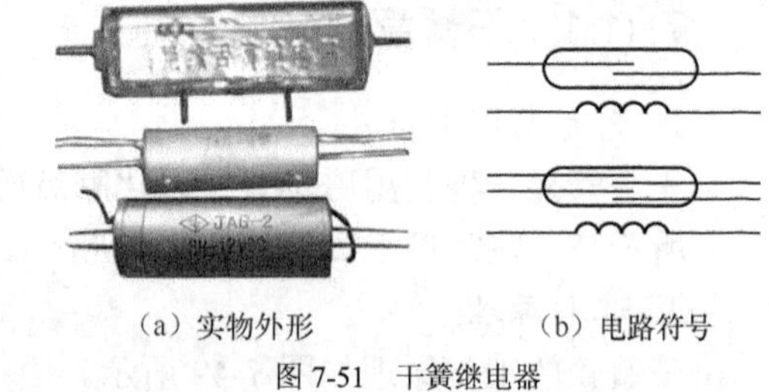

（a）实物外形　　（b）电路符号

图 7-51　干簧继电器

2. 工作原理

干簧继电器的工作原理如图 7-52 所示。

当干簧继电器线圈未加电压时，内部两个簧片不带磁性，处于断开状态，给线圈加电压后，线圈产生磁场，线圈的磁场将内部两个簧片磁化而带上磁性，一个簧片磁性为 N，另一个簧片磁性为 S，两个簧片磁性相异产生吸引，从而使两簧片的触点接触。

3. 检测

对于干簧继电器，在常态检测时，除了要检测触点引脚间的电阻外，还要检测线圈引脚间的电阻，正常触点间的电阻为∞，线圈引脚间的电阻应为十几欧至几十千欧。

干簧继电器常态检测正常后，还需要给线圈通电进行检测。干簧继电器通电检测如图 7-53 所示，将万用表拨至 R×1Ω挡，测量干簧继电器触点引脚之间的电阻，然后给线圈引脚通额定工作电压，正常触点引脚间的阻值应由∞变为 0Ω，若阻值始终为∞，说明干簧管触点无法闭合。

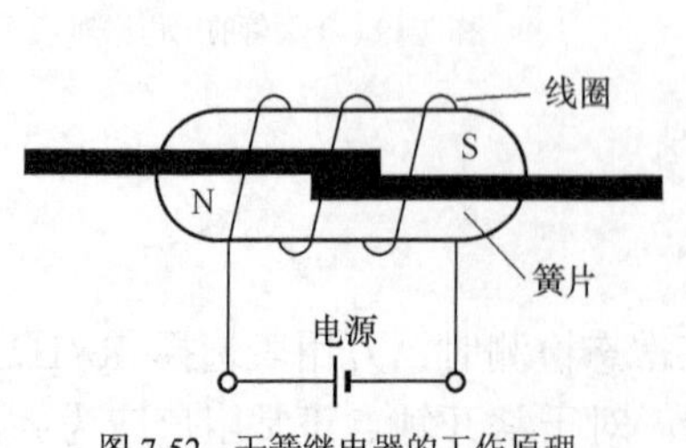

图 7-52　干簧继电器的工作原理

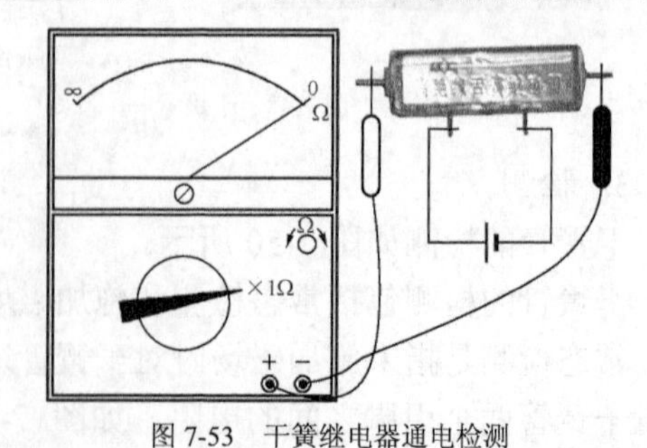

图 7-53　干簧继电器通电检测

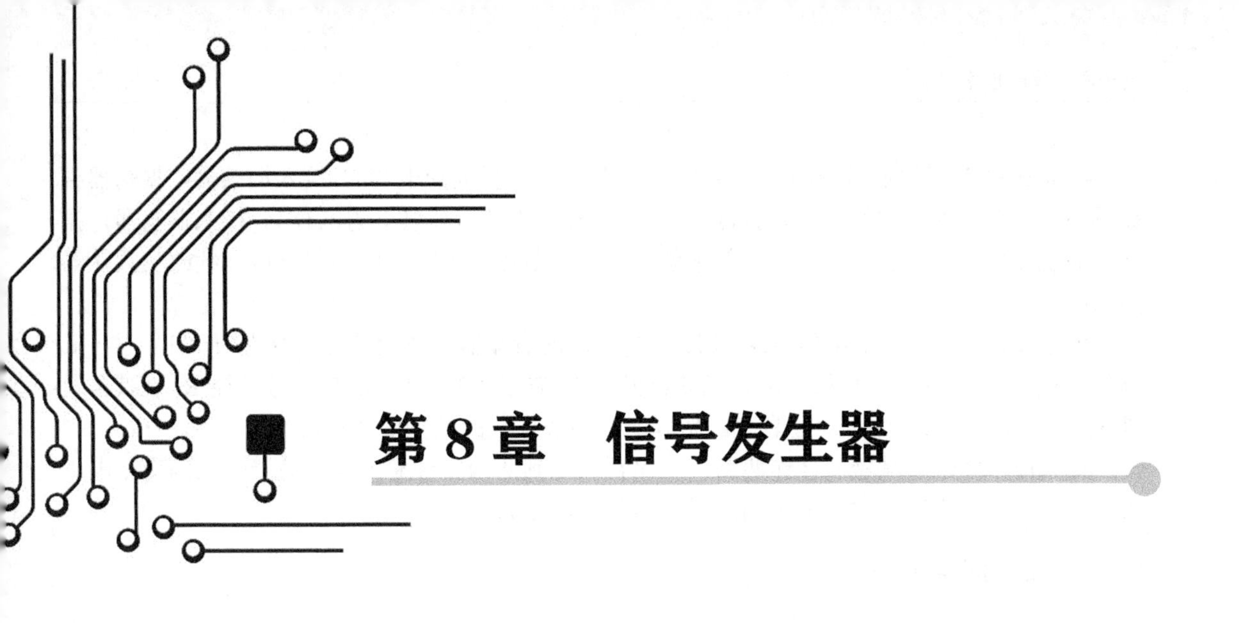

第 8 章　信号发生器

信号发生器的功能是产生各种电信号。信号发生器的种类很多，根据用途可分为专用信号发生器和通用信号发生器。专用信号发生器是专为某种特定的用途设计的，如电视信号发生器、收音机信号发生器和电话信号发生器等。通用信号发生器具有通用性，常见的通用信号发生器有低频信号发生器、高频信号发生器和函数信号发生器。本章主要介绍低频信号发生器、高频信号发生器和函数信号发生器。

8.1　低频信号发生器

低频信号发生器用来产生 1Hz～1MHz 的低频正弦波信号。在检测低频电路的放大能力、频率特性时常用到低频信号发生器。低频信号发生器是信号发生器中应用最广泛的一种。

8.1.1　工作原理

低频信号发生器种类很多，但工作原理基本相同，其组成结构如图 8-1 所示。

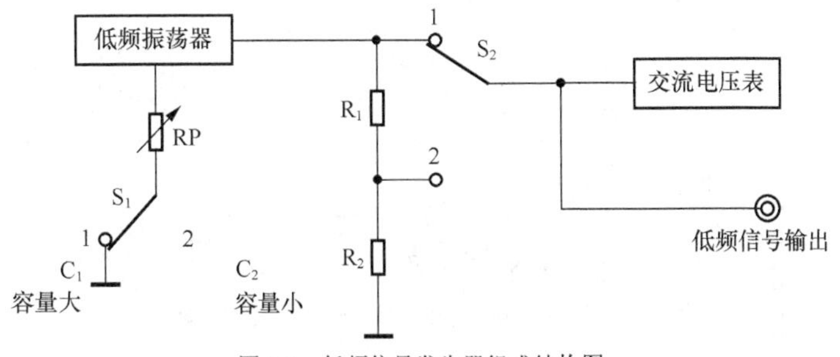

图 8-1　低频信号发生器组成结构图

工作原理说明如下：

接通电源后，低频振荡器产生低频信号，该振荡器常采用 RC 桥式振荡器，它的振荡频

率 $f=1/(2\pi RC)$。当频率选择开关 S_1 置于“1”时，容量大的电容 C_1 接入振荡器，振荡器振荡频率低，产生的低频信号频率就低；若将 S_1 置于“2”，容量小的电容 C_2 接入振荡器，振荡器振荡频率高，产生的低频信号频率就高，而调节可调电阻 RP 的阻值可连续改变振荡器的频率。

低频振荡器产生的低频信号送到 R_1、R_2 构成的衰减器，当衰减开关 S_2 置于“1”时，低频信号直接通过 S_2 送往后级电路；当衰减开关 S_2 置于“2”时，低频信号要经 R_1 衰减再通过 S_2 送往后级电路，由于经过衰减，所以送往后级电路的低频信号幅度小。

低频信号经过衰减器后分作两路：一路直接送到低频信号输出端；另一路送到交流电压表，驱动电压表指针摆动，指示输出低频信号的电压大小。

8.1.2 使用方法

低频信号发生器种类很多，使用方法大同小异，这里以 XD-2 型低频信号发生器为例来说明。XD-2 型低频信号发生器如图 8-2 所示，其中图 8-2（a）为实物图，图 8-2（b）为绘制示意图。

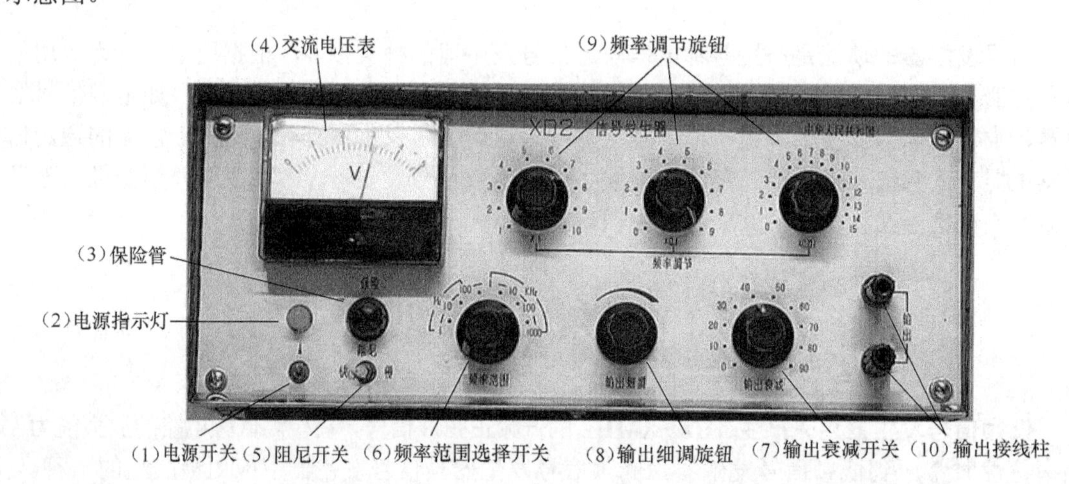

（a）实物图

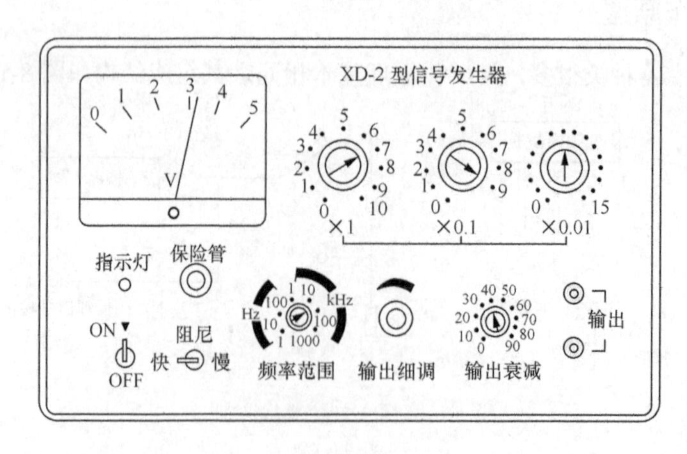

（b）绘制图

图 8-2 XD-2 型低频信号发生器

1. 面板说明

（1）**电源开关：用来接通和切断仪器内部电路的电源。**当开关拨向“ON”时接通电源，开关拨向“OFF”时关闭电源。

（2）**电源指示灯：用于指示仪器是否接通电源。**当开关拨向“ON”时指示灯亮，开关拨向“OFF”时指示灯灭。

（3）**保险管：当仪器内部电路出现过流时，保险管熔断，保护内部电路。**

（4）**交流电压表：用来指示输出低频信号电压的大小。**

（5）**阻尼开关：用来调节电压表表针摆动阻力。**当开关拨向“快”时，表针受到阻力小，摆动速度快；当开关拨向“慢”时，表针受到阻力大，摆动速度慢。

（6）**频率范围选择开关：用来调节输出信号的频率范围。**它有 1～10Hz、10～100Hz、100Hz～1kHz、1kHz～10kHz、10kHz～100kHz、100kHz～1000kHz 六个挡位。

（7）**输出衰减开关：用来调节输出信号的衰减程度，衰减越大，输出信号越小。**它有 0、10、20、30、40、50、60、70、80、90 十个衰减挡位，这里的衰减大小是以分贝（dB）为单位的，衰减分贝数与衰减倍数的关系是

衰减分贝数=20lg（衰减倍数）

例如，选择衰减分贝数为 10dB，则输出信号被衰减了 3.16 倍。衰减分贝数与衰减倍数关系见表 8-1。

表 8-1　衰减分贝数与衰减倍数的对应关系

衰减分贝数/dB	相对应的衰减倍数
0	0
10	3.16
20	10
30	31.6
40	100
50	316
60	1000
70	3160
80	10000
90	31600

（8）**输出细调旋钮：用来调节输出信号电压的大小。**在调节输出信号大小时，需要将输出衰减开关和输出细调旋钮配合使用，先调节输出衰减开关，选择大致输出信号电压范围，然后通过输出细调旋钮精确调节输出信号电压。

（9）**频率调节旋钮：用来调节输出信号的频率。**频率调节旋钮有三个，第一个旋钮有 10 个挡位（倍数为×1）、第二个旋钮有 10 个挡位（倍数为×0.1）、第三个旋钮有 15 个挡位（倍数为×0.01）。

（10）**输出接线柱：用来将仪器内部的信号输出。**它有红、黑两个接线柱，红接线柱为信号输出端，黑接线柱为接地端。

2. 使用方法

XD-2 型低频信号发生器可以输出频率在 1Hz～1MHz、电压在 0～5V 的低频信号。下面以输出电压为 0.6V、频率为 13.8kHz 的低频信号为例来说明 XD-2 型低频信号发生器的使用

方法，具体操作步骤如下。

第 1 步：开机前将输出细调旋钮置于最小值处（即逆时针旋到底），其目的是防止开机时输出信号幅度过大而打弯表针。

第 2 步：接通电源。将电源开关拨到“ON”位，接通仪器内部电路的电源，同时电源指示灯亮。

第 3 步：调节输出信号的频率。先调节频率范围选择开关选择输出信号的频率范围，再调节面板上三个频率调节旋钮，使输出信号的频率为 13.8kHz，具体过程如下所述。

① 将频率范围选择开关拨至“10kHz～100kHz”挡。

② 将倍数为×1 的旋钮旋至“1”位置，将倍数为×0.1 的旋钮旋至“3”位置，将倍数为×0.01 的旋钮旋至“8”位置，这样输出的信号频率为

$$f=(1\times1+0.1\times3+0.01\times8)\times10\text{kHz}=1.38\times10\text{kHz}=13.8\text{kHz}$$

第 4 步：调节输出信号的电压。先调节输出衰减开关选择适当的衰减倍数，再调节输出细调旋钮，使输出信号电压为 0.6V，具体过程如下所述。

① 根据表 8-1 可知，当衰减分贝数为“10dB”时衰减倍数为 3.16，该挡可以输出 0～1.58V（5/3.16=1.58）的信号，因此将输出衰减开关拨至“10dB”挡。

② 调节输出细调旋钮，同时观察电压表表针所指数值。根据

$$\text{表针指示电压值}=\text{衰减倍数}\times\text{实际输出电压}=3.16\times0.6=1.896\text{V}$$

可知，当调节输出细调旋钮，让电压表表针指在 1.896V（接近 2V 处）时，仪器就会输出 0.6V 的信号。

通过以上调整，XD-2 型低频信号发生器从接线柱端输出电压为 0.6V、频率为 13.8kHz 的低频信号。

8.2 高频信号发生器

高频信号发生器用来产生 100kHz～30MHz 高频正弦波信号，它主要用于测量各种无线电接收机的灵敏度、选择性，另外也常作为检测高频电路的信号源。

8.2.1 工作原理

高频信号发生器种类很多，它们的工作原理基本相同，其基本组成结构如图 8-3 所示。

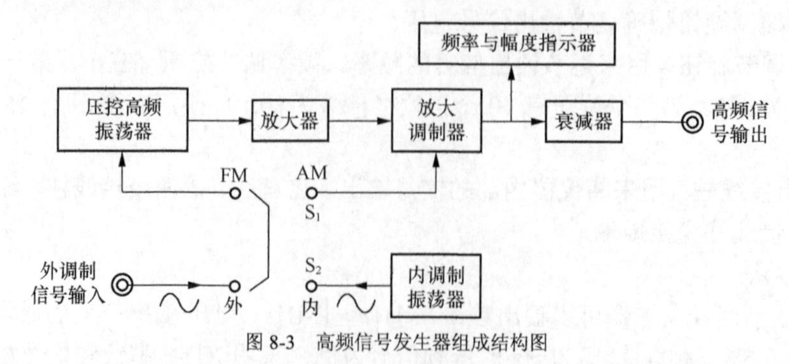

图 8-3 高频信号发生器组成结构图

高频信号发生器可以产生高频等幅信号、高频调幅信号和高频调频信号，这三种信号的波形如图 8-4 所示。

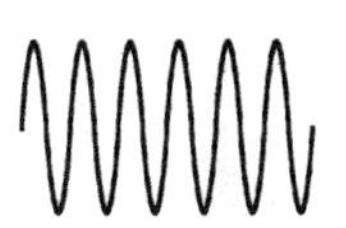
（a）高频等幅信号

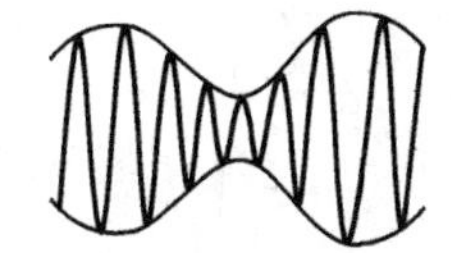
（b）高频调幅信号

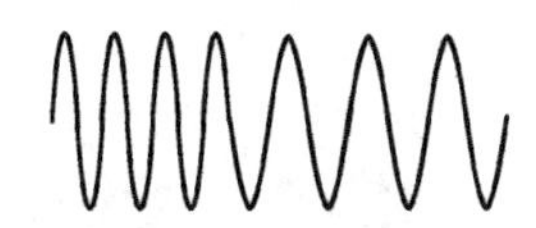
（c）高频调频信号

图 8-4　高频信号发生器产生的三种信号

三种信号的产生过程说明如下：

（1）高频等幅信号的产生

接通电源后，压控高频振荡器产生高频等幅信号，它经放大器放大后再送到放大调制器进一步放大，然后输出分作两路：一路去频率与幅度指示器，让指示器指示信号的频率和幅度值；另一路送到衰减器进行衰减，再送到高频信号输出插孔。

（2）高频调幅信号的产生

高频调幅信号是一种频率不变、幅度变化的高频信号，它是由低频信号（即调制信号）调制高频等幅信号而得到的。根据调制信号来源不同，产生高频调幅信号有两种方式：内调制和外调制。若以内调制方式产生高频调幅信号，应将开关 S_1 置于“AM”、开关 S_2 置于“内”，内调制振荡器产生的低频信号经 S_1、S_2 送到放大调制器，此时放大调制器工作在调制状态，在调制器中低频信号调制高频等幅信号（来自压控高频振荡器），结果从调制器输出高频调幅信号送往后级电路。若以外调制方式产生高频调幅信号，应将开关 S_1 置于“AM”、开关 S_2 置于“外”，这时可以通过外调制输入插孔送入低频信号，输入的低频信号经 S_1、S_2 送到放大调制器，在调制器中调制高频等幅信号而得到高频调幅信号。

（3）高频调频信号的产生

高频调频信号是一种幅度不变、频率变化的高频信号，它是由低频信号（即调制信号）调制高频等幅信号而得到的。产生高频调频信号有两种方式：内调制和外调制。若以内调制方式产生高频调频信号，应将开关 S_1 置于“FM”、开关 S_2 置于“内”，内调制振荡器产生低频信号经 S_1、S_2 送到压控高频振荡器，控制它的振荡频率，低频信号正半周来时振荡频率高，负半周来时振荡频率低，结果从压控高频振荡器输出幅度不变、频率变化的高频调频信号。若要以外调制方式产生高频调频信号，应将开关 S_1 置于“FM”、开关 S_2 置于“外”，这时可以通过外调制输入插孔送入低频信号，输入的低频信号经 S_1、S_2 送到压控高频振荡器，压控高频振荡器就会输出高频调频信号。

8.2.2　使用方法

高频信号发生器种类很多，使用方法大同小异，这里以 YB1051 型高频信号发生器为例来说明它的使用方法。YB1051 型高频信号发生器如图 8-5 所示，其中图 8-5（a）为实物图，图 8-5（b）则为绘制示意图。

1. 仪器面板说明

（1）电源开关：用来接通和切断仪器内部电路的电源。按下时接通电源，弹起时切断电源。

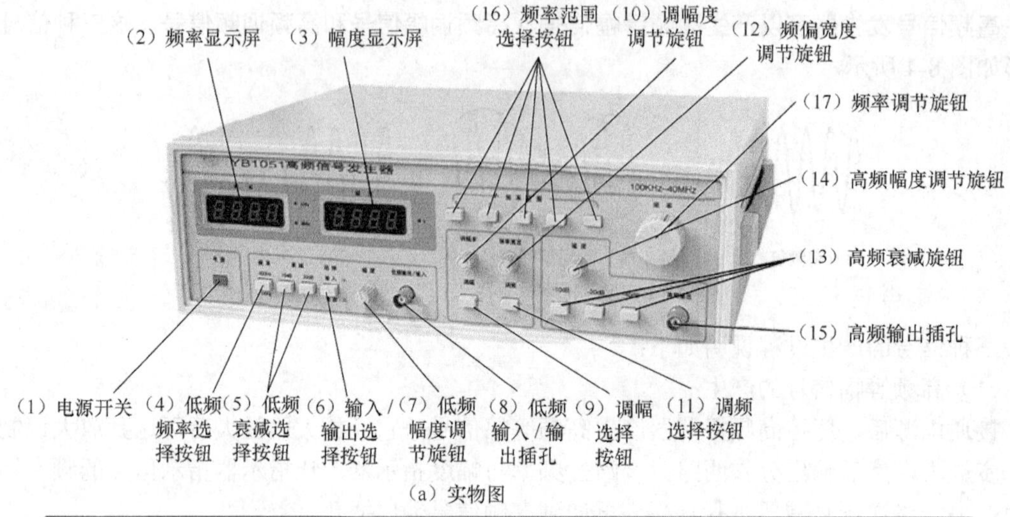

（a）实物图

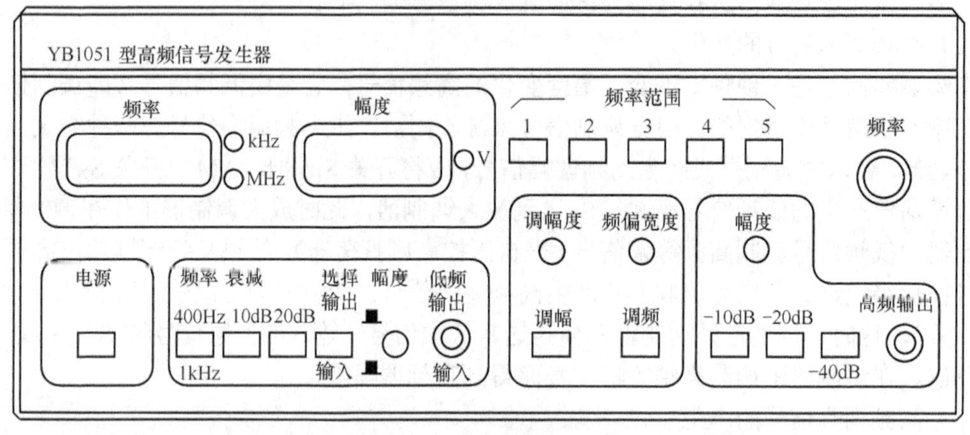

（b）绘制示意图

图 8-5　YB1051 型高频信号发生器

（2）频率显示屏：用于显示输出信号的频率。它旁边有“kHz”和“MHz”两个单位指示灯，当某个指示灯亮时，频率就选择该单位。

（3）幅度显示屏：用来指示输出信号电压的大小。它的单位是 V。

（4）低频频率选择按钮：用来选择低频信号的频率。它能选择两种低频信号：400Hz 和 1kHz，当按钮弹起时，内部产生 400Hz 的低频信号，当按下按钮时，内部产生 1kHz 的低频信号。

（5）低频衰减选择按钮：用来选择低频信号的衰减大小。它有 10dB 和 20dB 两个按钮，按下时分别选择衰减数为 10dB 和 20dB。

（6）输入/输出选择按钮：用来选择低频输入/输出插孔的信号输入、输出方式。当按钮弹起时，低频输入/输出插孔会输出低频信号；当按下按钮时，可以往低频输入/输出插孔输入外部低频信号。

（7）低频幅度调节旋钮：用来调节输出低频信号的幅度。

（8）低频输入/输出插孔：它是低频信号输入、输出的通道。当输入/输出选择按钮弹起时，该插孔输出低频信号；当输入/输出选择按钮按下时，外部低频信号可以从该插孔进入仪器。

（9）**调幅选择按钮：用来选择调幅调制方式。**该按钮按下时选择内部调制方式为调幅调制。

（10）**调幅度调节旋钮：用来调节输出高频调幅信号的调幅度。调幅度是指调制信号幅度与高频载波的幅度之比**，如图 8-6（a）所示，图中的 U_1 为调制信号半个周期的幅度，U_2 为高频载波半个周期的幅度，该调幅波的调幅度为

$$调幅度=\frac{U_1}{U_2}\times 100\%$$

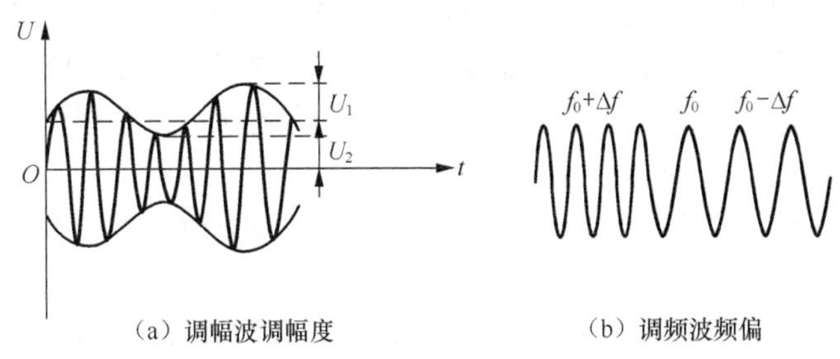

（a）调幅波调幅度　　（b）调频波频偏

图 8-6　调幅度与频偏

（11）**调频选择按钮：用来选择调频调制方式。**该按钮按下时选择内部调制方式为调频调制。

（12）**频偏宽度调节旋钮：用来调节输出高频调频信号的频率偏移范围。**频偏宽度是指调频信号频率偏离中心频率的范围，如图 8-6（b）所示高频调频信号的中心频率为 f_0，它的频偏宽度为 Δf。

（13）**高频衰减按钮：用来选择输出高频信号的衰减程度。**它有–10dB、–20dB 和–30dB 三个按钮，按下不同的按钮时选择不同的衰减数。

（14）**高频幅度调节旋钮：用来调节输出高频信号的幅度。**

（15）**高频输出插孔：用来输出仪器产生的高频信号。**高频等幅信号、高频调幅信号和高频调频信号都由这个插孔输出。

（16）**频率范围选择按钮：用来选择信号频率范围。**

（17）**频率调节旋钮：用来调节输出高频信号的频率。**

2. 仪器的使用方法

YB1051 型高频信号发生器可以输出频率在 100kHz～40MHz、电压在 0～1V 的高频信号（高频等幅信号、高频调幅信号和高频调频信号），另外还能输出 0～2.5V 的 400Hz 和 1kHz 的低频信号。下面以产生 0.3V、30MHz 的各种高频信号和 1V、400Hz 的低频信号为例来说明信号发生器的使用方法。

（1）0.3V、30MHz 高频等幅信号的产生

产生 0.3V、30MHz 高频等幅信号的操作过程如下：

第 1 步：接通电源。按下电源按钮接通电源，让仪器预热 5min。

第 2 步：选择频率范围。让调幅选择按钮和调频选择按钮处于弹起状态，再按下频率范围选择中的最大值按钮。

第 3 步：调节输出信号频率。调节频率调节旋钮，同时观察频率显示屏，直到显示频率为 30MHz 为止。

第 4 步：调节输出信号的幅度。按下-10dB 的高频衰减按钮（信号被衰减 3.16 倍），再调节高频幅度旋钮，同时观察幅度显示屏，直到显示电压为 0.3V 为止。

这样就会从仪器的高频输出端输出 0.3V、30MHz 高频等幅信号。

（2）0.3V、30MHz 高频调幅信号的产生

产生 0.3V、30MHz 高频调幅信号的操作过程如下：

第 1 步：接通电源。按下电源按钮接通电源，让仪器预热 5min。

第 2 步：选择频率范围并调节输出信号频率。按下频率范围选择中的最大值按钮，然后调节频率调节旋钮，同时观察频率显示屏，直到显示频率为 30MHz 为止。

第 3 步：选择内/外调制方式。让输入/输出选择按钮处于弹起状态，选择调制方式为内调制，若按下该按钮，则选择外调制方式，需要从低频输入/输出插孔输入低频信号作为调制信号。

第 4 步：选择调幅方式，并调节调幅度。按下调幅选择按钮选择调幅方式，然后调节调幅度旋钮，调节调幅信号的调幅度。

第 5 步：调节输出信号幅度。按下-10dB 的高频衰减按钮，再调节高频幅度调节旋钮，同时观察幅度显示屏，直到显示电压为 0.3V。

这样就会从仪器的高频输出端输出 0.3V、30MHz 高频调幅信号。

（3）0.3V、30MHz 高频调频信号的产生

产生 0.3V、30MHz 高频调频信号的操作过程如下：

第 1 步：接通电源。按下电源按钮接通电源，让仪器预热 5min。

第 2 步：选择频率范围并调节输出信号频率。按下频率范围选择中的最大值按钮，然后调节频率调节旋钮，同时观察频率显示屏，直到显示频率为 30MHz 为止。

第 3 步：选择内/外调制方式。让输入/输出选择按钮处于弹起状态，选择调制方式为内调制，若按下输入/输出选择按钮，则选择外调制方式，需要从低频输入/输出插孔输入低频信号作为调制信号。

第 4 步：选择调频方式，并调节频偏宽度。按下调频选择按钮选择调频方式，然后调节频偏调节旋钮，调节调频信号的频率偏移范围。

第 5 步：调节输出信号幅度。按下-10dB 的高频衰减按钮，再调节高频幅度调节旋钮，同时观察幅度显示屏，直到显示电压为 0.3V。

这样就会从仪器的高频输出端输出 0.3V、30MHz 高频调频信号。

（4）1V、400Hz 低频信号的产生

产生 1V、400Hz 低频信号的操作过程如下：

第 1 步：接通电源。按下电源按钮接通电源，让仪器预热 5min。

第 2 步：选择低频信号的频率和输入/输出方式。让低频频率选择按钮处于弹起状态，内部产生 400Hz 的低频信号，再让输入/输出选择按钮处于弹起状态，选择方式为输出，这时从低频输入/输出插孔就会有 400Hz 的低频信号输出。

第 3 步：调节输出信号的幅度。调节低频幅度调节旋钮，使输出的低频信号幅度为 1V。

这样就会从仪器的低频输入/输出端输出 1V、400Hz 低频信号。

3. 特点与技术指标

（1）特点

- 输出频率和幅度采用数字显示

- 具有载波稳幅、调频、调幅功能
- 有较高的载波幅度和频率稳定度

（2）技术指标

- 工作频率：0.1～40MHz
- 输出幅度范围：1V 有效值，衰减 0～70dB（细调衰减 10dB）
- 输出幅度误差：±2dB（当频率大于 30MHz 时，另加±0.5dB）
- 输出幅度显示误差：±5%
- 控制方式：单片机控制 存储容量十个
- 调幅范围：0～60% 连续可调
- 内调幅频率：400Hz 和 1kHz
- 频偏范围（载波频率不小于 0.3MHz）：0～100 kHz 连续可调
- 内调频频率：400Hz 和 1kHz
- 音频频率：400Hz 和 1kHz
- 音频输出幅度：最大 1V（有效值），衰减 0～40dB（细调衰减 10dB）

8.3　函数信号发生器

函数信号发生器是一种能产生正弦波、三角波、方波、矩形波和锯齿波等周期性时间函数波形信号的电子仪器。它产生信号的频率范围可从几个微赫到几十兆赫。函数信号发生器在电路实验和设备检测中应用十分广泛，不但在通信、广播、电视系统和自动控制系统大量应用外，还广泛用于其他非电测量领域。

8.3.1　工作原理

函数信号发生器产生多种信号的基本原理是先产生三角波信号，然后将三角波转换成方波、正弦波信号等其他信号。函数信号发生器的基本组成如图 8-7 所示。

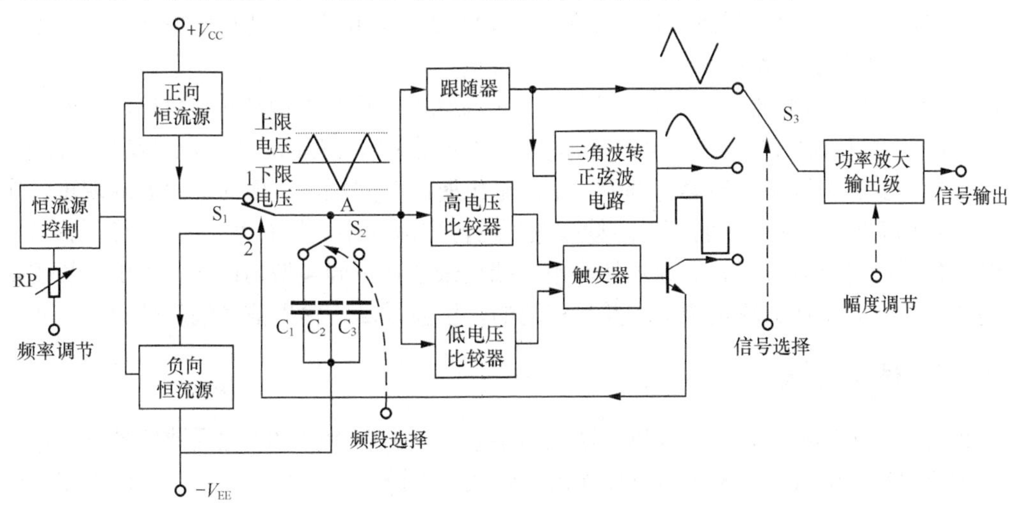

图 8-7　函数信号发生器的基本组成

工作原理说明如下：

（1）三角波的产生

在接通电源时，电容 C_1 两端电压为 0，正向恒流源产生的恒定电流经开关 S_1“1”和 S_2 对电容 C_1 充电，在 C_1 上充得上正下负电压，A 点电压呈线性上升，当电压上升到上限电压时，高电压比较器输出高电平，该高电平加到触发器的复位端（即置“0”端），触发器复位，输出低电平，该低电平使三极管 VT 截止，VT 发射极为低电平，它使开关 S_1 由“1”切换至“2”，三角波上升阶段结束。

在 S_1 切换到“2”后，电容 C_1 开始通过 S_1 的“2”和负向恒流源恒流放电，C_1 上正下负电压线性下降，A 点电压随之线性下降，当 C_1 两端电压下降到 0 时，负向恒流源产生负向恒定电流由下往上对 C_1 充电，在 C_1 上充得上负下正的电压，A 点电压继续呈线性下降，当 A 电压下降到下限电压时，低电压比较器输出高电平，该高电平加到触发器的置位端（即置“1”端），触发器置位，输出高电平，该高电平使三极管 VT 导通，VT 发射极为高电平，它使开关 S_1 由“2”切换至“1”，三角波下降阶段结束。

在 S_1 切换到“1”后，正向恒流源产生的恒定电流对电容 C_1 充电，先逐渐中和 C_1 两端的上负下压电压，A 点电压呈线性上升，当 C_1 两端电压被完全中和后，C_1 两端电压为 0，从而在 A 点形成一个周期的三角波信号。此后，正向恒流源又开始在 C_1 上充上正下负电压，从而在 A 点得到连续的三角波信号。

（2）正弦波和方波的产生

在电路工作时，A 点会得到三角波信号，它经跟随器放大后分作两路：一路送往信号选择开关；另一路由三角波转正弦波电路平滑后转换成正弦波信号，再送往信号选择开关。在产生三角波的过程中，触发器会输出方波信号，它经三极管 VT 放大后输出，也送往信号选择开关。三种信号经信号选择开关选择一种后，再经功率放大输出级放大后送往仪器的信号输出端。

（3）信号的频段选择、频率调节、幅度调节和类型选择

S_2 为频段选择开关，通过 S_2 切换不同容量的电容可以改变三角波的频率，比如 C_2 容量较 C_1 大，当 S_2 接通 C_2 时，C_2 充电上升到上限电压需要的时间长，产生的三角波周期长，频率低，即 S_2 接入的电容容量越大，产生的信号频率更低。由于 S_2 切换的电容容量不连续，故 S_2 无法连续改变信号频率。

RP 为频率调节电位器，当调节电位器时，恒流源控制电路会改变正、负恒流源的电流大小，电容充电电流就会发生变化，电路形成的三角波频率也会变化，比如恒流源的电流变大，在电容容量不变的情况下，电容充到上、下限电压所需时间短，形成的三角波周期短，频率高。由于 RP 可以连续调节，它可以连续改变恒流源电流大小，从而可连续调节三角波频率。

S_3 为信号类型选择开关，它通过切换不同挡位来选择不同类型的信号。输出信号的幅度调节是通过改变功率放大输出级的增益来实现的，增益越高，输出信号幅度越大。

8.3.2 使用方法

函数信号发生器种类很多，使用方法大同小异，这里以 VC2002 型函数信号发生器为例说明。VC2002 型函数信号发生器可以输出正弦波、方波、矩形波、三角波和锯齿波五种基本函数信号，这些信号的频率和幅度都可以连续调节。

1. 面板介绍

VC2002 型函数信号发生器的前、后面板如图 8-8 所示。

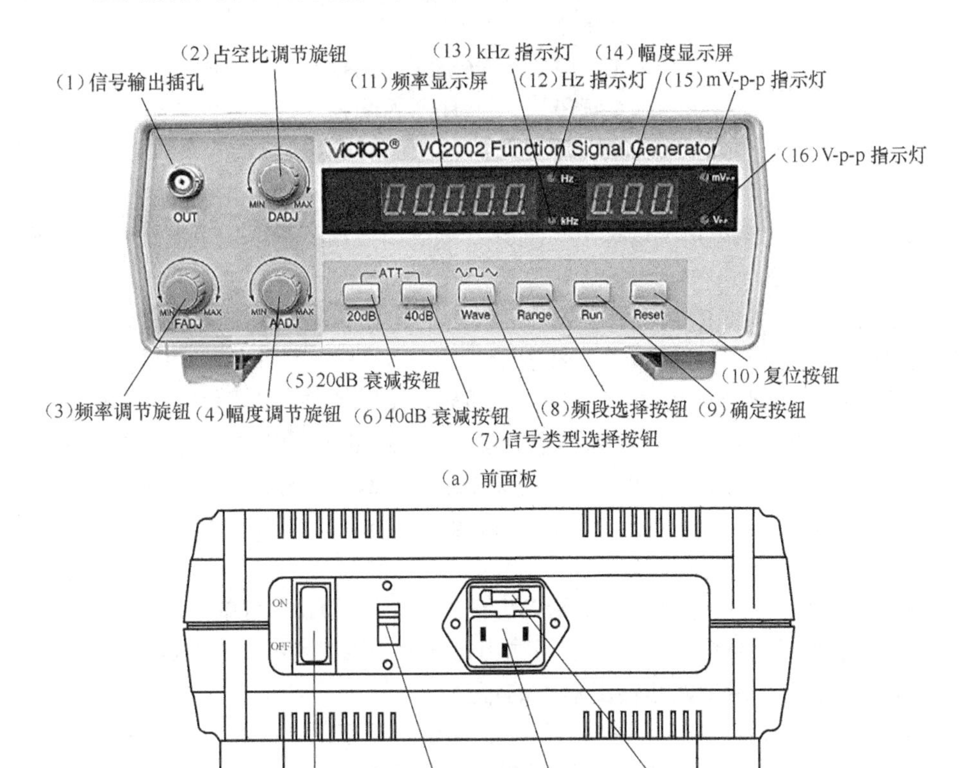

图 8-8　VC2002 型函数信号发生器

面板各部分功能说明如下：

（1）**信号输出插孔：用于输出仪器产生的信号。**

（2）**占空比调节旋钮：用来调节输出信号的占空比。**本仪器的占空比调节范围为 20%～80%。注：占空比是指一个信号周期内高电平时间与整个周期时间的比值，占空比为 50%的矩形波为方波。

（3）**频率调节旋钮：用来调节输出信号的频率。**

（4）**幅度调节旋钮：用来调节输出信号的幅度。**

（5）**20dB 衰减按钮：当该键按下时，输出信号会被衰减 20dB（即衰减 10 倍）再输出。**

（6）**40dB 衰减按钮：当该键按下时，输出信号会被衰减 40dB（即衰减 100 倍）再输出。**

（7）**信号类型选择按钮：用来选择输出信号的类型。**当反复按压该键时，5 位 LED 频率显示屏的最高位会循环显示 1、2、3，显示“1”表示选择输出信号为正弦波，“2”表示方波，“3”表示“三角波”。

（8）**频段选择按钮：用来选择输出信号的频段。**当反复按压该键时，5 位 LED 频率显示屏的最低位会循环显示频段 1、2、3、4、5、6、7，各频段的频率范围如下：

1 频段　0.2Hz～2Hz
2 频段　2Hz～20Hz
3 频段　20Hz～200Hz
4 频段　200Hz～2kHz
5 频段　2kHz～20kHz
6 频段　20kHz～200kHz
7 频段　200kHz～2MHz

在使用仪器时，先操作频段选择按钮选择好频段，再调节频率调节旋钮就可使仪器输出本频段频率范围内的任一频率信号。

（9）确定按钮：当仪器的各项调节好后，再按下此键，仪器开始运行，按设定输出信号，同时在显示屏上显示输出信号的频率和幅度。

（10）复位按钮：当仪器出现显示错误或死机时，按下此键，仪器复位启动重新开始工作。

（11）频率显示屏：用来显示输出信号的频率。它由 5 位 LED 数码管组成，它是一个多功能显示屏。在进行信号类型选择时，最高位显示 1、2、3，分别代表正弦波、方波、三角波；在进行频段选择时，最低位显示 1、2、3、4、5、6、7，分别低代表不同的频率范围；在输出信号时，显示输出信号的频率。

（12）Hz 指示灯：当该灯亮时，表示输出信号频率以“Hz”为单位。

（13）kHz 指示灯：当该灯亮时，表示输出信号频率以“kHz”为单位。

（14）幅度显示屏：用来显示输出信号的幅度。

（15）mVp-p 指示灯：当该灯亮时，表示输出信号幅度以“mVp-p”为单位。

（16）Vp-p 指示灯：当该灯亮时，表示输出信号幅度以“Vp-p”为单位。

（17）电源开关：用来接通和切断仪器的电源。

（18）110V/220V 电源切换开关：其功能是使仪器能在 110V 或 220V 两种交流电源供电时都能正常使用。

（19）电源插座：用来插入配套的电源插线，为仪器引入 110V 或 220V 电源。

（20）保险管：当仪器内部出现过载或短路时，保险管内熔丝熔断，使仪器得到保护。该保险管熔丝的容量为 500mA/250V。

2. 使用说明

VC2002 型函数信号发生器的使用操作方法如下：

第 1 步：开机并接好输出测试线。将仪器后面板上的 110V/220V 电源切换开关拨至“220V”位置，然后给电源插座插入电源线并接通 220V 电源，再按下电源开关，仪器开始工作。接着在仪器的信号输出插孔上接好输出测试线。

第 2 步：设置输出信号的频段。反复按压频段选择按钮，同时观察频率显示屏最低位显示的频段号（1～7），选择合适的输出信号频段。

第 3 步：设置输出信号的波形类型。反复按压信号类型选择按钮，同时观察频率显示屏最高位显示的波形类型代码（1：正弦波；2：方波；3：三角波），选择好输出信号的类型。

第 4 步：按下“确认”按钮，仪器开始运行，在频率显示屏显出信号的频率，在幅度显示屏显示信号的幅度。

第 5 步：调节频率调节旋钮同时观察频率显示屏，使信号频率满足要求；调节幅度调节

旋钮并观察幅度显示屏，使信号幅度满足要求。

第 6 步：调节占空比调节旋钮使输出信号占空比满足要求。方波的占空比为 50%，大于或小于该值则为矩形波；三角波的占空比为 50%，大于或小于该值则为锯齿波。

第 7 步：将仪器的信号输出测试线与其他待测电路连接，若连接后仪器的输出信号频率或幅度等发生变化，可重新调节仪器，直至输出信号满足要求。

3. 特点与技术指标

（1）特点

- 频率范围：0.2Hz～2MHz；
- 波形：正弦波、三角波、方波、矩形波、锯齿波；
- 五位 LED 频率显示，三位 LED 幅度显示；
- 频率幅度，占空比连续可调；
- 二段式固定衰减器：20dB/40dB；

（2）技术指标

- 频率范围：0.2Hz/2Hz/20Hz/200Hz/2kHz/20kHz/200kHz/2MHz；
- 幅度：(2Vp-p～20Vp-p) ±20%；
- 阻抗：50Ω；
- 衰减：20dB/40dB；
- 占空比：20%～80%(±10%)；
- 显示：5 位 LED 频率显示同时 3 位 LED 幅度显示；
- 正弦波：失真度<2%；
- 三角波：线性度>99%；
- 方波：上升沿/下降沿时间<100nS；
- 时基：标称频率：12MHz；频率稳定度：±5×10-5；
- 信号频率稳定度：<0.1%/分钟；
- 测量误差：≤0.5%；
- 电源：220V/110V±10%、50Hz/60Hz±5%、功耗≤15W。

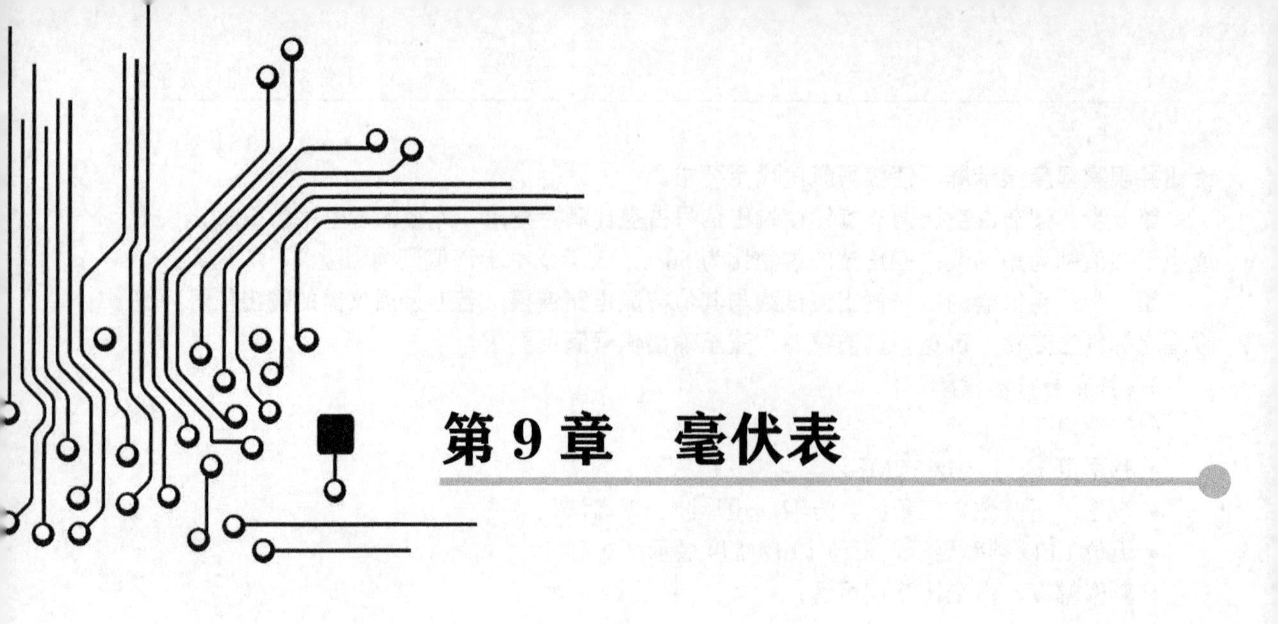

第 9 章　毫伏表

万用表可以测量交流信号电压，但通常只限于测量频率为几百赫兹以下的正弦波信号电压，测量此频率以外的交流信号就不准确，并且不能测量幅度很小的交流信号。**毫伏表可以测量频率范围很宽的交流信号，另外因为它内部有放大电路，所以可以测量幅度很小的交流信号。**

9.1　模拟式毫伏表

模拟式毫伏表内部主要采用模拟电路，并且以指针式微安表作为指示器来指示被测电压的大小。

9.1.1　工作原理

模拟式毫伏表种类很多，从其工作原理来分，主要有三种类型：放大-检波式，检波-放大式和外差模拟式毫伏表，这三种类型电压表原理框图如图 9-1 所示。

1. *放大-检波式电压表*

放大-检波式电压表原理框图如图 9-1（a）所示。

电压表内部常采用射随器作为输入电路，因为射随器（即共集电极放大电路）具有输入阻抗大、输出阻抗小的特点，采用它作为输入电路可以减小电压表对被测电路的影响。输入信号经射随器放大后送到衰减器，当交流信号小时，衰减开关 S 置于“1”，如果信号大，S 置于“2”，交流信号再送到交流放大器进行放大，然后去检波器，将交流信号转换成直流电压加到电流表，电流表指针偏转，指示被测信号的电压值。

放大-检波式电压表的优点是性能稳定、灵敏度高，缺点是测量频率范围受放大器带宽的限制，测量频率范围窄。

2. *检波-放大式电压表*

检波-放大式电压表原理框图如图 9-1（b）所示。

检波-放大式电压表先由检波器将交流信号转换成直流电压，然后经射随器放大后送到衰减器，再送到直流放大器放大，直流电压送到电流表，驱动电流表指针摆动，指示被测信号的电压值。

检波-放大式电压表的优点是测量频率范围宽，缺点是灵敏度低、稳定性较差。

3. 外差式电压表

外差式电压表原理框图如图 9-1（c）所示。

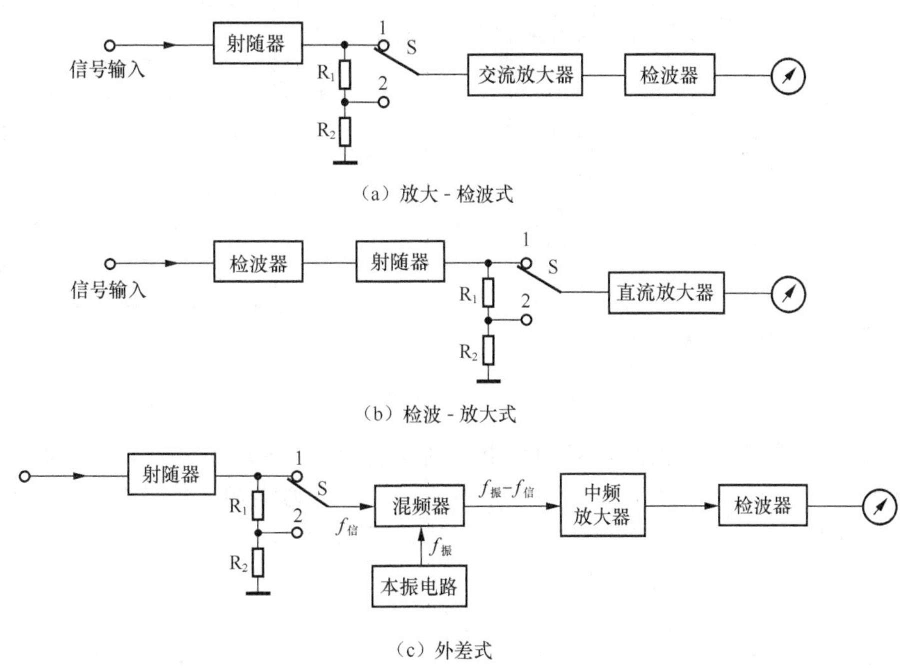

图 9-1　三种类型模拟毫伏表原理框图

被测交流信号经射随器放大和衰减器衰减后送到混频器，同时由本机振荡器产生本振信号也送到混频器，两者混频差拍（$f_{振}-f_{信}$）后得到中频信号，被测信号幅度越大，混频差拍后得到的中频信号电压越大，中频信号经检波器转换成直流电压送到电流表，驱动表针摆动，指示被测信号的电压值。

外差式电压表的优点是灵敏度高（可测微伏级信号），因为采用了变频技术，故可测量频率范围很宽的信号，测量范围通常为几千赫至几百兆赫的信号。

9.1.2 使用方法

模拟式毫伏表种类很多，使用方法基本类似，这里以 ASS2294D 型毫伏表为例来说明它的使用方法。ASS2294D 型毫伏表是一种放大-检波式的电压表，它可以测量频率在 5Hz～2MHz、输入电压在 30μV～300V 的正弦波信号。ASS2294D 型毫伏表可以同时测量两个通道的输入信号，测量方式有同步和异步两种。ASS2294D 型毫伏表如图 9-2 所示，其中图 9-2（a）为实物图，图 9-2（b）为绘制示意图。

1. 仪器面板说明

（1）电源开关：用来接通和切断仪器内部电路的电源。按下时接通电源，弹起时切断

电源。

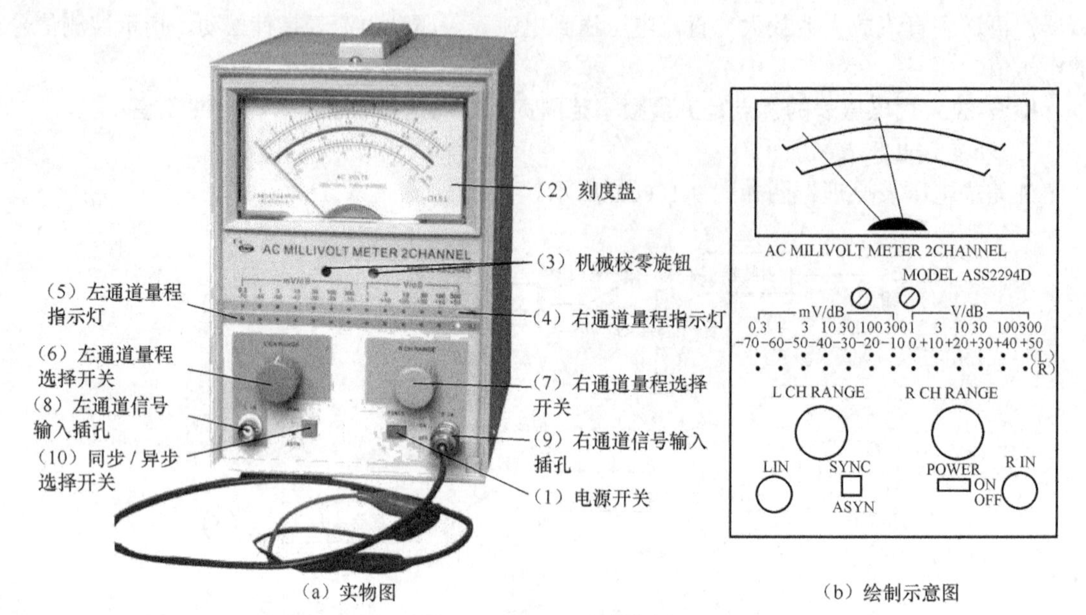

（a）实物图　　（b）绘制示意图

图 9-2　ASS2294D 型毫伏表

（2）刻度盘：用于指示被测信号的大小。刻度盘如图 9-3 所示，它有两个表针，一个为黑色表针，一个为红色表针，分别用来指示左通道和右通道输入信号的大小。另外，刻度盘上有四条刻度线，第 1、2 条为电压刻度线，当选择 1、10、100 量程时，查看第 1 条刻度线（最大值为 1），当选择 0.3、3、30、300 量程时，查看第 2 条刻度线（最大值为 3）；第 3 条为 dB（分贝）刻度线，最大值为 0，最小值为−20，在测量时，量程 dB 值与表针在该刻度线指示的 dB 值之和即为被测值；第 4 条为 dBm（分贝毫瓦）刻度线，0dBm 相当于 1mW，本刻度线很少使用。

图 9-3　ASS2294D 型毫伏表的刻度盘

（3）机械校零旋钮：用来将表针的位置调到“0”位置。机械校零旋钮有红、黑两个，在测量前分别调节红、黑表针，使两个表针均指在“0”位置。

（4）右通道量程指示灯：用来指示右通道的量程挡位。

（5）左通道量程指示灯：用来指示左通道的量程挡位。

（6）左通道量程选择开关：用来选择左通道测量量程。当旋转该开关选择不同的量程时，左通道相应的量程指示灯会亮。

（7）右通道量程选择开关：用来选择右通道测量量程。当旋转该开关选择不同的量程时，右通道相应的量程指示灯会亮。

（8）左通道信号输入插孔：在使用左通道测量时，被测信号由该插孔输入。

（9）右通道信号输入插孔：在使用右通道测量时，被测信号由该插孔输入。

（10）同步/异步选择开关：用来选择同步和异步测量的方式。开关按下时选择“同步”测量方式，弹起时选择“异步”测量方式。

2. 仪器的使用方法

ASS2294D 型毫伏表可以测量一个信号，也可以同时测量两个信号，测量两个信号的方式有两种：异步测量和同步测量。

（1）异步测量方式

当该仪器工作在异步方式时，相当于两个单独的电压表，这种方式适合测量电压相差较大的两个信号。下面以测量如图 9-4 所示的放大器的交流放大倍数为例来说明异步测量的方法。

异步测量的操作步骤如下。

第 1 步：开通电源。将电源开关按下，接通仪器内部电路的电源。

第 2 步：选择异步测量方式。让同步/异步选择开关处于弹起状态，这时异步指示灯亮。

第 3 步：选择左、右通道的测量量程。估计放大电路的输入和输出信号的大小，调节左、右通道量程选择开关，选择左通道的量程为 30mV（–30dB）挡，选择右通道的量程为 1V（0dB）挡。

第 4 步：将左、右通道测量表笔分别接放大电路的输入端（A 点）和输出端（B 端）。

第 5 步：读出输入和输出信号的大小。观察刻度盘上黑表针指示的数值，发现黑表针指在最大值为 3 的刻度线的“2”处，同时指在 dB 刻度线的“–4”处，则输入信号的电压值为 20mV，dB 值为–30dB+(–4)dB= –34dB；再观察红表针指示的数值，发现红表针指在最大值为 1 的刻度线的“0.8”处，同时指在 dB 刻度线的“–2”处，则输出信号的电压值为 0.8V，dB 值为 0dB+(–2)dB= –2dB。

第 6 步：计算被测电路的放大倍数和增益。根据放大倍数 $A=U_o/U_i$，可求出被测电路的放大倍数为 0.8V/20mV=0.8/0.02=40；根据输入输出信号的 dB 值之差，可求出被测电路的增益为–2dB–(–34dB)=32dB。

（2）同步测量方式

当该仪器工作在同步方式时，一个量程选择开关可以同时控制两个通道的量程，这种方式适合测量特性相同的两个电路的平衡程度。下面以测量图 9-5 所示的立体声双声道放大器的平衡程度为例来说明同步测量的方法。

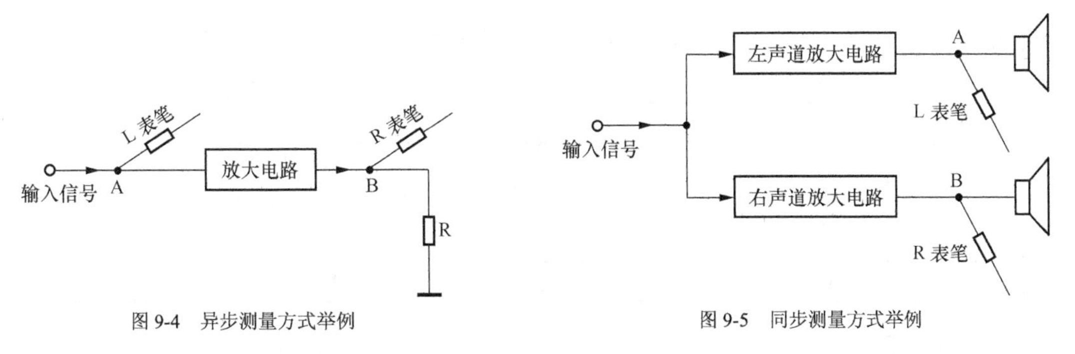

图 9-4　异步测量方式举例　　图 9-5　同步测量方式举例

同步测量的操作步骤如下。

第 1 步：开通电源。将电源开关按下，接通仪器内部电路的电源。

第 2 步：选择同步测量方式。按下同步/异步选择开关，这时同步指示灯亮。

第 3 步：选择测量量程。因为仪器工作在同步方式时，一个量程选择开关可以同时控制两个通道的量程，调节其中一个量程选择开关，选择量程为 1V 挡，这时两个通道测量量程都为 1V。

第 4 步：测量左、右通道的相似程度。给左、右通道输入大小相同的信号，再将左、右通道测量表笔分别接在左、右声道放大电路的输出端（即 A 点和 B 点），然后观察刻度盘两个表针是否重叠，若重叠说明两通道特性相同，否则特性有差异，两表针相隔越小，表明两通道特性越接近，可以直接观察两表针的间隔来读出两通道的不平衡程度。

（3）放大器功能

ASS2294D 型毫伏表除了有测量输入信号的功能外，还有对输入信号进行放大再输出功能。在 ASS2294D 型毫伏表的后面板上有信号输出插孔，如图 9-6 所示。

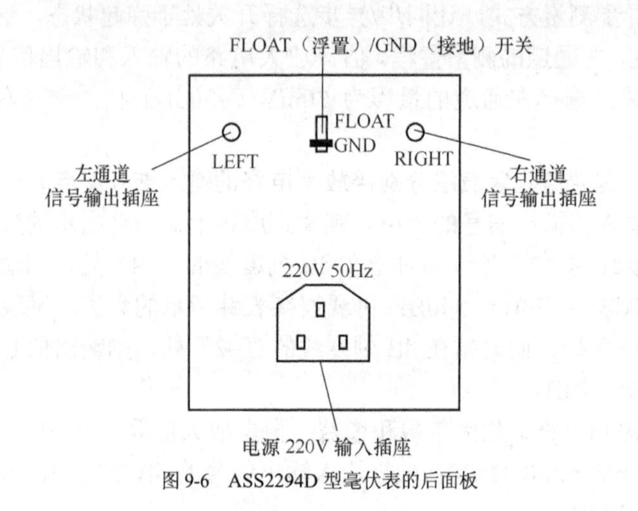

图 9-6　ASS2294D 型毫伏表的后面板

当 LIN 或 RIN 插孔输入信号时，毫伏表的表针除了会指示输入信号的电压外，还会对输入信号进行放大，再从后面板的 LEFT 或 RIGHT 插座输出，毫伏表处于不同的挡位时具有不同的放大能力，具体见表 9-1。例如当量程开关处于 1mV 挡时，毫伏表会对输入信号放大 100 倍（也即 40dB），再从后面板相应的输出插座输出。

表 9-1　　量程开关挡位与放大倍数对应表

量程开关	放大倍数
300μV	316 倍（50dB）
1mV	100 倍（40dB）
3mV	31.6 倍（30dB）
10mV	10 倍（20dB）
30mV	3.16 倍（10dB）

（4）浮置测量方式

有些电路采用平衡方式输出信号，在测量这种信号时，毫伏表要置于浮置测量方式。例如双端输出的差动放大电路和 BTL 放大电路，它们的两个输出端中任意一端都没有接地，测量时要采用浮置测量方式，否则会引起测量不准确或损坏电路。采用浮置测量方式很简单，只要将毫伏表的 FLOAT（浮置）/GND（接地）开关置于 FLOAT 位置即可。

9.2　数字毫伏表

数字毫伏表又称数字电子电压表，它与模拟式毫伏表一样，都可以测量微弱的交流信号电压，另外，除了采用数字方式外，内部还大量采用数字处理电路。数字毫伏表具有显示直观和测量精度高等优点。

9.2.1　工作原理

数字毫伏表的典型结构如图 9-7 所示。从图中可以看出，**数字毫伏表输入部分与模拟式毫伏表基本相同，都要将交流信号转换成相应大小的直流电压，但数字毫伏表还要用 A/D 转换器将直流电压转换成数字信号，再经数字电路处理后送到显示器，直观地将被测电压显示出来。**

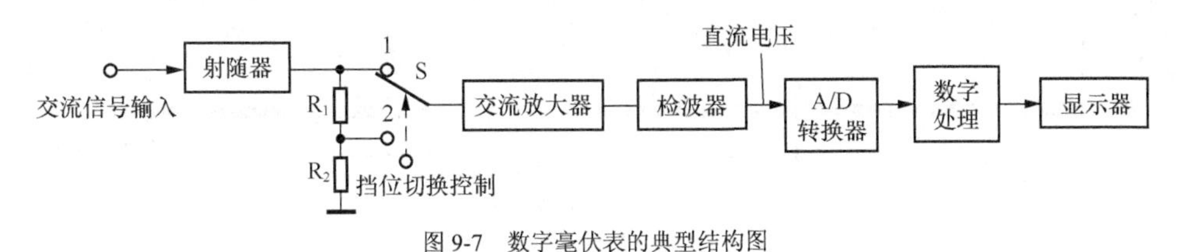

图 9-7　数字毫伏表的典型结构图

9.2.2　使用方法

数字毫伏表种类很多，使用方法大同小异，下面以 DF1930 型数字毫伏表为例来说明数字毫伏表的使用方法。

1. *面板介绍*

DF1930 型数字毫伏表采用 4 位数字显示测量值，具有交流电压、dB 和 dBm 三种测量功能，测量量程可自动和手动转换。DF1930 型数字毫伏表的面板如图 9-8 所示。

面板各部分功能说明如下：

（1）**电源开关（POWER）：用来接通和切换电源。**按下为 ON，弹起为 OFF。

（2）**量程选择按钮（PRESET　RANGE）：用于选择测量量程。**当仪器处于手动测量方式时，按压“◀”键，量程减小，按压“▶”键，量程增大。

（3）**自动/手动测量方式选择按钮（AUTO/MAN）：用于选择测量方式。**仪器开机后会自动处于“AUTO（自动测量”方式，按压该键，会切换到“MAN（手动测量）” 方式，再按压一次键，又切换到“AUTO”方式。当处于自动测量方式时，仪器会根据输入信号幅度自动调整量程，而处于手动测量方式时，需要操作量程选择按钮来选择量程。

（4）**显示方式选择按钮（V/dB/dBm）：用于选择显示单位。**开机后处于显示单位为 V，不断按压该键，显示单位会以“V→dB→dBm”顺序循环切换，显示屏右方的单位指示灯会有相应的变化。

（5）**被测信号输入端（INPUT）：用于输入被测信号。**在测量时需要在该端连接好相应的测试线，再接被测电路。

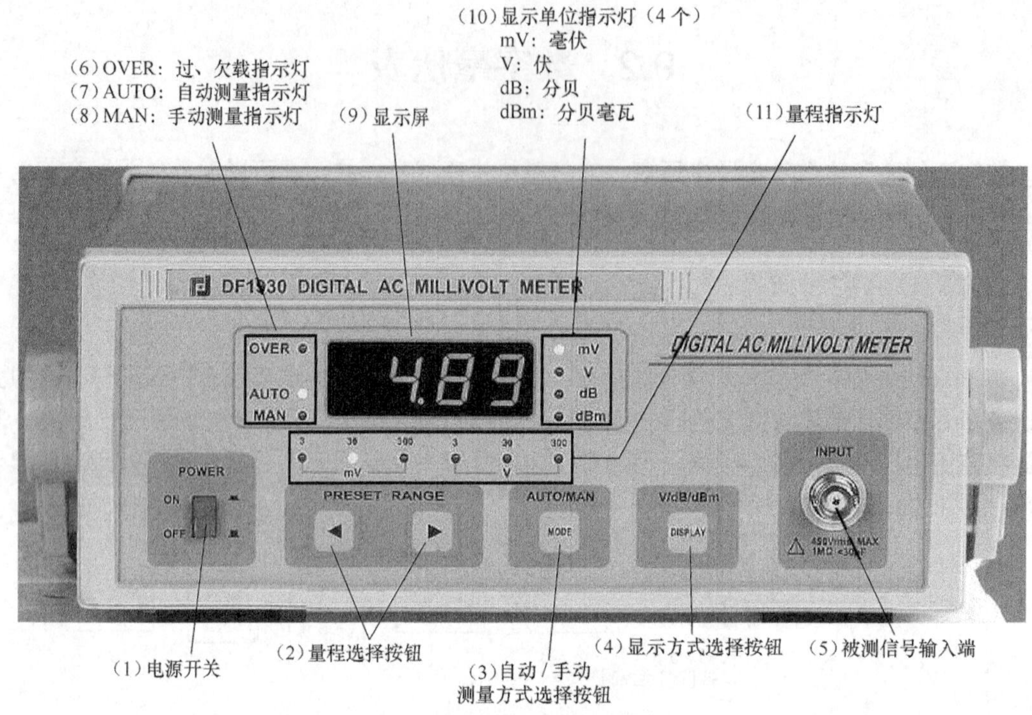

图 9-8　DF1930 型数字毫伏表的面板图

（6）**OVER（过、欠载）指示灯：当处于“MAN（手动测量）”方式时，若显示屏显示的数字（不计小数点）大于 3100 或小于 290，该指示灯亮，表示当前的量程不合适。**

（7）**AUTO（自动测量）指示灯：当该灯亮时，表示仪器处于自动测量方式。**

（8）**MAN（手动测量）指示灯：当该灯亮时，表示仪器处于手动测量方式。**

（9）**显示屏：用于显示测量数值**。它由 4 位 LED 数码管组成，当显示的数字出现闪烁时，表示被测电压超出测量范围，显示的数字无效。

（10）**显示单位指示灯：用于指示测量数值的单位**。它由 mV、V、dB、dBm 共 4 个指示灯组成，在操作显示方式按钮时，这些指示灯会指示测量数值单位。

（11）**量程指示灯：用于指示量程**。它由 3mV、30mV、300mV 和 3V、30V、300V 共 6 个指示灯组成，在操作量程选择按钮时，这些指示灯用来指示 6 个量程挡。

2. *使用方法*

DF1930 型数字毫伏表使用方法如下：

第 1 步：按下电源开关，对仪器进行短时间预热。刚开机时，显示屏的数码管会亮，显示的数字大约有几秒钟的跳动，几秒后数字应该稳定下来。

第 2 步：选择测量方式。开机后，仪器处于自动测量和电压显示方式，AUTO 指示灯和 V 指示灯都亮，若要选择手动测量方式，可操作“AUTO/MAN”键，使 MAN 指示灯变亮。

第 3 步：选择显示单位。根据测量需要，操作“V/dB/dBm”键，同时观察 mV、V、dB、dBm 4 个指示灯，选择合适的测量显示单位。

第 4 步：选择测量量程。在自动测量方式时，仪器会根据输入被测信号的大小自动选择合适的量程挡；在手动测量方式时，先估计被测信号的大小，再操作“◀”和“▶”键同时观察量程指示灯，选择合适的量程挡，量程挡应大于且最接近于被测信号电压。

第 5 步：给仪器输入被测信号。将仪器的信号输入线与被测电路连接。

第 6 步：读数。测量时，在显示屏上会显示测量值，右方亮起的灯指示其单位。如果显示屏显示的数字不闪烁且 OVER 灯不亮，表示仪器工作正常，此时显示的数字即为被测信号的值，如果 OVER 灯亮，表示当前测量数据误差很大，需要更换量程，如果显示的数字闪烁，表示被测电压已超出当前的量程，也必须更换量程。

3. 特点与技术指标

（1）特点

- 采用单片机进行测量、数据处理和控制；
- 具有交流电压、dB 和 dBm 三种测量功能；
- 4 位数字显示；
- 测量量程可自动和手动转换；
- 采用轻触式控制开关，手感好，使用寿命长。

（2）技术指标

- 电压测量范围：100μV～400V；
- dB 测量范围：–79dB～50dB；
- dBm 测量范围：–77dBm～52dBm；
- 测量量程：4mV、40mV、0.4V、4V、40V、400V；
- 频率范围：5Hz～2MHz；
- 最小测量误差：1.5%±8 个字；
- 最高测量分辨率：1μV；
- 噪声：输入短路时小于 15 个字；
- 交流测量串/共抑制比：大于 40/90dB；
- 输入阻抗：1MΩ/30pF。

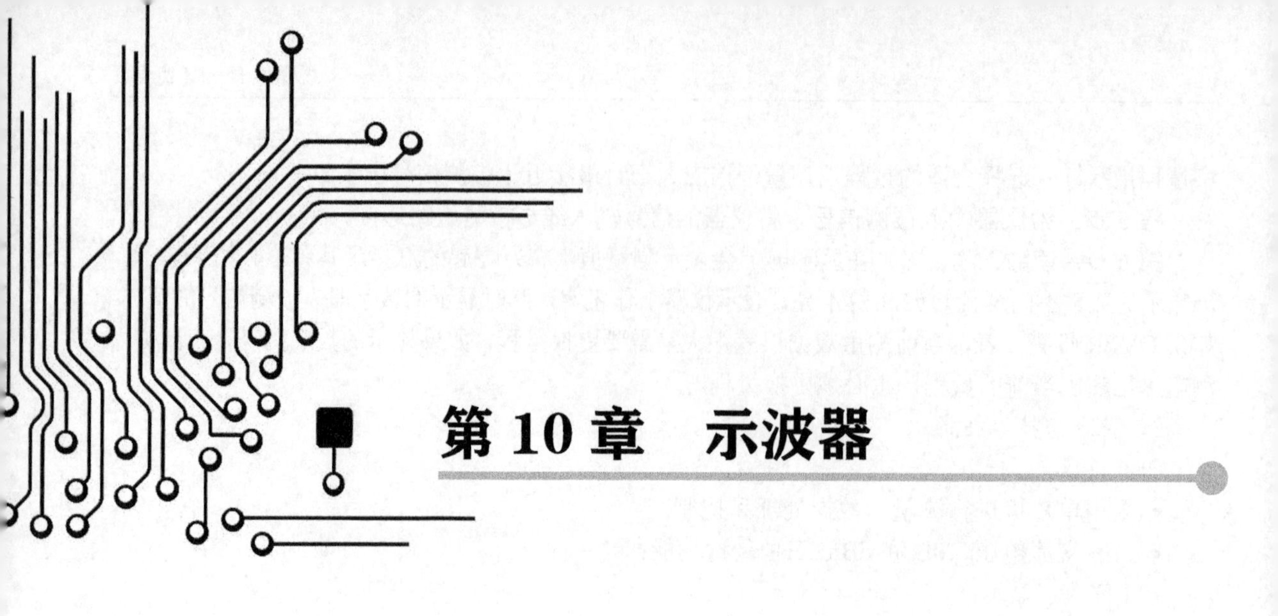

第10章　示波器

示波器是一种应用极广泛的电子测量仪器，它不但能将被测电信号直观显示出来，还能测量交、直流电压的大小，并能测量交流信号的波形、幅度、频率和相位等参数。

10.1　种类与波形显示原理

示波器是一种能将被测电信号波形直观显示出来的电子测量仪器。它可以测量交、直流电压的大小，测量交流信号的波形、幅度、频率和相位等参数，如果与其他有关的电子仪器（如信号发生器）配合，还可以检测电路是否正常。示波器是一种应用极为广泛的电子测量仪器。

10.1.1　示波器的种类

示波器的种类很多，按用途和性能可分为以下几类。

1．通用示波器

通用示波器包括单踪示波器和双踪示波器。单踪示波器可测量一个信号的波形、幅度、频率和相位等参数。而双踪示波器能同时测两个信号的波形和参数，还可以对两个信号进行比较。通用示波器是应用最广泛的一种示波器。

2．采样示波器

通用示波器测量频率很高的信号比较困难，而**采样示波器可以测量频率很高的信号，它可以看成是由采样电路和通用示波器组合而成的。**采样示波器利用采样原理将高频信号转换成低频信号，然后由通用示波器部分将低频信号显示出来。

3．存储示波器和记忆示波器

普通的示波器可以将被测信号实时显示出来，但如果撤掉输入信号，显示屏的信号马上会消失。而**存储示波器和记忆示波器在撤掉被测信号后，仍可以将信号保存并继续显示出来。**

存储示波器是利用数字储存器将被测信号保存下来，记忆示波器则是采用具有记忆功能的示波管，被测信号波形仍可在示波管上继续保持。

存储示波器和记忆示波器具有保持功能，所以可以将瞬变过程、非周期变化和超低频信号保存下来，以便于仔细观察、比较分析和研究。

10.1.2　示波管的结构

示波器是依靠示波管直观将被测信号显示出来的，示波管又称作阴极射线管（CRT），它的工作原理与电视机的显像管有点相似，其结构如图 10-1 所示。

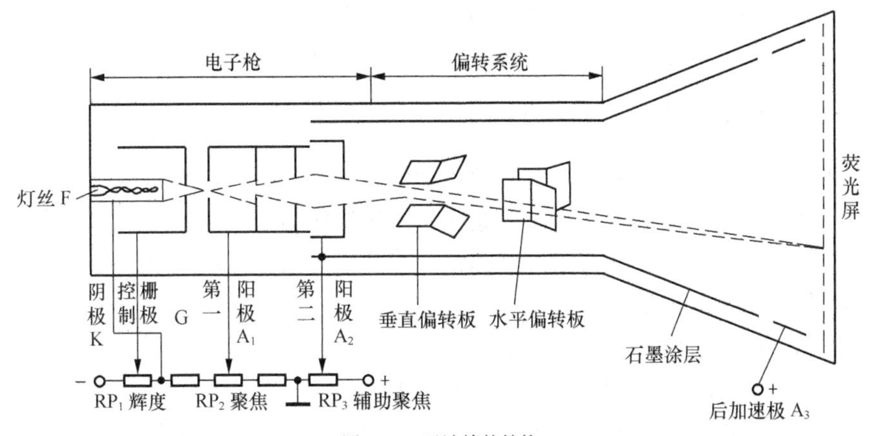

图 10-1　示波管的结构

1. 示波管各部分说明

（1）灯丝 F：它的功能是通电发热，对阴极进行加热，使阴极能够发射电子。

（2）阴极 K：它是一个表面涂有氧化物的金属小圆筒，在灯丝加热的情况下，阴极的氧化层会发射出电子。

（3）控制栅极 G：又称调制栅极，简称栅极，它是一个前端开孔的金属圆筒，该极上加有比阴极更低的电压，其作用是控制阴极发射电子的数。由于电子的自由运动方向是低电位往高电位运动，如果让电子从高电位往低电位运动则会受到阻力，而阴极电位较栅极高，故阴极发射出来的电子通过栅极要受到一定的阻力，栅极电压越低，电子受到的阻力越大，通过栅极的电子越少，到达荧光屏的电子也越少，荧光屏光线更暗。

RP_1 称为辉度电位器，又称亮度电位器，调节 RP_1 能改变栅极电压，来控制到达荧光屏的电子数量，从而调节荧光屏的亮度。

（4）第一阳极 A_1 和第二阳极 A_2：它们中间都开有小孔，电子从小孔中通过，这两个阳极的作用是对阴极发射出来的电子束进行加速，同时进行聚焦，将很粗的电子束聚焦成很细的电子束，这样电子束在荧光屏上扫出来信号波形更清晰。

RP_2 称为聚焦电位器，它可以调节第一阳极的电压；RP_3 称为辅助聚焦电位器，可以调节第二阳极的电压。为了让荧光屏显示的波形清晰明亮，需要对 RP_2、RP_3 进行反复调节。

（5）垂直偏转板：又称 Y 轴偏转板，它是由垂直方向的上、下两块金属板组成，电子束从中间穿过，当给这两个金属板加有一定电压时，两金属板之间有垂直方向电场产生，该电场使电子束在垂直方向作偏转运动。

（6）水平偏转板：又称 X 轴偏转板，它是由水平方向的左、右两块金属板组成，电子束从中间穿过，当给这两个金属板加有一定电压时，电子束就会在水平方向作偏转运动。

（7）荧光屏：它是在荧光管正面的内层壁上涂上一层荧光粉而构成。当电子束轰击荧光屏上的荧光粉时，荧光粉就会发光，电子数越多、速度越快，荧光粉越亮。

2. 示波管的工作过程

示波管的工作过程：首先给灯丝通电，灯丝开始发热，阴极因灯丝的加热而发射大量的电子，由于受栅极电压（较阴极低）的阻碍，只有一部分电子能穿过栅极，穿过栅极的电子受到第一阳极和第二阳极高电压的加速和聚焦后，形成密集、高速的电子束往荧光屏运动。电子束再经过垂直偏转板和水平偏转板，偏转板产生的电场变化，电子束运动轨迹也随之变化，这种运动轨迹变化的电子束轰击荧光屏，就会在荧光屏上显示出波形。

10.1.3 示波器的波形显示原理

示波器是依靠示波管与电路配合来显示各种信号波形的。**示波管显示信号波形过程是：首先要让阴极发射电子，然后进行加速和聚焦，同时给垂直和水平偏转板加一定的电压，让电子束产生偏转并对荧光屏进行扫描，这样就会在荧光屏上显示出信号波形。**下面从几个方面来说明示波器的波形显示原理。

1. X 轴和 Y 轴偏转板都不加电压

如图 10-2（a）所示，X 轴和 Y 轴偏转板都不加电压时，阴极发射出来的电子束不会产生偏转，而是做直线运动轰击荧光屏中心，在荧光屏中心会出现一个亮点。

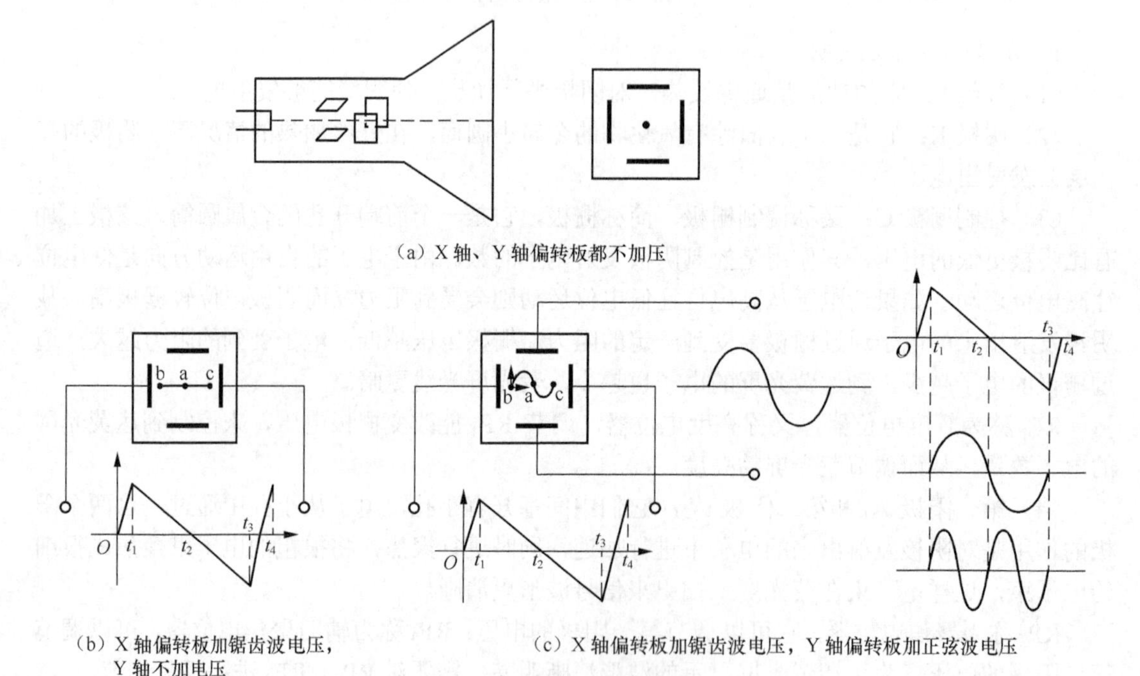

图 10-2 示波管波形显示原理

2. Y 轴偏转板不加电压，X 轴偏转板加锯齿波电压

由于 Y 轴偏转板不加电压，所以电子束在垂直方向不受电场力，而 X 轴偏转板加锯齿波

电压，电子束在水平方向受到电场力作用而会产生偏转，在屏幕上扫出水平一条亮线，如图 10-2（b）所示。

具体过程说明如下：

当 0～t_1 期间的锯齿波电压加到 X 轴偏转板时，偏转板产生电场，让电子束由荧光屏的 a 点（中心）扫到荧光屏的 b 点（左端）。

当 t_1～t_2 期间的锯齿波电压加到 X 轴偏转板时，偏转板产生电场，让电子束由 b 点扫到 a 点。

当 t_2～t_3 期间的锯齿波电压加到 X 轴偏转板时，偏转板产生电场，让电子束由 a 点扫到 c 点。

当 t_3～t_4 期间的锯齿波电压加到 X 轴偏转板时，偏转板产生电场，让电子束由 c 点扫到 a 点。

t_4 时刻以后，下一个周期的锯齿波电压到来，电子束又重复上述扫描过程，结果在荧光屏上出现一条亮线。

从锯齿波电压的波形可以看出，0～t_1 和 t_3～t_4 期间的时间很短，电子束运行的方向是由屏幕右端往左端扫动（即回扫），在这两段时间内阴极是不发射电子的，通常将这两段时间称为逆程；而 t_1～t_3 期间的时间很长，电子束是由屏幕左端往右端扫动，在这段时间内阴极发射电子，这段时间称为正程。荧光屏出现的亮线是正程期间阴极发射电子扫描出来的。

从上面的分析还可以看出，锯齿波电压周期越短（频率越高），电子束由荧光屏左端扫到右端的时间越短。

同样的道理，如果给 Y 轴偏转板加锯齿波电压，X 轴偏转板不加电压，电子束只受 Y 轴偏转板产生的电场力作用，会在荧光屏上扫出垂直一条亮线。

3. Y 轴偏转板加正弦波电压，X 轴偏转板加锯齿波电压

当 Y 轴偏转板加正弦波电压、X 轴偏转板加锯齿波电压时，电子束在垂直和水平方向都受到偏转力，电子束就会在屏幕上扫出正弦波，如图 10-2（c）所示。

具体过程说明如下：

在 0～t_1 期间，锯齿波电压加到 X 轴偏转板，Y 轴偏转板无电压，X 轴偏转板产生电场，让电子束由荧光屏的 a 点直接扫到 b 点。此期间为逆程，阴极不发射电子，故 a 点到 b 点之间不会出现亮线。

在 t_1～t_2 期间，逐渐下降的锯齿波电压加到 X 轴偏转板，先上升后下降的正弦波电压加到 Y 轴偏转板，电子束在这两个电场力的作用下在荧光屏上扫出正弦波的正半周。

在 t_2～t_3 期间，反方向逐渐增大的锯齿波电压加到 X 轴偏转板，反方向先增大后减小的正弦波电压加到 Y 轴偏转板，电子束在这两个电场力的作用下在荧光屏上扫出正弦波的负半周。

在 t_3～t_4 期间，反方向逐渐减小的锯齿波电压加到 X 轴偏转板，Y 轴偏转板无电压，X 轴偏转板产生电场，让电子束由荧光屏的 c 点直接扫到 a 点。此期间为逆程，阴极不发射电子，故 c 点到 a 点之间不会出现亮线。

经过上述四个过程，电子束就在荧光屏上扫出一个周期的正弦波信号波形，如果正弦波频率提高一倍，那么在荧光屏上就会出现两个周期的正弦波信号波形。

从上面的分析可以得出这样的结论：**当给示波管的 X 轴偏转板加锯齿波电压、Y 轴偏**

转板加某个信号电压时，通过电子束的扫描，在屏幕上就会显示 Y 轴偏转板上的信号波形。

示波器的波形显示原理：由示波器内部的扫描电路产生锯齿波电压送到 X 轴偏转板，然后将被测信号送到 Y 轴偏转板，在 X、Y 轴偏转板产生的电场作用下，电子束就会在荧光屏上扫出被测信号的波形。

10.2 单踪示波器

单踪示波器是一种价格便宜、操作简便的通用示波器，在进行一些要求不高的电子测量时常采用单踪示波器。

10.2.1 工作原理

单踪示波器主要由 Y 通道（又称 Y 轴偏转系统或垂直系统）、X 通道（又称 X 轴偏转系统或水平系统）、示波管和一些附属电路组成。单踪示波器的组成框图如图 10-3 所示。

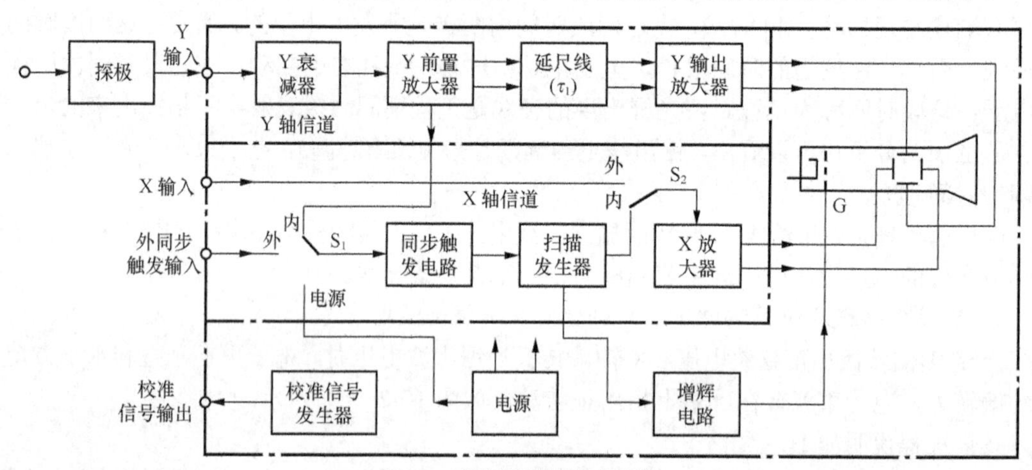

图 10-3 单踪示波器的组成框图

1. Y 通道

Y 通道主要由衰减器、Y 前置放大器、延迟线和 Y 输出放大器组成。它主要是将被测信号进行处理，再送到示波管的 Y 轴偏转板。

（1）衰减器

衰减器的功能是对输入的被测信号进行适当的衰减，以保证显示在荧光屏上的信号不至于过大而失真。衰减器常采用 RC 电路组成，常见的衰减器如图 10-4 所示。

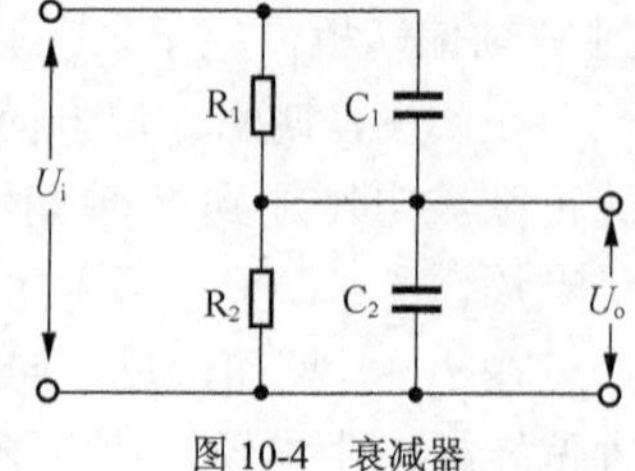

图 10-4 衰减器

图中电容的作用是对输入的信号进行补偿，可以让电路保持较宽的通频带。如果衰减器的 $R_1C_1=R_2C_2$，那么衰减器的衰减量与电容 C_1、C_2 的容量无关，输出电压

$$U_o=\frac{R_2}{R_1+R_2}\cdot U_i$$

例如，当 R_1=2MΩ、C_1=600pF、R_2=3MΩ、C_2=400pF，输入电压 U_i=0.3V 时，输出电压

$$U_o=\frac{R_2}{R_1+R_2}\cdot U_i=\frac{3\text{M}\Omega}{3\text{M}\Omega+2\text{M}\Omega}\times 0.3\text{V}=0.18\text{V}$$

即输入电压 U_i 被衰减到 3/5 输出。

实际上，示波器中的衰减器由多个 RC 电路构成，可以通过开关切换不同的 RC 电路来对信号进行不同的衰减，从而适应各种不同电压的输入信号。

（2）Y 前置放大器

Y 前置放大器的作用是对衰减器送来的信号进行适当的放大。它放大输出的信号分作两路：一路送到延迟线；另一路送到触发电路。

（3）延迟线

延迟线的功能是对被测信号进行一定的延时，再送到后级电路。在 Y 通道设置延迟线后可以将荧光屏显示的波形由左端往中央移动一定的位置，这样可以避免在屏幕上显示的信号波形过于偏左而造成部分信号无法观察，如图 10-5 所示。

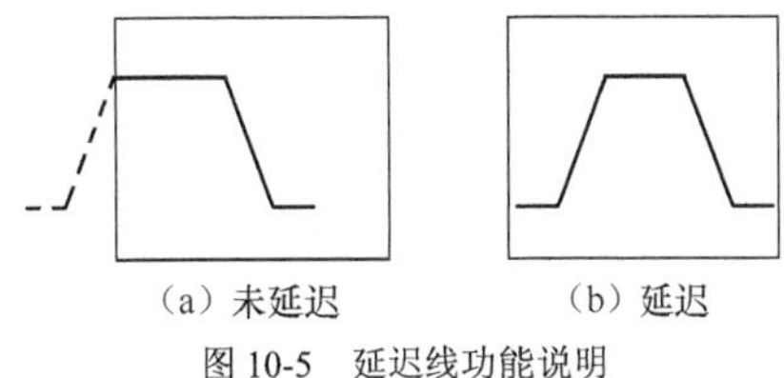

（a）未延迟　　（b）延迟

图 10-5　延迟线功能说明

延迟线种类很多，由多级 LC 元件构成的 LC 延迟电路（又称集中参数延迟线）较为常见，这种延迟线如图 10-6 所示，输入信号经过 LC 电路后被延迟 t 时间后输出。

图 10-6　集中参数 LC 延迟线

（4）Y 输出放大器

Y 输出放大器常用差分放大电路，它具有较好的抗干扰性，它除了放大输入信号外，还会将一路输入信号分成相反的两路信号输出，分别送往 Y 轴的两个偏转板。

2. X 通道

X 通道主要由触发电路、扫描信号发生器和 X 放大器组成。它的主要作用是产生符合要求的锯齿波电压，再送到示波管的 X 轴偏转板。

（1）触发电路

触发电路的功能是在被测信号或外触发输入插孔输入信号的控制下，产生触发信号，去控制扫描电路产生合适的锯齿波电压。

如果没有触发信号，扫描信号发生器产生的锯齿波电压周期将是固定的，而输入的被测信号电压是不固定的，这样两个电压送到 X、Y 轴偏转板控制电子束扫描，扫描出来的波形有可能不同步。下面通过图 10-7 所示的几种情况来分析这种问题。

图 10-7 中锯齿波电压 U_X 的周期用 T_X 表示，被测信号 U_Y 的周期用 T_Y 表示。

① 当 $T_X=nT_Y$ 时，若 $T_X=T_Y$，如图 10-7（a）所示。

在 0～t_2 期间，第一个周期的锯齿波电压 U_X 加到 X 轴偏转板，在此期间，第一个完整周

期被测信号 U_{Y1} 送到 Y 轴偏转板，两个偏转板产生的电场控制电子束在荧光屏上扫出一个完整周期的被测信号，在 t_2 时刻，电子束由左端迅速返回右端。

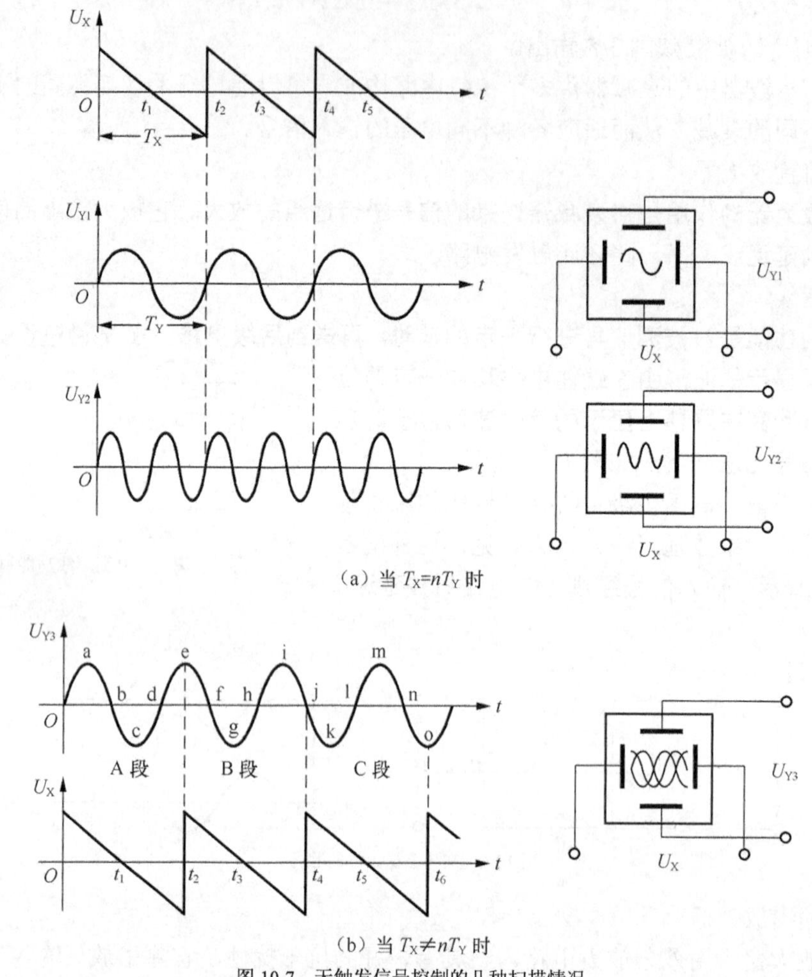

（b）当 $T_X \neq nT_Y$ 时

图 10-7　无触发信号控制的几种扫描情况

在 t_2～t_4 期间，第二个周期的锯齿波电压 U_X 加到 X 轴偏转板，在此期间，第二个周期的被测信号 U_{Y1} 送到 Y 轴偏转板，电子束又从荧光屏左端开始往右扫出第二个周期的被测信号。U_{Y1} 信号的第二个周期与第一个周期波形相同，所以在荧光屏上扫出的两个周期的信号波形是重叠的，看起来只有一个周期的波形。

仍如图 10-7（a）所示，若 $T_X=2T_{Y2}$。

在 0～t_2 期间，第一个周期的锯齿波电压 U_X 加到 X 轴偏转板，在此期间，第一、二个完整周期 U_{Y2} 信号送到 Y 轴偏转板，电子束在荧光屏上扫出第一、二个完整周期的 U_{Y2} 信号，在 t_2 时刻，电子束由左端迅速返回右端。

在 t_2～t_4 期间，第二个周期的锯齿波电压 U_X 加到 X 轴偏转板，在此期间，第三、四个周期的 U_{Y2} 信号送到 Y 轴偏转板，电子束又从荧光屏左端开始往右扫出第三、四个周期的 U_{Y2} 信号。U_{Y2} 信号的第一、二个周期与第三、四个周期波形相同，在荧光屏上扫出的第一、二个周期与第三、四个周期波形是重叠的，所以在荧光屏上看到两个周期的 U_{Y2} 信号波形。

扫描电压（锯齿波电压）的周期是被测信号周期的整数倍，这样在荧光屏上扫描出来的信号波形是稳定的，这种情况称为扫描电压与被测信号同步。

② 当 $T_X \neq nT_Y$ 时，如图 10-7（b）所示，图中 $T_X > T_Y$。

在 0～t_2 期间，第一个周期的锯齿波电压 U_X 加到 X 轴偏转板，在此期间，0～e 段（A 段）U_{Y3} 信号送到 Y 轴偏转板，电子束在荧光屏上扫出 0～e 段（A 段）U_{Y3} 信号，在 t_2 时刻，电子束由左端迅速返回右端。

在 t_2～t_4 期间，第二个周期的锯齿波电压 U_X 加到 X 轴偏转板，在此期间，e～j 段（B 段）U_{Y3} 信号送到 Y 轴偏转板，电子束在荧光屏上扫出 e～j 段（B 段）U_{Y3} 信号，在 t_4 时刻，电子束由左端迅速返回右端。

在 t_4～t_6 期间，第三个周期的锯齿波电压 U_X 加到 X 轴偏转板，在此期间，j～o 段（C 段）U_{Y3} 信号送到 Y 轴偏转板，电子束在荧光屏上扫出 j～o 段（C 段）U_{Y3} 信号，电子束又从荧光屏左端开始往右扫出 j～o 段 U_{Y3} 信号。

由于 U_{Y3} 信号的 A（0～e）、B（e～j）和 C（j～o）三段信号波形不一致，所以它们是不重叠的，虽然这三段信号波形是先后扫出来的，但由于荧光粉的余晖效应（荧光粉发光后光辉能保留一定的时间），在扫完 C 段波形时，A、B 段波形还在发光，故在荧光屏上会看到三个重叠的波形，同时视觉上还会感到波形由左往右移动。

扫描电压的周期不是被测信号周期的整数倍，在荧光屏上会出现多段重叠的被测信号波形，同时还可能会看见波形由左往右移动，这种情况称为扫描电压与被测信号不同步。

在大多数情况下，示波器内部产生的锯齿波电压的周期不是被测信号周期的整数倍，荧光屏显示的波形会产生重叠和移动，这样不便于观察被测信号，为了解决这个问题，可以采用触发电路，如图 10-8 所示。

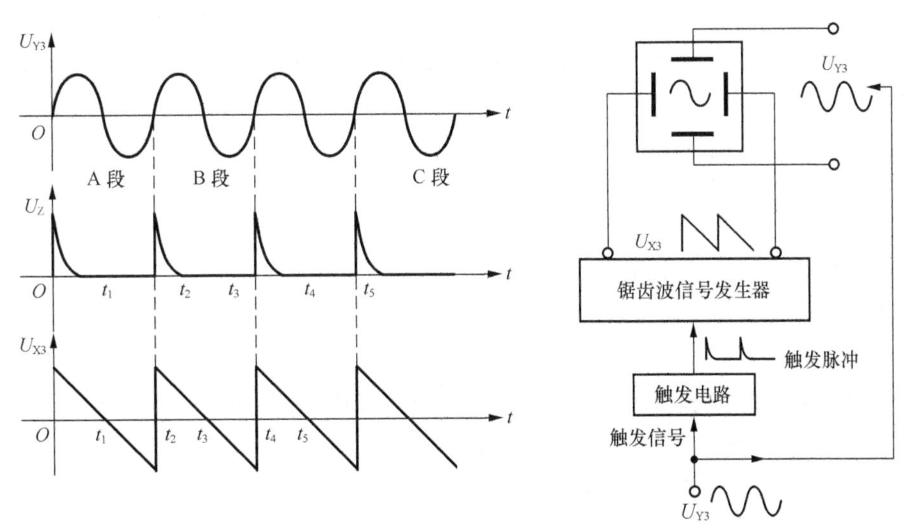

图 10-8 有触发信号控制的扫描

如果没有触发电路，锯齿波发生器处于失控工作状态，产生的锯齿波周期不是被测信号周期的整数倍，这样扫描出来的波形就会不同步，解决这个问题的方法是给锯齿波发生器加一个触发电路。被测信号 U_{Y3} 分作两路：一路直接送到 Y 轴偏转板；另一路送到触发电路，在 U_{Y3} 信号的每个周期的开始处，触发电路会产生一个触发脉冲，触发脉冲送到锯齿波发生器，让它结束上一个周期并开始产生下一个周期的锯齿波电压，这样锯齿波电压就与 U_{Y3} 信号周期相等，在荧光屏上扫出的稳定同步的 U_{Y3} 信号的波形。

（2）扫描信号发生器

扫描信号发生器实际上是一个锯齿波信号发生器，它的功能是在触发脉冲的控制下产生符合要求的锯齿波电压。

（3）X 放大器

X 放大器的功能是放大锯齿波发生器送来的锯齿波电压，并把锯齿波电压送到 X 轴偏转板。

3. 附属电路

（1）增辉电路

增辉电路的功能是在锯齿波电压的正程期间（此期间正好电子由荧光屏左端扫到右端），产生一个增辉脉冲送到示波管的栅极（或阴极），让阴极发射更多的电子对荧光屏进行扫描，这样扫出来的信号波形更明亮清晰。

（2）校准信号发生器

校准信号发生器的功能是产生频率和幅度都稳定的方波信号。将方波信号输入到示波器的 Y 通道作为被测信号，在荧光屏显示出来，根据此信号显示的波形可对示波器进行调整和检修。

（3）电源

电源的功能是将 220V 的交流电压转换成各种直流电压，供给示波器内部各个电路用。

（4）开关

框图中有 S_1、S_2 两个开关，S_1 为触发信号切换开关，当置于“内”时，将被测信号作为触发信号，当置于“外”时，将外同步触发输入插孔送入的信号作为触发信号；S_2 为 X 轴输入选择开关，当置于“内”时，将内部锯齿波发生器产生的锯齿波电压送到 X 轴偏转板，当置于“外”时，将 X 输入插孔输入的信号送到 X 轴偏转板。

10.2.2 面板介绍

单踪示波器种类很多，功能和使用方法基本相同，下面以 ST16 型单踪示波器为例进行说明。ST16 型单踪示波器面板如图 10-9 所示。

示波器面板各部分说明如下：

1. 显示屏

显示屏用来直观显示被测信号波形。显示屏外形如图 10-10 所示，在显示屏上标有 8 行 10 列的坐标格，因为 ST16 型示波器采用了圆形显示屏，故屏幕四角各少一个坐标格，在屏幕正中央有一个十字架状的坐标，坐标将每个坐标格从横、纵方向分成五等份。

2. 电源开关与指示灯

当电源开关拨向“ON”时，接通仪器内部电源，电源开关旁边的指示灯亮。

3. 辉度旋钮

辉度旋钮又称亮度旋钮，其作用是调节显示屏上光点或扫描线的明暗程度。如果长时间不测量信号，应将辉度调小，这样做是为了防止光点或扫描线长时间停在屏幕上某处而使该处的荧光粉老化。

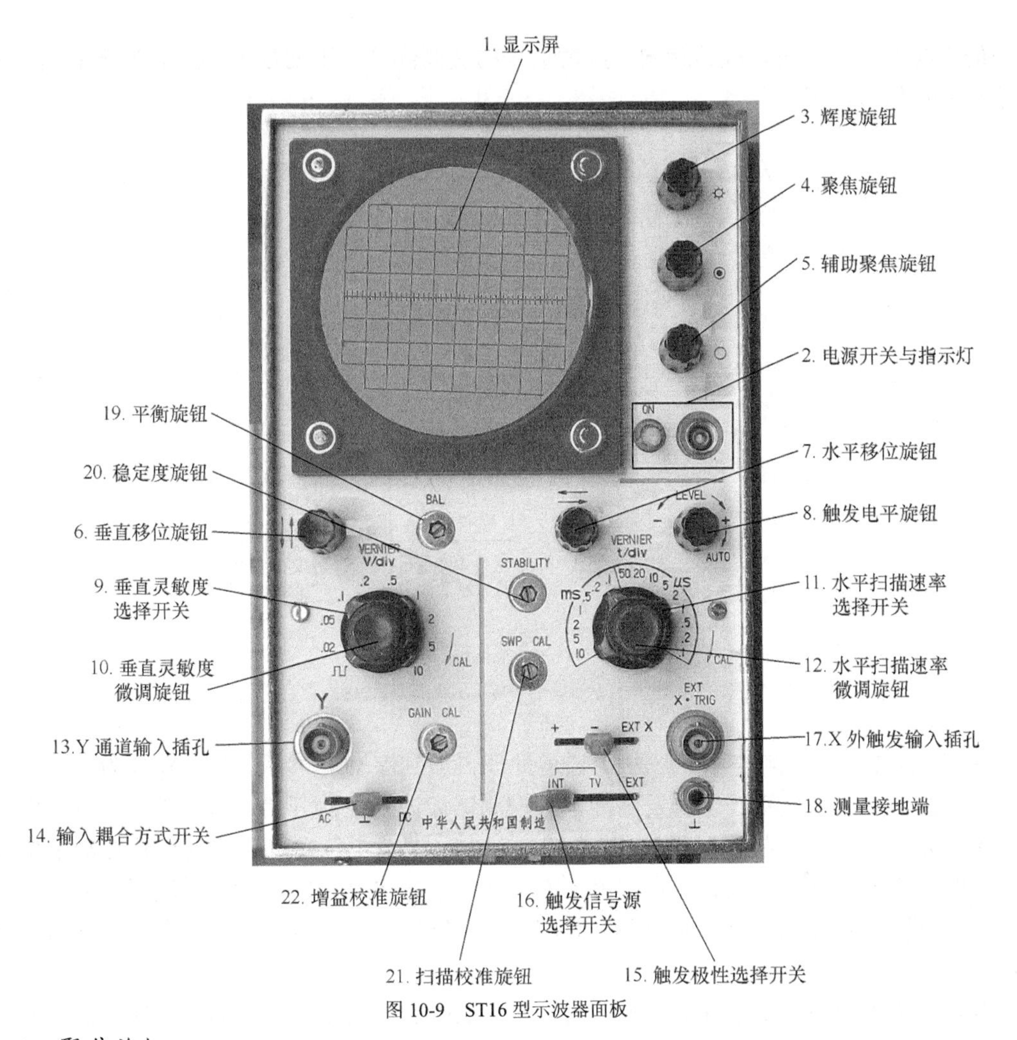

图 10-9　ST16 型示波器面板

4. 聚焦旋钮

聚焦旋钮的作用是调节显示屏上光点或扫描线的粗细，以便显示出来的信号清晰明亮。

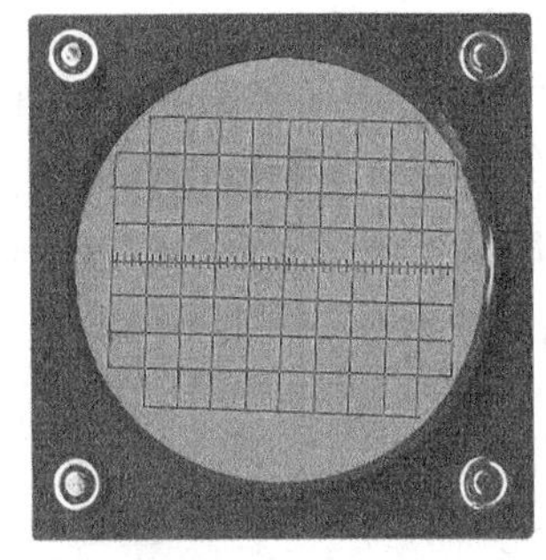

图 10-10　显示屏

5. 辅助聚焦旋钮

辅助聚焦旋钮的作用也是调节显示屏上光点或扫描线的粗细，通常与聚焦旋钮配合起来使用。

6. 垂直移位旋钮

垂直移位旋钮又称 Y 轴移位旋钮，其作用是调节屏幕上光点或信号波形在垂直方向的位置，即调节它可以让光点或信号波形在屏幕垂直方向移动。

7. 水平移位旋钮

水平移位旋钮又称 X 轴移位旋钮，其作用是调节屏幕上光点或信号波形在水平方向的位置，即调节它可以让光点或信号波形在屏幕水平方向移动。

8. 触发电平旋钮

触发电平旋钮的作用是调节触发信号波形上产生触发的电平值，顺时针旋转趋向于触发

信号的正向部分，逆时针旋转趋向于触发信号的负向部分。下面以图 10-11 为例来说明触发电平与显示信号波形的关系。

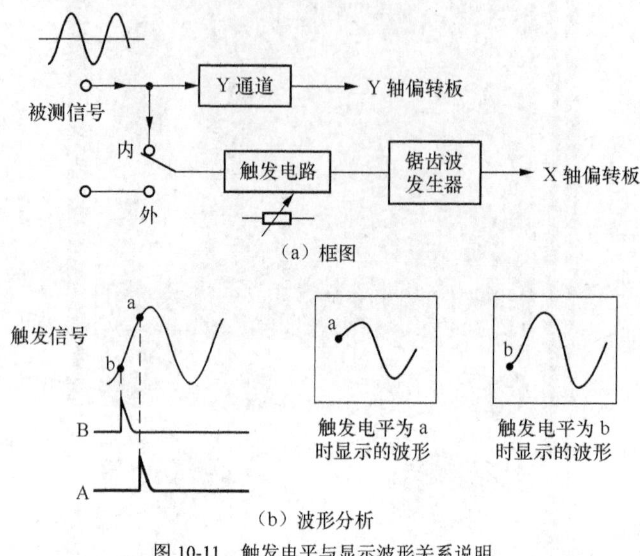

图 10-11　触发电平与显示波形关系说明

在图 10-11 中，被测信号一路去 Y 通道处理再加到 Y 轴偏转板，另一路作为触发信号送到触发电路，让触发电路产生触发脉冲，去控制锯齿波发生器开始锯齿波正程（对应电子束从左端开始扫描）。如果调节触发电路中的触发电平调节电位器，让触发电路在触发信号 a 电平来时产生触发脉冲，结果会在屏幕上产生从 a 点电平开始的图示信号波形；如果调节电位器，让触发电路在触发信号 b 电平来时产生触发脉冲，结果会在屏幕上产生从 b 点电平开始的图示信号波形。

触发电平旋钮是一个带开关的电位器，当它顺时针旋到底（即旋到“自动”位置）时会断开开关，这时触发电路处于断开状态，不会产生触发脉冲，此时锯齿波发生器也能自动产生锯齿波电压，进行自动扫描。

9. 垂直灵敏度选择开关

垂直灵敏度选择开关又称 Y 轴灵敏度步进开关，简称 V/div 开关，其作用是步进式调节屏幕上信号波形的幅度。垂直灵敏度选择开关如图 10-12 所示，它有 10 个挡位：第 1 挡是标准信号测试挡，另外是 0.02V/div～10V/div 等 9 个挡。

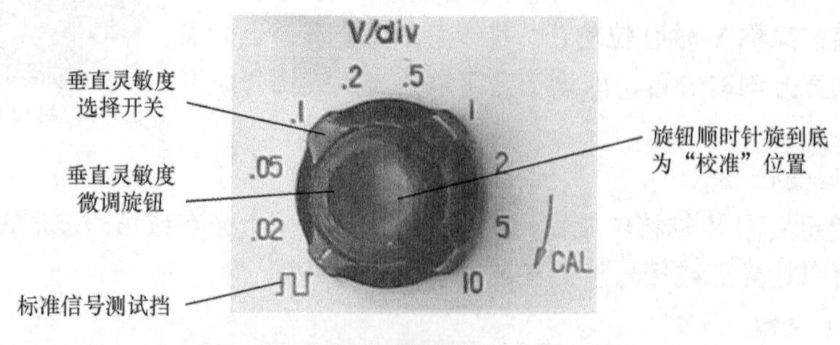

图 10-12　垂直灵敏度选择开关（V/div 开关）

同样的被测信号，选择的挡位越高，屏幕上显示的波形幅度越小。灵敏度单位为 V/div，V/div 即伏/格，其含义是屏幕垂直方向上的每个坐标格表示多少伏电压，例如当垂直灵敏度选择开关置于“0.05V/div”挡时，信号波形在屏幕上垂直方向占了两格，那么该信号电压幅度为 0.05V/div×2=0.1V。

当垂直灵敏度选择开关置于“标准信号测试挡”时，示波器内部的标准信号发生器会产生一个 100mV 的方波信号，该信号送到 Y 通道，在屏幕上就会显示出此方波信号波形，供检查示波器是否正常以及进行垂直灵敏度和水平扫描速率校正。

10. 垂直灵敏度微调旋钮

垂直灵敏度微调旋钮位于灵敏度选择开关上面，如图 10-12 所示。**垂直灵敏度微调旋钮的作用是连续调节屏幕上信号波形的幅度。**它通过改变 Y 通道放大器的增益来实现信号幅度的调节，微调范围大于 2.5 倍。**垂直灵敏度微调旋钮顺时针旋到底时为“校准”位置，在测量信号的具体电压值时要旋到此位置。**

11. 水平扫描速率选择开关

水平扫描速率选择开关又称 X 轴扫描速率步进开关，简称 t/div 开关，其作用是步进式调节屏幕上信号波形在水平方向的宽度。水平扫描速率选择开关如图 10-13 所示，它有 0.1μs/div～10ms/div 等 16 个挡位。

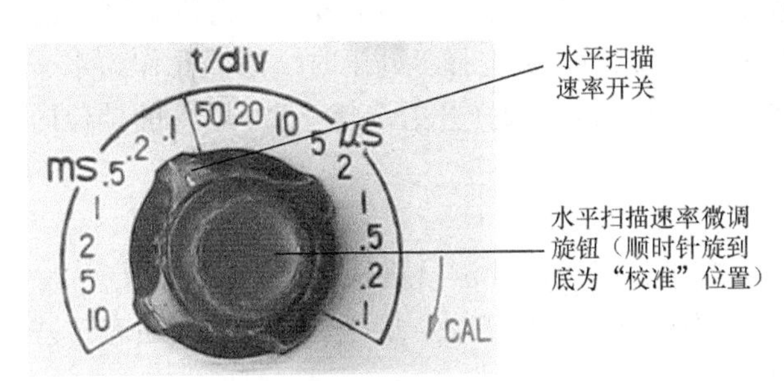

图 10-13　水平扫描速率选择开关

同样的被测信号，选择的挡位越高，屏幕上显示的信号波形越窄。水平扫描速率单位是 t/div，即时间/格，其含义是电子束在屏幕的水平方向上扫 1 格需要的时间。例如当水平灵敏度选择开关置于“2ms/div”挡时，一个周期的信号波形在屏幕上水平方向占了 4 格，那么该信号的一个周期时间为 2ms×4=8ms。

12. 水平扫描速率微调旋钮

水平扫描速率微调旋钮位于水平扫描速率选择开关上面，如图 10-13 所示。**水平扫描速率微调旋钮的作用是连续调节屏幕上信号波形在水平方向的宽度。水平扫描速率微调旋钮顺时针旋到底时为“校准”位置，在测量信号周期和频率的具体值时要旋到此位置。**

13. Y 通道输入插孔

Y 通道输入插孔输入的信号在内部送到 Y 通道电路，在测量信号时，被测信号通常是从该插孔输入的。

14. 输入耦合方式开关

输入耦合方式开关的作用是选择 Y 通道被测信号的输入耦合方式。它有“AC、接地、DC”三种方式，当开关拨到“AC”时，被测信号要经耦合电容隔离掉直流成分，只有交流成分去 Y 通道；当开关拨到“DC”时，被测信号直、交流成分都能去 Y 通道；当开关拨到“接地”时，输入端被接地，无信号去 Y 通道。

15. 触发极性选择开关

触发极性选择开关的作用是选择触发信号是上升时触发还是下降时触发扫描电路。它有三个挡位“+”、“–”、“X”，当选择“+”时，触发信号上升时触发扫描；当选择“–”时，触发信号下降时触发扫描；当触发极性选择开关选择“X”、触发信号源选择开关（后面介绍）选择“外”时，将 X·外触发输入插孔送入的信号作为水平信号送到 X 轴偏转板。

16. 触发信号源选择开关

触发信号源选择开关的作用是选择触发信号的来源。它有三个方式“内、电视场、外”，当选择“内”时，触发信号来源为 Y 通道的被测信号；当选择“电视场”时，Y 通道的被测电视信号要经过积分电路分出场同步信号，再把场同步信号作为触发信号；当选择“外”时，将 X·外触发输入插孔送入的信号作为触发信号。

17. X·外触发输入插孔

X·外触发输入插孔有两个功能：一是作为水平信号输入端，该端输入的信号直接送到 X 偏转板；二是作为外触发信号输入端，此时该端输入的信号去触发锯齿波发生器。

该插孔实现何种功能受触发极性选择开关和触发信号源选择开关的控制，当触发极性选择开关选择“X”、触发信号源选择开关选择“外”时，该插孔作为水平信号输入端；当触发信号源选择开关选择“外”、触发极性选择开关选择“X”以外的挡位时，该插孔作为外触发信号输入端。

18. 测量接地端

为了防止示波器外壳带电，可以将此测量接地端接地。

ST16 型示波器除了具有上述常用的开关、旋钮和插孔外，还有一些在正常情况时不需调节的旋钮，这里简单介绍一下。

19. 平衡旋钮

平衡旋钮的作用是调节 Y 通道输入放大器的直流电平，使之保持平衡状态。当输入放大电路不平衡时，屏幕显示的光线会随 V/div 开关和微调旋钮的转换调节而在垂直方向移动，调节平衡旋钮可以将这种移动减到最小。

20. 稳定度旋钮

稳定度旋钮的作用是通过改变扫描电路的工作状态，让扫描电路在无输入信号时处于待触发的临界状态，这样屏幕上的波形就能稳定地显示。稳定度调节过程如下：

（1）将输入耦合方式转换开关置于“接地”，垂直灵敏度选择开关置于 0.02V/div。

（2）用螺丝刀将稳定度电位器顺时针调到底，此时屏幕应出现扫描线，然后缓慢逆时针调节，直到扫描线正好消失，此位置表示扫描电路正好处于待触发的临界状态。

21. 扫描校准旋钮

扫描校准旋钮的作用是调节 X 放大器的增益来校准时基扫描线。校准过程如下：

（1）将 V/div 开关置于标准信号测试挡，让屏幕上出现 100mV 的方波信号，因为示波器产生的 100mV 的方波信号频率与市电频率一致，其频率为 50Hz，周期为 20ms，故将 t/div 开关置于 2ms，同时把 t/div 微调旋钮顺时针旋到底。

（2）观察屏幕上的 100mV 的方波信号，然后调节扫描校准旋钮，直到屏幕上 100mV 方波信号的一个周期水平宽度恰好占 10div 时为止。

22．增益校准旋钮

增益校准旋钮的作用是调节 Y 放大器的增益来校准 Y 通道的灵敏度。校准过程具体如下：

（1）将 V/div 开关置于标准信号测试挡，同时把垂直灵敏度微调旋钮顺时针旋到底（即旋到校准位置）。

（2）观察屏幕上的 100mV 的方波信号，然后调节增益校准旋钮，直到屏幕上的 100mV 方波信号幅度恰好到 5div 时为止。

10.2.3　使用方法

下面以 ST16 型示波器为例来说明单踪示波器的使用方法。

1．使用前的准备工作

示波器在使用前一般要做以下工作：

（1）**开启电源**。让示波器电源插头接上 220V 交流电压，然后将电源开关拨到“ON”，电源指示灯亮。

（2）**辉度和聚焦的调节**。将 V/div 开关置于“标准信号测试挡”、t/div 开关置于“2ms”挡、触发信号源选择开关置于“内”，这时屏幕上应出现方波信号，如果没有，可将辉度调大，同时调节水平和垂直移位旋钮将方波信号移到屏幕中央。然后调节辉度旋钮和聚焦旋钮（包括辅助聚焦），让屏幕上的方波信号波形明亮清晰。

（3）**垂直灵敏度和扫描时基的校准**。若屏幕上显示的方波信号一个周期水平方向正好为 10div，垂直方向为 5div，如图 10-14 所示，就无需进行垂直灵敏度和扫描时基的标准。如果水平方向不为 10 div，就需要用螺丝刀调节扫描校准旋钮，直到方波信号一个周期占到水平 10div 为止；如果垂直方向不为 5 div，就需要调节增益校准旋钮，直到方波信号垂直方向占到 5div 为止。

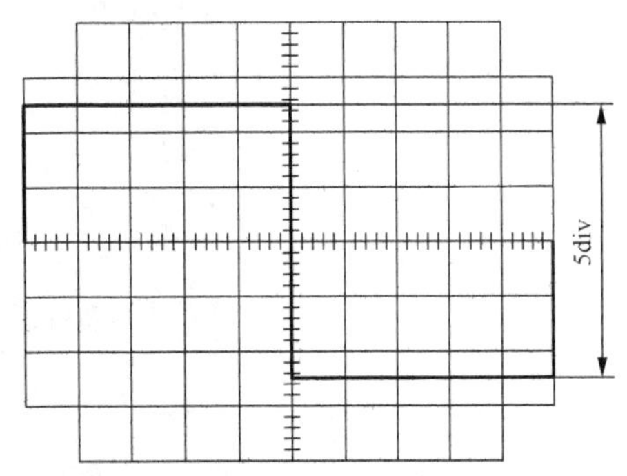

图 10-14　垂直灵敏度和扫描时基的校准

（4）**接入探极**。将一个 10∶1 的探极插入 Y 通道输入插孔，被测信号由此探极进入示波器。10∶1 的测量探极如图 10-15 所示。图（a）为测量探极的实物图，图（b）为探极的内部电路，从探极内部电路可以看出，R_1、C_1 和 R_2、C_2 组成一个衰减器，输入电压 U_1 经探极衰减后得到电压 U_2 送到示波器内部，这里的 $U_2=U_1/10$。在探极上有一个衰减选择开关，当拨到“×10”时输入信号被衰减 10 倍，而拨到“×1”时，输入信号不被衰减，直接去示波器。

2．信号波形的测量

信号波形的测量是示波器最基本的功能，在检测电路时，通过示波器测量电路中有无信号和信号波形是否正常，可以判断电路有无故障。下面以测量一个电路中的正弦波信号为例来说明信号波形的测量方法，测量过程如图 10-16 所示。

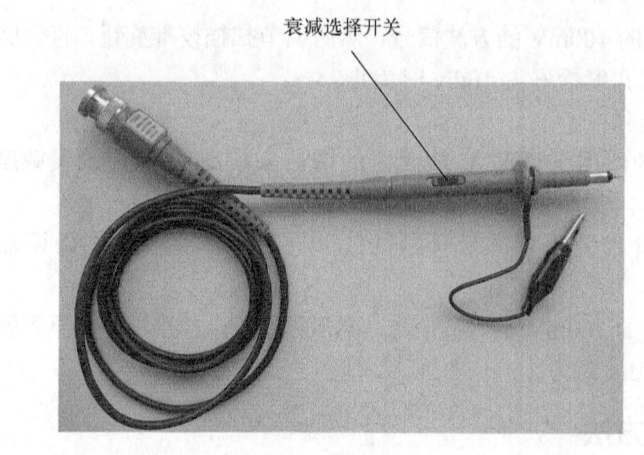

（a）实物图

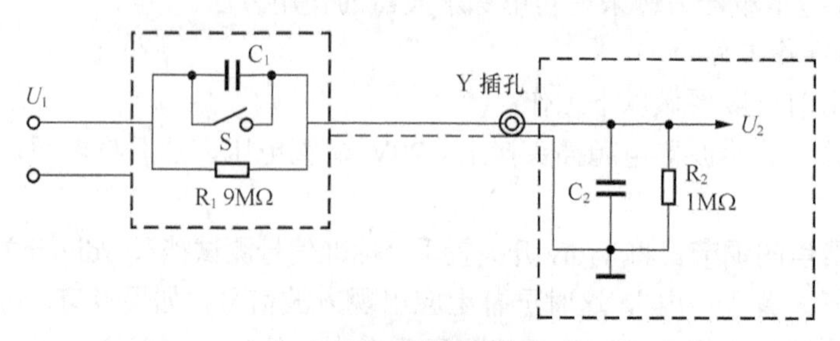

（b）10:1 探极内部电路

图 10-15　10∶1 测量探极

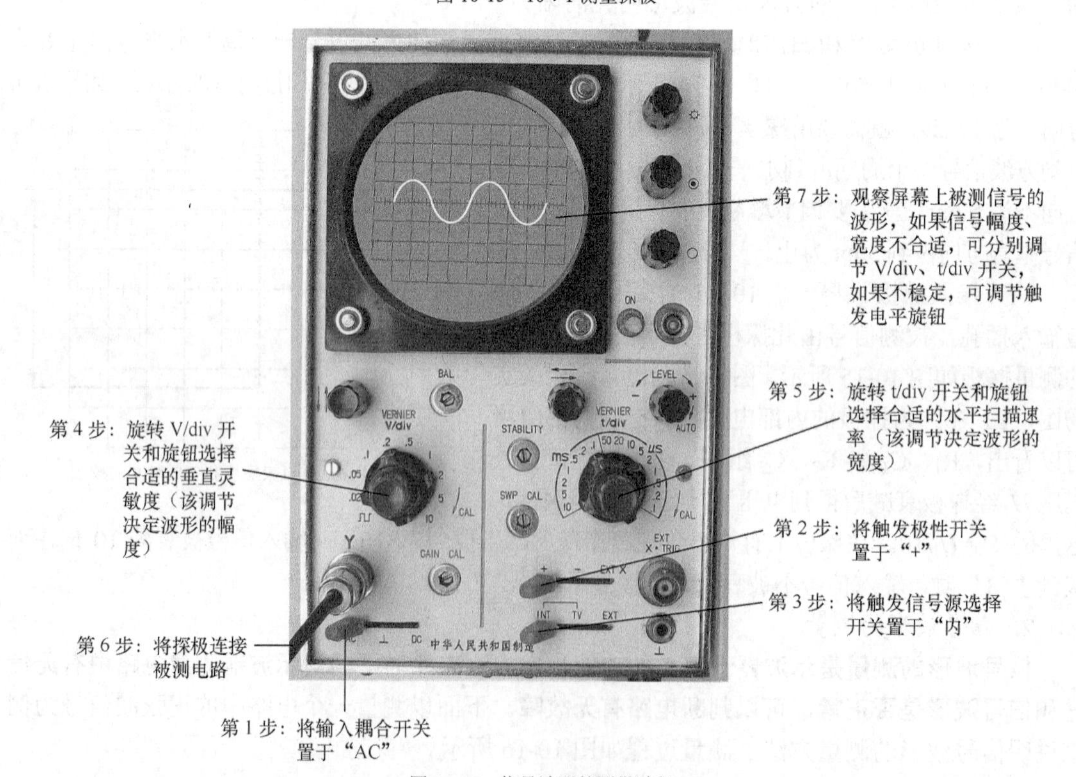

图 10-16　信号波形的测量过程

信号波形的测量过程如下：

第 1～3 步：选择输入方式、触发极性和触发信号。将输入耦合方式开关置于“AC”。将触发极性选择开关置于“+”。将触发信号源选择开关置于“内”。

第 4 步：选择合适的垂直灵敏度。估计被测信号的电压值，通过 V/div 开关来选择合适的垂直灵敏度挡位。如果被测信号电压很低，可选择低挡位，否则选择高挡位；如果无法估计被测信号电压，为安全起见，将 V/div 开关置于最高挡 10V/div，若测量发现显示的波形小，再换到合适的低挡位测量。

第 5 步：选择合适的水平扫描速率。估计被测信号的频率，通过 t/div 开关选择合适的水平扫描速率挡位。如果被测信号频率低，可选择低速率挡位（ms/div），否则选择高速率挡位（μs/div）；如果无法估计被测信号频率，可将 t/div 开关置于中间挡位测量。

第 6 步：将探极连接被测电路。将探极的接地极与被测电路的接地端连接，将探极的信号极与被测电路信号端连接。

第 7 步：观察屏幕上被测信号的波形。如果信号垂直幅度小，可以选择更低的 V/div 挡，否则选择更高挡；如果信号水平方向很密，可以选择 t/div 高速率挡位，否则选择低速率挡；如果信号波形不稳定（移动），可调节触发电平旋钮，使信号波形稳定。选择好合适 V/div 挡、t/div 挡后，可一边观察屏幕上信号波形，同时调节 V/div 挡、t/div 挡上面的微调旋钮，将屏幕上信号波形调到最佳。

3. 交流信号峰峰值、周期和频率的测量

示波器可以测量交流信号的峰峰值（峰峰值是指交流信号正峰和负峰之间的电压值），还可以测量交流信号的周期和频率。

交流信号峰峰值、周期和频率的测量与信号波形的测量过程基本相同，不同在于：

① 测量时，V/div 挡、t/div 挡上面的微调旋钮都要顺时针旋到底（校准位置）。

② 在测量完后，交流信号的峰峰值、周期和频率还要进行计算才能获得。

交流信号峰峰值、周期和频率的测量如图 10-17 所示。

交流信号峰峰值、周期和频率的测量过程如下。

第 1～3 步：选择输入方式、触发极性和触发信号。将输入耦合方式转换开关置于“AC”。将触发极性选择开关置于“+”。将触发信号源选择开关置于“内”。

第 4 步：选择合适的垂直灵敏度。估计被测信号的电压值，通过 V/div 开关来选择合适的垂直灵敏度挡位，并将 V/div 上面的微调旋钮顺时针旋到底。

第 5 步：选择合适的水平扫描速率。估计被测信号的频率，通过 t/div 开关选择合适的水平扫描速率挡位，并将 t/div 上面的微调旋钮顺时针旋到底。

第 6 步：将探极连接被测电路。将 10∶1 的探极连接被测电路。

第 7 步：观察屏幕上被测信号的波形并根据屏幕上的波形计算各项值。如果屏幕上的信号不稳定，可调节触发电平旋钮使图形稳定。

（1）交流信号峰峰值的计算

图 10-17 中的交流分量的正峰与负峰距离为 4div，V/div 开关挡位为 0.2V/div，探极衰减为 10∶1，那么交流分量的峰峰值为

$$V=4\text{div}\times0.2\text{V/div}\times10=8\text{V}$$

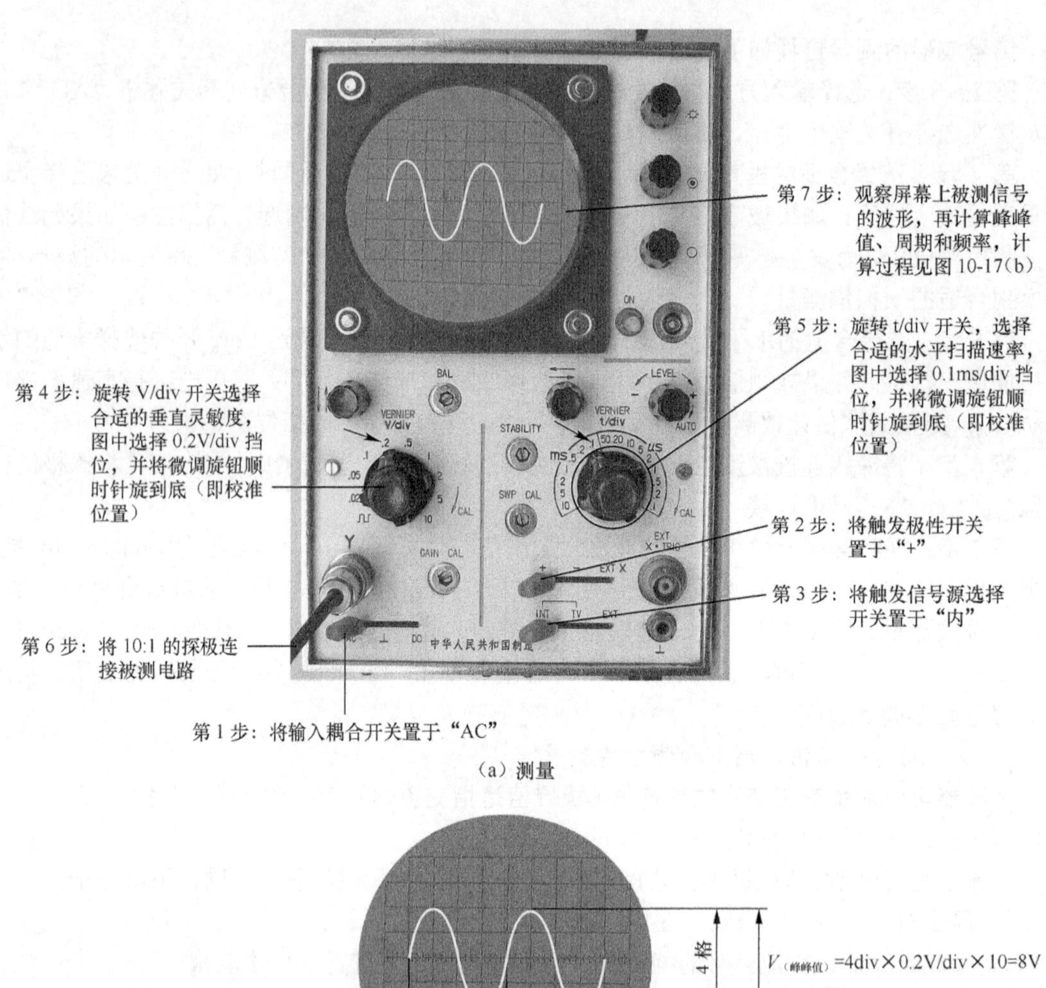

（a）测量

4格

$V_{（峰峰值）}$=4div×0.2V/div×10=8V

4格

T=4div×0.1ms/div=0.4ms

f=1/T=1/0.4ms=2.5kHz

（b）计算

图10-17　交流信号峰峰值、周期和频率的测量

（2）周期和频率的计算

图10-17中的交流信号的一个周期占了4div，t/div开关挡位为0.1ms/div，那么交流信号的周期为

$$T=4\text{div}\times0.1\text{ms/div}=0.4\text{ms}$$

交流信号的频率为

$$f=1/T=1/0.4\text{ms}=25000\text{Hz}=2.5\text{kHz}$$

4. 含直流成分的交流信号的测量

示波器可以测量含直流成分的交流信号，包括直流成分的大小、交流成分的大小和交流

信号某点的瞬时值。含直流成分的交流信号的测量操作如图 10-18 所示。

含直流成分的交流信号的测量过程如下。

第 1～4 步：将输入耦合方式转换开关置于“⊥”，将触发极性选择开关置于“+”，将触发信号源选择开关置于“内”，再将触发电平旋钮旋到“Auto”（自动）位置，这时屏幕上会出现水平一条扫描线。

第 5 步：估计被测信号的电压值，通过 V/div 开关来选择合适的垂直灵敏度挡位，并将 V/div 上面的微调旋钮顺时针旋到底。

第 6 步：估计被测信号的频率，通过 t/div 开关选择合适的水平扫描速率挡位，并将 t/div 上面的微调旋钮顺时针旋到底。

第 7 步：调节垂直移位旋钮，将水平扫描线移到合适的位置作为零基准线（0V）。

第 8 步：将输入耦合方式开关切换到“DC”位置。

第 9 步：将 10∶1 的探极连接被测电路。

第 10 步：观察屏幕上被测信号的波形并根据屏幕上的波形计算各项值。如果屏幕上的信号不稳定，可调节触发电平旋钮使图形稳定。

下面计算被测信号的直、交流分量和交流某点瞬时值。

（1）直流分量的计算

在图 10-18（c）中，直流分量的电平与零基准电平距离为 3div，V/div 开关挡位为 0.2V/div，探极衰减为 10∶1，那么直流分量的电压大小

$$U_{直}=3\text{div}\times0.2\text{V/div}\times10=6\text{V}$$

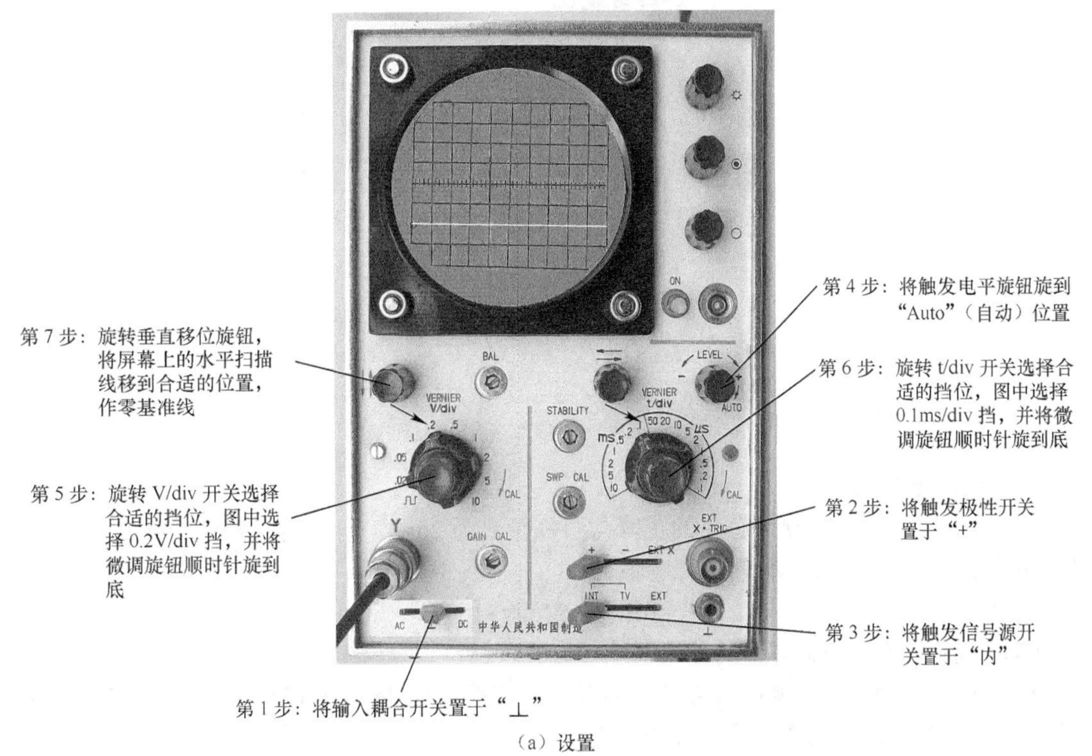

（a）设置

图 10-18 含直流成分的交流信号的测量过程

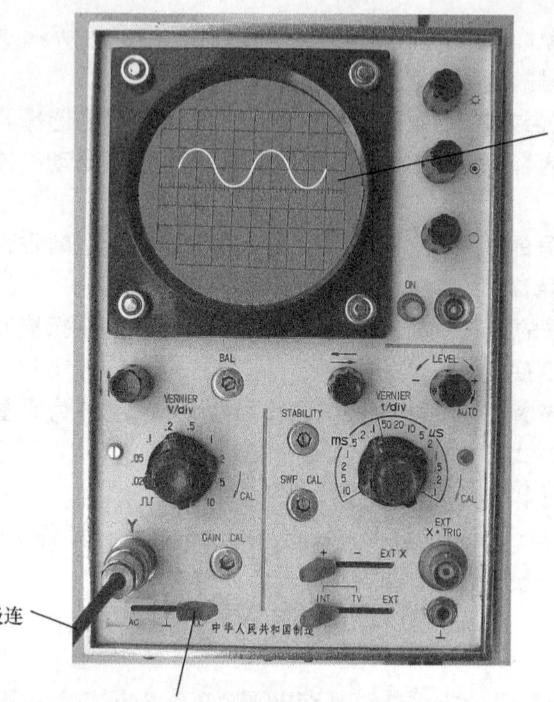

第 10 步：观察屏幕上被测信号的波形，再按图 6-18（c）计算直流分量、交流分量和某点瞬时值

第 9 步：将 10:1 的探极连接被测信号

第 8 步：将输入耦合开关切换到“DC”位置

（b）测量

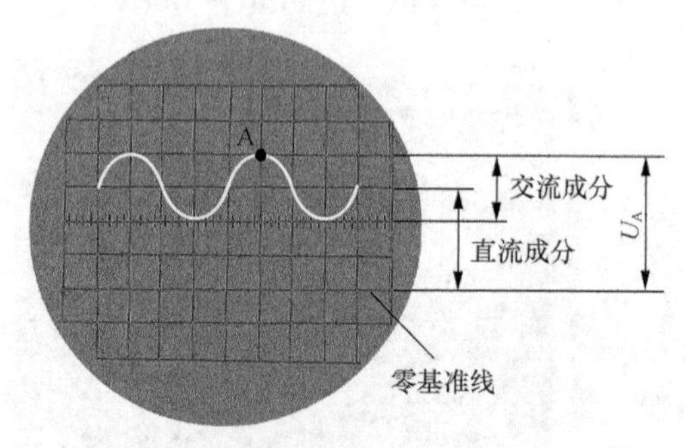

$U_直$=3div×0.2V×10=6V
$U_交$=2div×0.2V×10=4V
U_A=4div×0.2V×10=8V

（c）计算

图 10-18　含直流成分的交流信号的测量过程（续）

（2）交流分量的计算

在图 10-18（c）中，交流分量的正峰与负峰距离为 2div，V/div 开关挡位为 0.2V/div，探极衰减为 10∶1，那么交流分量的峰峰值为

$$V=2\text{div}\times0.2\text{V/div}\times10=4\text{V}$$

（3）交流信号 A 点瞬时值的计算

在图 10-18（c）中，交流信号 A 点与零基准电平距离为 4div，V/div 开关挡位为 0.2V/div，探极衰减为 10∶1，那么交流信号 A 点瞬时值

$$U_A=4\text{div}\times0.2\text{V/div}\times10=8\text{V}$$

10.3　双踪示波器

在实际测量过程中，常常需要同时观察两个（或两个以上）频率相同的信号，以方便比较分析，这就要用到双踪（或多踪）示波器。多踪示波器和双踪示波器的原理基本相同，而双踪示波器应用更广泛，所以本节主要介绍双踪示波器。

10.3.1　工作原理

双踪示波器主要有两种：一种采用双束示波管的示波器；另一种是采用单束示波管的示波器。

双束示波管的双踪示波器采用一种双束示波管，如图 10-19 所示，内部有两个电子枪和偏转板，它们相互独立，但共用一个荧光屏，在测量时只要将两个信号送到各自的偏转板，两个电子枪发射出来的电子束就在荧光屏不同的位置分别扫出两个信号波形。

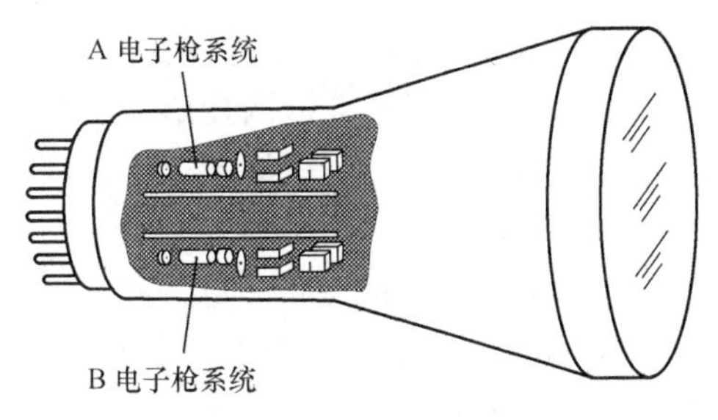

图 10-19　双束示波管结构

单束示波管的双踪示波器采用与单踪示波器一样的示波管，由于这种示波管只有一个电子枪，为了在荧光屏上同时显示两个信号波形，需要通过转换的方式来实现。

双束示波管的双踪示波器由于采用了成本高的双束示波管，并且需要相应两套偏转电路和 Y 通道，所以测量时具有干扰少、各信号的调节方便、波形显示清晰明亮和测量误差小的优点，但因为它的价格贵、功耗大，所以普及率远远不如单束示波管的双踪示波器。这里主要介绍广泛应用的单束示波管的双踪示波器。

1. *多波形显示原理*

单束示波管只有一个电子枪，要实现在一个屏幕上显示两个波形，可以采用两种扫描方式：一种是交替转换扫描；另一种是断续转换扫描。

（1）交替转换扫描

交替转换扫描是在扫描信号（锯齿波电压）的一个周期内扫出一个通道的被测信号，而在下一个周期内扫出另一个通道的被测信号。下面以图 10-20 所示的示意图来说明交替转换扫描原理。

当 $0\sim t_2$ 期间的锯齿波电压送到 X 偏转板时，电子开关置于“1”，Y_1 通道的 U_{Y1} 信号的 A 段经开关送到 Y 偏转板，在屏幕上扫出 U_{Y1} 信号的 A 段。

当 $t_2\sim t_4$ 期间的锯齿波电压送到 X 偏转板时，电子开关切换到“2”，Y_2 通道的 U_{Y2} 信号的 B 段经开关送到 Y 偏转板，在屏幕上扫出 U_{Y2} 信号的 B 段。

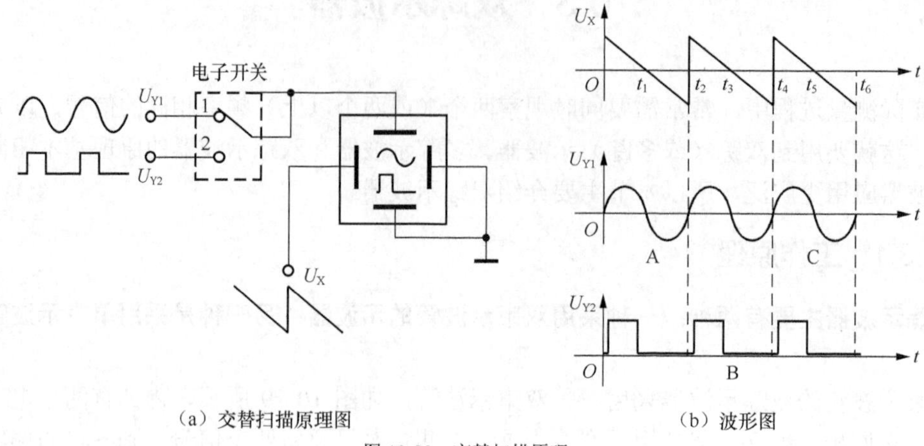

（a）交替扫描原理图　　（b）波形图

图 10-20　交替扫描原理

当 t_4～t_6 期间的锯齿波电压送到 X 偏转板时，电子开关又切换到“1”，Y_1 通道的 U_{Y1} 信号的 C 段经开关送到 Y 偏转板，在屏幕上扫出 U_{Y1} 信号的 C 段。

如此反复，U_{Y1} 和 U_{Y2} 信号的波形在屏幕被依次扫出，两个信号会先后显示出来，但由于荧光粉的余晖效应，U_{Y2} 信号波形扫出后 U_{Y1} 信号波形还在显示，故在屏幕上能同时看见两个通道的信号波形。

为了让屏幕上能同时稳定显示两个信号的波形，要满足：

① 要让两个信号能在屏幕不同的位置显示，要求两个通道的信号中直流成分不同。

② 要让两个信号能同时在屏幕上显示，要求电子开关切换频率不能低于人眼视觉暂留时间（约 0.04s），否则将会看到两个信号先后在屏幕上显示出来。所以这种方式不能测频率很低的信号。

③ 为了保证两个信号都能同步，要求两个被测信号频率都是锯齿波信号的整数倍。

由于交替转换扫描不是完整将两个信号扫出来，而是间隔选取每个信号一部分进行扫描显示，对于周期性信号因为每个周期是相同的，这种方式是可行的，但对于非周期性信号，每个周期的波形可能不同，这样扫描会漏掉一部分信号。

交替转换扫描不适合测量频率过低的信号和非周期信号。

（2）断续转换扫描

交替转换扫描不适合测量频率过低的信号和非周期信号，而采用断续转换扫描方式可以测这些信号。

断续转换扫描是先扫出一个通道信号的一部分（远小于一个周期），再扫出另一个通道信号的一部分，接着又扫出第一个通道信号的一部分，结果会在屏幕上扫出两个通道的断续信号波形。下面以图 10-21 所示的示意图来说明断续转换扫描原理。

在图 10-21（a）中，电子开关受 U_S 信号的控制，当高电平来时，开关接“1”，低电平来时，开关接“2”。

当 U_S 信号的第 1 个脉冲来时，开关 S 置于“1”，U_{Y1} 信号的 a 段到来，它通过开关加到 Y 偏转板，在屏幕上扫出 U_{Y1} 信号的 a 段。

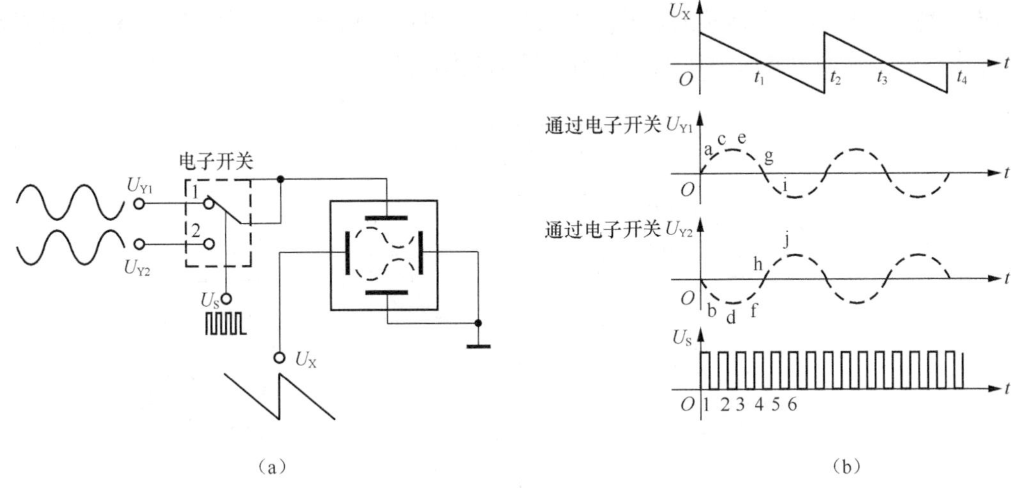

图 10-21　断续转换扫描原理

当 U_S 信号的第 2 个脉冲来时，开关 S 置于“2”，U_{Y2} 信号的 b 段到来，它通过开关加到 Y 偏转板，在屏幕上扫出 U_{Y2} 信号的 b 段。

当 U_S 信号的第 3 个脉冲来时，开关 S 置于“1”，U_{Y1} 信号的 c 段到来，它通过开关加到 Y 偏转板，在屏幕上扫出 U_{Y1} 信号的 c 段。

当 U_S 信号的第 4 个脉冲来时，开关 S 置于“2”，U_{Y2} 信号的 d 段到来，它通过开关加到 Y 偏转板，在屏幕上扫出 U_{Y2} 信号的 d 段。

如此反复，U_{Y1} 和 U_{Y2} 信号的波形在屏幕被同时扫描显示出来，但由于两个信号不是连续而是断续扫描出来，所以屏幕上显示出来两个信号波形是断续的，如图 10-21（b）所示。如果开关控制信号 U_S 频率很高，那么扫描出来的信号相邻段间隔小，如果间隔足够小，眼睛难于区分出来，信号波形看起来就是连续的。

断续转换扫描的优点是在整个扫描正程内，两个信号都能同时被扫描显示出来，可以比较容易测出低频和非周期信号，但由于是断续扫描，故显示出来的波形是断续的，测量时可能会漏掉瞬变的信号。另外，为了防止显示的波形断续间隙大，要求电子开关的切换频率远大于被测信号的频率。

2. 双踪示波器的组成

双踪示波器的组成框图如图 10-22 所示。

从图中可以看出，**与单踪示波器比较，双踪示波器主要多了一个 Y 通道和电子开关控制电路。双踪示波器的电子开关工作状态有“交替”、“断续”、“A”、“B”和“A+B”几种**。下面来分别介绍这几种工作状态。

（1）交替状态

当示波器工作在交替状态时，在扫描信号的一个周期内，控制电路让电子开关将 Y_A 通道与末级放大电路接通，在扫描信号的下一个周期来时，电子开关将 Y_B 通道与末级放大电路接通。在这种状态下，屏幕上先后显示两个通道被测信号，因为荧光粉的余晖效应，会在屏幕上同时看见两个信号波形。

（2）断续状态

当示波器工作在断续状态时，在扫描信号的每个周期内，控制电路让电子开关反复将 Y_A、

Y_B通道交替与末级放大电路接通，Y_A、Y_B通道断续的被测信号经放大后送到 Y 轴偏转板。在这种状态下，屏幕上同时显示两个通道断续的被测信号。

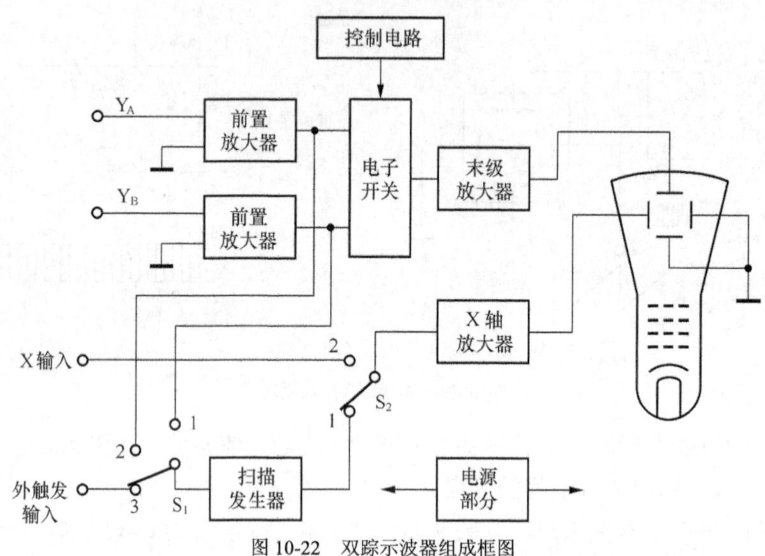

图 10-22　双踪示波器组成框图

（3）"A" 状态

当示波器工作在"A"状态时，控制电路让电子开关将Y_A通道一直与末级放大电路接通，Y_A通道的被测信号经放大后送到 Y 轴偏转板。在这种状态下，屏幕上只显示Y_A通道的被测信号。

（4）"B" 状态

当示波器工作在"B"状态时，控制电路让电子开关将Y_B通道一直与末级放大电路接通，Y_B通道的被测信号经放大后送到 Y 轴偏转板。在这种状态下，屏幕上只显示Y_B通道的被测信号。

（5）"A+B" 状态

当示波器工作在"A+B"状态时，控制电路让电子开关同时将Y_A、Y_B通道与末级放大电路接通，Y_A、Y_B通道两个被测信号经叠加再放大后送到 Y 轴偏转板。在这种状态下，屏幕上显示上Y_A、Y_B通道信号的叠加波形。

10.3.2　面板介绍

双踪示波器的种类很多，功能和使用方法基本相同，下面以 XJ4328 型双踪示波器为例来说明。XJ4328 型双踪示波器的面板如图 10-23 所示。

1. 显示屏

显示屏用来直观显示被测信号波形。显示屏外形如图 10-24 所示，在显示屏上标有 8 行 10 列的坐标格，XJ4328 型双踪示波器采用方形屏，在屏幕正中央有一个十字架状的坐标，坐标将每个坐标格从横、纵方向分成五等份。

2. 电源开关与指示灯

电源开关按下时为"ON"，接通仪器内部电源，电源开关旁边的指示发光。

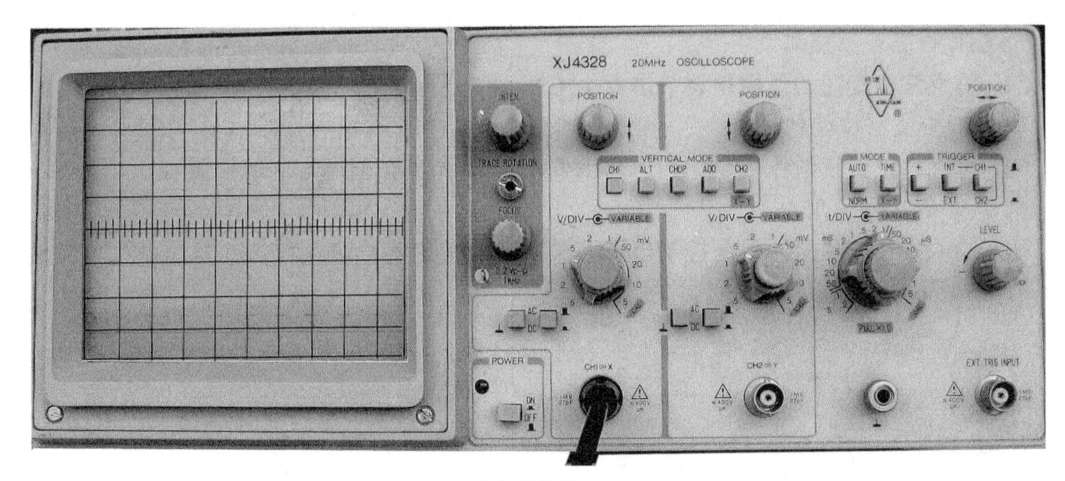

（a）整体图

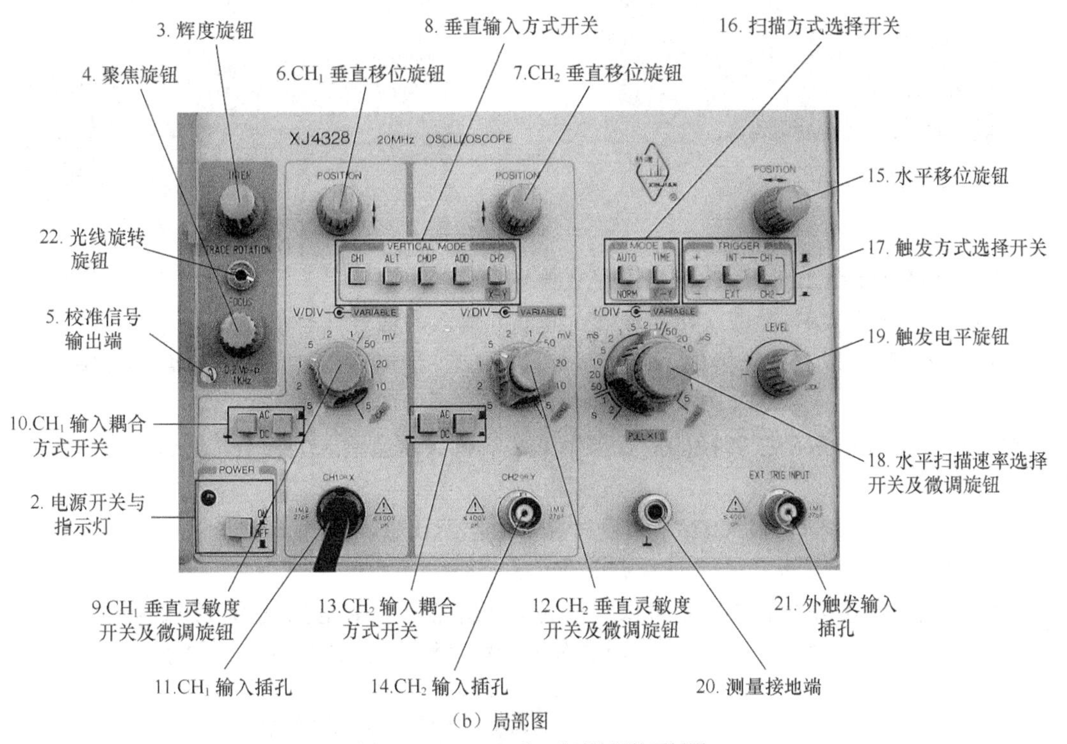

（b）局部图

图 10-23　XJ4328 型双踪示波器的面板图

3. 辉度旋钮

辉度旋钮又称亮度旋钮，其作用是调节显示屏上光点或扫描线的明暗程度。

4. 聚焦旋钮

聚焦旋钮的作用是调节显示屏上光点或扫描线的粗细，以便显示出来的信号看上去清晰明亮。

5. 校准信号输出端

该端可以输出幅度为 0.2V（峰峰值）、频率为 1kHz 的方波信号。该方波信号用作检验和校准示波器。

6. CH_1 垂直移位旋钮

CH_1 垂直移位旋钮的作用是调节屏幕上 CH_1 通道光迹在垂直方向的位置。

7. CH_2 垂直移位旋钮

CH_2 垂直移位旋钮的作用是调节屏幕上 CH_2 通道光迹在垂直方向的位置。

8. 垂直输入方式开关

垂直输入方式开关的作用是控制电子开关来选择被测信号输入方式。垂直输入方式开关如图 10-25 所示，**它可以选择 5 种方式。**

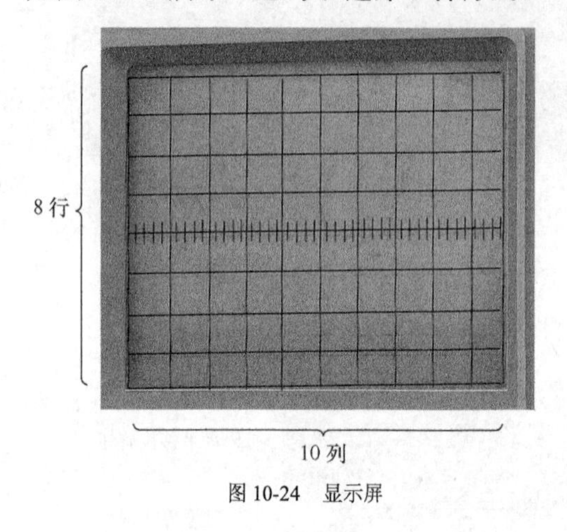

图 10-24　显示屏

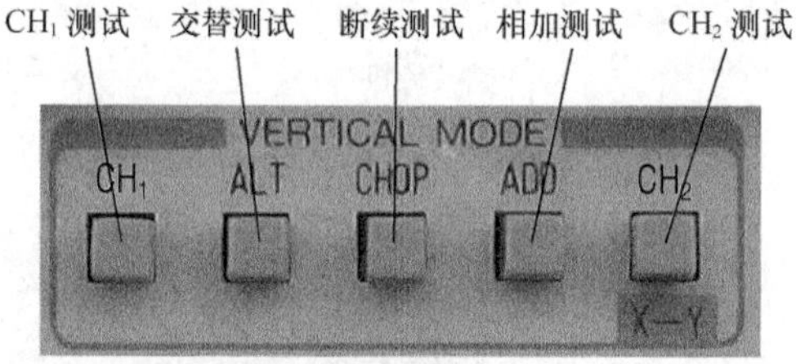

CH₁ 测试　交替测试　断续测试　相加测试　CH₂ 测试

VERTICAL MODE

CH₁　ALT　CHOP　ADD　CH₂

X—Y

图 10-25　垂直输入方式开关

CH_1：单独显示 CH_1 通道（相当于 YA 通道）输入的信号。

CH_2：单独显示 CH_2 通道（相当于 YB 通道）输入的信号。

ALT（交替）：以交替转换的形式显示 **CH_1、CH_2** 通道输入的信号，适合测频率较高的信号。

CHOP（断续）：以断续转换的形式显示 **CH_1、CH_2** 通道输入的信号，适合测频率较低的信号。

ADD（相加）：将 **CH_1、CH_2** 通道信号叠加后显示出来。

9. CH_1 垂直灵敏度开关及微调旋钮

CH_1 垂直灵敏度开关的作用是可以步进式调节屏幕上 CH_1 通道信号波形的幅度。垂直灵敏度选择开关如图 10-26 所示，它按 1-2-5 分为 10 个挡位（5mV/DIV～5V/DIV）。

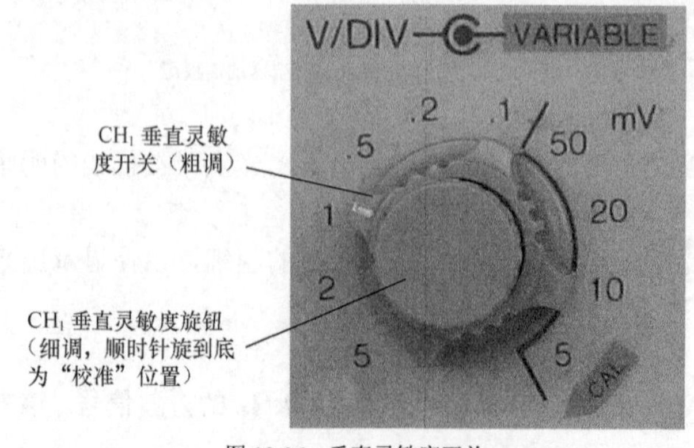

图 10-26　垂直灵敏度开关

垂直灵敏度微调旋钮位于灵敏度选择开关上面，其作用是连.续调节屏幕上 CH_1 通道信号波形的幅度。垂直灵敏度微调旋钮顺时针旋到底时为校准位置，在测量信号具体电压值时要旋到此位置。

10. CH_1 输入耦合方式开关

CH_1 输入耦合方式开关的作用是选择 CH_1 通道被测信号的输入方式。它有两个开关：左边一个为“接地”开关，按下将输入端接地；右边一个为“AC”、“DC”方式选择开关，按下选择“DC”，弹起选择“AC”。

11. CH_1 输入插孔

该插孔将被测信号送入 CH_1 通道。

12. CH_2 垂直灵敏度开关及微调旋钮

CH_2 垂直灵敏度开关的作用是步进式调节屏幕上 CH_2 通道信号波形的幅度。

垂直灵敏度微调旋钮的作用是连续调节屏幕上 CH_2 通道信号波形的幅度。垂直灵敏度微调旋钮顺时针旋到底时为校准位置，在测量信号的具体电压值时要旋到此位置。

13. CH_2 输入耦合方式开关

CH_2 输入耦合方式开关的作用是选择 CH_2 通道被测信号的输入方式。它有两个开关，能选择“接地、AC、DC”三种输入方式。

14. CH_2 输入插孔

该插孔将被测信号送入 CH_2 通道。

15. 水平移位旋钮

水平移位旋钮的作用是调节屏幕上光迹在水平方向的位置，即调节它可以让光迹在屏幕水平方向移动。

16. 扫描方式选择开关

扫描方式选择开关用于选择扫描工作方式。置于“自动”时，扫描电路处于自激状态（无信号控制状态）；置于“触发”时，扫描电路受触发信号控制；置于“X-Y”并让垂直输入方式开关所有按钮都弹起时，可以让示波器进行 X-Y 方式测量，有关 X-Y 测量方式在后面会有介绍。

17. 触发方式选择开关

触发方式选择开关用于选择触发方式，共有三个按钮开关。

“+/–”按钮：弹起为“+”，按下为“–”，测量正脉冲前沿及负脉冲后沿宜用“+”，测量负脉冲前沿及正脉冲后沿宜用“–”。

“INT/EXT”按钮：弹起为“INT（内触发）”，触发信号取自 CH_1 或 CH_2 通道，按下为“EXT（外触发）”，触发信号来自外触发输入插孔。

“CH_1/CH_2”按钮：弹起为“CH_1”，触发信号取自 CH_1 通道的信号，按下为“CH_2”，触发信号取自 CH_2 通道的信号。

18. 水平扫描速率选择开关及微调旋钮

水平扫描速率选择开关简称 t/DIV 开关，其作用是步进式调节屏幕上信号波形在水平方向的宽度。水平扫描速率选择开关如图 10-27 所示，它按 1-2-5 形式从 0.5μs/DIV～0.2s/DIV 分为 18 个挡位。

水平扫描速率微调旋钮位于水平扫描速率选择开关上面，如图 10-27 所示，**其作用是连**

续调节屏幕上信号波形在水平方向的宽度，当它被拉出时，波形变宽 10 倍。水平扫描速率微调旋钮顺时针旋到底时为校准位置，在测量信号的具体周期值时要旋到此位置。

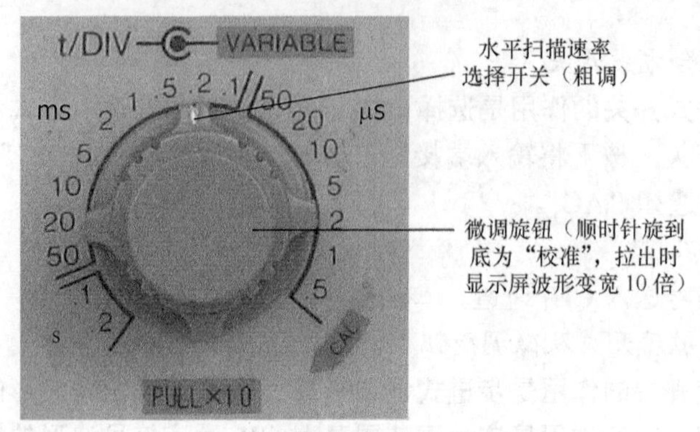

图 10-27　水平扫描速率选择开关

19. 触发电平旋钮

触发电平旋钮的作用是调节触发信号波形上产生触发的电平值，顺时针旋转趋向于触发信号的正向部分，逆时针旋转趋向于触发信号的负向部分，当逆时针旋至“**LOCK**（锁定）”位置时，触发点将自动处于被测波形的中心电平附近。

20. 测量接地端

为了防止示波器外壳带电，可以在该处将仪器接地。

21. 外触发输入插孔

该插孔用于输入外触发信号。

22. 光线旋转旋钮

光线旋转旋钮的作用是调节扫描基线，让它与屏幕水平坐标平行。

10.3.3　使用方法

1. 使用前的准备工作

（1）使用注意事项

① 在使用前要将示波器后面板上的“220/110V”的电源切换开关拨到“220V”；

② 输入端不要输入过高的电压；

③ 显示屏光迹辉度不要调得过亮。

（2）在接通电源前，请将面板上有关开关、按钮置于表 10-1 所示的位置，并将 10∶1 的探极一端插入 CH_1 插孔。

表 10-1　　面板控制件开机前的置位

面板控制件	置位	面板控制件	置位
垂直方式	CH_1		
AC、⊥、DC	AC 或 DC	扫描方式	自动
V/DIV	50mV/DIV	触发源	CH_1
X、Y 微调	校准	极性	+
X、Y 位移	居中	t/DIV	1ms/DIV

（3）按下电源开关，指示灯亮，同时屏幕上出现水平一条扫描线。

（4）将探极测量端接到校准信号输出端，这时屏幕会出现方波信号，然后调节辉度和聚焦旋钮，使方波信号清晰明亮。

2. 信号波形的测量

双踪示波器有 CH_1 和 CH_2 两个垂直通道，在测量一个信号时可以利用任意一个通道，也可以用两个通道同时测量两个信号。

（1）一个信号的测量

① 用 CH_1 通道测量。用 CH_1 通道测量信号的操作如图 10-28 所示。

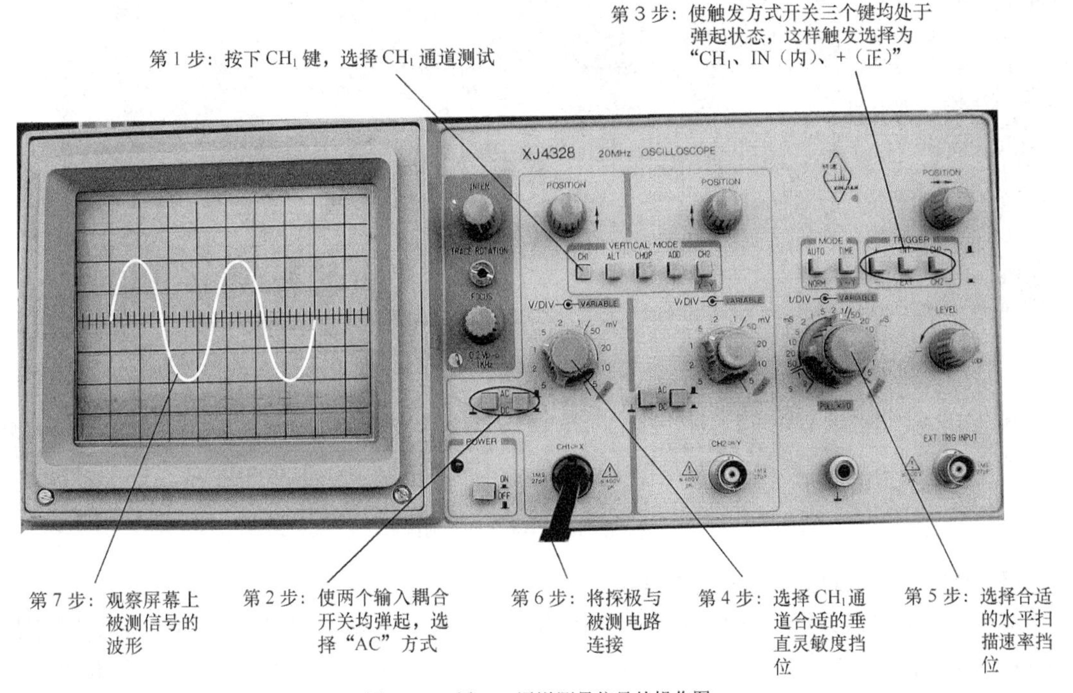

图 10-28　用 CH_1 通道测量信号的操作图

用 CH_1 通道测量信号的操作过程如下。

第 1～3 步：选择通道、输入方式和触发方式。按下垂直输入方式开关中的“CH_1”按钮，选择 CH_1 通道；将 CH_1 输入耦合方式开关置于“AC”；将触发方式开关置于“内”和“CH_1”（即让两个键处于弹起状态）。

第 4 步：选择合适的 CH_1 通道垂直灵敏度挡位。估计被测信号的电压值，通过 CH_1 通道的 V/DIV 开关来选择合适的垂直灵敏度挡位。

第 5 步：选择合适的水平扫描速率挡位。估计被测信号的频率，通过 t/DIV 开关选择合适的水平扫描速率挡位。

第 6 步：将 CH_1 插孔探极与被测电路连接。将探极的接地极与被测电路的地相接，将探极的信号极与被测电路信号端连接。

第 7 步：观察屏幕上被测信号的波形。如果信号波形垂直幅度过大或过小，可转换为 V/DIV 挡，同时调节 V/DIV 挡上面的微调旋钮；如果信号水平方向过宽或过窄，可转换 t/DIV 挡位，同时调节 t/DIV 挡上面的微调旋钮；如果信号波形不同步，可调节触发电平旋钮，使信号波形稳定。

② 用 CH_2 通道测量。用 CH_2 通道测量一个信号的方法与用 CH_1 通道测量基本相同，其测量操作如图 10-29 所示。

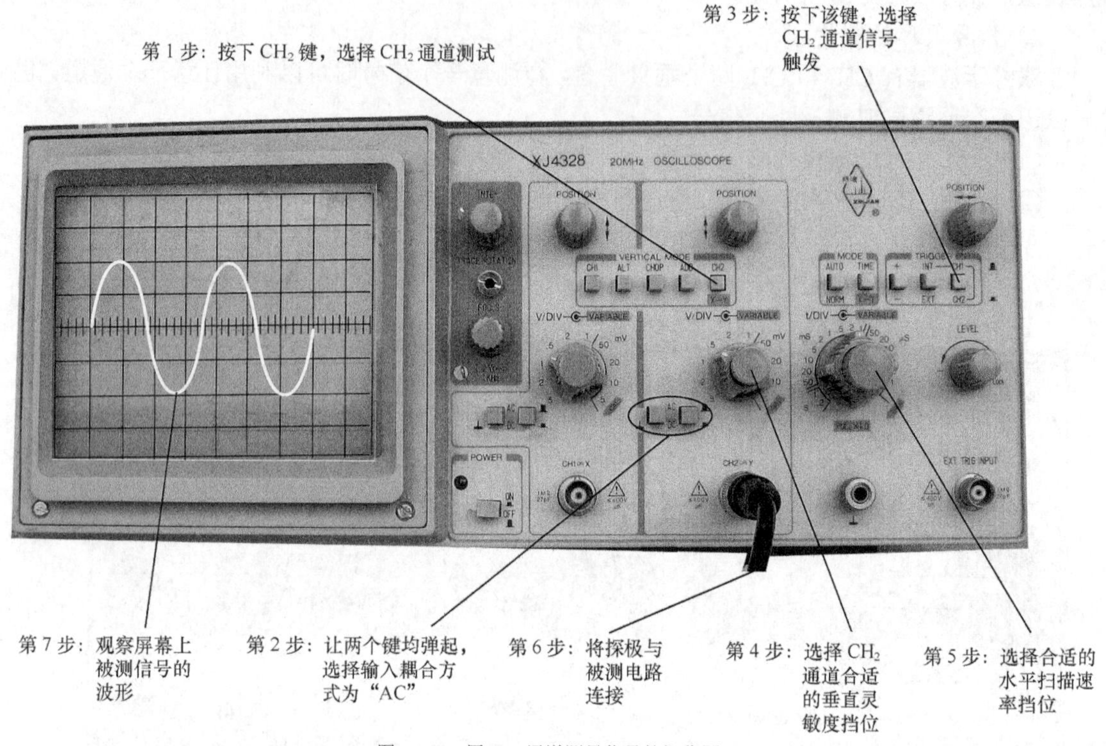

图 10-29　用 CH_2 通道测量信号的操作图

用 CH_2 通道测量信号的操作过程如下。

第 1～3 步：选择通道、输入方式和触发方式。按下垂直输入方式开关中的“CH_2”按钮，选择 CH_2 通道；将 CH_2 输入耦合方式开关置于“AC”；将触发方式开关置于“内”和“CH_2”（将 CH_2 键按下）。

第 4 步：选择合适的 CH_2 通道垂直灵敏度挡位。估计被测信号的电压值，通过 CH_2 通道的 V/DIV 开关来选择合适的垂直灵敏度挡位。

第 5 步：选择合适的水平扫描速率挡位。估计被测信号的频率，通过 t/DIV 开关选择合适的水平扫描速率挡位。

第 6 步：将 CH_2 插孔探极与被测电路连接。将探极的接地极与被测电路的地相接，将探极的信号极与被测电路信号端连接。

第 7 步：观察屏幕上被测信号的波形。如果信号波形垂直幅度过大或过小，可转换 V/DIV 挡位，同时调节 V/DIV 挡上面的微调旋钮；如果信号水平方向过宽或过窄，可转换 t/DIV 挡位，同时调节 t/DIV 挡上面的微调旋钮；如果信号波形不同步，可调节触发电平旋钮，使信号波形稳定。

（2）两个信号的测量

XJ4328 型双踪示波器两个信号的测量有四种方式：交替、断续、相加和 X-Y。

① 交替方式测量。交替方式测量操作如图 10-30 所示。

交替方式测量的具体步骤如下。

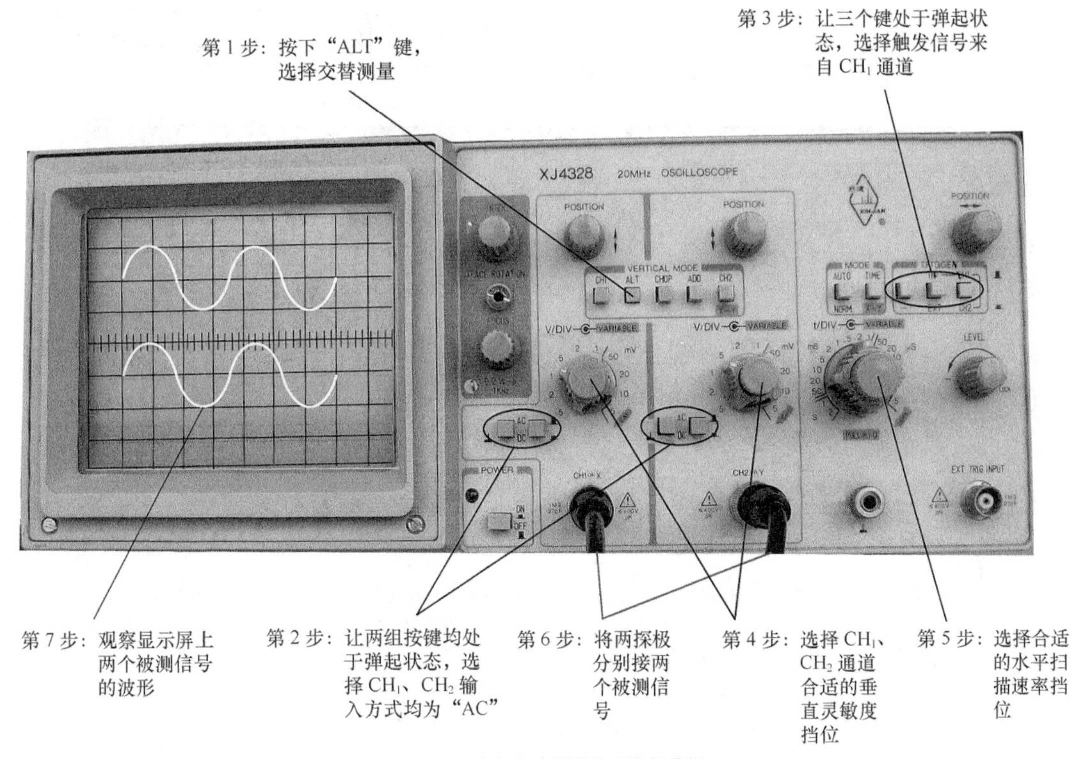

图 10-30　交替方式测量信号的操作图

第 1 步：选择交替测量方式。按下垂直输入方式开关中的“ALT”按钮，选择交替方式。

第 2、3 步：选择 CH_1、CH_2 通道输入方式和触发方式。将 CH_1、CH_2 输入方式开关都置于“AC”，将触发方式开关置于“内”和“CH_1”（即让 CH_1 通道的信号作为触发信号）。

第 4 步：选择合适的 CH_1、CH_2 通道垂直灵敏度挡位。估计 CH_1、CH_2 通道被测信号的电压值，通过 CH_1、CH_2 通道的 V/DIV 开关来选择各自通道合适的垂直灵敏度挡位。

第 5 步：选择合适的水平扫描速率挡位。估计被测信号的频率，通过 t/DIV 开关选择合适的水平扫描速率挡位。

第 6 步：从 CH_1、CH_2 输入插孔输入两个被测信号。将两个探极分别插入 CH_1 输入插孔和 CH_2 输入插孔，然后分别输入两个被测信号。

第 7 步：观察屏幕上显示的两个被测信号的波形并进行调节。

如果两个信号中某个信号波形垂直幅度过大或过小，可转换相应通道的 V/DIV 挡，同时调节 V/DIV 挡上面的微调旋钮。

如果信号波形水平方向过宽或过窄，可转换 t/DIV 挡位，同时调节 t/DIV 挡上面的微调旋钮。

如果两个信号在屏幕上垂直方向距离过近或过远，可调节 CH_1 或 CH_2 通道的垂直移位旋钮将各自的信号移到合适的位置。

因为测量时选择 CH_1 通道信号作为被测信号，所以两个信号中往往只有 CH_1 信号是同步的，这是正常现象，如果 CH_1 信号波形不同步，可调节触发电平旋钮，使信号波形稳定，如果需要 CH_2 信号同步，可让触发方式开关选择“内”和“CH_2”。

② 断续方式测量。断续方式测量与交替方式测量过程基本相同，测量操作如图 10-31 所示。

断续方式测量的具体步骤如下。

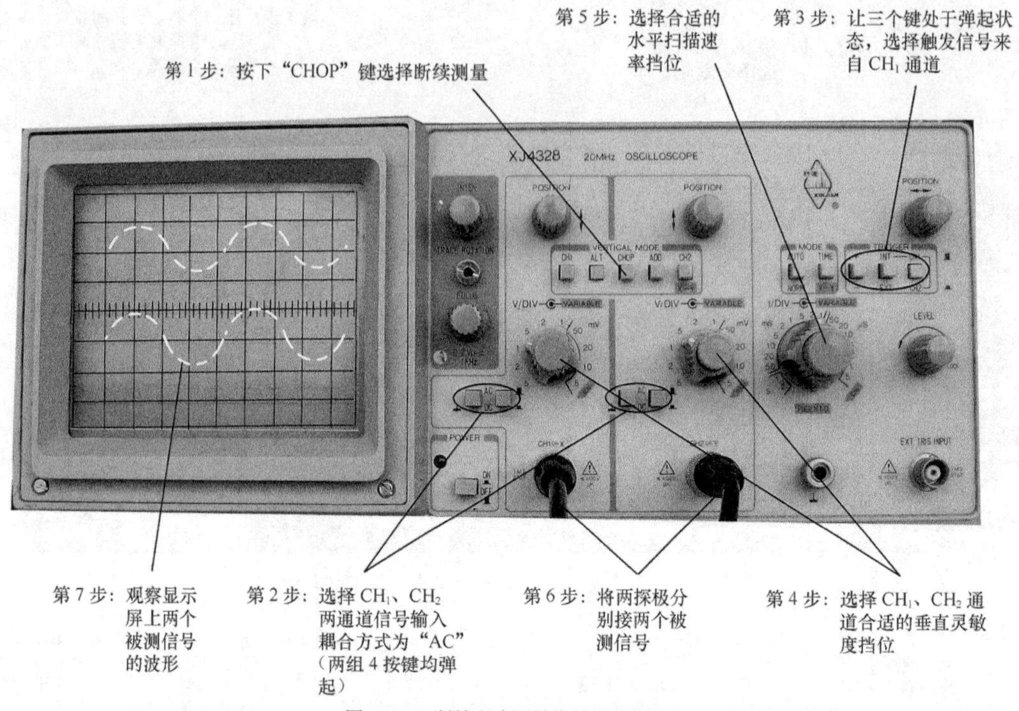

图 10-31　断续方式测量信号的操作图

第 1 步：选择断续方式测量。按下垂直输入方式开关中的“CHOP”按钮，选择断续方式。

第 2、3 步：选择 CH_1、CH_2 通道输入方式和触发方式。将 CH_1、CH_2 输入方式开关都置于“AC”，将触发方式开关置于“内”和“CH_1”。

第 4 步：选择合适的 CH_1、CH_2 通道垂直灵敏度挡位。

第 5 步：选择合适的水平扫描速率挡位。

第 6 步：从 CH_1、CH_2 输入插孔输入两个被测信号。

第 7 步：观察屏幕上显示的两个被测信号的波形并进行调节。由于断续方式扫描出来的两个信号是断续的，屏幕上显示出来的波形亮度较交替方式偏暗，如果选择低速率的水平扫描速率挡测量时，还会看见两个波形是由许多小点组成的。

③ 相加方式测量。相加测量是指将 CH_1、CH_2 通道信号相加后再显示出来，测量操作如图 10-32 所示。

相加测量具体步骤如下。

第 1 步：选择相加方式测量。按下垂直输入方式开关中的“ADD”按钮，选择相加测量方式。

第 2、3 步：选择 CH_1、CH_2 通道输入方式和触发方式。将 CH_1、CH_2 输入方式开关都置于“AC”，将触发方式开关置于“内”和“CH_1”。

第 4 步：选择合适的 CH_1、CH_2 通道垂直灵敏度挡位。

第 5 步：选择合适的水平扫描速率挡位。

第 6 步：从 CH_1、CH_2 输入插孔输入两个被测信号。

第 7 步：观察屏幕上被测信号的波形并进行调节。两个信号相加后在屏幕上会出现一个信号，如果两个被测信号相位、频率相同，相加后的信号相位、频率不变，但幅度会变大；如果两个被测信号相位、频率不相同，相加后得到的信号情况就比较复杂。

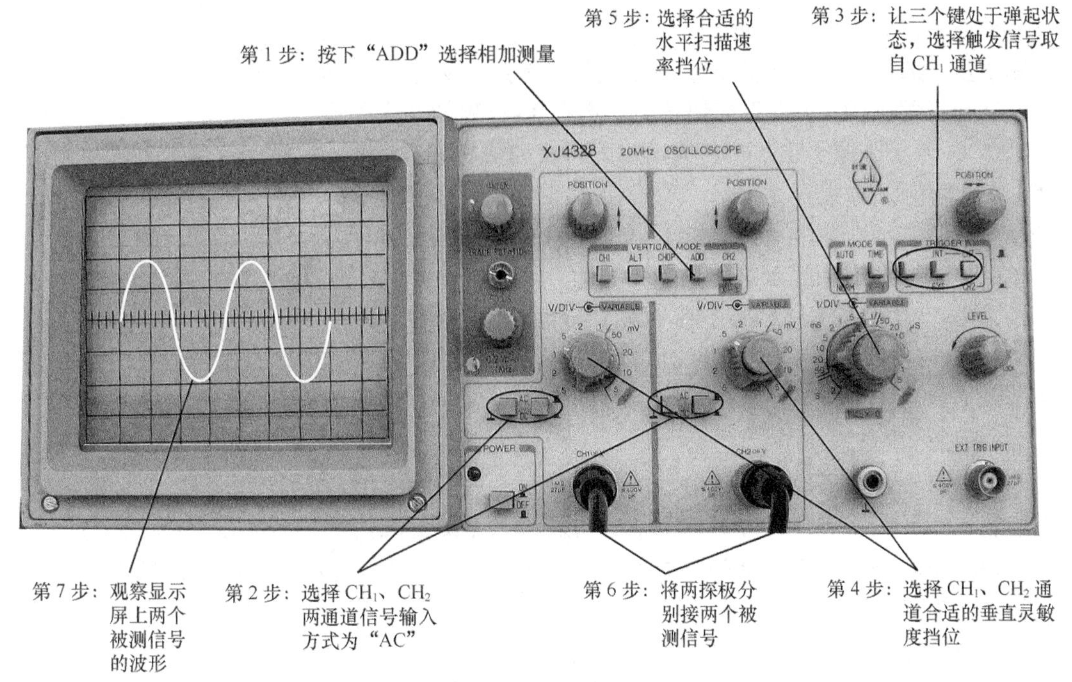

图 10-32　相加方式测量信号的操作图

④ X-Y 方式测量。X-Y 方式测量是将 CH_1 通道的信号送到 X 轴偏转板（即用 CH_1 通道的信号取代内部产生的锯齿波电压），而 CH_2 通道的信号仍送到 Y 轴偏转板。X-Y 方式测量操作如图 10-33 所示。

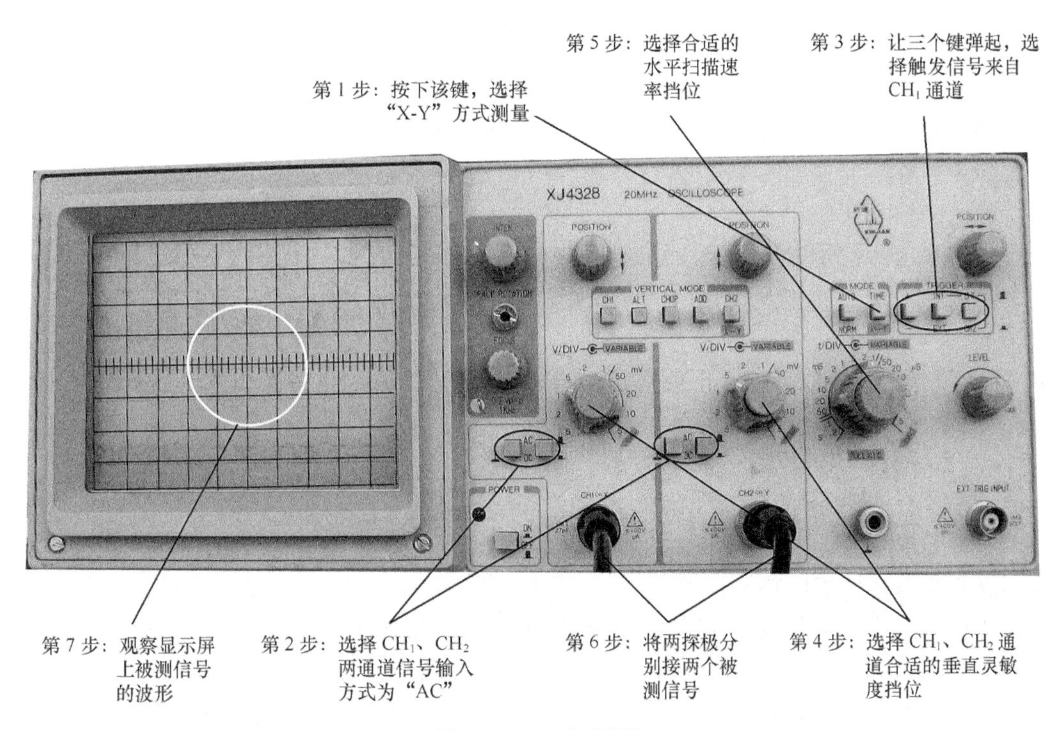

图 10-33　X-Y 方式测量

X-Y 方式测量具体步骤如下。

第 1 步：选择 X-Y 方式测量。让垂直输入方式开关中所有的按钮都处于弹起状态，将扫描方式选择开关中的“X-Y”按钮按下，选择 X-Y 测量方式。

第 2、3 步：选择 CH_1、CH_2 通道输入方式和触发方式。将 CH_1、CH_2 输入方式开关都置于“AC”，将触发方式开关置于“内”和“CH_1”。

第 4 步：选择合适的 CH_1、CH_2 通道垂直灵敏度挡位。

第 5 步：选择合适的水平扫描速率挡位。

第 6 步：从 CH_1、CH_2 输入插孔输入两个被测信号。

第 7 步：观察屏幕上被测信号的波形并进行调节。在 X-Y 方式测量时，根据两个被测信号的不同，屏幕上会显示出各种各样的李沙育图形，图中是一个圆形。

3. 相位的测量

与单踪示波器一样，双踪示波器可以测量交流信号的波形、峰峰值、瞬时值、直流成分的大小和周期、频率等，另外，双踪示波器还可以测量交流信号的相位。

双踪示波器可以测量两个频率相同信号之间的相位差，测量相位有两种常见的方法：波形比较法和李沙育图形法。

（1）波形比较法

波形比较法是让示波器以断续的方式测量出两个信号的波形，再将两波形进行比较而计算出两个信号的相位差。

波形比较法的测量操作如图 10-34（a）所示，测量步骤如下。

第 1～5 步：对示波器进行操作，让它进行断续方式测量，具体见前面的断续测量方式操作方法。

第 6 步：用 CH_1（X）、CH_2（Y）通道的探极各引入一个被测信号。

第 7 步：调节 CH_1、CH_2 通道垂直灵敏度开关和微调旋钮，使两个被测信号幅度相等或接近；调节 CH_1、CH_2 通道垂直移位旋钮，让两个被测信号处于同一水平。

第 8 步：观察屏幕上两个信号波形并计算它们之间的相位差。图 10-34（b）所示为示波器显示的两个信号波形。

首先观察出两信号中任一个信号周期占有的水平长度 L，然后观察两个信号同一性质点的水平距离 d，那么两个信号的相位差 $\theta=\frac{d}{L}\cdot 360^\circ$。图中信号的一个周期长度为 L=4cm（4 格），两个信号同一性质点的水平距离 d = 1cm（1 格），那么两信号的相位差

$$\theta=\frac{d}{L}\cdot 360^\circ=\frac{1}{4}\times 360^\circ=90^\circ$$

（2）李沙育图形法

李沙育图形法是让示波器以 X-Y 方式测量两个信号，再观察屏幕上显示的李沙育图形特点来计算两个信号的相位差。

李沙育图形法的测量操作如图 10-35（a）所示，测量步骤如下。

第 1～4 步：对示波器进行操作，让它进行交替或断续方式测量。

第 5 步：用 CH_1（X）、CH_2（Y）通道的探极引入两个相位不同的被测信号。

第 6、7 步：调节 CH_1、CH_2 通道垂直灵敏度开关和微调旋钮，使两个被测信号幅度相等；

调节 CH_1、CH_2 通道垂直移位旋钮，让两个被测信号处于同一水平。

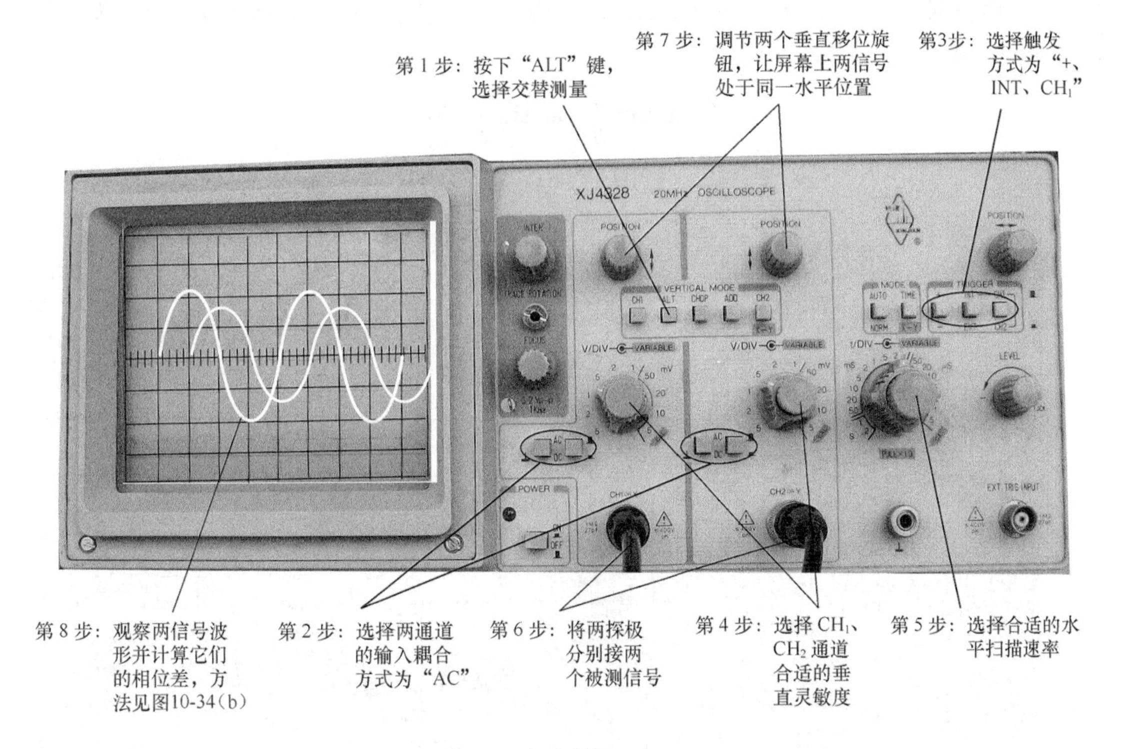

（a）测量

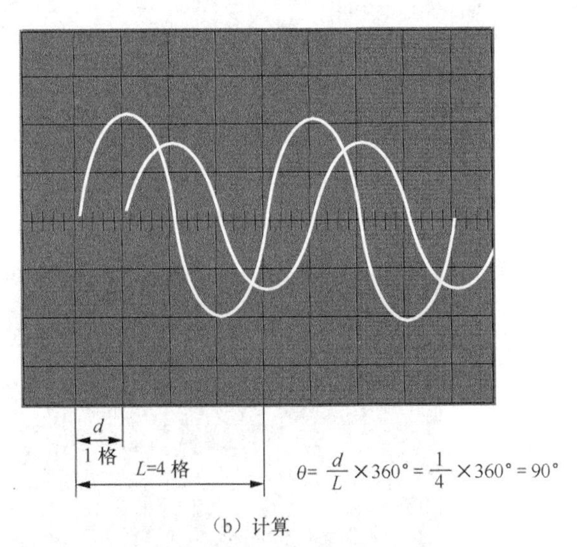

（b）计算

图 10-34 利用波形比较法测量并计算两信号相位差

第 8 步：选择 X-Y 方式测量。让垂直输入方式开关中所有的按钮都处于弹起状态，将扫描方式选择开关中的 X-Y 按钮按下，选择 X-Y 测量方式。

第 9 步：观察屏幕上显示的李沙育图形，再计算两信号的相位差。图 10-35（b）所示为示波器显示出来的李沙育图形。

首先观察出李沙育图形的波形在 Y 轴的两截点的最大距离 A 及波形在 Y 轴上占最大的距离 B，再根据$\theta=\arcsin(A/B)$就可以求出两个信号的相位差。图中的李沙育图形 A 为 2div，B 为 4div，那么两个信号的相位差

$$\theta=\arcsin\frac{A}{B}=\arcsin\frac{1}{2}=30°$$

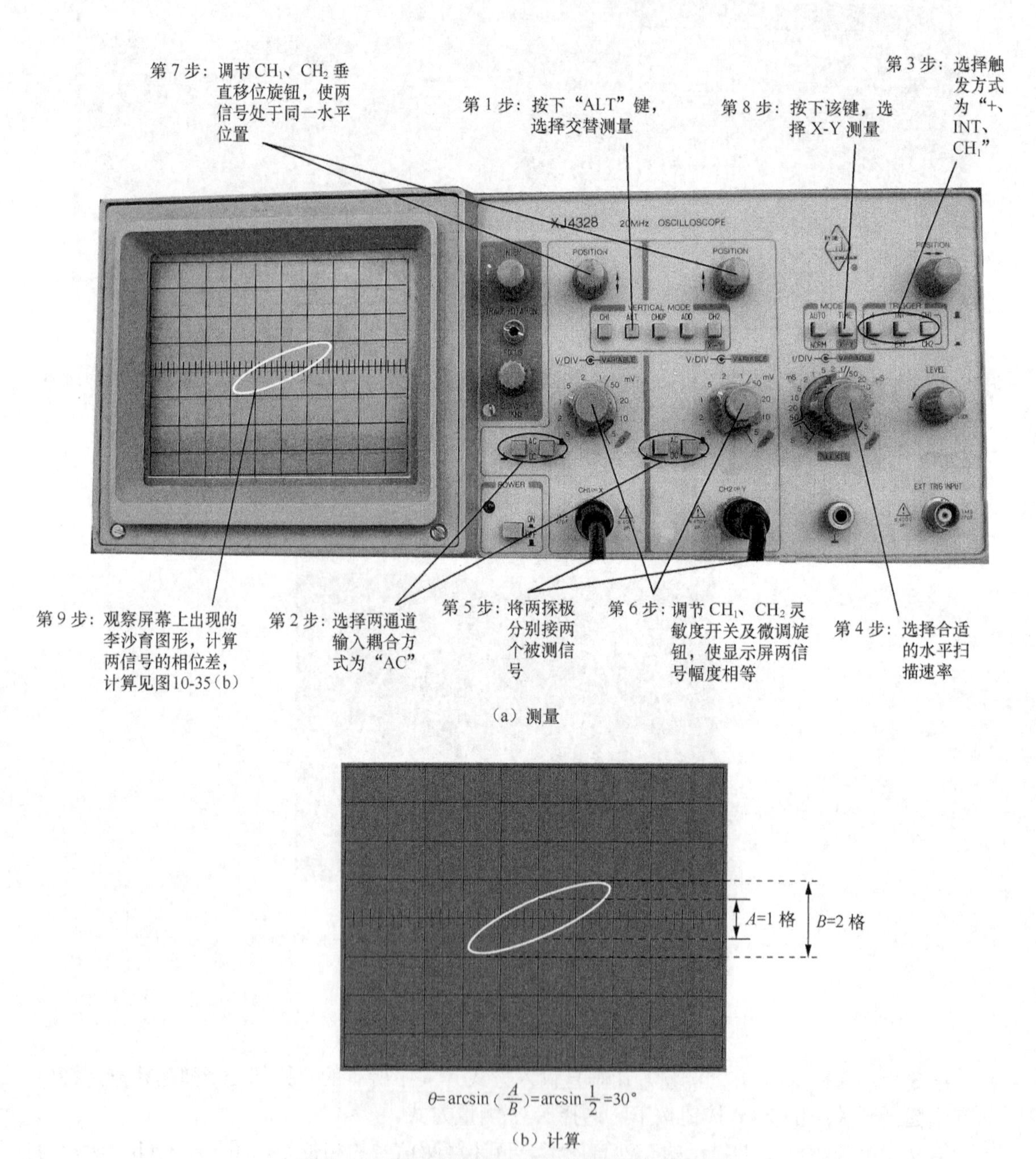

（a）测量

$$\theta=\arcsin\left(\frac{A}{B}\right)=\arcsin\frac{1}{2}=30°$$

（b）计算

图 10-35　利用李沙育图形法测量并计算被测信号的相位差

如果两个被测信号的相位相差 90°，$\theta=\arcsin\dfrac{A}{B}=\arcsin 1=90°$，李沙育图形是一个正圆。图 10-36 所示为几种典型的李沙育相位差图形，测量时可做参考。

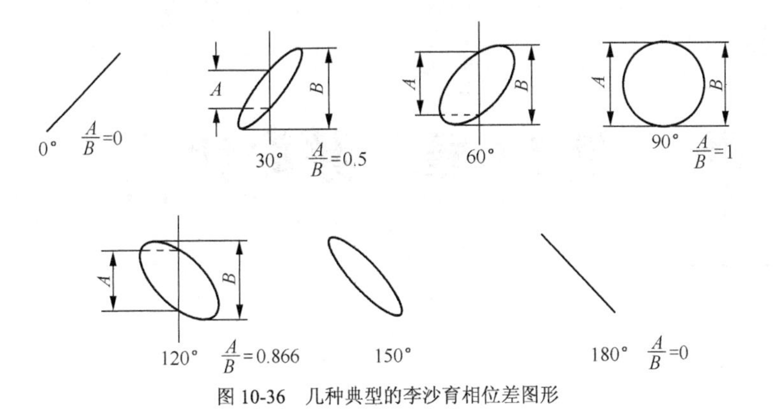

图 10-36　几种典型的李沙育相位差图形

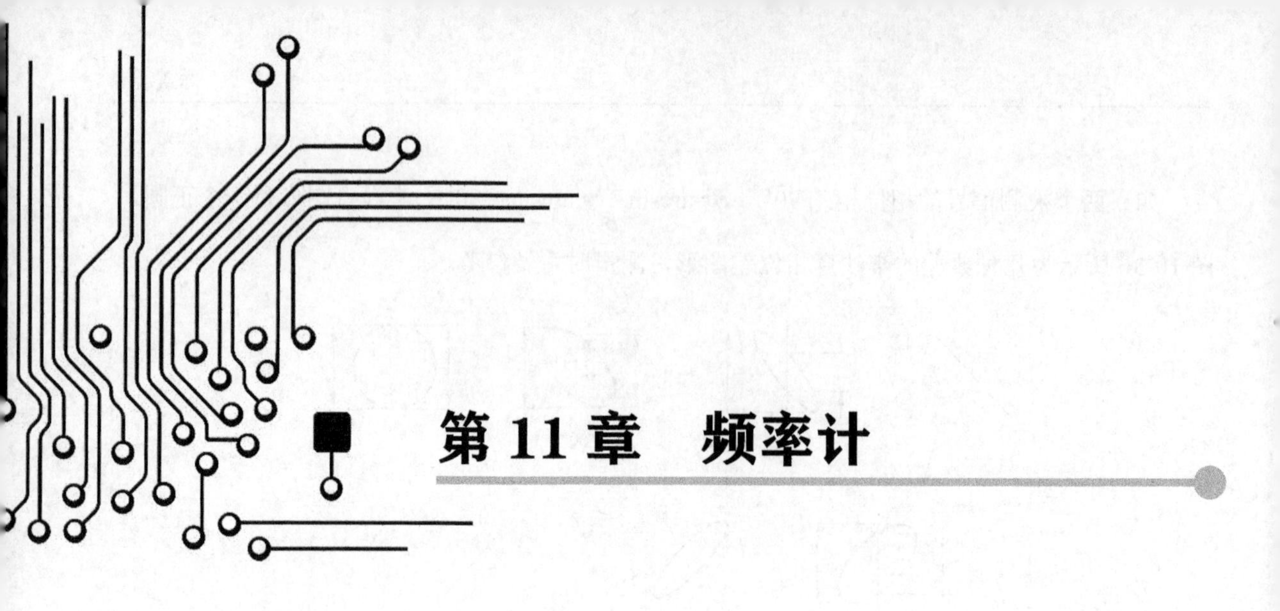

第 11 章　频率计

频率计又称电子计数器，其基本功能是测量信号的频率和周期。频率计也是一种应用较广泛的电子测量仪器。

11.1　频率计的测量原理

11.1.1　频率测量原理

频率计频率测量原理如图 11-1 所示。

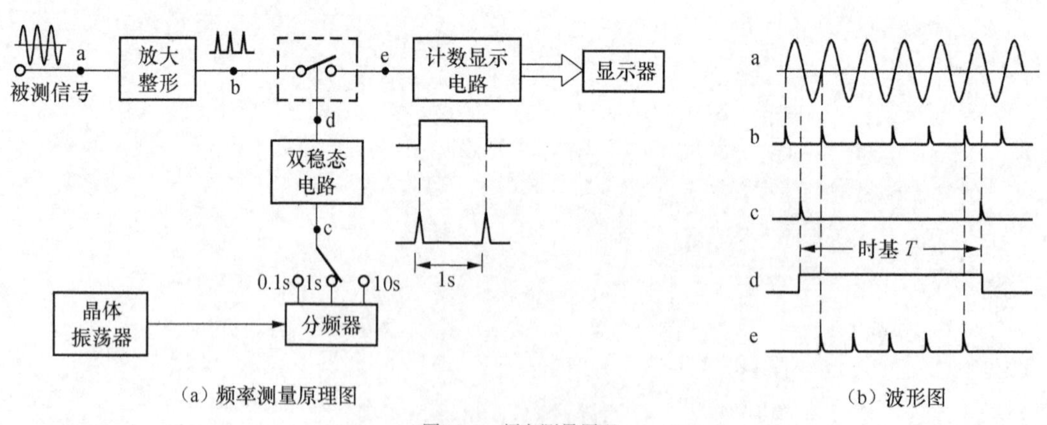

(a) 频率测量原理图　　(b) 波形图

图 11-1　频率测量原理

被测信号（a 信号）经放大整形电路处理后得到图示的 b 信号，b 信号频率与 a 信号相同，它被送到闸门电路。闸门电路相当于一个受控的开关，d 信号高电平来时闭合，低电平来时断开。

与此同时，晶体振荡器产生一定频率的交流信号，该信号送到分频器，根据选择可以进行不同的分频，比如时基开关 S 置于“1s”时，分频器可以将振荡器产生的信号分频成周期 T=1s（频率 f=1Hz）的 c 信号。T=1s 的 c 信号送到双稳态电路，控制它产生脉冲宽度为 1s 的 d 信号，d 信号送到闸门电路，闸门打开（相当于开关闭合），打开时间为 1s，在闸门打开的期间，b 信号有 5 个脉冲通过闸门到计数显示电路，计数显示电路对它进行计数并在显示器上显示“5”，就表示被测信号的频率 f=5/1=5Hz。

如果时基开关 S 置于“0.1s”，分频器会输出 T=0.1s 的 c 信号，该信号触发双稳态电路产生脉冲宽度为 0.1s 的 d 信号，去控制闸门电路使之打开时间持续 0.1s，如果在这段时间内 b 信号通过的脉冲个数为 5，计数显示电路计数后在显示器上显示“5”，那么被测信号的频率 f=5/0.1=50Hz。

由此可见，**频率计测量频率的原理是：让计数电路计算被测信号在 t 时间内（如 10s 内）通过闸门的脉冲个数 N（如 50 个），那么被测信号的频率 f=N/t（f=50/10=5Hz）**。

11.1.2　周期测量原理

频率计周期测量原理如图 11-2 所示。

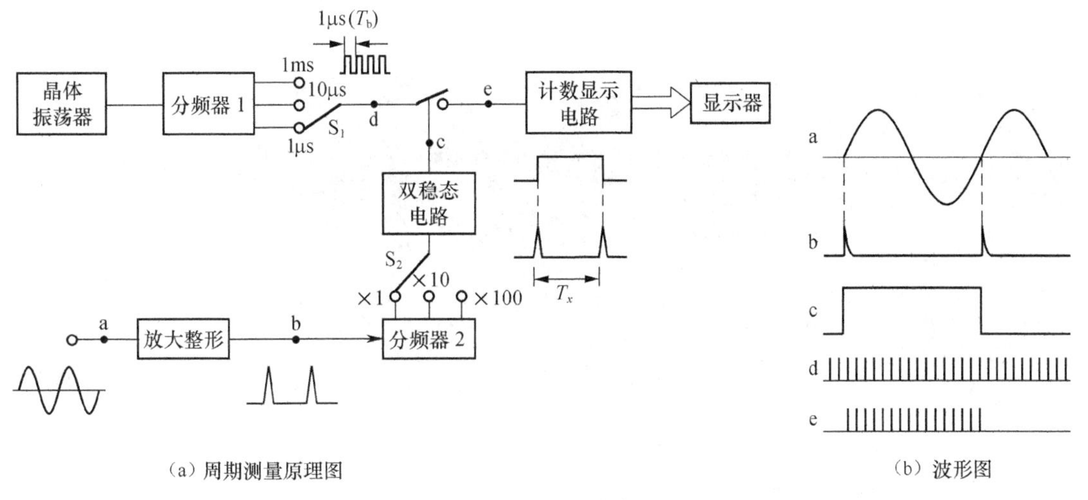

（a）周期测量原理图　　（b）波形图

图 11-2　周期测量原理

周期为 T_x 的被测信号（a 信号）经放大整形电路处理后得到图示的 b 信号，b 信号的周期与 a 信号的周期相同，它被送到分频器进行分频，如果开关 S_2 置于“×1”，b 信号频率不改变（周期也仍为 T_x），它直接去触发双稳态电路，让它产生脉冲宽度为 T_x 的 c 信号，再去控制闸门电路打开。

与此同时，晶体振荡器产生一定频率的交流信号，该信号送到分频器，根据选择不同的分频可以得到不同的时标信号 T_b，比如开关 S_1 置于“1μs”时，分频器可以将振荡器产生的信号分频成周期为 T_b=1μs（频率为 1MHz）的 d 信号。

脉冲宽度为 T_x 的 c 信号送到闸门电路，闸门打开，打开时间为 T_x，在闸门打开的期间，d 信号有 N 个脉冲（比如 500 个）通过闸门到计数显示电路，计数显示电路对它进行计数并在显示器上显示“N（500）”，那么被测信号的周期 T_x=N×T_b=500×1μs=500μs。

如果开关 S_1 置于“1ms”，分频器 1 对振荡器产生的信号分频后会输出 T_b=1ms 的 c 信号；

开关 S_2 置于“×10”，分频器 2 对被测信号分频会得到周期为 $10T_x$ 的信号，触发双稳态电路产生脉冲宽度为 $10T_x$ 的 d 信号，如果在 $10T_x$ 时间内 b 信号通过的脉冲个数为 N（如 500 个），计数显示电路计数后在显示器上显示“N（500）”，那么被测信号的周期 $T_x=N\times T_b/N=500\times 1ms/10=50ms$。

由此可见，**频率计测量周期的原理是：让计数电路计算出 $10n$ 个被测信号周期内通过闸门的时标信号个数 N，若时标信号周期为 T_b，那么被测信号的周期 $T_x=N\times T_b/10n$。**

11.2 频率计的使用

频率计的种类很多，使用方法大同小异，下面以 VC2000 型频率计为例来介绍其使用方法。

11.2.1 面板介绍

VC2000 型频率计前、后面板如图 11-3 所示。

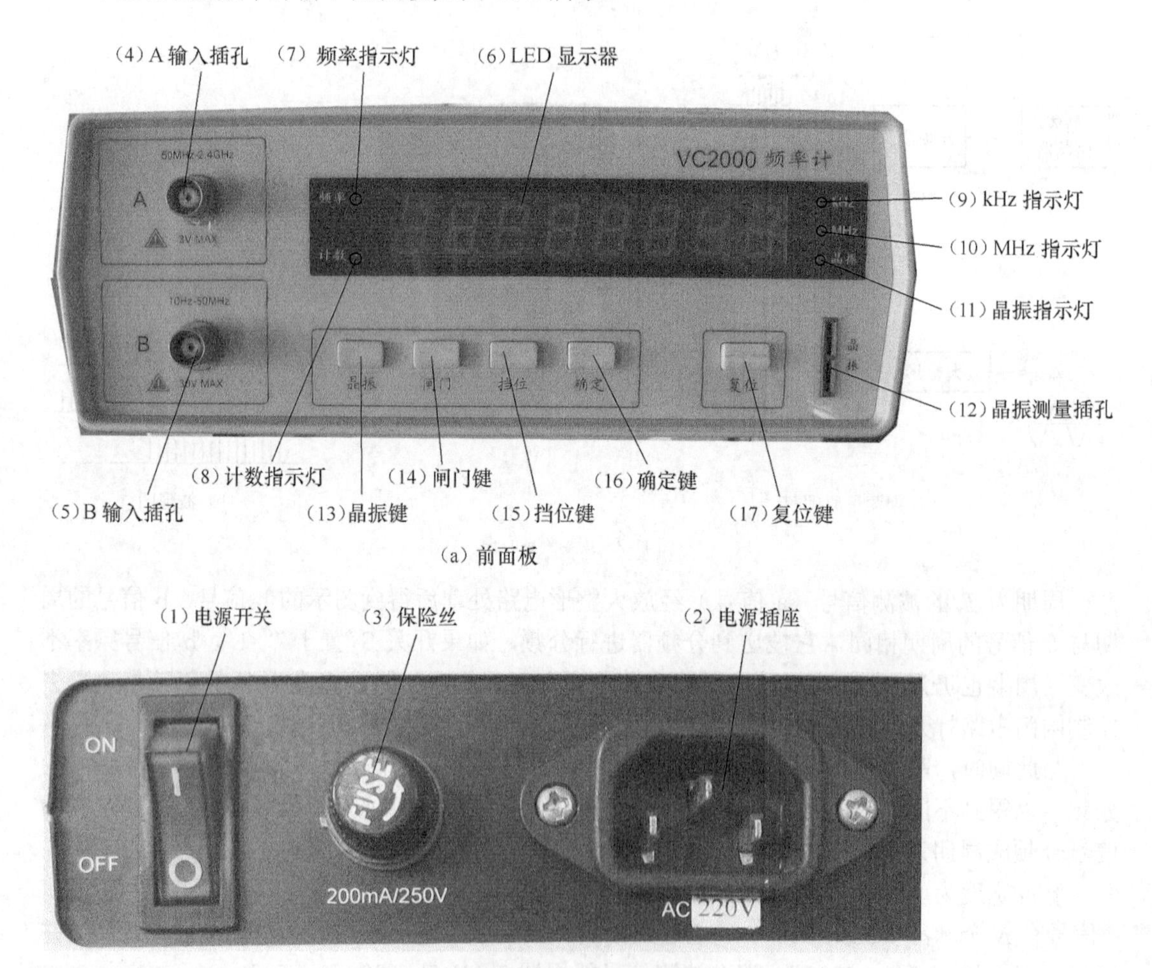

图 11-3 VC2000 型频率计的面板图

面板各部分说明如下：

（1）电源开关：其功能是接通和断开频率计内部电路的供电。

（2）电源插座：用来为仪器引入 220V 交流电压。

（3）保险丝：用来保护仪器，其容量为 200mA/250V。

（4）A 输入插孔：A 输入插孔为高频信号输入端，当测量 50MHz～2.4GHz 的高频信号时，被测信号应从该插孔输入。该输入插孔输入的信号电压不允许超过 3V。

（5）B 输入插孔：B 输入插孔为低频信号输入端，当测量 10Hz～50MHz 的信号时，被测信号应从该插孔输入。该输入插孔输入的信号电压不允许超过 30V。

（6）LED 显示屏：它是一个 8 位高亮度显示器，可以显示频率、计数和晶振频率等信息。

（7）频率指示灯：当该灯亮时，表示当前仪器处于频率测量状态。

（8）计数指示灯：当该灯亮时，表示当前仪器处于计数测量状态。

（9）kHz 指示灯：当该灯亮时，表示显示屏显示的数值以 kHz 为单位。

（10）MHz 指示灯：当该灯亮时，表示显示屏显示的数值以 MHz 为单位。

（11）晶振指示灯：当该灯亮时，表示当前仪器处于晶振测量状态。

（12）晶振测量插孔：在测晶振频率时，要将待测晶振插入该插孔。

（13）晶振键：在测量晶振时，应将该键按下，不测晶振时让该键弹起，让内部振荡电路停止工作，以免产生干扰。

（14）闸门键：用于设置闸门开启时间，共有四个闸门时间：0.1s、1s、5s 和 10s，闸门时间越长，测量精度越高，但测量所花时间也长。当反复按闸门键时，可在 0.1s→1s→5s→10s→0.1s 之间循环切换，在切换的同时，显示屏上最左端两位会显示闸门时间。

（15）挡位键：用于设置测量挡位，共有五个挡位，反复按该键可以在这五挡之间切换，在切换时，显示屏最右端一位会显示挡位数。

第一挡：频率测量挡，用来测量 A 插孔输入的 50MHz～2.4GHz 的信号，同时 MHz 指示灯亮。

第二挡：频率测量挡，用来测量 B 插孔输入的 4MHz～50MHz 的信号，同时 MHz 指示灯亮。

第三挡：频率测量挡，用来测量 B 插孔输入的 10Hz～4MHz 的信号，同时 kHz 指示灯亮。

第四挡：计数测量挡，用来测量 B 插孔输入脉冲个数，同时计数指示灯亮。

第五挡：晶振测量挡，用来测量晶振插孔的晶振，同时晶振指示灯亮。

（16）确定键：每次选好闸门、挡位，再按“确定”键后，频率计开始工作。另外，每次开机或按“复位”键后，仪器自动进入上次按确定键后的工作状态。

（17）复位键：在测量时，如果出现不正常情况，可以按一下该键，仪器可以恢复正常。

11.2.2　使用方法

VC2000 型频率计可以测量 10Hz～2.4GHz 范围内的信号，它不但能测量频率，还可以测量脉冲的个数（计数）和晶振频率。下面就从频率、计数和晶振测量三方面来介绍 VC2000 型频率计的使用方法。

1．频率的测量

下面以测量一个正弦波信号的频率为例来说明频率计的频率测量，测量操作如图 11-4 所示。

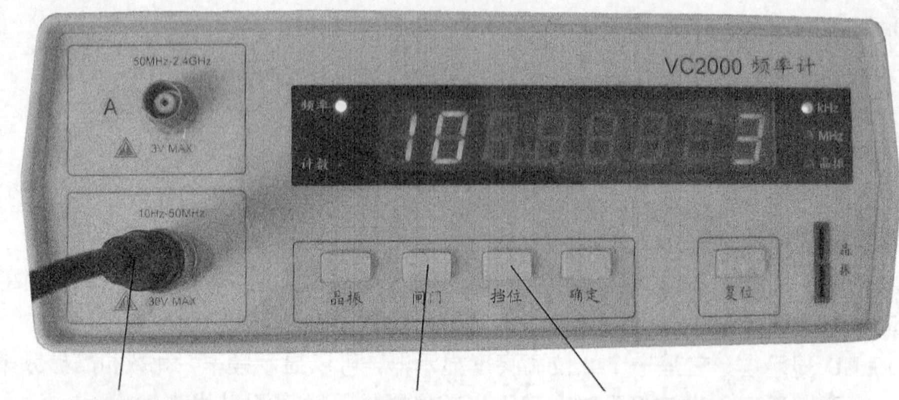

（a）测量前的设置

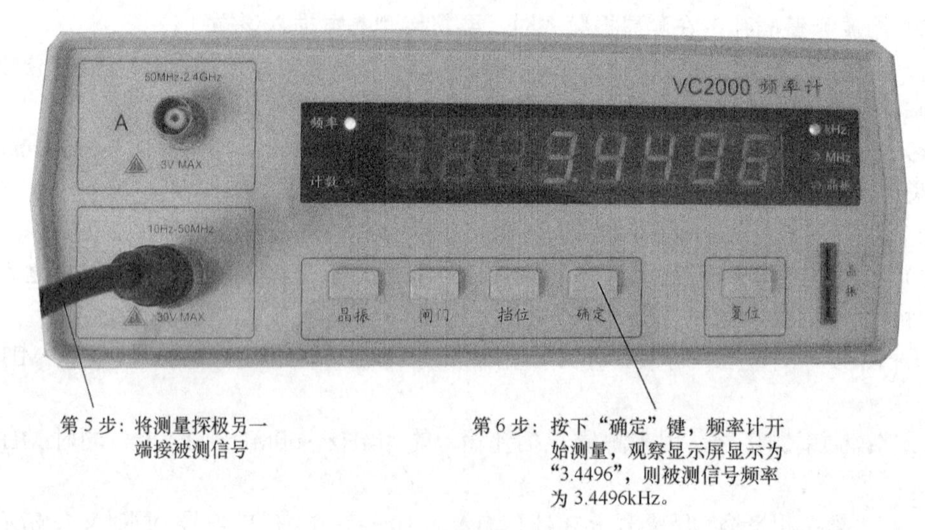

（b）测量过程示意

图 11-4　频率测量的操作图

频率测量的步骤如下。

第 1 步：开通电源。将电源开关按下，电源指示灯亮。

第 2 步：选择信号输入插孔。估计被测信号频率低于 50MHz，故选择 B 输入插孔，将测量探极插入 B 输入插孔。

第 3 步：选择测量挡位。按压几次挡位键，同时观察显示屏最右一位数字，因为选择 B 输入插孔，故让显示数为 3，这样就将挡位设置为“频率 3”挡。

第 4 步：设置闸门时间。按几次闸门键，同时观察显示屏前两位数字，让显示数为 10，这样就将闸门时间设置为“10s”。

第 5 步：将测量探极与被测信号连接。

第 6 步：按下“确定”键，并进行读数。前面五步操作完成后，按下“确定”键，频率计开始读数，在显示屏上会显示出被测信号的频率大小 3.4496kHz。

2. 计数

频率计除了可以测量信号频率外，还可以测量一定时间内信号脉冲出现的个数。下面来测量一个信号在 10s 内中有多少个脉冲出现，测量操作如图 11-5 所示。

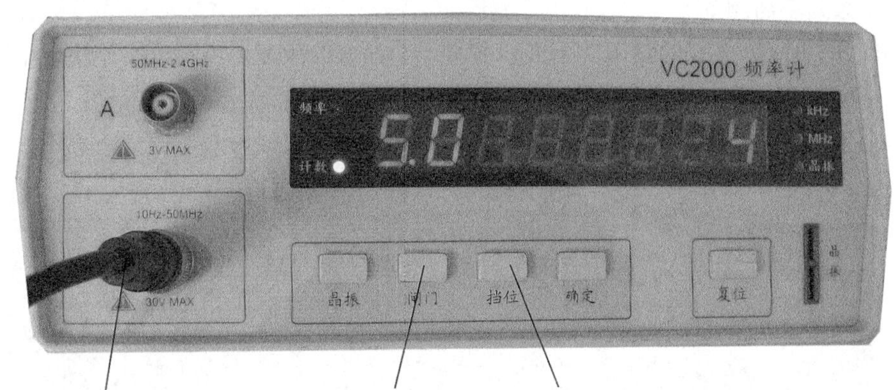

第 2 步：因为被测脉冲个数不是很多，故将测量探极插入 B 插孔

第 4 步：按几次闸门键，让显示屏前两位显示为“5.0”，将测量时间设为 5s

第 3 步：按几次挡位键，让显示屏最后一位数显示为“4”，同时计数指示灯亮，则选择了计数测量挡

第 1 步：开通电源（图中未示出）

（a）计数测量前的设置

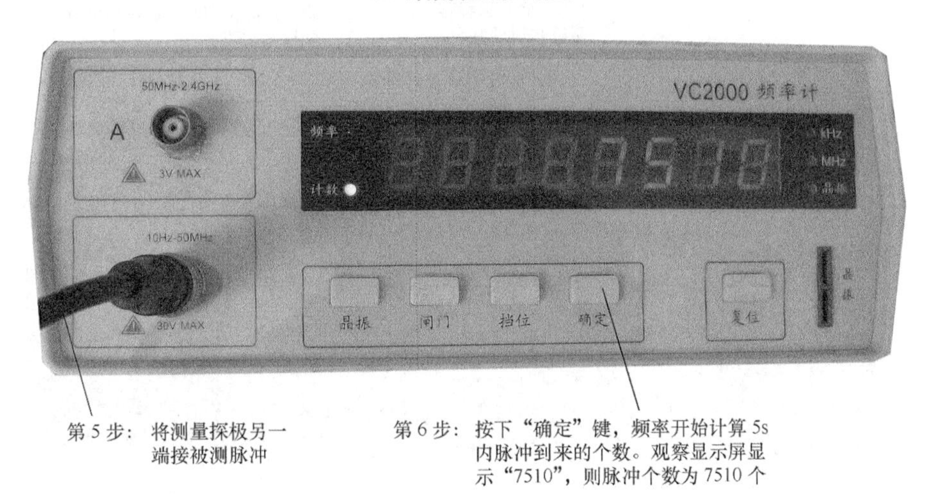

（b）测量过程示意

图 11-5　计数测量的操作图

计数测量的操作步骤如下。

第 1 步：开通电源。将电源开关打开，电源指示灯亮。

第 2 步：选择 B 输入插孔，并将测量探极插入 B 输入插孔。

第 3 步：选择测量挡位。按压几次挡位键，同时观察显示屏最后一位数字，因为是计数测量，故让显示数为 4，这样就将挡位设置为“计数”挡。

第 4 步：设置测量时间（实际就是设置闸门时间）。按压几次闸门键，同时观察显示屏前两位数字，让显示数为 5.0，这样就将测量时间设置为“5s”。

第 5 步：将测量探极与被测信号连接。

第 6 步：按下“确定”键，并进行读数。前面五步操作完成后，按下“确定”键，频率计开始计数，5s 后计数停止，在显示屏上显示出数字“7510”就是 5s 内被测信号的脉冲个数。

3．晶振频率的测量

频率计还可以测晶振的频率。下面以测量一个晶振的频率来说明频率计测量晶振的过程，测量过程如图 11-6 所示。

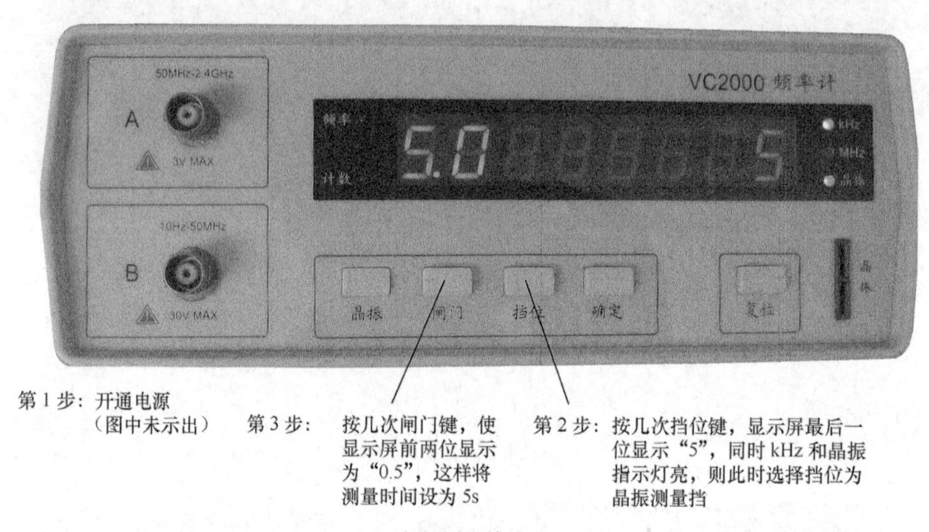

（a）晶振测量前的设置

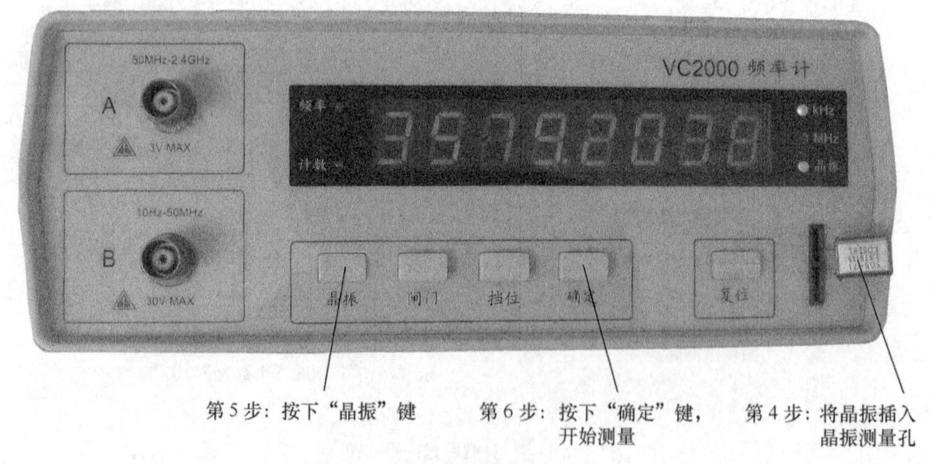

（b）测量过程示意

图 11-6　晶振频率测量的操作图

晶振频率的测量步骤如下。

第 1 步：开通电源。将电源开关打开，电源指示灯亮。

第 2 步：选择测量挡位。按压几次挡位键，同时观察显示屏最后一位数字，因为是测晶振频率，故让显示数为 5，这样就将挡位设置为“晶振”挡。

第 3 步：设置闸门时间。按压几次闸门键，同时观察显示屏前两位数字，让显示数为 5.0，这样就将闸门时间设置为“5s”。

第 4 步：将晶振插入晶振测量插座。

第 5 步：按下“晶振”键。

第 6 步：按下“确定”键，频率计开始测量，然后读数。图中显示屏显示的数字为“3579. 2038”，由于 kHz 指示灯亮，故晶振的频率为 3579.2038kHz，即约为 3.58MHz。

晶振频率测量结束后，应再按一次“晶振”键，让内部电路停振，以免在测频率时产生干扰。

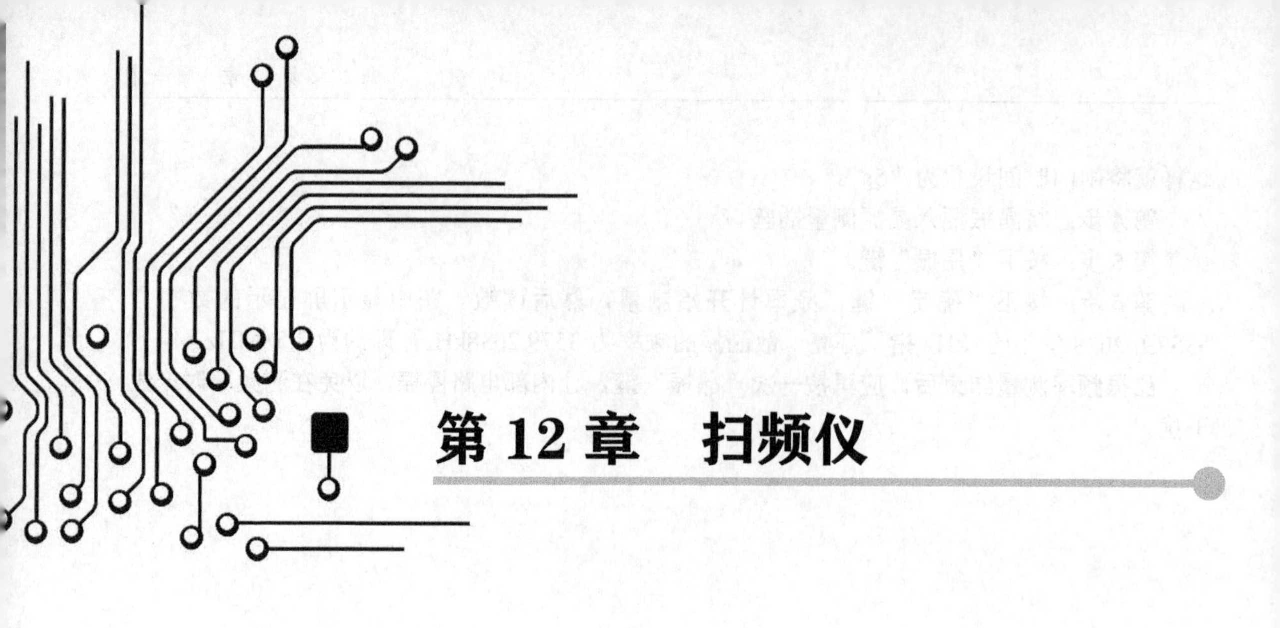

第 12 章　扫频仪

扫频仪全称为频率特性测试仪，其基本功能是测量电路的幅频特性。在测量电路的幅频特性时，扫频仪可以将幅频特性以曲线的形式在显示屏上直观地显示出来。

12.1　扫频仪的测量原理

12.1.1　电路幅频特性的测量

1. 幅频特性

电路的幅频特性是指当电路输入一定频率范围内的恒定信号电压时，其输出信号电压随频率变化的关系特性。下面以图 12-1 为例来说明幅频特性。

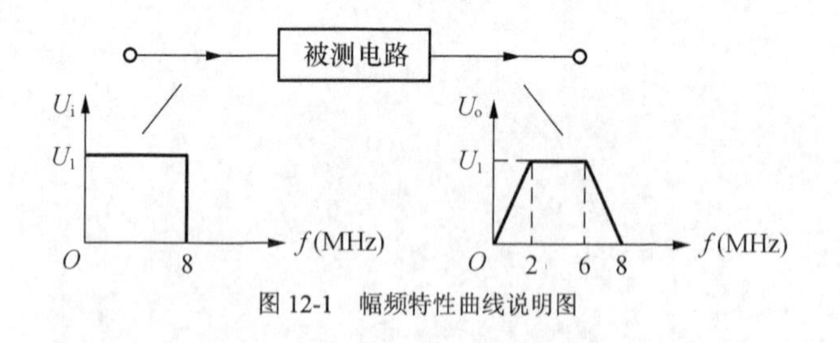

图 12-1　幅频特性曲线说明图

如图 12-1 所示，给被测电路输入 0～8MHz、电压均为 U_1 的各种信号，这些信号经被测电路后输出，输入、输出端信号都可以用横轴为频率 f，纵轴为电压 U 的曲线表示，这种曲线称为幅频特性曲线。

从幅频特性曲线可以看出，0～8MHz 等幅信号经被测电路后，输出的 2～6MHz 频率范围内的信号幅度最大且相等，而低于 2MHz 和高于 6MHz 的信号幅度都有减小，并且频率越高（高于 6MHz）或频率越低（低于 2MHz），输出信号幅度越小。

2. 幅频特性的测量方法

要测量电路的幅频特性，通常可以采用两种方法：一是点频法；二是扫频法。

（1）点频法

点频法是指用信号发生器依次给被测电路输入几种不同频率的信号，并用毫伏表在电路输出端测出这几个频率信号的电压值，然后将这些值以点的形式绘制在坐标中，再把各点连接起来就得到被测电路的幅频特性曲线。点频法测量如图 12-2 所示。

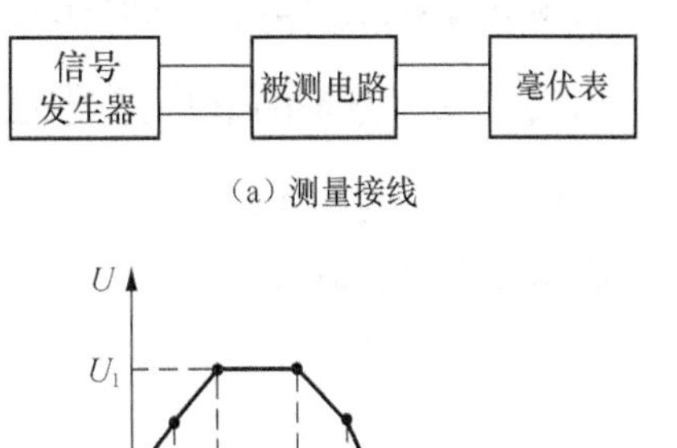

（a）测量接线

（b）点频法绘制的幅频特性曲线

图 12-2　点频测量法

首先调节信号发生器，让它产生 1MHz 的信号送到被测电路输入端，再用毫伏表测出输出端的电压值，然后将电压值以点的形式绘制在坐标图中，以同样的方法，分别给被测电路输入 3MHz、5MHz 和 7MHz 的信号，并测出它们输出的电压值，并把这些电压值绘制在坐标中，最后用平滑的线将这些点连接起来，就得到了图 12-6（b）所示的被测电路的幅频特性曲线。

点频法测量简单，不需要专用仪器，但测量时容易漏掉一些关键点，并且在测频点不多的情况下，绘制出来的幅频特性与电路真实的幅频特性有一定的差距。

（2）扫频法

扫频法是利用扫频仪给被测电路输入频率由低到高连续变化的信号，然后将被测电路输出的信号送回扫频仪进行处理，并以图示的方式将幅频特性曲线显示出来。扫频法的测量原理如图 12-3 所示。

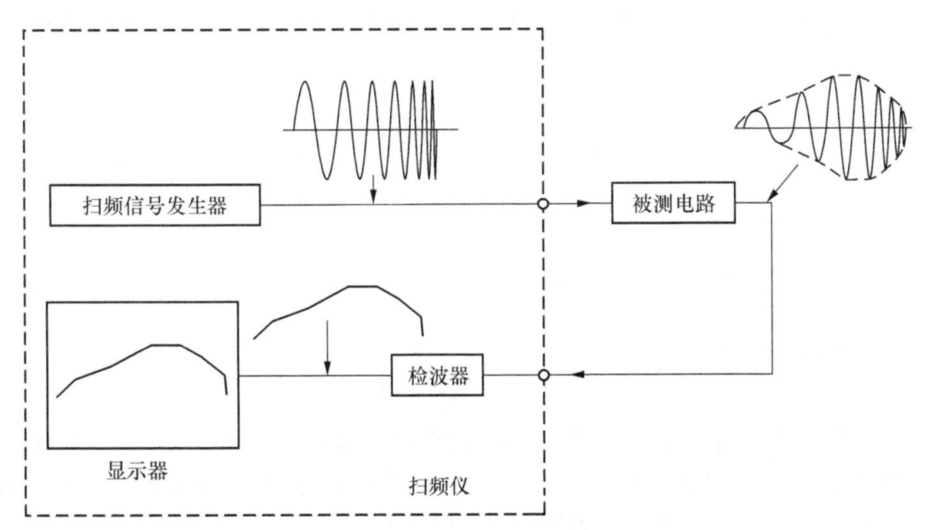

图 12-3　扫频法的测量原理说明图

图中虚线框内的部分为扫频仪内部示意图。扫频信号发生器输出频率由低到高的信号，这些信号送到被测电路的输入端，经电路后输出，从图中可以看出，这些输出信号中的高、低频部分幅度有一定的减小，它们又送回到扫频仪，经检波器检出其中的包络成分，再送到显示器（显示原理与示波器相同），将幅频特性曲线直观显示出来。

由于扫频仪中的扫频信号发生器能自动产生连续频率信号，并且能将被测电路的幅频特性直观显示出来，所以测量方便快捷。另外，**扫频法是动态自动测量，测量的幅频特性更接近被测电路的真实情况。因此在测量电路的幅频特性方面，扫频法得到了广泛应用。**

12.1.2 扫频仪的结构及工作原理

扫频仪组成框图如图 12-4 所示。**扫频仪主要由扫频信号发生器、频标信号产生电路、显示器和检波探头组成。**

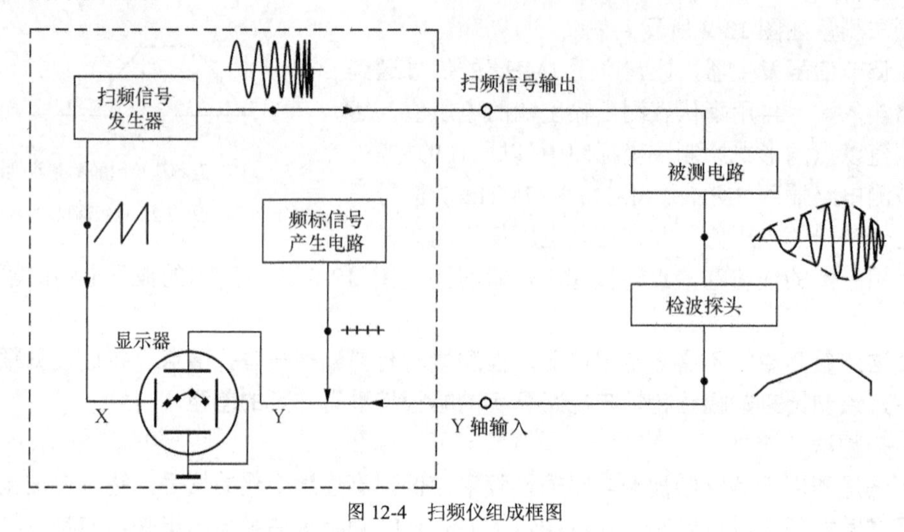

图 12-4 扫频仪组成框图

1. 扫频信号发生器

扫频信号发生器的作用是产生频率由低到高连续变化的扫频信号和锯齿波信号。扫频信号发生器的结构如图 12-5 所示。

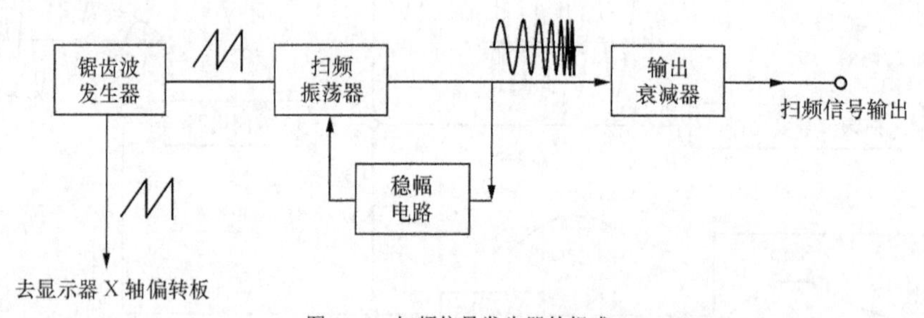

图 12-5 扫频信号发生器的组成

锯齿波发生器产生锯齿波电压，它一方面送到显示器的 X 轴偏转板，另一方面送到扫频振荡器控制其振荡频率，当送到振荡器的锯齿波电压逐渐上升时，振荡器输出的扫频信号频率由低逐渐升高，该信号经输出衰减器衰减后从扫频仪输出。

稳幅电路的作用是稳定扫频振荡器输出信号的幅度。如果振荡器产生的信号幅度大，稳幅电路对幅度大的信号进行处理得到一个控制电压，控制振荡器振荡减弱，输出的信号幅度减小，回到正常幅度。

2. 频标信号发生器

频标信号发生器又称频标电路，它的作用是产生频标信号（频率标尺），以便在显示屏上

显示频率点。显示屏上显示的频标如图 12-6 所示。

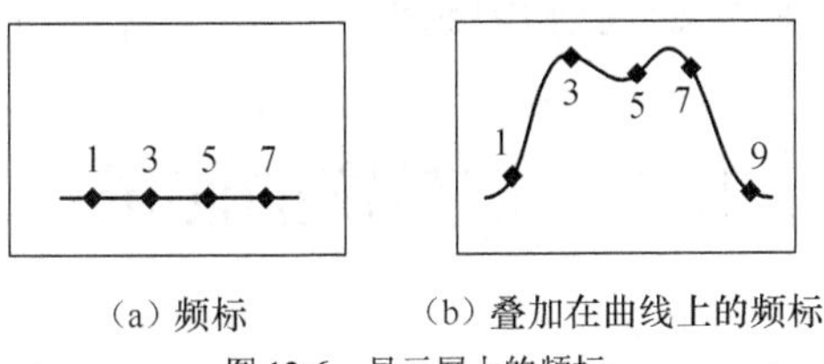

（a）频标　　（b）叠加在曲线上的频标

图 12-6　显示屏上的频标

频标显示在屏幕不同的位置表示不同的频率点，频标可以显示在水平扫描线上作为频率标尺，也可以显示在幅频曲线上，在显示屏上显示频标可以方便读出在某一频率点或某一段频率范围内的幅频特性。

频标信号发生器的组成如图 12-7 所示。

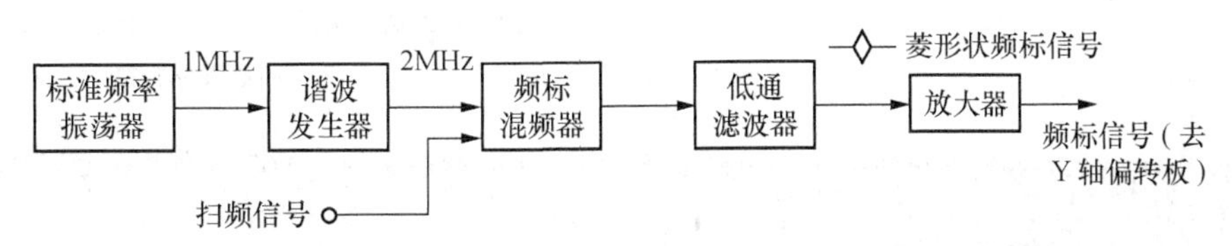

图 12-7　频标信号发生器的组成

标准频率振荡器产生一个标准频率信号，比如产生 1MHz 的信号，它经谐波发生器后输出基波及各次谐波，如 1MHz、2MHz、3MHz、4MHz、5MHz……它们送到频标混频器，与此同时，由扫频信号发生器产生的扫频信号也送到频标混频器。下面以 2MHz 频标为例来说明频标的产生过程。

当扫频信号频率变化到 2MHz 时，它送到频标混频器，与谐波发生器送来的 2MHz 的谐波信号进行混频差拍，由于两个信号频率相等，差拍得到直流成分，2MHz 的谐波信号与 2MHz 附近扫频信号（略低于和略高于 2MHz 的信号）差拍会得到低频信号，直流和低频信号由低通滤波器选出，得到一个菱形状的频标信号，经放大器放大后再送到 Y 轴偏转板，让显示器在屏幕上显出 2MHz 的频标。

从上述分析可知，在产生 2MHz 频标信号时，扫频信号频率也为 2MHz，当 2MHz 扫频信号频率通过被测电路并经检波送到显示器屏幕显示时，频标信号也恰好送到显示屏显示，这样在扫频信号 2MHz 频率处出现 2MHz 的频标点。

3. 显示器

扫频仪的显示器与单踪示波器的显示器相同，如图 12-8 所示，在工作时，若只有锯齿波电压送到 X 轴偏转板，Y 轴偏转板无电压，电子束仅受到水平方向的电场力作用，会从屏幕左端扫到右端，屏幕上会出现水平一条亮线。若在 X 轴偏转板加有锯齿波电压的同时，Y 轴偏转板也加有信号电压，则电子束除了受到水平方向力外，还受到垂直方向的力，电子束的扫描轨迹与 Y 轴信号电压波形一致。

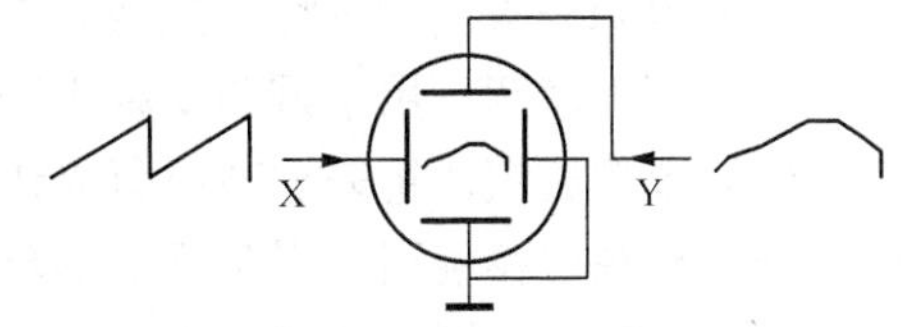

图 12-8　扫频仪显示器结构示意图

4. 检波探头

检波探头是一种内含检波电路的测量探头，它对被测电路输出信号进行检波，滤掉其中

的中高频成分，检出包络信号，再将包络信号送入扫频仪内部显示器的 Y 轴偏转板。有些扫频仪内部已含有检波电路，就无需外接检波探头。

12.2 扫频仪的使用

扫频仪的型号很多，大多数扫频仪的基本功能是相同的，操作方法大同小异，这里以 BT-3G 型扫频仪为例来介绍扫频仪的使用。

12.2.1 面板介绍

BT-3G 型扫频仪面板如图 12-9 所示。

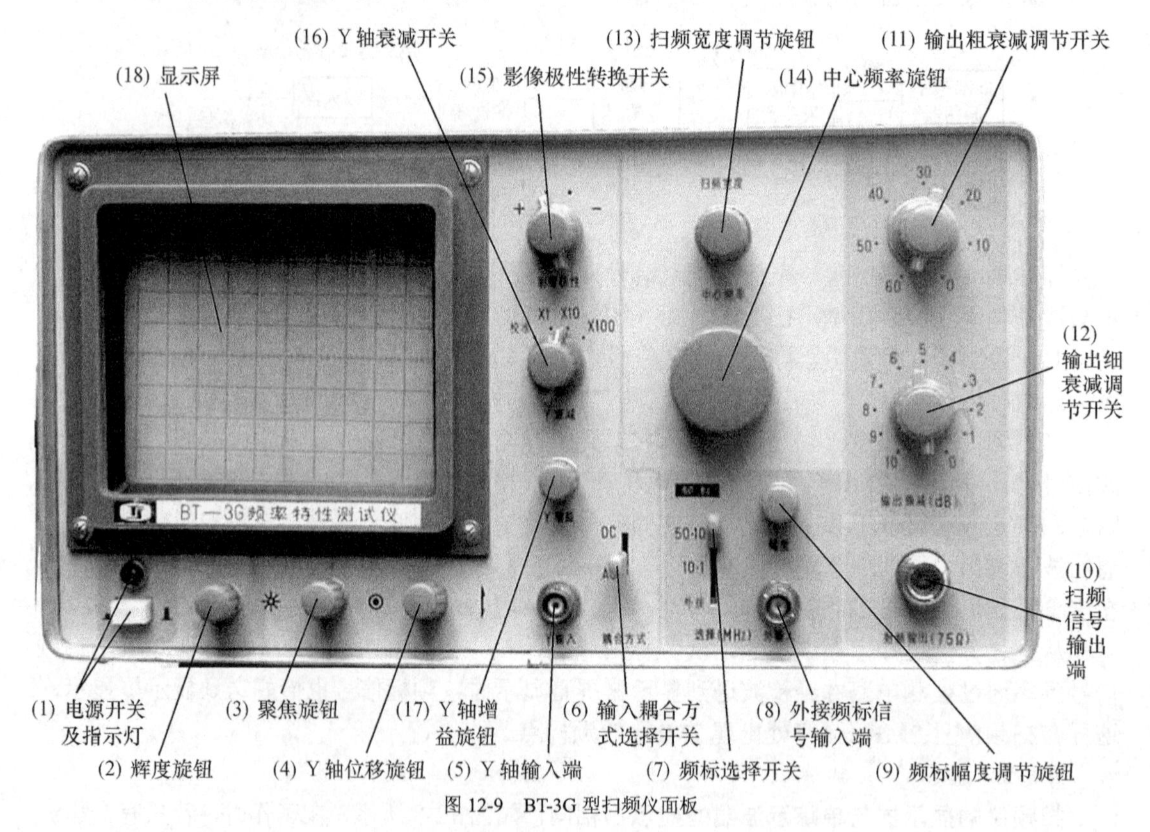

图 12-9 BT-3G 型扫频仪面板

面板各部分说明如下：

（1）电源开关及指示灯：接通切断电源并指示灯电源通断。

（2）辉度旋钮：用来调节屏幕光迹的亮度。

（3）聚焦旋钮：用来调节屏幕光迹的聚焦，使扫描线清晰明亮。

（4）Y 轴位移旋钮：用来调节屏幕上的光迹在垂直方向上下移动。

（5）Y 轴输入端：被测电路输出的信号经检波后送入到该插孔。

（6）输入耦合方式选择开关：用来选择输入信号的耦合方式，有“AC”和“DC”两挡。

（7）频标选择开关：有 50 • 10MHz、10 • 1MHz 和外接三挡。当选择“50 • 10MHz”挡

时，显示屏会出现 50MHz 大频标和 10MHz 小频标，50MHz 大频标之间有间隔为 10MHz 的小频标；当选择“10 • 1MHz”挡时，显示屏会出现 10MHz 大频标和 1MHz 小频标，10MHz 大频标之间有间隔为 1MHz 的小频标；当选择“外接”挡时，可以从外接频标信号输入端送入频标信号。

（8）外接频标信号输入端：当频标选择开关选择“外接”挡时，可以通过该插孔将外部信号送入仪器作为频标信号。

（9）频标幅度调节旋钮：用来调节屏幕上频标的幅度。

（10）扫频信号输出端：用来输出扫频信号。

（11）输出粗衰减调节开关：用来调节输出扫频信号的衰减量（粗调），有 0dB、10dB、20dB、30dB、40dB、50dB、60dB 共 7 挡，10dB 挡步进。

（12）输出细衰减调节开关：用来调节输出扫频信号的衰减量（细调），有 0dB、1dB、2dB、3dB、4dB、5dB、6dB、7dB、8dB、9dB、10dB 共 11 挡，1dB 挡步进。

（13）扫频宽度调节旋钮：用来调节屏幕上频标之间的距离，扫描显示的特性曲线也会水平方向展宽或收缩。

（14）中心频率旋钮：用来调节屏幕频标的位置，它与示波器的 X 轴位移旋钮相似，在调节时，屏幕上的频标会在水平方向移动。

（15）影像极性转换开关：用来调节屏幕图形显示形式，它有“+”和“–”两挡，当选择“+”时，图形正常显示，当选择“–”时，图形像经过镜子一样反向显示。

（16）Y 轴衰减开关：用来调节 Y 轴输入端送入信号的衰减量，采用步进调节。

（17）Y 轴增益旋钮：用来调节 Y 轴输入端送入信号的增益，采用连续调节。

（18）显示屏。

12.2.2 扫频仪的检查与调整

BT-3G 型扫频仪的扫描范围为 2Hz～300MHz，中心频率为 2Hz～250MHz，扫频宽度最宽大于 100MHz，最窄小于 1MHz。为了让测量更准确，扫频仪在使用时一般要先进行检查调整，然后再进行各种测量。

BT-3G 型扫频仪的检查过程如下。

第 1 步：接通 220V 电源，并按下面板上的电源开关，指示灯亮。

第 2 步：调节辉度旋钮和聚焦旋钮，使屏幕上的水平扫描线明亮清晰。

第 3 步：根据测量需要，将影像极性转换开关置“+”或“–”，输入耦合方式开关置于“AC”或“DC”。

第 4 步：进行零频率标记识别和频标检查。具体过程如下。

（1）将频标选择开关置于“10 • 1MHz”挡，将扫频宽度和频标幅度调到适中，再顺时针旋转中心频率旋钮，扫描线上的频标向右移动，当顺时针旋到底时屏幕上应出现零频标。零频标的特征是：它的左侧有一幅度较小的频标为识别标志，零频标右侧第一个为 2MHz 频标。确定了零频标后，向右依次是 2MHz、3MHz、4MHz……频标，满十出现一个大频标，如图 12-10 所示。然后逆时针旋转中心频率旋钮，屏幕上的频标向左移动，从零频标起至 300MHz 范围内各个频标应该清晰分明。

（2）将频标选择开关置于“50 • 10MHz”挡，左右调节中心频率旋钮，在全频段内每间隔 50MHz 会出现 1 个大频标，各个频标应该清晰分明。

（3）检查外接频标时，将频标选择开关置于“外接”挡，在外接频标信号输入端送入 30MHz 的连续波信号，输入幅度约 0.5V，此时在显示器上应出现指示 30MHz 的菱形标记。

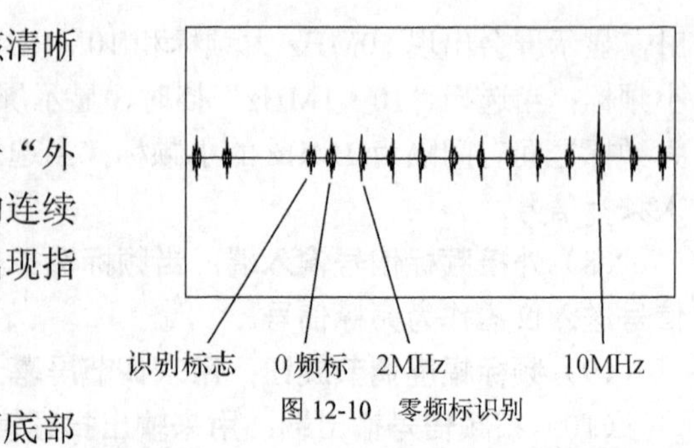

图 12-10　零频标识别

第 5 步：进行扫频信号和扫频宽度的检查。

将扫频仪的 Y 轴衰减开关置于 0dB、机箱底部“通/断”开关置于“通”、频标选择开关置于“10 · 1MHz”位置，然后将一根 75Ω 射频电缆（配件）一端接仪器的扫频信号输出端，另一端接低阻检波器“75Ω”输入端，低阻检波器如图 12-11 所示。再用一根 50Ω 电缆将低阻检波器输出端与扫频仪 Y 轴输入端连接起来，调整 Y 轴增益旋钮，在显示屏幕上会出现如图 12-12 所示的图形（类似方框）。再旋转中心频率旋钮，屏幕上的扫频线和频标都相应地跟着移动，在整个扫频范围内扫频线应不产生较大的起伏。

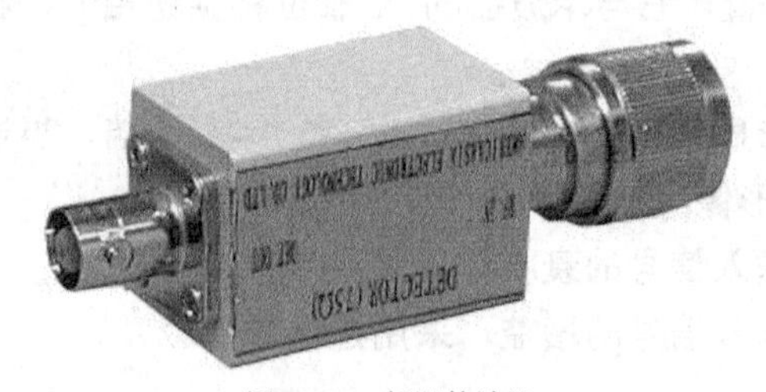
图 12-11　低阻检波器

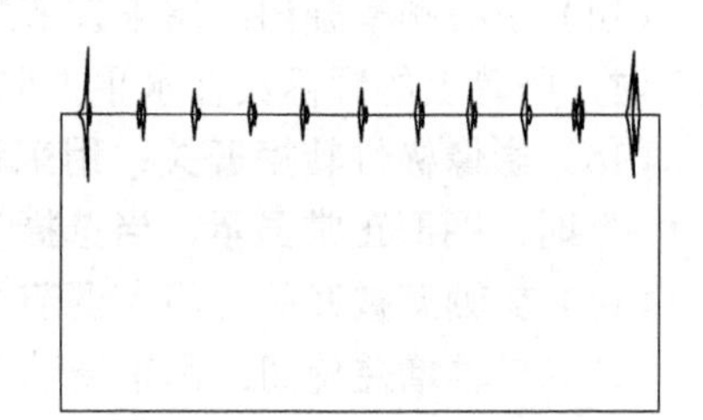
图 12-12　扫频信号和扫描宽度的检查

第 6 步：检查扫频线性。

将频标选择开关置于“50 · 10MHz”挡，调节扫频宽度旋钮，使扫频宽度为 100MHz，调节中心频率旋钮使频标位置如图 12-13 所示，则扫频线性：$\pm\dfrac{(A-B)}{A+B}\times 100\%$应小于±10%。

第 7 步：检查扫频信号平坦度和衰减器。

仍将频标选择开关置于“50 · 10MHz”挡，调节扫频宽度旋钮，使扫频宽度为 100MHz，然后将衰减器置于 0dB，调节 Y 轴位移旋钮，使扫描基线显示在屏幕的底线上。再调节 Y 轴增益旋钮，让带有标记的信号线离底线轴约 6 格，调节中心频率旋钮，自零频标至 300MHz 找出最大幅度为 *A*，增加 1dB 衰减时，记下幅度 *A* 跌落至 *B*，然后将衰减开关调回到为 0dB，这时在全频段（2～300MHz）内，扫频电压波动应落在 *A* 和 *B* 之间，如图 12-14 所示。

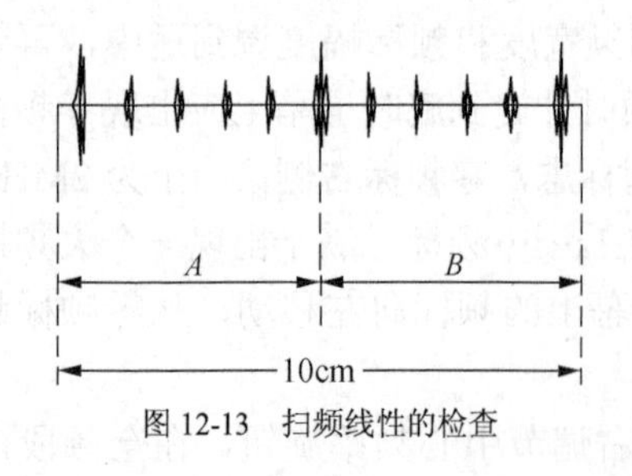

图 12-13　扫频线性的检查

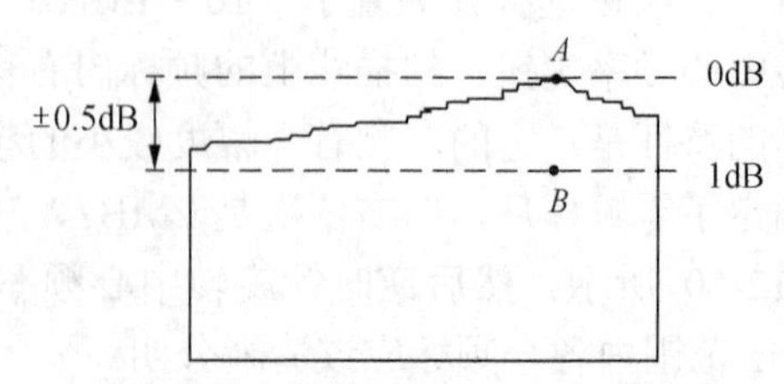

图 12-14　扫频信号平坦度和衰减器的检查

第 8 步：测量输出电平。

（1）将扫频仪器粗、细衰减器均置于 0dB，把中心频率调到 150MHz，扫频宽度调到最小。将机箱底部“通/断”开关于“断”位置。

（2）找一台超高频毫伏表，将其量程置于 1V 挡，并将它与扫频仪的扫频信号输出端相连，测量扫频仪输出信号的大小，正常测得输出电压应为 0.3V。测量完毕后，“通/断”开关仍恢复于“通”位置。

12.2.3　扫频仪的使用举例

下面以测量一个放大器的增益和通频带为例来说明 BT-3G 型扫频仪的使用方法。

1. 放大电路增益的测量

放大电路的增益测量步骤如下。

第 1 步：进行零分贝校正。先将 75Ω的射频电缆一端连接扫频信号输出插孔，另一端接低阻检波器“75Ω”输入端，用 50Ω的检波电缆把低阻检波器输出端与扫频仪的 Y 轴输入端连接，再将输出衰减调节开关置于 0dB 挡，Y 轴衰减开关置校正挡，调节 Y 轴增益旋钮，让扫频电压线与基线之间的距离为整数格 H（一般取 H=5 格）。

第 2 步：将经过零分贝校正的扫频仪与被测电路连接好，如图 12-15 所示。

第 3 步：调节衰减并读出测量值。保持 Y 轴增益旋钮不动，调节输出粗、细衰减调节旋钮，使屏幕显示的幅频特性曲线的幅度正好为 H，则输出衰减的分贝值就等于被测电路的增益。例如：粗调衰减为 30dB，细衰减为 3dB，则增益 A=33dB。

2. 放大电路带宽的测量

放大电路带宽的步骤如下。

第 1 步：将被测放大电路与扫频仪连接好。连接方法如图 12-15 所示。

第 2 步：从屏幕上读出幅频特性曲线的下限频率 f_L 与上限频率 f_H，再计算出放大电路的带宽。将频标选择开关置于“10 • 1MHz”，然后调节中心频率旋钮和扫频宽度调节旋钮，从屏幕上显示的幅频特性曲线上找到下限频率 f_L 与上限频率 f_H，再根据带宽 $BW=f_H-f_L$ 就能算出放大电路的带宽。

例如：从在图 12-16 的幅频特性曲线上，读出曲线中频段左侧弯曲下降到 0.707 所对应处为下限频率 f_L＝48MHz、曲线右端弯曲段下降到 0.707 所对应处为上限频率 f_H=56MHz，则 BW＝56MHz−48MHz＝8MHz。

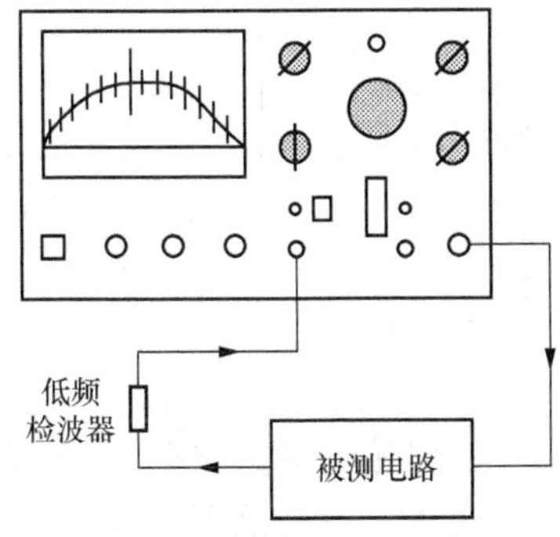

图 12-15　放大电路增益的测量

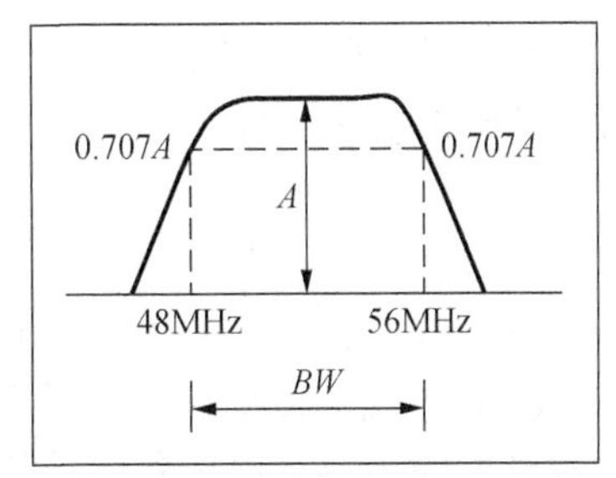

图 12-16　根据幅频特性曲线计算通频带

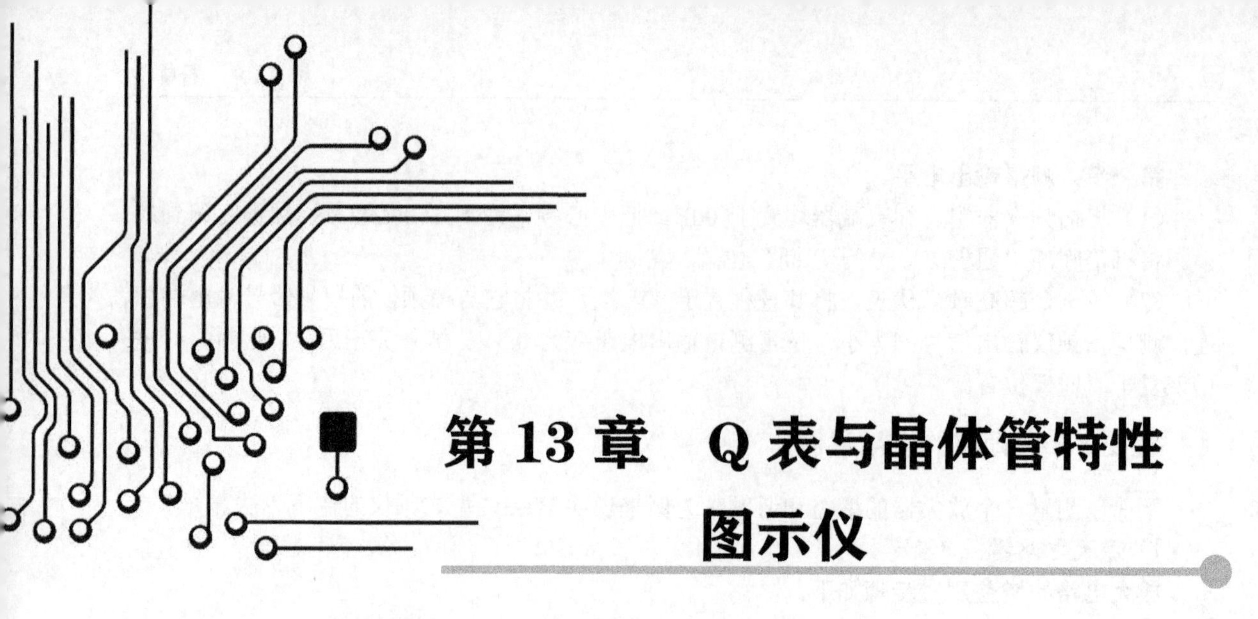

第 13 章　Q 表与晶体管特性图示仪

13.1　Q 表

高频 Q 表又称品质因素测量仪，是一种通用的、多用途、多量程的高频阻抗测量仪器。它可以测量高频电感器，高频电容器及各种谐振元件的品质因数（Q 值）、电感量、电容量、分布电容、分布电感，也可测量高频电路组件的有效串/并联电阻、传输线的特征阻抗、电容器的损耗角正切值、电工材料的高频介质损耗、介质常数等等。因而高频 Q 表不但广泛用于高频电子元件和材料的生产、科研、品质管理等部门，也是高频电子和通信实验室的常用仪器。

13.1.1　Q 表的测量原理

Q 表是利用谐振法原理来测量 L、C、Q 等参数的。

1. 谐振法测量原理

图 13-1 是一个串联谐振电路，其谐振频率为 f_0，当信号电压 U 的频率 $f=f_0$ 时，电路会发生谐振。

串联谐振电路谐振时，电路的电流最大，电容或电感上的电压是信号电压的 Q 倍，即

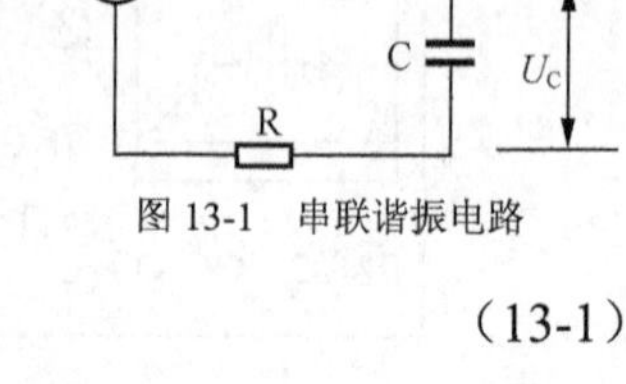

图 13-1　串联谐振电路

$$f=f_0=\frac{1}{2\pi\sqrt{LC}} \tag{13-1}$$

$$U_c=U_L=QU \tag{13-2}$$

在式（13-1）、式（13-2）中，f 为信号源频率，f_0 为 LC 电路的谐振频率，单位均为 Hz；U_C、U_L、U 分别为电容、电感和信号源两端的电压，单位为 V；Q 为品质因素。

利用谐振频率公式，可在已知两个量的情况下求出另外一个量。

电感量的计算公式为： $L_x = \dfrac{2.53\times10^4}{f_0^2 C_s}$　（13-3）

电容量的计算公式为： $C_x = \dfrac{2.53\times10^4}{f_0^2 L_s}$　（13-4）

在式（13-3）、式（13-4）中，f_0 为信号源的频率，单位为 MHz；L_s、L_x 分别为标准电感（电感量已知）和被测电感，单位为μH；C_s、C_x 分别为标准电容和被测电容，单位为 pF。

当谐振电路发生谐振时，若信号源电压 U 已知，利用 $U_c=U_L=Q_U$ 可以很容易求出 Q 值，即

$$Q=\frac{U_c}{U}=\frac{U_L}{U}$$

例如 U=1V，电容或电感两端电压为 10V，那么电感的 Q 值为 10。

2. Q 表的测量原理

Q 表的内部电路比较复杂，图 13-2 为 Q 表电路简化图，U_s 为频率可调信号源，C_s 为可调电容，1、2 端接被测电感，3、4 端接被测电容，Q 值指示电压表用来显示电容两端的电压值，当电路发生谐振时，Q 值指示电压表的电压数值（无单位）即为 Q 值。

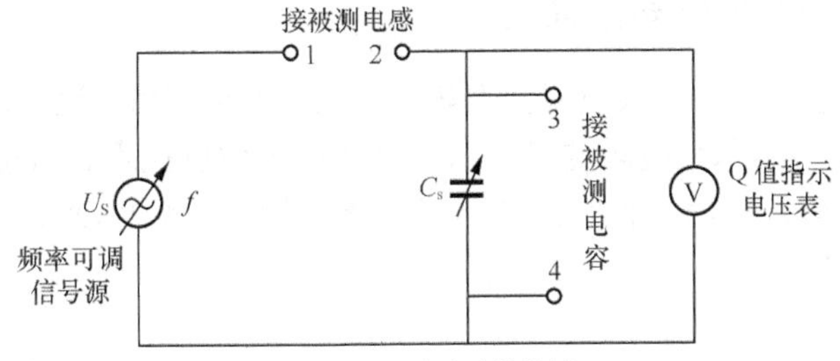

图 13-2　Q 表电路简化图

（1）Q 值和电感量的测量

在测量电感的 Q 值或电感量时，将被测电感 L_x 接在 1、2 端，如图 13-3 所示，将信号源调至某一合适的频率 f_0，再调节 C_s 的容量，使 LC 电路发生谐振，此时 Q 值指示电压表的指示值最大，其指示值即为被测电感的 Q 值，被测电感的电感量可由 $L_x = \dfrac{2.53\times10^4}{f_0^2 C_s}$ 计算而获得。

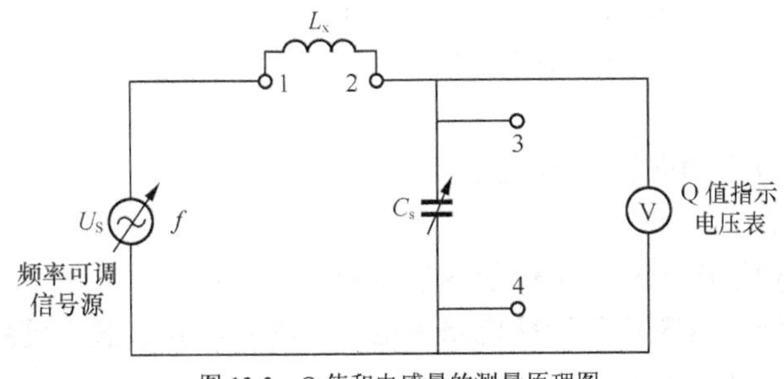

图 13-3　Q 值和电感量的测量原理图

（2）电容量的测量

在测量电容的容量时，先将一个电感 L_x 接在 1、2 端，如图 13-4 所示，然后将信号源调

至某一合适的频率 f_0，调节 C_s 的容量，使 LC 电路发生谐振，此时 Q 值指示电压表的指示值最大，记下此时 C_s 值（C_{s1}），再将被测电容 C_x 接在 3、4 端（即与 C_s 并联），LC 电路失谐，Q 值指示电压表的指示值变小，将 C_s 容量慢慢调小，当 LC 电路又谐振时，Q 值指示电压表指示值又达到最大，记下此时 C_s 值（C_{s2}）。

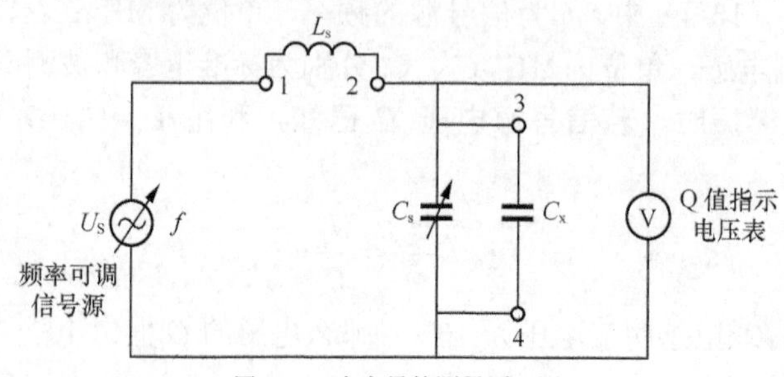

图 13-4　电容量的测量原理图

在测量过程中，由于两次谐振时信号源的频率和电感的电感量都没变化，故两次容量也应是一样的，即 $C_{s1}=C_{s2}+C_x$，那么被测电容的容量 $C_x=C_{s1}-C_{s2}$。

13.1.2　QBG-3D 型 Q 表的使用

QBG-3D 型高频 Q 表是一种人机界面友好，测试精度高，测试速度快、性能优良的电子测量仪器，其高频信号源、Q 值测定和显示部分运用了微机技术、智能化管理和数码方式锁定信号源频率，另外，采用了谐振回路自动搜索和测试标频自动设置技术，使得测试精度更高。

1. 主要技术指标

Q 值测量：1-999 三位数显，自动切换量程，可手动设置测量量程。

固有误差≤5%±满度值的 2%。

工作误差≤7%±满度值的 2%。

电感测量：0.1μH～1H 误差<5%±0.03μH。

测试频率：20kHz～50MHz 五位数显，具有频标自动设置，自动搜索谐振点，Q 值合格设置，声光指示。

分辨率：$3\times10^{-5}\pm1$ 个字。

调谐电容：主电容 40～500p 误差<±1%或 1pF。

微调电容：−3pF～+3pF，分辨率 0.2pF。

2. 面板介绍

QBG-3D 型高频 Q 表的面板如图 13-5 所示。

面板各部分说明如下：

（1）电源开关：用于接通和切断仪器内部电源。

（2）主调电容旋钮：用来调节谐振电路主电容的容量，其容量值可查看其上方的主调刻度盘，容量调节范围为 40～500pF。

（3）主调刻度盘：它由两条刻度线组成，分别用来指示主调电容的容量值和谐振时对应的测试电感值。

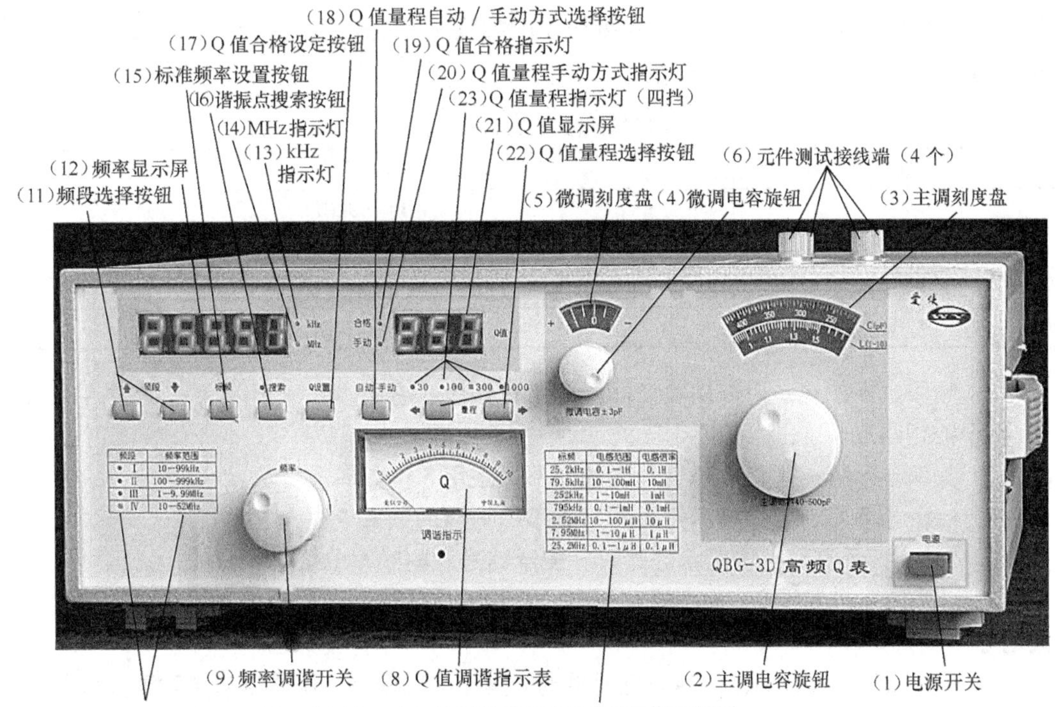

图 13-5　QBG-3D 型高频 Q 表的面板

（4）微调电容旋钮：用来调节谐振电路副电容的容量，该电容与主电容并联在一起，其容量值可查看上方的微调刻度盘，其容量调节范围为–3pF～+3pF。

（5）微调刻度盘：用来指示微调电容的容量值，容量范围为–3pF～+3pF。

（6）元件测试接线端：它由 **4** 个端子组成，如图 **13-6** 所示，左方 **2** 个端子（标有 **Lx** 字样）用来接被测电感，右方 **2** 个端子（标有 **Cx** 字样）用来接被测电容。

图 13-6　元件测试接线端

（7）标准测量频率与电感测量范围对照表：在测量电感的电感量时，可根据被测电感的可能电感量范围，对照该表来选择相应的标准测量频率。

（8）**Q** 值调谐指示表：当该表指示的数值最大时，表示谐振电路发生谐振。

（9）频率调谐开关：用来调节测试信号的频率。

（10）四挡频段指示灯及各挡频率范围表：左方为Ⅰ、Ⅱ、Ⅲ、Ⅳ四挡指示灯，当选择某挡时，该挡频段指示灯亮起；右方表格列出了四挡频段的频率范围。四挡频段及其频率范围见表 13-1。

表 13-1 四挡频段及其频率范围

频段	频率范围
• Ⅰ	10—99kHz
• Ⅱ	100—999kHz
• Ⅲ	1—9.99MHz
• Ⅳ	10—52MHz

（11）频段选择按钮：用来切换信号源的工作频段，它由“↑（频段增）”和“↓（频段减）”两个按钮组成。

（12）频率显示屏：用来显示信号源的频率，采用 5 位数码管显示。

（13）kHz 指示灯：当该指示灯亮时，表示信号源的频率单位为 kHz。

（14）MHz 指示灯：当该指示灯亮时，表示信号源的频率单位为 MHz。

（15）标准频率设置按钮：在测量元件时，操作该按钮可以让仪器自动设定被测元件在某频段的标准测试频率。

（16）谐振点搜索按钮：在测量电感元件时，操作该按键可让仪器自动搜索到元件的谐振点频率。

（17）Q 值合格设定按钮：用来设定元件的合格 Q 值。

（18）Q 值量程自动/手动方式选择接钮：用来选择 Q 值量程方式，默认为 Q 值量程自动选择方式。

（19）Q 值合格指示灯：用来指示被测电感元件的 Q 值是否合格。

（20）Q 值量程手动方式指示灯：用于指示 Q 值量程选择方式，指示灯亮表示手动方式。

（21）Q 值显示屏：用来显示被测元件 Q 值的数值。

（22）Q 值量程选择按钮：由“←”和“→”两个按钮组成，可进行低量程和高量程切换。

（23）Q 值量程指示灯：由 4 个指示灯组成，分别用来指示 30、100、300 和 1000 四个量程。

3. 使用方法

（1）电感 Q 值的测量

测量电感 Q 值的步骤如下：

① 将被测电感（线圈）接在仪器顶部的“Lx”接线柱上。

② 选择合适的测试信号频段并调节频率。例如要测量电感在 25MHz 频率时的 Q 值，可操作频段选择的“↑”或“↓”按钮，选择测试信号的工作频段为“Ⅳ”（该频段指示灯亮起，频率范围为 10M～52MHz），然后调节频率调谐开关，使频率显示屏显示频率为 25MHz。

③ 调节微调电容旋钮，同时观察微调刻度盘，将容量调到 0。

④ 先调节主调电容旋钮，同时观察 Q 值显示屏的数值（或观察 Q 值调谐指示表的指示），当显示屏的数值达到最大（Q 值指示表的指针偏转也最大）时，说明电路发生谐振，停止调节主调电容旋钮，再调节微调电容旋钮，使 Q 值显示屏显示的最大值进一步精确，此时 Q 值显示屏显示的最大值即为被测电感在当前测试频率时的 Q 值。

（2）电感量的测量

测量电感的电感量步骤如下：

① **将被测电感（线圈）接在“Lx”接线柱上。**

② **估计电感大约的电感量范围，按仪器面板上的“标准测量频率与电感测量范围对照表”选择一个标准测试频率，**仪器的对照表见表 13-2，然后将测试信号频率调到该标准频率。例如估计被测电感的电感量范围在几十 mH，根据对照表可知标准测试频率应为 79.5kHz，操作频段选择的“↑”或“↓”按钮，选择测试信号的工作频段为“I”（频率范围为 10～99kHz），然后调节频率调谐开关，使频率显示屏显示频率为 79.5kHz。

表 13-2　　标准测量频率与电感测量范围对照表

标频	电感范围	电感倍率
25.2kHz	0.1～1H	0.1H
79.5kHz	10～100mH	10mH
252kHz	1～10nH	1nH
795kHz	0.1～1nH	0.1nH
2.52MHz	10～100μH	10μH
7.95MHz	1～10μH	1μH
25.2MHz	0.1～1μH	0.1μH

③ **调节微调电容旋钮，同时观察微调刻度盘，将容量调到 0。**

④ **调节主调电容旋钮，使电路发生谐振（Q 值显示屏显示的数值最大），若此时主调刻度盘第 2 条电感量刻度线指示的电感值为 L_0，将它乘以对照表所指的电感倍率（10mH），结果就为被测电感的电感量，即 $Lx=L_0\times 10\text{mH}$。**

（3）电容的容量测量

主调电容的容量调节范围为 460pF（40～500pF），在测量容量小于 460pF 和大于 460pF 的电容，要采用不同的方法。

对于容量小于 460pF 的电容，可采用以下方法测量：

① 选一个适当的电感接到“Lx”接线柱上。

② 调节微调电容旋钮，将其容量调到 0。

③ 调节主调电容旋钮，将容量调到 C_1，若被测电容容量值较大，要将主调电容的 C_1 值调到最大值附近，若被测电容容量值小，应将主调电容的 C_1 值调到最小值附近，以便测量更精确。

④ 选择合适的测试信号频段并调节频率，使电路发生谐振，Q 值显示屏数值最大。

⑤ 将被测电容接在“Cx”接线柱上，调节主调电容旋钮，使电路再次发生谐振，设此时主调电容的容量值为 C_2。

⑥ 被测电容的容量 $Cx=C_1-C_2$。

对于容量大于 460pF 的电容，其测量方法如下：

① 选一个适当容量的标准电容器，将它接在“Cx”接线柱上，设其容量为 C_3。

② 选一个适当的电感接到“Lx”接线柱上。

③ 调节微调电容旋钮，将其容量调到 0。

④ 调节主调电容旋钮，将容量调到 C_1，若被测电容容量值较大，C_1 值要调到最大值附近，若被测电容容量值小，C_1 值应调到最小值附近。

⑤ 选择合适的测试信号频段并调节频率，使电路发生谐振，Q 值显示屏数值最大。

⑥ 取下标准电容，将被测电容接在“Cx”接线柱上，调节主调电容旋钮，使电路再次发生谐振，设此时主调电容的容量值为 C_2。

⑦ 被测电容的容量 $C_x=C_3+C_1-C_2$。

（4）线圈分布电容的测量

线圈分布电容的测量操作方法如下：

① 将被测线圈接在“Lx”接线柱上。

② 将微调电容的容量调到 0。

③ 调节主调电容旋钮，将容量值调到最大值，设容量值为 C_1，再调节测试信号频率，使电路发生谐振（即 Q 值最大），设谐振频率为 f_1。

④ 将测试信号频率调到 nf_1，然后调节主调电容的容量，使电路再次发生谐振，设此时主调电容容量为 C_2。

⑤ 线圈分布电容可用以下公式计算

$$C_0=\frac{C_1-n^2C_2}{n^2-1}$$

例如取 n=2，则线圈分布电容 C_0=（C_1–4C_2）/3。

（5）Q 值合格设置功能的使用

当工厂需要大批量测试某同规格元件的 Q 值时，可使用 Q 值合格设置功能，当被测元件的 Q 值超过设置的合格 Q 值时，Q 值合格指示灯亮起同时仪器发出声响提醒，这样可减轻工人视力疲劳，同时能提高测试速度。

Q 值合格设置功能的使用方法如下：

① 选择要求的测试信号频率。

② 将一只合格的参照电感接到“Lx”接线柱上，再调节主电容旋钮，将 Q 值显示屏的数值调到预定的合格 Q 值。

③ 按一下 Q 值合格设定按钮，使 Q 值合格指示灯亮，同时仪器发出声响，Q 值合格设置工作结束。

④ 取下“Lx”接线柱上的参照电感，换上被测电感，再往谐振点方向微调主电容旋钮（Q 值会增大），如果被测电感的 Q 值大于设定的 Q 值，Q 值合格指示灯就亮，同时仪器发出声响，表明被测电感的 Q 值合格。

⑤ 若要取消 Q 值合格设置功能，只需拿掉被测元件，待 Q 值数值变为 0 时，按一下 Q 值合格设定按钮即可。

（6）标准测试频率设定按钮的使用

如果需要在标准测试频率点上测试元件，可以先操作频段选择按钮，选择好标准频率所在的工作频段，然后再按一下标准频率设定按键，仪器就会自动准确地设置好测试信号频率，这样可省去手动调节频率调谐开关。

（7）谐振点自动搜索功能的使用

如果无法估计被测电感元件的数值时，可利用谐振点自动搜索功能来寻找出元件的谐振频率点。谐振点自动搜索功能的使用方法如下：

① 将被测电感（线圈）接在“Lx”接线柱上。

② 将主调电容旋钮调到中间位置上。

③ 按一下谐振点搜索按钮，仪器就进入搜索状态。仪器会从最低工作频率一直搜索到最高工作频率，如果被测元件的谐振点在频率覆盖区间内，搜索结束后，将会自动停在元件的谐振频率点附近。

④ 如果要退出搜索状态，可再按一次搜索按钮，仪器会退出搜索操作。

（8）频率调谐开关的使用。

QBG-3D 的频率调谐采用了数码开关，它能根据操作者旋转开关的速度来自动调节频率变化的速率，当快速旋转开关时，频率变化速率加快，当缓慢调节开关时，频率变化速率也会慢下来。因此，当接近所需的频率时，应放缓开关的调节速度，当调节的频率超出工作频段的频率时，仪器会自动选择低一挡或高一挡频段工作。实际的各工作频段频率范围比面板上标注的频率范围略宽一些。

4. 使用注意事项

高频 Q 表是多用途的阻抗测量仪器，为了提高测量精度，除了要掌握正确的测试方法，还要注意以下事项：

① Q 表应水平放置，将 Q 值调谐指示表进行机械校零。

② 若需要较精确地测量，可在接通电源 30 分钟后再进行测试。

③ 调节主调电容旋钮时，特别注意当刻度调到最大或最小值时，不要用力继续再调。

④ 被测元件和测试电路接线柱间的接线应尽量短、足够粗，并应接触良好、可靠，以减少因接线的电阻和分布参数所带来的测量误差。

⑤ 被测元件不要直接放在面板顶部，应离顶部 1cm 以上，必要时可用低耗损的绝缘材料（如聚苯乙烯等）做成的衬垫物衬垫。

⑥ 测量时，手不得靠近被测元件，避免人体感应影响造成测量误差，有屏蔽的被测元件，其屏蔽罩应与低电位端的接线柱连接。

13.2　晶体管特性图示仪

晶体管特性图示仪又称半导体特性图示仪，是一种用来测量半导体元件（如三极管、场效应管、晶闸管、单结晶管和二极管等）的特性曲线和有关参数的电子测量仪器。

13.2.1　工作原理

晶体管特性图示仪的电路结构较为复杂，下面以测量 NPN 型三极管的输出特性曲线为例来说明图示仪的基本工作原理。

三极管输出特性曲线用来反映三极管集-射电压 U_{ce} 与集电极电流 I_c 之间的关系。该曲线可采用逐点测试法或动态测试法测得，晶体管特性图示仪采用动态测试法。

1. 逐点测试法

图 13-7（a）为三极管输出特性的逐点测试电路，微安表用来测 I_b 电流，毫安表用来测

量 I_c 电流，电压表用来测 U_{ce} 电压。在测试时，先调节电源 E_b，让三极管 VT 的 $I_b=I_{b1}$，然后将电源 E_c 由 0V 开始逐渐调高，三极管的 U_{ce} 电压逐渐上升，流过三极管的 I_c 电流也逐渐增大，当 U_{ce} 达到 U_A 电压再继续上升 U_G 时，发现 I_c 电流增大很少，记下 U_A、I_A 和 U_G、I_G 的值，再以 U_{ce} 电压为横坐标、I_c 电流为纵坐标、I_b 为参变量绘制出三极管在 $I_b=I_{b1}$ 时的输出特性曲线，如图 13-7（b）所示。改变 I_b 的大小，再用同样的方法测量并绘制 I_b 等于 I_{b2}、I_{b3}、I_{b4} 时的输出特性曲线，三极管的特性曲线如图 13-7（c）所示。

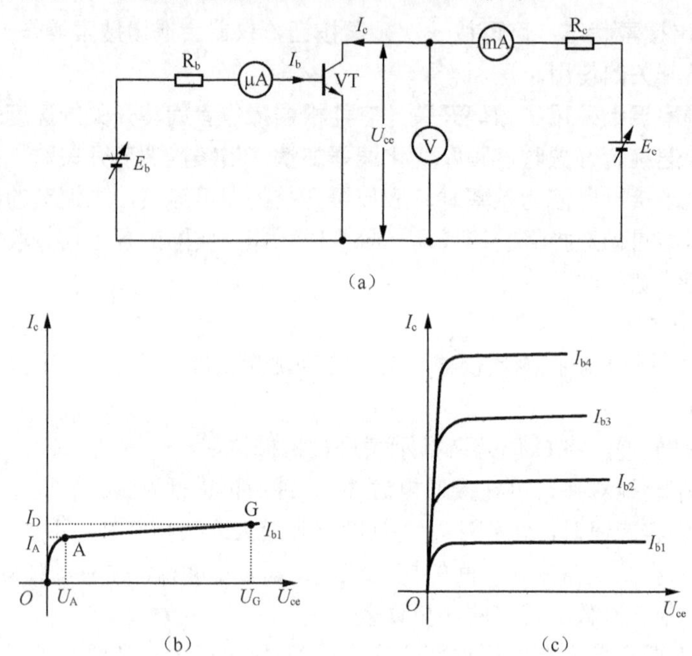

图 13-7　采用逐点测试法测试并绘制三极管输出特性曲线

2. *动态测试法*

采用逐点测试法来获得三极管特性曲线的过程非常麻烦，**晶体管特性图示仪采用动态测试法，它由仪器的电路逐级改变 I_b 电流，连续改变 U_{ce} 电压，并能直观显示出三极管 I_b 电流为不同值时的 U_{ce}–I_c 曲线。**

三极管输出特性的动态测试电路如图 13-8 所示。图中的 R_c 为集电极功耗限制电阻，用来限制 I_c 电流和 U_{ce} 电压；R_s 为取样电阻，阻值较小，对 I_c 电流影响很小，R_s 的功能是将 I_c 电流转换成电压，该电压送到示波管的 Y 轴偏转板，I_c 电流越大，取样电阻两端的电压越高；U_2 为扫描电压，用来为三极管提供先逐渐增大再逐渐减小的 U_{ce} 电压，U_2 通常由市电经全波整流获得；U_1 为梯形波电压，它由梯形波发生器产生，为三极管提供逐级变化的 I_b 电流。

在工作时，梯形波发生器产生梯形波电压 U_1，它经 R_b 送到三极管 VT 的基极，市电降压整流获得的 U_2 电压经 R_c 为 VT 提供 U_{ce} 电压，当 U_1 第一梯级电压来时，VT 基极有 I_{b1} 电流流过，此时扫描电压 U_1 先逐渐上升，如图 13-8（b）所示，VT 的 Uce 也逐渐上升，该电压送到示波管 X 轴偏转板，当 U_{ce} 电压上升到一定值时，VT 有 I_c 电流通过，其途径是 U_2 上→R_c→VT 的 c、e 极→R_s→U_2 下，I_c 电流在流经 R_s 时，R_s 两端产生电压，I_c 电流越大，R_s 两端的电压越高，该电压反映 I_c 电流大小，它加到示波管的 Y 轴偏转板，在 X、Y 轴偏转板电压作用下，电子束在示波管显示屏上扫出 $I_b=I_{b1}$ 时的三极管 U_{ce}-I_c 曲线。当 U_2 上升到最高时，电子束扫到显示屏最右端，然后 U_2 开始下降，U_{ce} 也下降，电子束回扫，回扫途径与正扫相同，U_2 下降到 0 时，电子束又回到原点。接着 U_1 第二梯级电压送到 VT 的基极，VT 有 I_{b2} 电流流过，U_2 又提供先上升后下降的电压，结果在示波管显示屏上又扫出 I_b=I_{b2} 时的三极管 U_{ce}-I_c 曲线。以后工作与上述相同，这里不再叙述，三极管 VT 完整的输出特性曲线如图 13-8（a）示波管显示屏所示。

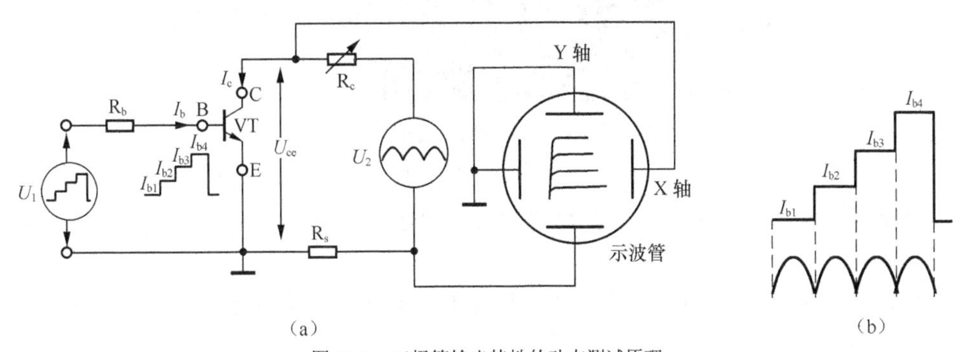

图 13-8　三极管输出特性的动态测试原理

13.2.2　XJ4810 型晶体管特性图示仪的使用

晶体管特性图示仪种类很多，这里以广泛使用的 XJ4810 型晶体管特性图示仪为例进行说明。

1. 面板介绍

XJ4810 型晶体管特性图示仪的实物外形如图 13-9 所示。

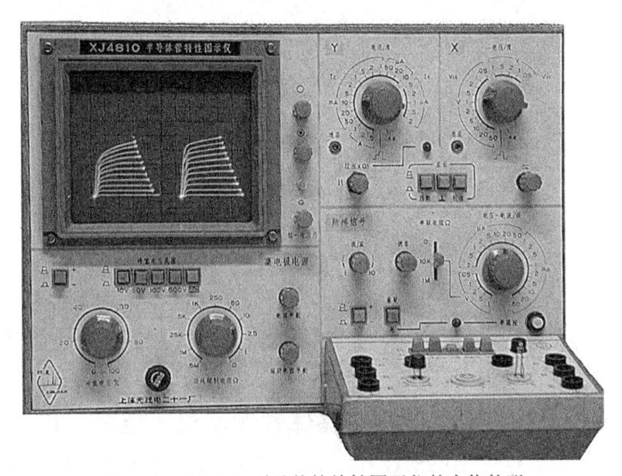

图 13-9　XJ4810 型晶体管特性图示仪的实物外形

面板各部分说明如下：

（1）**电源开关及辉度调节旋钮：用来接通切断电源并调节显示屏光迹的亮度**，如图 13-10 所示。开关拉出接通仪器电源，旋转可以改变示波管光点亮度。

（2）**电源指示灯：用来指示仪器通电情况。**

（3）**聚焦旋钮：调节旋钮可使光迹最清晰。**

（4）**辅助聚焦旋钮：功能与聚焦旋钮相同，两旋钮配合使用。**

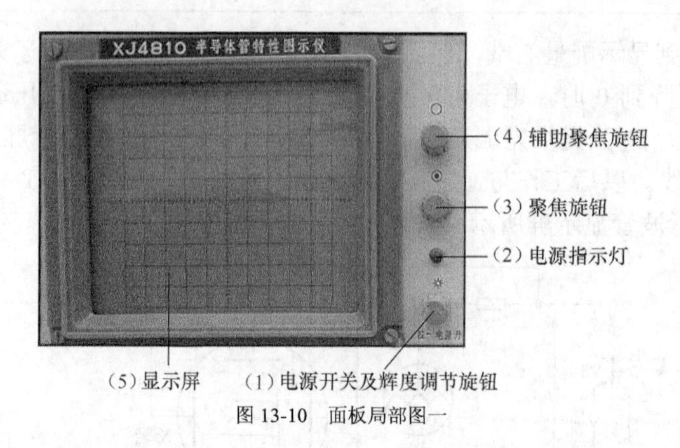

图 13-10　面板局部图一

（5）显示屏：用来显示被测元件的特性曲线，显示屏上有 10×10 个小格，正中央有“十”字状的坐标刻度。

（6）集电极电源极性按钮：用来选择加到被测元件两端电压的极性，如图 13-11 所示。该按钮弹起极性为“+”，按下为“–”，以图 13-8（a）为例，极性为“+”时，三极管 C 极电压高于 E 极电压，极性为“–”时 C 极电压低于 E 极电压。测 NPN 型三极管极性选“+”，测 PNP 型三极管时极性选“–”。

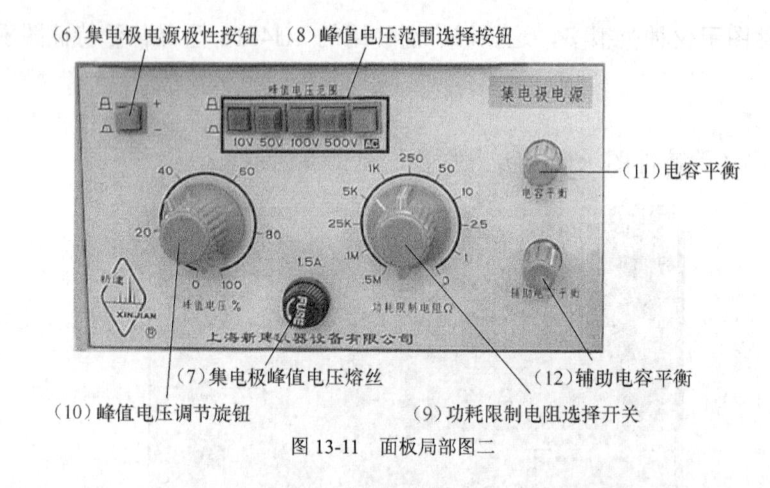

图 13-11　面板局部图二

（7）集电极峰值电压熔丝：当施加给被测晶体管集电极峰值电压过高时，熔丝熔断保护，熔丝容量为 1.5A。

（8）峰值电压范围选择按钮：用来选择晶体管测试电压范围，相当于选择图 13-8 中的 U_2 电压范围，电压范围挡有 0～10V/5A、0～50V/1A、0～100V/0.5A、0～500V/0.1A 和 AC 挡，AC 挡的设置专为二极管或其他元件的测试提供正反双向扫描电压，以便能显示元件的正反向特性曲线。

（9）功耗限制电阻选择开关：功耗限制电阻串联在被测晶体管的集电极电路中，用来限制晶体管的功耗，同时也是被测晶体管集电极的负载电阻，相当于图 13-8 中的电阻 Rc。功耗限制电阻可在 0～5MΩ 之间分 11 挡选择。

（10）峰值电压调节旋钮：它是以百分比方式调节集电极峰值电压，调节范围为 0～100%，调节前先要选择峰值电压范围，例如峰值电压范围选择 0～10V，本旋钮置于 50，则提供的实际峰值电压为 5V。注意：当峰值电压范围由低挡更换高挡测试时，要先将峰值电压调节旋钮调到 0，再切换峰值电压范围挡，换挡后按需要将峰值电压逐渐调高到合适值，否则容易击穿被测晶体管。

（11）、（12）**电容平衡和辅助电容平衡：用来减小仪器内部分布电容对测量的影响。**在选择集电极电流高灵敏度挡时，若显示屏水平线出现分支时可调节这两个旋钮，使水平线重叠为一条，一般情况下这两个旋钮无需经常调节。

（13）**Y 轴选择（电流/度）开关：用来选择 Y 轴功能及灵敏度。**当开关处于"I_R"功能区时，在测二极管反向电流时可让 Y 轴代表反向电流 I_R，该功能区有 0.2μA/div～5μA/div 共 5 挡，若选择 0.2μA/div 挡，表示显示屏在 Y 轴方向每格长度表示 0.2μA；当开关处于"I_C"功能区时，在测量三极管时让可让 Y 轴代表 I_C，该功能区有 10μA/div～0.5A/div 共 15 挡；当选择"⌐⊓"挡时，可让 Y 轴代表基极电流或电压；当选择"外接"时，外接电压可通过仪器右侧板上的 Y 轴信号输入孔加给仪器的 Y 轴系统。如图 13-12 所示。

（14）**Y 轴位移及电流/度×0.1 倍率开关：用来调节显示屏轨迹在垂直方向的移动。**当开关拉出，Y 轴放大器增益扩大 10 倍，Y 轴电流/度各挡 I_C 标值×0.1，同时电流/度×0.1 倍率指示灯亮。.

（15）**电流/度×0.1 倍率指示灯：灯亮时，表示仪器进入电流/度×0.1 倍工作状态。**

（16）**Y 轴增益电位器：校正 Y 轴增益，**一般情况不用经常调节。

（17）**X 轴增益电位器：校正 X 轴增益。**

（18）**X 轴移位旋钮：用来调节光迹在水平方向的移动。**

（19）**X 轴选择（电压/度）开关：用来选择 X 轴功能及灵敏度。**本开关可以使 X 轴代表集-射电压（0.05V/div～50V/div 共 10 挡）、基极电压（0.05V/div～1V/div 共 5 挡）、基极电流和外接电压，共 17 挡。

（20）**显示开关：它由转换、接地、校准三个开关组成，其作用是：**

① 转换开关：用于同时转换集电极电压和阶梯信号的极性，以简化 NPN 管转测 PNP 管时的测试操作。

② 接地开关：按下开关，X、Y 轴放大器输入端同时接地，用来确定显示屏光点的零基准点。

③ 校准开关：按下开关，光点在 X、Y 轴方向移动的距离刚好为 10 度（即 10 格），若按下开关前光点在显示屏 10×10 方格区域的左下角，按下开关后，光点将移到方格区域的右上角，如果光点在 X、Y 轴方向移动距离不准确，可调节 X、Y 轴增益电位器，以实现 10 度校正目的。

（21）**"级/簇"调节旋钮：可在 0～10 范围内连续调节阶梯信号的级数，**如图 13-13 所示。

（22）**调零旋钮：用于测试前调整阶梯信号的起始级零电平的位置。**当显示屏上观察到基极阶梯信号后，按下测试台上测试选择的"零电压"按钮，观察并记住光点在显示屏上的停留位置，将"零电压"按钮复位后，再调节调零旋钮，使阶梯信号的起始级光点仍在该处，这样阶梯信号的零电位即被准确校正。

（23）**阶梯信号选择开关：用来选择晶体管基极阶梯信号的每级电流或电压大小。**它分为电流区和电压区，在测试三极管时应选择电流区，电流区有 0.2μA/级～50mA/级共 17 挡，在测试场效应管时要选择电压区，电压区有 0.05V/级～1V/级共 5 挡。

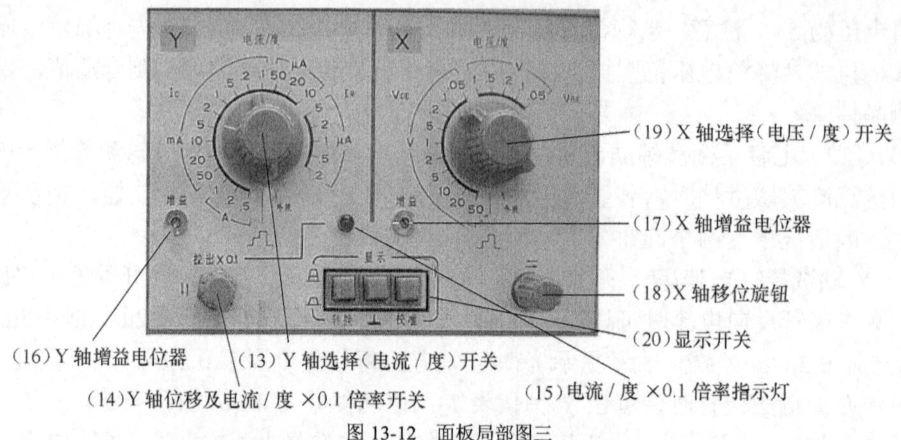

图 13-12　面板局部图三

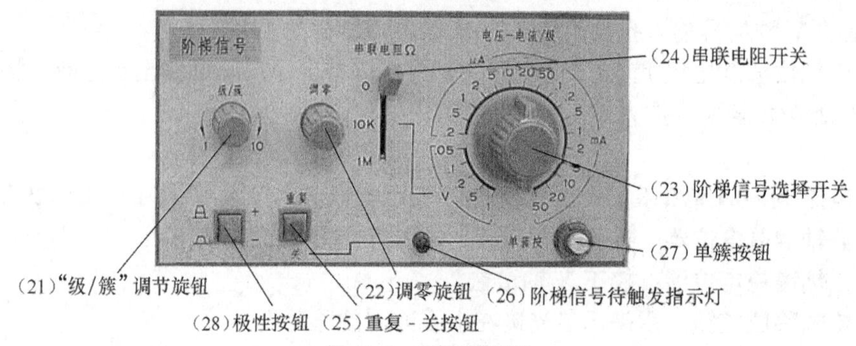

图 13-13　面板局部图四

(24) 串联电阻开关：当阶梯信号选择开关置于电压/级的位置时，串联电阻将串联在被测管的输入电路中，串联电阻可选择 0、10kΩ 或 1MΩ。

(25) 重复-关按钮：按钮弹出时阶梯信号重复出现，用作正常测试；按钮按下为关，切断阶梯信号。

(26) 阶梯信号待触发指示灯：重复-关按钮按下时灯亮，阶梯信号处于断开状态（又称待触发状态）。

(27) 单簇按钮：其功能是让阶梯信号只出现一次后断开，可利用它瞬间作用的特性来观察被测管的各种极限特性。

(28) 极性按钮：用于选择阶梯信号的极性。

(29) 测试台：其外形和结构如图 13-14 所示。

(30) 测试选择按钮：它由“左”、“右”、“二簇”、“零电压”和“零电流”**5** 个按钮组成。各按钮功能说明如下：

①“左”按钮：按下时，显示屏只显示测试台左边被测晶体管的特性。

②“右”按钮：按下时，显示屏只显示测试台右边被测晶体管的特性。

③“二簇”按钮：按下时，显示屏同时显示测试台左、右两个被测晶体管的特性，此时“级/簇”应置适当位置，以利于观察，二簇特性曲线比较时，不要误按单簇按钮。

④“零电压”按钮：按下时，将被测晶体管基极接地，用于调整阶梯信号的起始级零电平的位置，可配合调零旋钮使用。

⑤“零电流”按钮：按下时，被测管的基极处于开路状态，用于测量 I_{CEO} 特性。

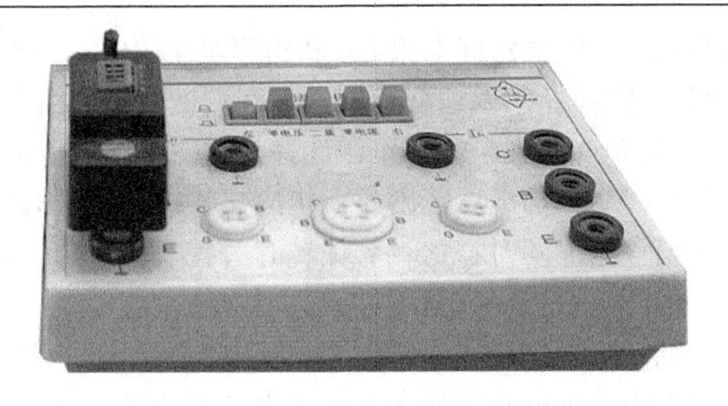

（a）

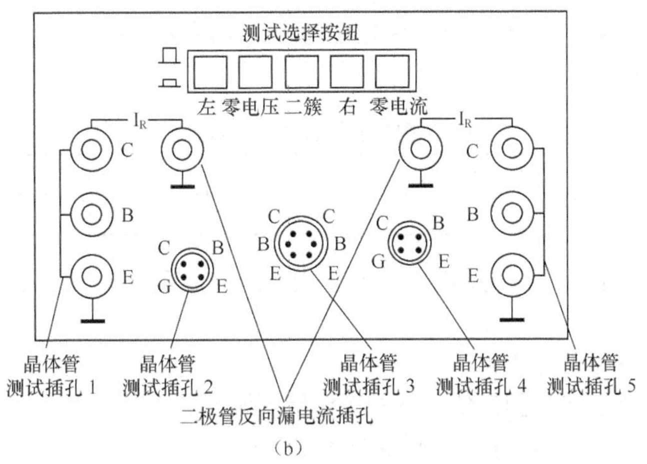

（b）

图 13-14　XJ4810 型半导体管特性图示仪的测试台

（31）**晶体管测试插孔：它由 5 个测试插孔，以晶体管测试插孔 3 为中心将测试台插孔对称分成左、右两部分**。测试插孔 1、5 插上专用插座（随机附件），可测试 F_1、F_2 型管座的大功率晶体管；测试插孔 2、3 用作测三极管、场效应管和晶闸管；测试插孔 3 常用作测量普通的晶体管。

（32）**I_R 插孔：二极管反向漏电流专用插孔，在测量时，二极管正极插入 I_R 接地插孔，负极接 C 插孔**。

（33）**仪器右侧板旋钮和插孔**：如图 13-15 所示，它由 1 个旋钮和 4 个插孔组成。

① 二簇移位旋钮：在二簇显示时，可改变右簇曲线的位置，方便对配对晶体管进行各种参数比较。

② Y 轴信号输入：Y 轴选择开关置外接时，Y 轴外接信号由此插座输入。

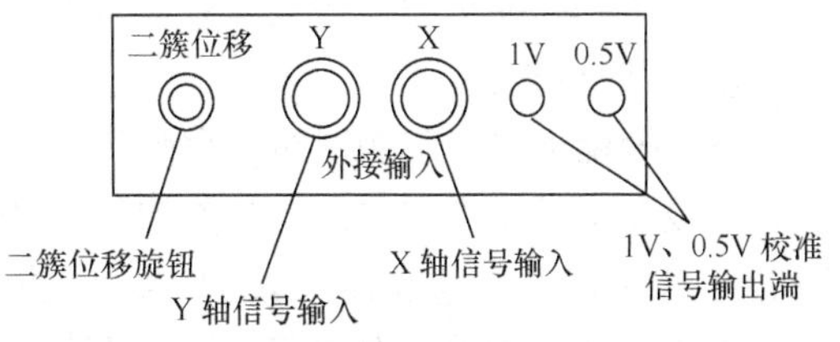

图 13-15　XJ4810 型半导体管特性图示仪的右侧板

③ X 轴信号输入：X 轴选择开关置外接时，X 轴外接信号由此插座输入。

④ 1V、0.5V 校准信号输出端：分别输出 1V、0.5V 的校准信号。

2. 测试注意事项

为了避免损坏被测元件和仪器内部线路，在测试时应注意下列事项：

① 测量前，应对被测管的主要直流参数应有一个大概的了解和估计，特别要了解被测管

的集电极最大允许耗散功率P_{CM}、最大允许电流I_{CM}和击穿电压BU_{EBO}、BU_{CBO}。

② 选择好扫描和阶梯信号的极性，以适应不同管型和测试项目的需要。

③ 根据所测参数或被测管允许的集电极电压，选择合适的扫描电压范围。一般情况下，应先将峰值电压调至零，需要改变扫描电压范围时，也应先将峰值电压调至零。在测试元件反向特性时，功耗电阻要选大一些，同时将 X、Y 偏转开关置于合适挡位。测试时扫描电压应从零逐步调节到需要值。

④ 对被测管进行必要的估算，以选择合适的阶梯电流或阶梯电压，一般宜先小一点，再根据需要逐步加大。测试时不应超过被测管的集电极最大允许功耗。

⑤ 在进行I_{CM}测试时，一般采用单簇为宜，以免损坏被测管。

⑥ 在进行I_C或I_{CM}的测试中，应根据集电极电压的实际情况选择，不应超过本仪器规定的最大电流，见表 13-3。

表 13-3　　电压范围与允许最大电流对照表

电压范围（V）	0～10	0～50	0～100	0～500
允许最大电流（A）	5	1	0.5	0.1

⑦ 在进行高压测试时，应特别注意安全，电压应从零逐步调节到需要值。观察完毕，应及时将峰值电压调到零。

3. 仪器测量的基本操作步骤

XJ4810 型半导体管特性图示仪的基本操作步骤如下：

（1）按下电源开关，指示灯亮，预热 15 分钟。

（2）调节辉度、聚焦及辅助聚焦，使光点清晰明亮。

（3）将峰值电压旋钮调至零，根据测量需要，选择合择的峰值电压范围、极性和功耗电阻。

（4）根据测量需要，将 X 轴（电压/度）开关和 Y 轴（电流/度）开关置于合适的挡位，若是首次测量，应对 X、Y 轴放大器进行 10 度校准。

10 度校准过程：将峰值电压旋钮旋至 0，光点应在显示屏 10×10 方格区域的左下角，若不在左下角，可调节 X、Y 轴位移旋钮，将光点移到左下角，然后按下校准开关，正常光点马上从 10×10 方格区域的左下角移到右上角，即光点在 X、Y 轴方向移动的距离刚好为 10 度（即 10 格），如果光点在 X、Y 轴方向移动距离不是 10 格，可调节 X、Y 轴增益电位器，以实现 10 度校正。

（5）阶梯调零。若测试时要用阶梯信号，须进行阶梯调零。

正极性阶梯调零方法是：将阶梯信号和集电极电压极性均置于“+”极性，将 X 轴（电压/度）开关置于某电压/度（如 1V/度），将 Y 轴（电流/度）开关置于“⌐⌐”，将阶梯信号选择开关置于某电压/级（如 0.5V/级），在显示屏上观察到基极阶梯信号后，按下测试台上测试选择的“零电压”按钮，观察并记住光点在显示屏上的停留位置，将“零电压”按钮复位后，再调节调零旋钮，使阶梯信号的起始级光点仍在该处，这样阶梯信号的零电位即被准确校正。负极性阶梯调零与上述方法类似，只是将阶梯信号和集电极电压极性均置于“–”极性。

（6）根据测量需要，将阶梯信号选择开关置于合适的挡位，将极性、串联电阻置于合适挡位，调节级/簇旋钮，使阶梯信号为 10 级/簇，阶梯信号置“重复”位置。

（7）插上被测晶体管，缓慢地增大峰值电压，显示屏上即有曲线显示。

13.2.3　半导体元件的测量举例

1. 二极管的测量

（1）稳压二极管的测量

以 2CW19 型稳压二极管为例，查二极管参数手册得知 2CW19 稳定电压的测试条件 I_R=3mA。

稳压二极管的测量方法如下：

① 调节 X、Y 轴位移旋钮，将显示屏上的光点移到方格区域的正中心作为坐标零点。

② 按表 13-4 将仪器面板部件调到相应位置。

表 13-4　　测量 2CW19 型稳压二极管时仪器部件的置位

部件	置位	部件	置位
峰值电压范围按钮	AC、0～10V	X 轴选择（电压/度）开关	5V/度
功耗限制电阻选择开关	5 kΩ	Y 轴选择（电流/度）开关	1mA/度

③ 按图 13-16（a）所示方式将稳压二极管插入测试台插孔。

④ 调节峰值电压旋钮，慢慢增大峰值电压，在显示屏上出现图 13-16（b）所示的稳压二极管正反向特性曲线。

⑤ 识读参数。根据 X、Y 轴选择开关的置位可知，方格区格 X 轴方向每格为 5V，Y 轴方向每格为 1mA，从图 13-16（b）曲线可识读出稳压二极管的正向压降约 0.7V，反向稳定电压约 12.5V。

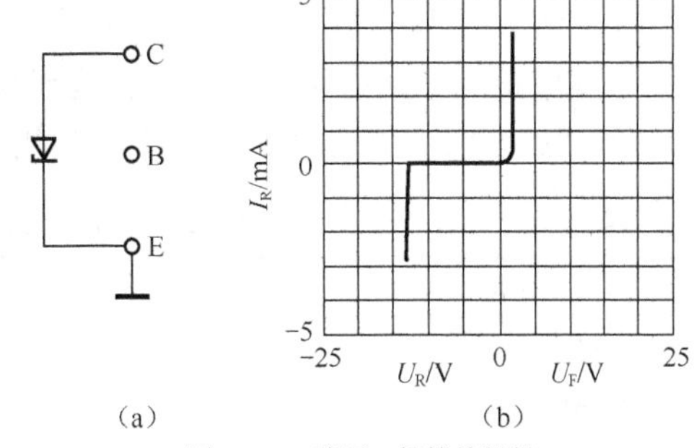

图 13-16　稳压二极管的测量

（2）整流二极管反向漏电电流的测量

以 2DP5C 整流二极管为例，查二极管参数手册得知 2DP5 的反向电流应≤500nA。

整流二极管的测量方法如下：

① 将光点移到显示屏的中心作为坐标零点。

② 按表 13-5 将仪器面板部件调到相应位置。

表 13-5　　2DP5C 型整流二极管测试时仪器部件的置位

部件	置位	部件	置位
峰值电压范围按钮	0～10V	Y 轴选择（电流/度）开关	0.2μA/度
功耗限制电阻选择开关	1kΩ	Y 轴倍率开关	拉出×0.1
X 轴选择（电压/度）开关	1V/度		

③ 按图 13-17（a）所示方式将整流二极管插入测试台 I_R 插孔。

④ 调节峰值电压旋钮，慢慢调大峰值电压，在显示屏上出现图 13-17（b）所示的整流二极管反向漏电电流特性。

⑤ 识读参数。根据 X、Y 轴选择开关的置位可知，X 轴方向每格为 1V，Y 轴方向每格

为 0.2μA×0.1，从图 13-17（b）曲线可识读出整流二极管反向漏电电流：I_R=4div×0.2μA×0.1(倍率)=80nA

测量结果表明，被测管性能符合要求。

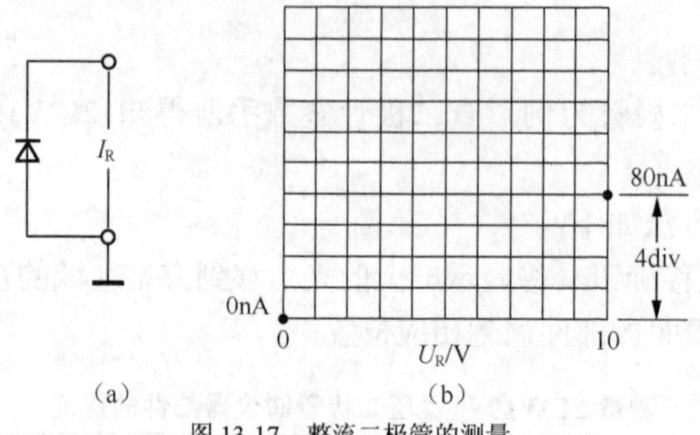

图 13-17　整流二极管的测量

2. 三极管的测量

（1）三极管 h_{FE} 和 β 值的测量

以 NPN 型 3DK2 晶体管为例，查三极管参数手册得知 3DK2 h_{FE} 的测试条件为 U_{CE} =1V、I_C=10mA。

三极管 h_{FE} 和 β 值的测量方法如下：

① 将光点移到显示屏左下角作为坐标零点。

② 按表 13-6 将仪器面板部件调到相应位置。

表 13-6　　3DK2 晶体管 h_{FE}、β 测试时仪器部件的置位

部件	置位	部件	置位
峰值电压范围按钮	0～10V	Y 轴选择（电流/度）开关	1mA/度
集电极电压极性按钮	+	阶梯极性按钮	+
功耗限制电阻选择开关	250 Ω	阶梯重复-关按钮	重复
X 轴选择（电压/度）开关	1V/度	阶梯信号选择开关	20μA

③ 按图 13-18（a）所示方式将三极管插入测试台插孔。

④ 调节峰值电压旋钮，慢慢增大峰值电压，在显示屏上出现图 13-18（b）所示的三极管特性曲线。

⑤ 识读参数。根据 X、Y 轴选择开关的置位可知，显示屏 X 轴方向每格为 1V，Y 轴方向每格为 1mA，在图 13-18（b）中，最上面一条曲线对应的 I_B 值为 180μA（每条曲线为 20μA，不计最下面一条 I_B=0），当 X 轴电压 U_{ce}=1V、I_B=180 μ A 时对应的 Y 轴 I_C 值约为 8.5mA，则三极管直流放大倍数

$$h_{FE}=\frac{I_C}{I_B}=\frac{8.5\text{mA}}{180\mu\text{A}}=\frac{8.5}{0.18}=47.2$$

当 X 轴电压 U_{ce}=1V、I_B=160μA 时对应的 Y 轴 I_C 值约为 7.5mA，则三极管交流放大倍数

$$\beta=\frac{\Delta I_C}{\Delta I_B}=\frac{(8.5-7.5)\text{mA}}{(180-160)\mu\text{A}}=\frac{1.0}{0.02}=50$$

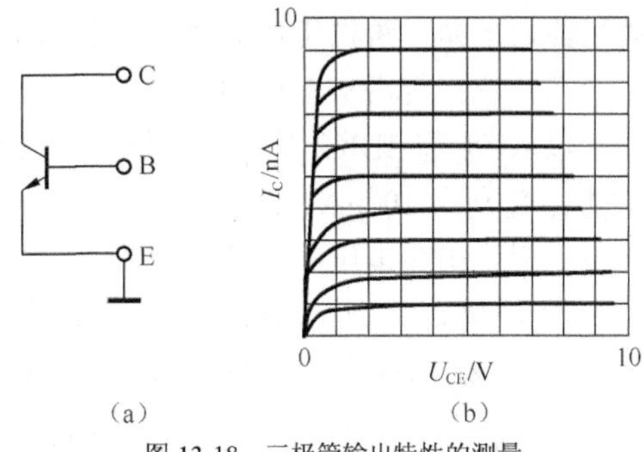

图 13-18 三极管输出特性的测量

PNP 型三极管 h_{FE} 和 β 的测量方法同上，只需改变集电极电压极性、阶梯信号极性、并把光点移至显示屏右上角即可。

（2）三极管反向电流的测量

以 NPN 型 3DK2 三极管为例，查三极管手册得知 3DK2 I_{CBO}、I_{CEO} 的测试条件为 U_{CB}、U_{CE} 均为 10V。

三极管反向电流的测量方法如下：

① 将光点移到显示屏左下角作为坐标零点。

② 按表 13-7 将仪器面板部件调到相应位置。

表 13-7　　3DK2 晶体管反向电流测量时仪器部件的置位

部件 ＼ 置位 ＼ 项目	I_{CBO}	I_{CEO}
峰值电压范围按钮	0～10V	0～10V
集电极电压极性	+	+
X 轴选择（电压/度）开关	2V/度	2V/度
Y 轴选择（电流/度）开关	10μA/度	10μA/度
Y 轴倍率开关	拉出×0.1	拉出×0.1
功耗限制电阻选择开关	5kΩ	5kΩ

③ 按图 13-19 所示方式将三极管插入测试台插孔，其中图（a）为测 I_{CBO} 值接线方式，图（b）为测 I_{CEO} 值接线方式。

④ 调节峰值电压旋钮，将峰值电压逐渐调到 U_{CB}=10V，在显示屏上出现图 13-20 所示的三极管反向电流曲线。

⑤ 识读参数。根据 X、Y 轴选择开关的置位可知，显示屏 X 轴方向每格为 2V，Y 轴方向每格为 10μA×0.1=1μA，在图 13-20（a）中，当 U_{CB}=10V 时，I_{CBO}=0.5μA；在图 13-20（b）中，当 U_{CE}=10V 时，I_{CEO}=1μA。

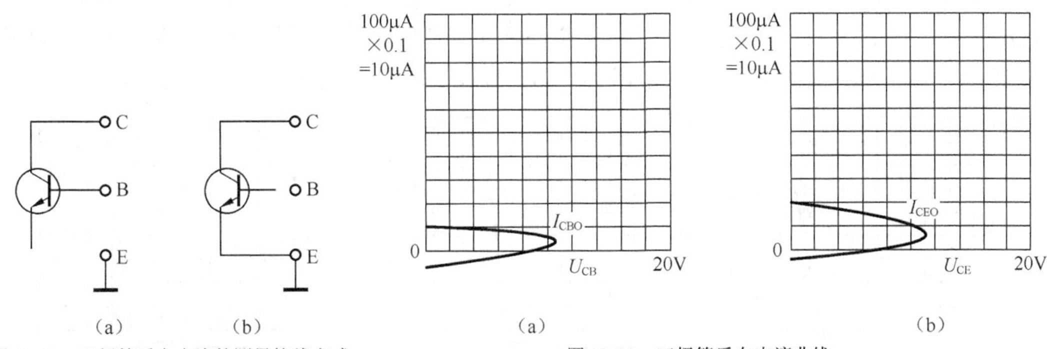

图 13-19　三极管反向电流的测量接线方式

图 13-20　三极管反向电流曲线

PNP 型晶体管的测试方法与 NPN 型晶体管的测试方法相同。测试时，可按测试条件适当改变挡位，并把集电极电压极性改为“−”，把光点调到显示屏的右下角（阶梯极性为“+”

时）或右上角（阶梯极性为“–”时）即可。

（3）三极管击穿电压的测量

以 NPN 型 3DK2 晶体管为例，查三极管手册得知 3DK2 BU_{CBO}、BU_{CEO}、BU_{EBO} 的测试条件 I_C 分别为 100μA、200μA 和 100μA。

三极管击穿电压的测量方法如下：

① 将光点移到显示屏左下角作为坐标零点。

② 按表 13-8 将仪器面板部件调到相应位置。

表 13-8　　　　3DK2 三极管击穿电压测试时仪器部件的置位

部件 \ 置位 \ 项目	BU_{CBO}	BU_{CEO}	BU_{EBO}
峰值电压范围按钮	0～100V	0～100V	0～10V
集电极电压极性	+	+	+
X 轴选择（电压/度）开关	10V/度	10V/度	1V/度
Y 轴选择（电流/度）开关	20μA/度	20μA/度	20μA/度
功耗限制电阻选择开关	1 kΩ～5 kΩ	1 kΩ～5 kΩ	1 kΩ～5 kΩ

③ 按图 13-21 所示方式将三极管插入测试台插孔，其中图（a）为测 BU_{CBO} 值接线方式，图（b）为测 BU_{CEO} 值接线方式，图（b）为测 BU_{EBO} 值接线方式。

④ 调节峰值电压旋钮，将峰值电压逐渐调高，在显示屏上出现图 13-22 所示的三极管击穿曲线。

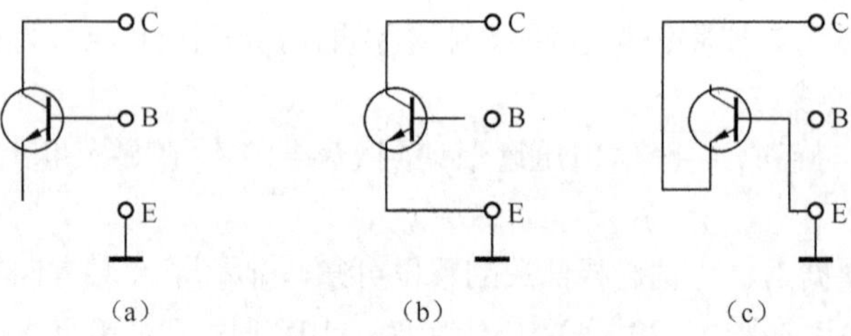

图 13-21　三极管击穿电压测试接线

⑤ 识读参数。在图 13-22（a）中，当 Y 轴 I_C=100μA 时，X 轴的偏移量为 BU_{CBO} 值，BU_{CBO}=70V；在图 13-22（b）中，当 Y 轴 I_C=200μA 时，X 轴的偏移量为 BU_{CEO} 值，BU_{CEO}=60V；在图 13-22（c）中，当 Y 轴 I_C=100μA 时，X 轴的偏移量为 BU_{EBO} 值，BU_{EBO}=6.8V。

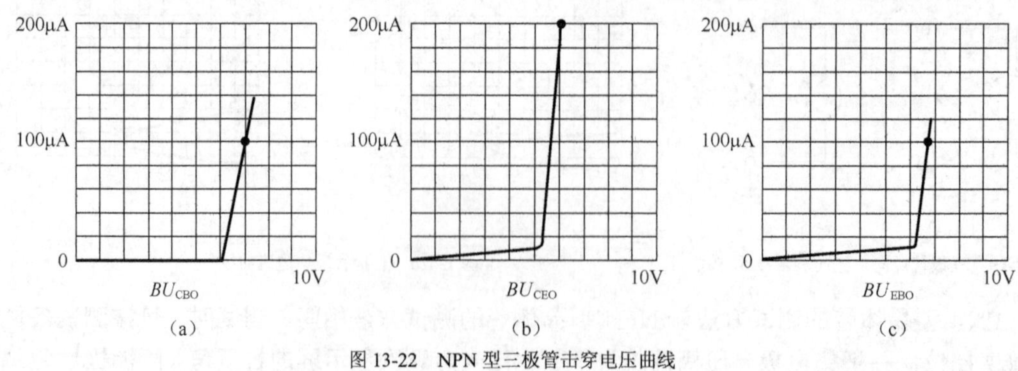

图 13-22　NPN 型三极管击穿电压曲线

PNP 型晶体管的测试方法与 NPN 型晶体管的测试方法相似。其测试曲线如图 13-23 所示。

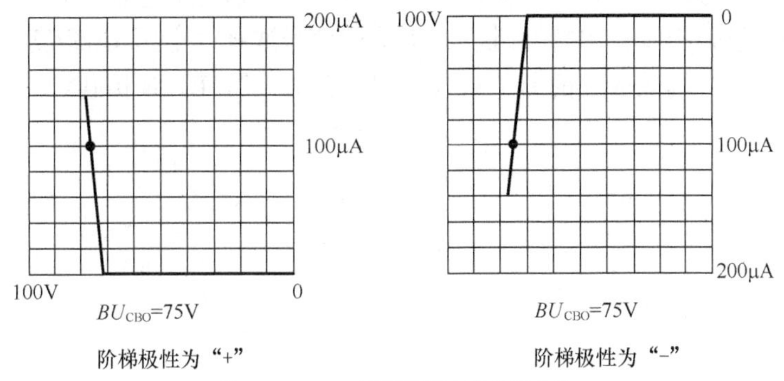

图 13-23　PNP 型三极管击穿电压曲线

（4）同型号三极管特性曲线的比较测量

以 NPN 型 3DG6 晶体管为例，查三极管参数手册得知 3DG6 晶体管输出特性的测试条件为 I_C=10mA、V_{CE}=10V。

同型号三极管特性曲线的比较测量方法如下：

① 将光点移到显示屏左下角作为坐标零点。

② 按表 13-9 将仪器面板部件调到相应位置。

表 13-9　　同型号三极管特性曲线比较测量时仪器部件的置位

部件	置位	部件	置位
峰值电压范围按钮	0～10V	Y 轴选择（电流/度）开关	1mA/度
集电极电压极性	+	阶梯重复-关按钮	重复
功耗限制电阻选择开关	250Ω	阶梯信号选择开关	10μA/级
X 轴选择（电压/度）开关	1V/度	阶梯极性	+

③ 按图 13-24（a）所示将两个同型号的三极管分别插入测试台左右插孔内。

④ 按下测试选择区域内的“二簇”按钮，并调节峰值电压旋钮，将峰值电压逐渐调高，在显示屏上同时出现两只三极管的输出特性曲线（二簇特性曲线），如图 13-24（b）所示。

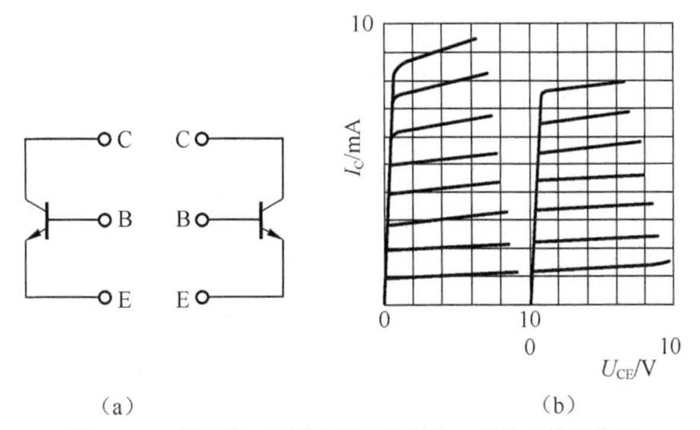

图 13-24　同型号三极管的测试接线与二簇输出特性曲线

⑤ 如果对同型号三极管配对要求很高时，可调节“二簇位移旋钮”，使右簇曲线左移，根据两簇曲线的重合程度可判定两者输出特性的一致程度。

场效应管的测量方法与三极管相似，由于三极管是电流控制型器件，而场效应管是电压控制型，所以测量场效应管输出特性时，应将阶梯信号选择（电压-电流/度）开关置于 V/度挡，选择测试插孔时，场效应管的 D、S、G 极分别插入 C、E、B 插孔。

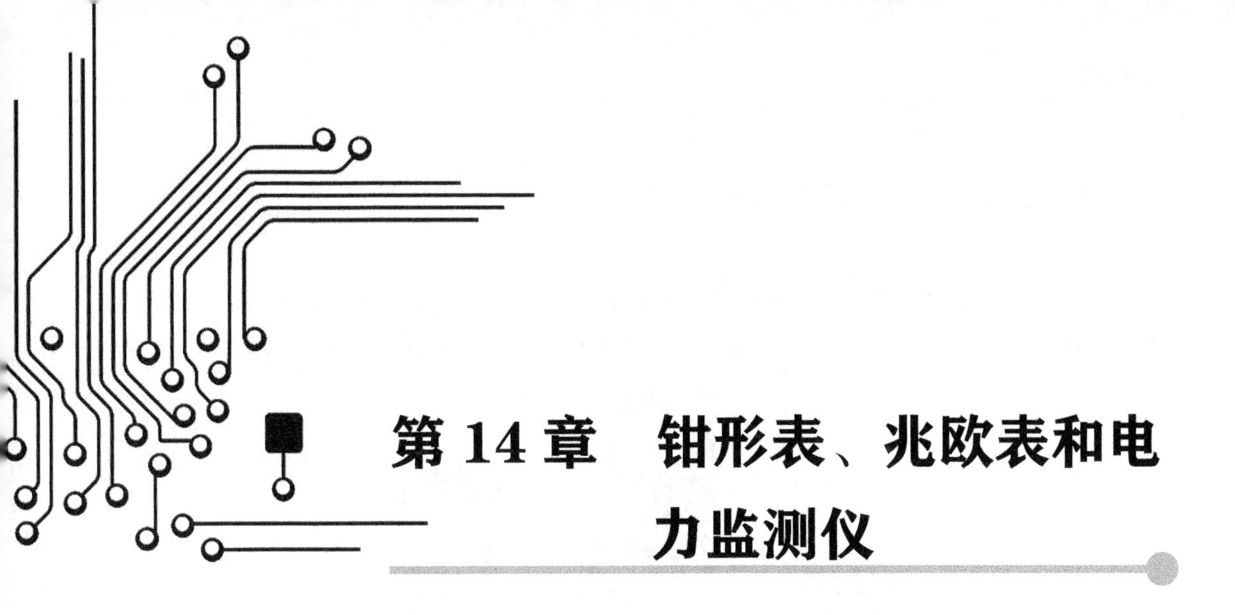

第 14 章　钳形表、兆欧表和电力监测仪

14.1　钳形表

钳形表又称钳形电流表，它是一种测量电气线路电流大小的仪表。与电流表和万用表相比，**钳形表的优点是在测电流时不需要断开电路**。钳形表可分为指针式钳形表和数字式钳形表两类，指针式钳形表是利用内部电流表的指针摆动来指示被测电流的大小；数字式钳形表是利用数字测量电路将被测电流处理后，再通过显示器以数字的形式将电流大小显示出来。

14.1.1　钳形表的结构与测量原理

钳形表有指针式和数字式之分，这里以指针式为例来说明钳形表的结构与工作原理。指针式钳形表的结构如图 14-1 所示。从图中可以看出，指针式钳形表主要由铁芯、线圈、电流表、量程旋钮和扳手等组成。

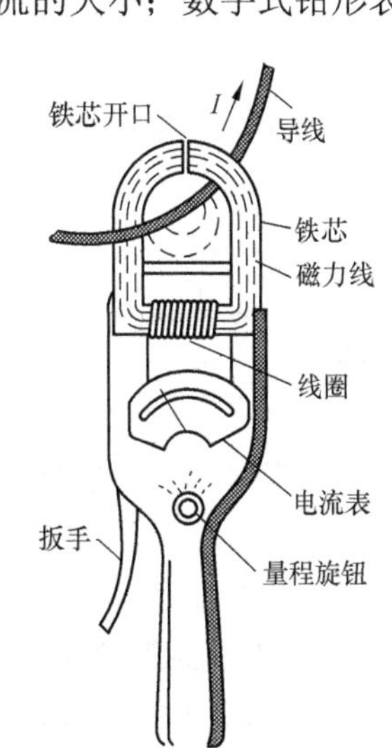

图 14-1　指针式钳形表的结构

在使用钳形表时，按下扳手，铁芯开口张开，从开口处将导线放入铁芯中央，再松开扳手，铁芯开口闭合。当有电流流过导线时，导线周围会产生磁场，磁场的磁力线沿铁芯穿过线圈，线圈立即产生电流，该电流经内部一些元器件后流进电流表，电流表表针摆动，指示电流的大小。流过导线的电流越大，导线产生的磁场越大，穿过线圈的磁力线越多，线圈产生的电流就越大，流进电流表的电流就越大，表针摆动幅度越大，则指示的电流值越大。

14.1.2 指针式钳形表的使用

1. 实物外形

早期的钳形表仅能测电流，而现在常用的钳形表大多数已将钳形表和万用表结合起来，不但可以测电流，还能测电压和电阻，图 14-2 中所示的钳形表都具有这些功能。

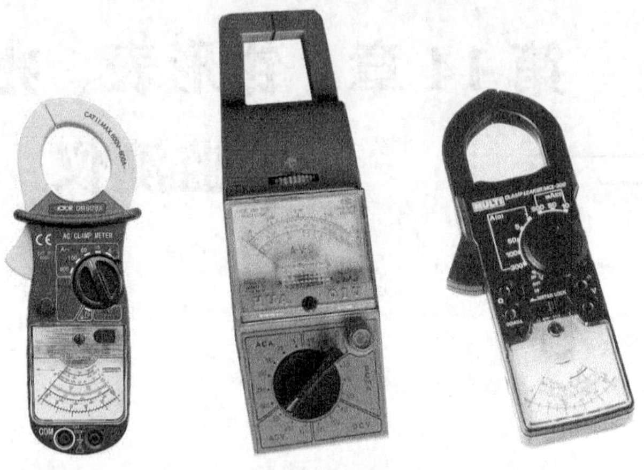

图 14-2 一些常见的指针式钳形表

2. 使用方法

（1）准备工作

在使用钳形表测量前，要做好以下准备工作：

① 安装电池。早期的钳形表仅能测电流，不需安装电池，而现在的钳形表不但能测电流、电压，还能测电阻，因此要求表内安装电池。安装电池时，打开电池盖，将大小和电压值符合要求的电池装入钳形表的电池盒，安装时要注意电池的极性与电池盒标注相同。

② 机械校零。将钳形表平放在桌面上，观察表针是否指在电流刻度线的“0”刻度处，若没有，可用螺丝刀调节刻度盘下方的机械校零旋钮，将表针调到“0”刻度处。

③ 安装表笔。如果仅用钳形表测电流，可不安装表笔；如果要测量电压和电阻，则需要给钳形表安装表笔。安装表笔时，红表笔插入标“+”的插孔，黑表笔插入标“-”或标“COM”的插孔。

（2）用钳形表测电流

使用钳形表测电流，一般按以下操作进行：

① **估计被测电流大小的范围，选取合适的电流挡位**。选择的电流挡应大于被测电流，若无法估计电流范围，可先选择大电流挡测量，测得偏小时再选择小电流挡。

② **钳入被测导线**。在测量时，按下钳形表上的扳手，张开铁芯，钳入一根导线，如图 14-3（a）所示，表针摆动，指示导线流过的电流大小。

测量时要注意，不能将两根导线同时钳入，图 14-3（b）所示的测量方法是错误的。这是因为两根导线流过的电流大小相等，但方向相反，两根导线产生的磁场方向是相反的，相互抵消，钳形表测出的电流值将为 0，如果不为 0，则说明两根导线流过的电流不相等，负载存在漏电（一根导线的部分电流经绝缘性能差的物体直接到地，没有全部流到另一根线上），此时钳形表测出值为漏电电流值。

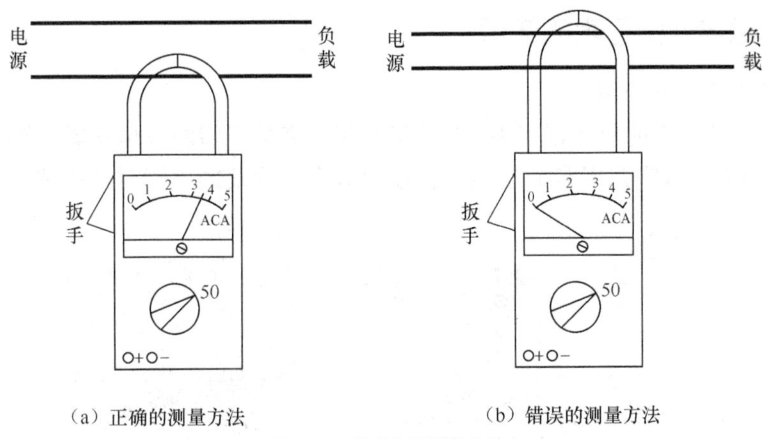

（a）正确的测量方法　　（b）错误的测量方法

图 14-3　钳形表的测量方法

③ **读数**。在读数时，观察并记下表针指在“ACA（交流电流）”刻度线的数值，再配合挡位数进行综合读数。例如图 14-3（a）所示的测量中，表针指在 ACA 刻度线的 3.5 处，此时挡位为电流 50A 挡，读数时要将 ACA 刻度线最大值 5 看成 50，3.5 则为 35，即被测导线流过的电流值为 35A。

如果被测导线的电流较小，可以将导线在钳形表的铁芯上绕几圈再测量。如图 14-4 所示，将导线在铁芯绕了 2 圈，这样测出的电流值是导线实际电流的 2 倍，图中表针指在 3.5 处，挡位开关置于“5A”挡，导线的实际电流应为 3.5/2=1.75A。

现在的大多数钳形表可以在不断开电路的情况下测量电流，还能像万用表一样测电压和电阻。钳形表在测电压和电阻时，需要安装表笔，用表笔接触电路或元器件来进行测量，具体测量方法与万用表一样，这里不再叙述。

3. 使用注意事项

在使用钳形表时，为了安全和测量准确，需要注意以下事项：

① **在测量时要估计被测电流大小，选择合适的挡位，不要用低挡位测大电流**。若无法估计电流大小，可先选高挡位，如果指针偏转偏小，应选合适的低挡位重新测量。

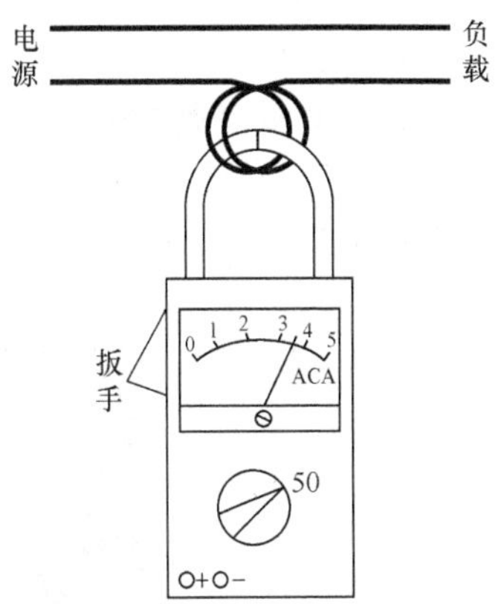

图 14-4　钳形表测量小电流的方法

② **在测量导线电流时，每次只能钳入一根导线，若钳入导线后发现有振动和碰撞声，应重新打开钳口，并开合几次，直至噪声消失为止**。

③ **在测大电流后再测小电流时，也需要开合钳口数次，以消除铁芯上的剩磁**，以免产生测量误差。

④ **在测量时不要切换量程**，以免切换时表内线圈瞬间开路，线圈感应出很高的电压而损坏表内的元器件。

⑤ **在测量一根导线的电流时，应尽量让其他的导线远离钳形表**，以免受这些导线产生的磁场影响，而使测量误差增大。

⑥ **在测量裸露线时，需要用绝缘物将其他的导线隔开，以免测量时钳形表开合钳口引起短路**。

14.1.3 数字式钳形表的使用

1. 实物外形及面板介绍

图 14-5 是一种常用的数字钳形表，它除了有钳形表的无需断开电路就能测量交流电流的功能外，还具有部分数字万用表的功能，在使用数字万用表的功能时，需要用到测量表笔。

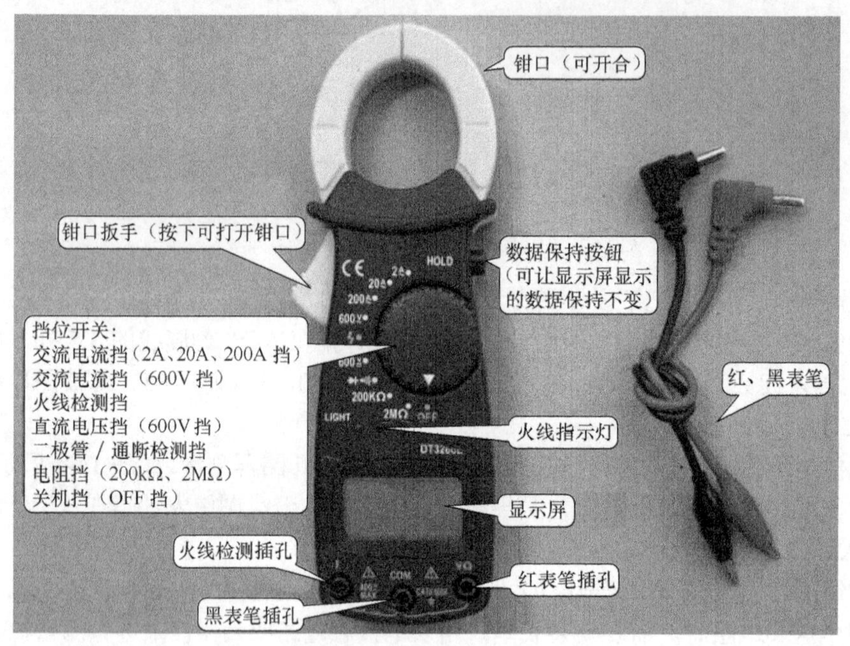

C01 钳形表介绍视频二维码

图 14-5 一种常用的数字式钳形表

2. 使用方法

（1）测量交流电流

为了便于用钳形表测量用电设备的交流电流，可按图 14-6 所示制作一个电源插座，利用该插座测量电烙铁的工作电流的操作如图 14-7 所示。

C02 自制一个钳形表测量交流电流的插座 视频二维码

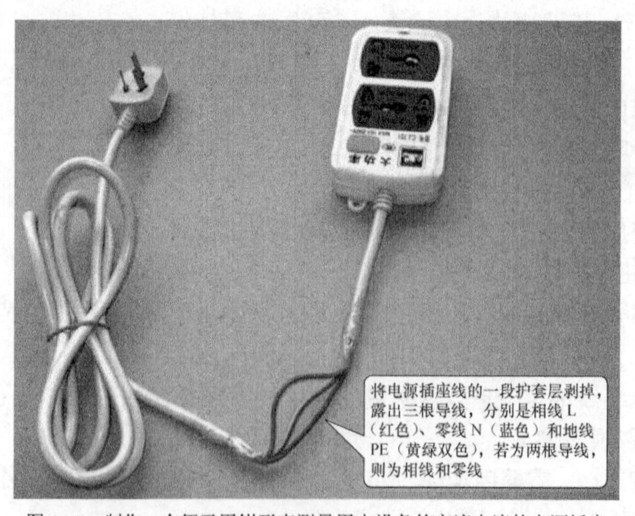

C03 用钳形表测量交流电流 视频二维码

图 14-6 制作一个便于用钳形表测量用电设备的交流电流的电源插座

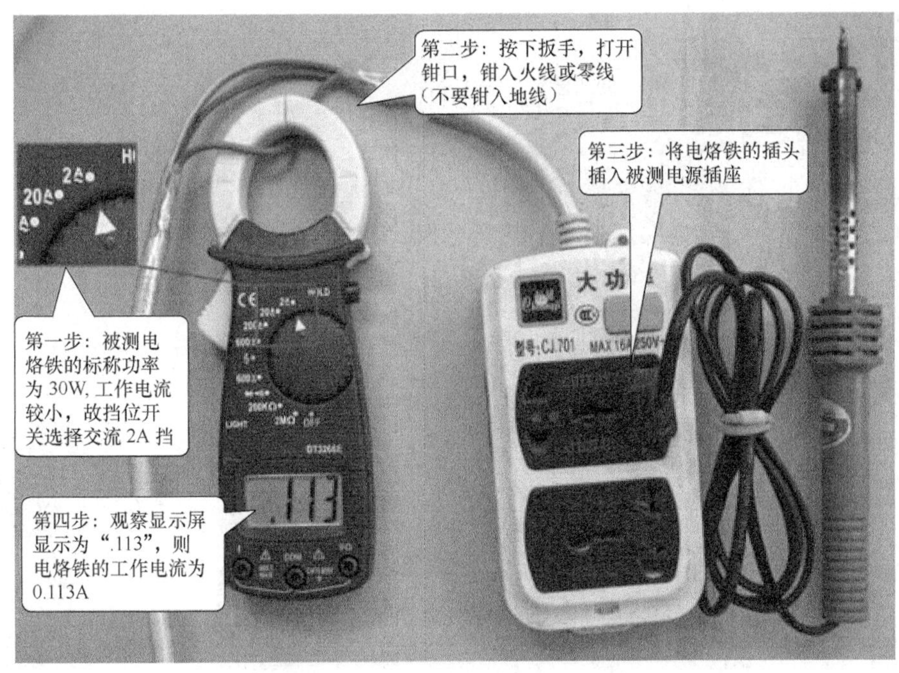

图 14-7　用钳形表测量电烙铁的工作电流

（2）测量交流电压

用钳形表测量交流电压需要用到测量表笔，测量操作如图 14-8 所示。

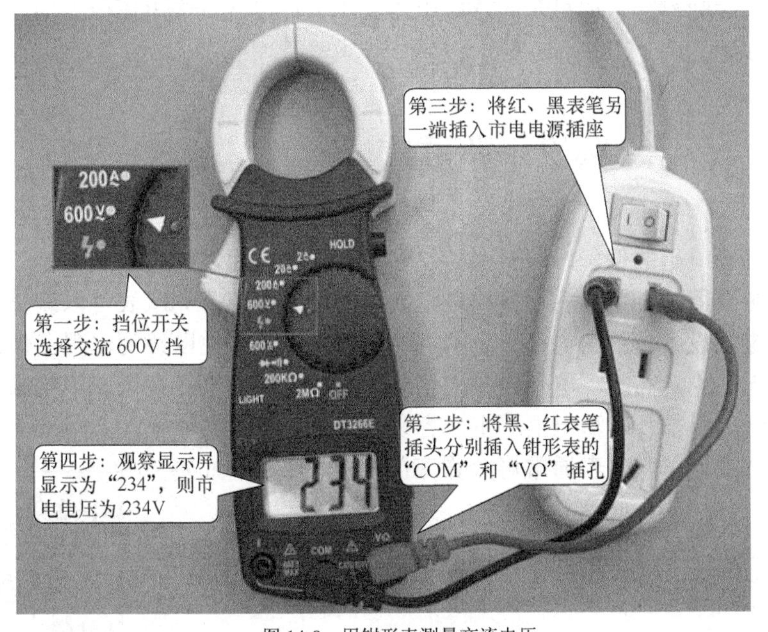

图 14-8　用钳形表测量交流电压

C04 用钳形表测量交流电压 视频二维码

（3）判别火线（相线）

有的钳形表具有火线检测挡，利用该挡可以判别出火线。用钳形表的火线检测挡判别火线的测量操作如图 14-9 所示。

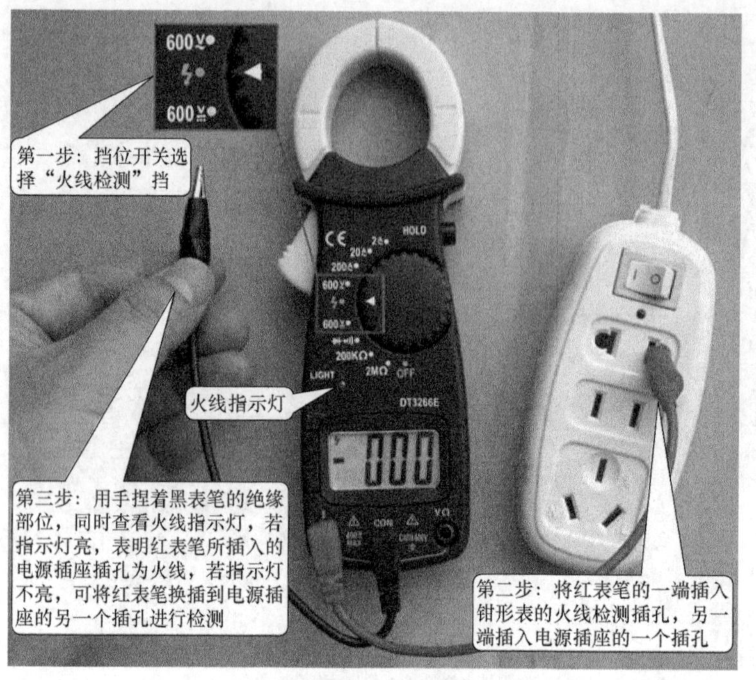

C05 用钳形表检测火线 视频二维码

图 14-9 用钳形表的“火线检测”挡判别火线

如果数字钳形表没有火线检测挡，也可以用交流电压挡来判别火线。在检测时，钳形表选择交流电压 20V 以上的挡位，一只手捏着黑表笔的绝缘部位，另一只手将红表笔先后插入电源插座的两个插孔，同时观察显示屏显示的感应电压大小，以显示感应电压值大的一次为准，红表笔插入的为火线插孔。

14.2 兆欧表

兆欧表是一种测量绝缘电阻的仪表，由于这种仪表的阻值单位通常为兆欧（MΩ），所以常称作兆欧表。**兆欧表主要用来测量电气设备和电气线路的绝缘电阻**。兆欧表可以测量绝缘导线的绝缘电阻，判断电气设备是否漏电等。有些万用表也可以测量兆欧级的电阻，但万用表本身提供的电压低，无法测量高压下电气设备的绝缘电阻，如有些设备在低压下绝缘电阻很大，但电压升高，绝缘电阻很小，漏电很严重，容易造成触电事故。

根据工作和显示方式不同，兆欧表通常可分作三类：摇表、指针式兆欧表和数字式兆欧表。

D01 摇表（兆欧表）介绍 视频二维码

14.2.1 摇表的工作原理与使用

1. 实物外形

图 14-10 所示为常见摇表的实物外形。

2. 工作原理

摇表主要由磁电式比率计、手摇发电机和测量电路组成，其工作原理示意图如图 14-11 所示。

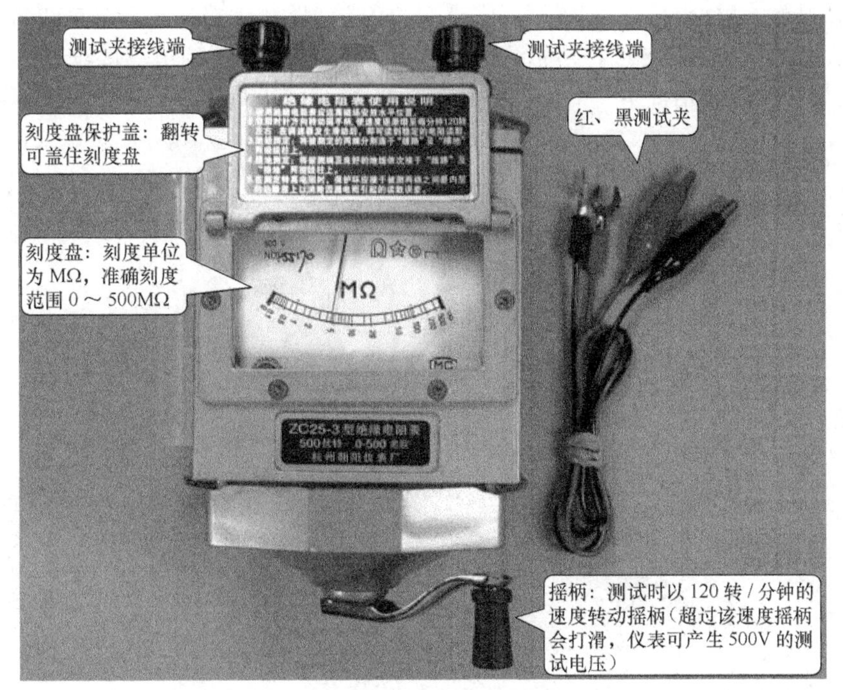

图 14-10　常见摇表外形

在使用摇表测量时，将被测电阻按图示的方法接好，然后摇动手摇发电机，发电机产生几百至几千伏的高压，并从“+”端输出电流，电流分作 I_1、I_2 两路，I_1 经线圈 1、R_1 回到发电机的“−”端，I_2 经线圈 2、被测电阻 R_x 回到发电机的“−”端。

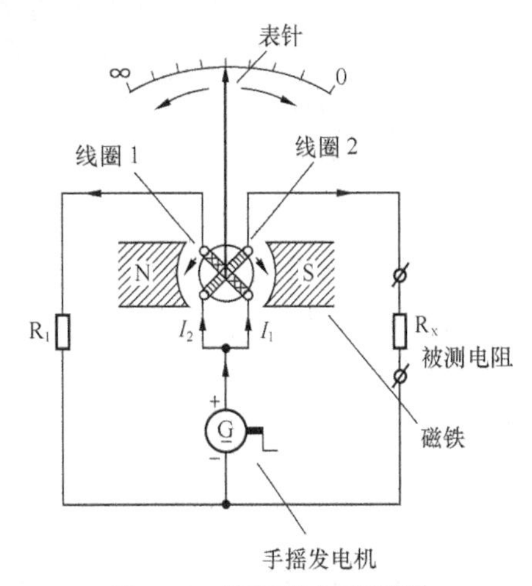

图 14-11　摇表工作原理示意图

线圈 1、线圈 2、表针和磁铁组成磁电式比率计。当线圈 1 流过电流时，会产生磁场，线圈产生的磁场与磁铁的磁场相互作用，线圈 1 逆时针旋转，带动表针往左摆动指向∞处；当线圈 2 流过电流时，表针会往右摆动指向 0。当线圈 1、2 都有电流流过时（两线圈参数相同），若 $I_1=I_2$，即 $R_1=R_x$ 时，表针指在中间；若 $I_1>I_2$，即 $R_1<R_x$ 时，表针偏左，指示 R_x 的阻值大；若 $I_1<I_2$，即 $R_1>R_x$ 时，表针偏右，指示 R_x 的阻值小。

在摇动发电机时，由于摇动时很难保证发电机匀速转动，所以发电机输出的电压和流出的电流是不稳定的，但因为流过两线圈的电流同时变化，如发电机输出电流小时，流过两线圈的电流都会变小，它们受力的比例仍保持不变，故不会影响测量结果。另外，由于发电机会发出几百至几千伏的高压，它经线圈加到被测物两端，这样测量能真实反映被测物在高压下的绝缘电阻大小。

3. 使用方法

（1）使用前的准备工作

摇表在使用前，要做好以下准备工作：

① **接测量线**。摇表有三个接线端：L 端（LINE：线路测试端）、E 端（EARTH：接地端）和 G 端（GUARD：防护屏蔽端）。如图 14-12 所示，在使用前将两根测试线分别接在摇表的这两个接线端上。一般情况下，只需给 L 端和 E 端接测试线，G 端一般情况下不用。

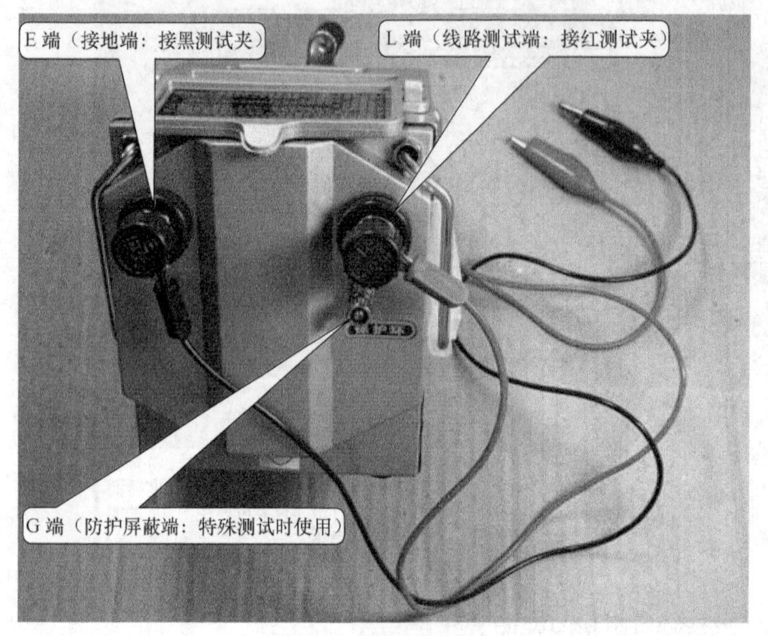

图 14-12　摇表的接线端

② **进行开路实验**。让 L 端、E 端之间开路，然后转动摇表的摇柄，使转速达到额定转速（120r/min 左右），这时表针应指在“∞”处，如图 14-13（a）所示。若不能指到该位置，则说明摇表有故障。

③ **进行短路实验**。将 L 端、E 端测量线短接，再转动摇表的摇柄，使转速达到额定转速，这时表针应指在“0”处，如图 14-13（b）所示。

若开路和短路实验都正常，就可以开始用摇表进行测量了。

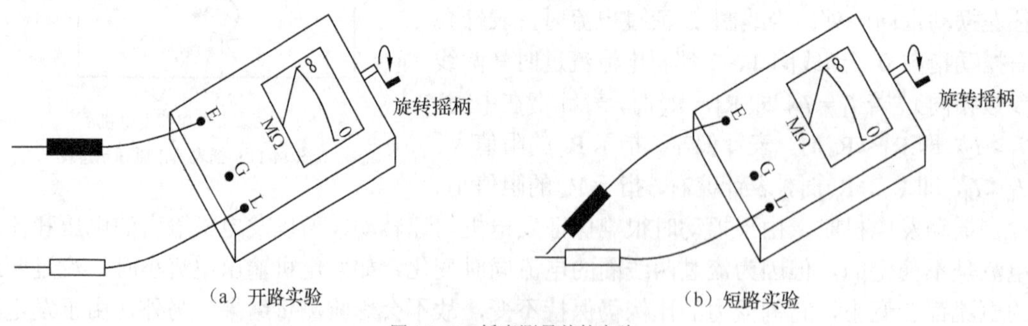

（a）开路实验　　（b）短路实验

图 14-13　摇表测量前的实验

（2）使用方法

使用摇表测量电气设备绝缘电阻，一般按以下步骤进行：

① **根据被测物额定电压大小来选择相应额定电压的摇表**。摇表在测量时，内部发电机会产生电压，但并不是所有的摇表产生的电压都相同，如 ZC25-3 型摇表产生 500V 电压，而

ZC25-4 型摇表能产生 1000V 电压。选择摇表时，要注意其额定电压要较待测电气设备的额定电压高，例如额定电压为 380V 及以下的被测物，可选用额定电压为 500V 的摇表来测量。有关摇表的额定电压大小，可查看摇表上的标注或说明书。一些不同额定电压下的被测物及选用的摇表见表 14-1。

表 14-1　　不同额定电压下的被测物及选用的摇表

被测物	被测物的额定电压（V）	所选兆欧表的额定电压（V）
线圈	＜500 ≥500	500 1000
电力变压器和电动机绕组	≥500	1000～2500
发电机绕组	≤380	1000
电气设备	＜500 ≥500	500～1000 2500

② **测量并读数**。在测量时，切断被测物的电源，将 L 端与被测物的导体部分连接，E 端与被测物的外壳或其他与之绝缘的导体连接，然后转动摇表的摇柄，让转速保持在 120r/min 左右（允许有 20%的转速误差），待表针稳定后进行读数。

D03 用摇表（兆欧表）检测变压器的绝缘电阻 视频二维码

（3）使用举例

下面举几个例子来说明摇表的使用。

① **测量电网线间的绝缘电阻**。测量示意图如图 14-14 所示。测量时，先切断 220V 市电，并断开所有的用电设备的开关，再将摇表的 L 端和 E 端测量线分别插入插座的两个插孔，然后摇动摇柄查看表针所指数值。图中表针指在 400 处，说明电源插座两插孔之间的绝缘电阻为 400MΩ。

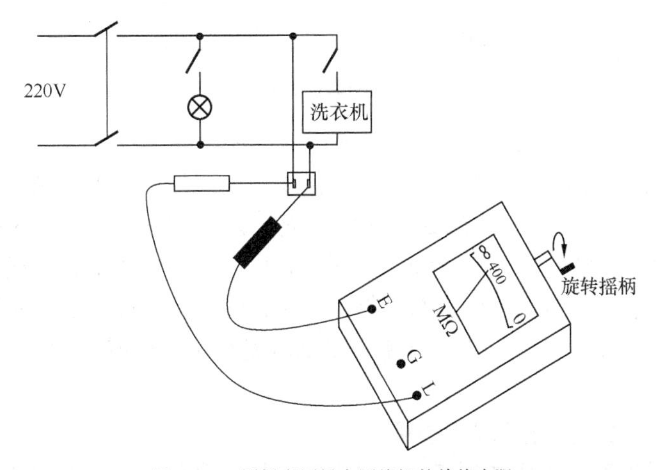

图 14-14　用摇表测量电网线间的绝缘电阻

如果测得电源插座两插孔之间的绝缘电阻很小，如零点几兆欧，则有可能是插座两个插孔之间绝缘性能不好，也可能是两根电网线间绝缘变差，还有可能是用电设备的开关或插座绝缘不好。

② **测量用电设备外壳与线路间的绝缘电阻**。这里以测量洗衣机外壳与线路间的绝缘电阻为例来说明（冰箱、空调等设备的测量方法与之相同）。测量洗衣机外壳与线路间的绝缘电阻示意图如图 14-15 所示。

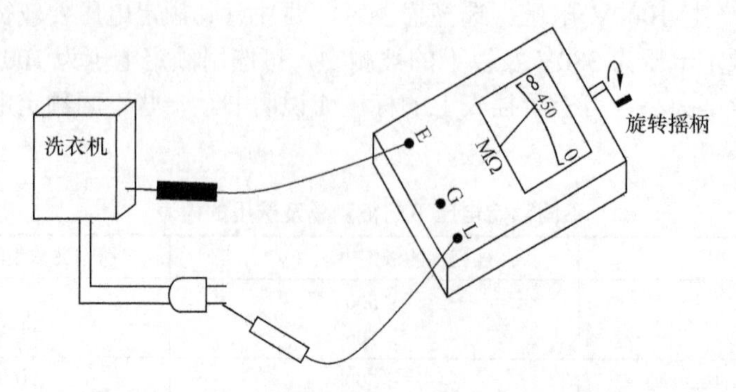

图 14-15　用摇表测量用电设备外壳与线路间的绝缘电阻

测量时，拔出洗衣机的电源插头，将摇表的 L 端测量线接电源插头，E 端测量线接洗衣机外壳，这样测量的是洗衣机的电气线路与外壳之间的绝缘电阻。正常情况下这个阻值应很大，如果测得该阻值小，说明内部电气线路与外壳之间存在着较大的漏电电流，人接触外壳时会造成触电，因此要重点检查电气线路与外壳漏电的原因。

③ **测量电缆的绝缘电阻**。用摇表测量电缆的绝缘电阻示意图如图 14-16 所示。

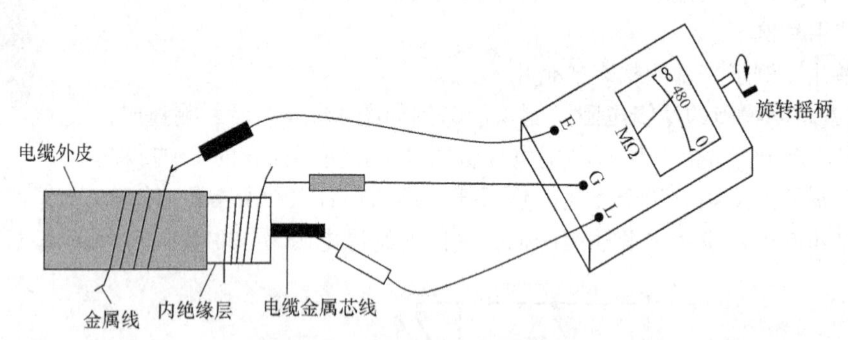

图 14-16　用摇表测量电缆的绝缘电阻

图中的电缆有三部分：电缆金属芯线、内绝缘层和电缆外皮。测这种多层电缆时一般要用到摇表的 G 端。在测量时，分别各用一根金属线在电缆外皮和内绝缘层上绕几圈（这样测量时可使摇表的测量线与外皮、内绝缘层接触更充分），再将 E 端测量线接电缆外皮缠绕的金属线，将 G 端测量线接内绝缘层缠绕的金属线，L 端则接电缆金属芯线。这样连接好后，摇动摇柄即可测量电缆的绝缘电阻。将内绝缘层与 G 端相连，目的是让内绝缘层上的漏电电流直接流入 G 端，而不会流入 E 端，避免了漏电电流影响测量值。

4. 使用注意事项

在使用摇表测量时，要注意以下事项：

① **正确选用适当额定电压的摇表**。选用额定电压过高的摇表测量易击穿被测物，选用额定电压低的摇表测量则不能反映被测物的真实绝缘电阻。

② **测量电气设备时，一定要切断设备的电源**。切断电源后要等待一定的时间再测量，目的是让电气设备放完残存的电。

③ **测量时，摇表的测量线不能绕在一起**。这样做的目的是避免测量线之间的绝缘电阻影响被测物。

④ 测量时，顺时针由慢到快摇动手柄，直至转速达 **120r/min**，一般在 **1min** 后读数（读数时仍要摇动摇柄）。

⑤ 在摇动摇柄时，手不可接触测量线裸露部位和被测物，以免触电。

⑥ 被测物表面应擦拭干净，不得有污物，以免造成测量数据不准确。

14.2.2　数字式兆欧表的使用

数字式兆欧表是以数字的形式直观显示被测绝缘电阻的大小，它与指针式兆欧表一样，测试高压都是由内部升压电路产生的。

1. 实物外形

图 14-17 所示为几种数字式兆欧表的实物外形。

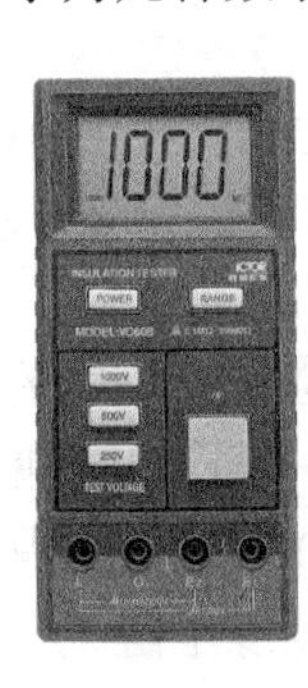
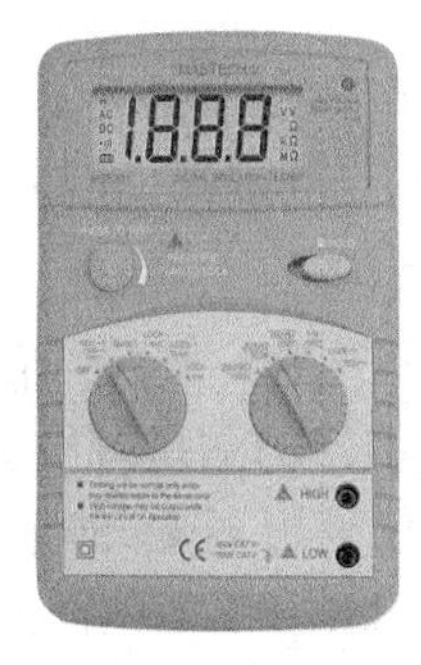
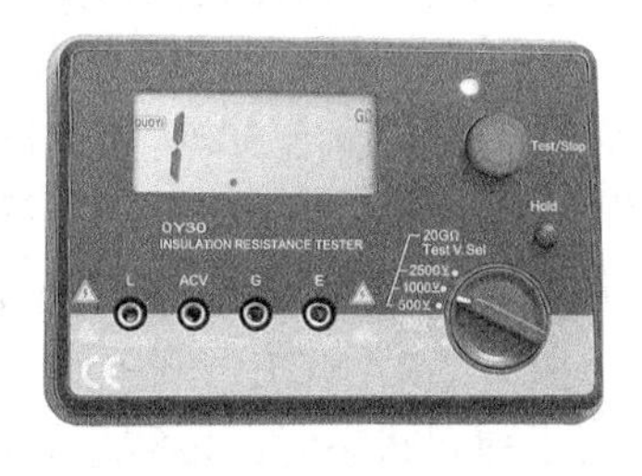

图 14-17　几种常见的数字式兆欧表

2. 使用方法

数字式兆欧表种类很多，使用方法基本相同，下面以 VC60B 型数字式兆欧表为例来说明。

VC60B 型数字式兆欧表是一种使用轻便、量程广、性能稳定，并且能自动关机的测量仪器。这种仪表内部采用电压变换器，可以将 9V 的直流电压变换成 250V/500V/1000V 的直流电压，因此可以测量多种不同额定电压下的电气设备的绝缘电阻。

VC60B 型数字式兆欧表的面板如图 14-18 所示。

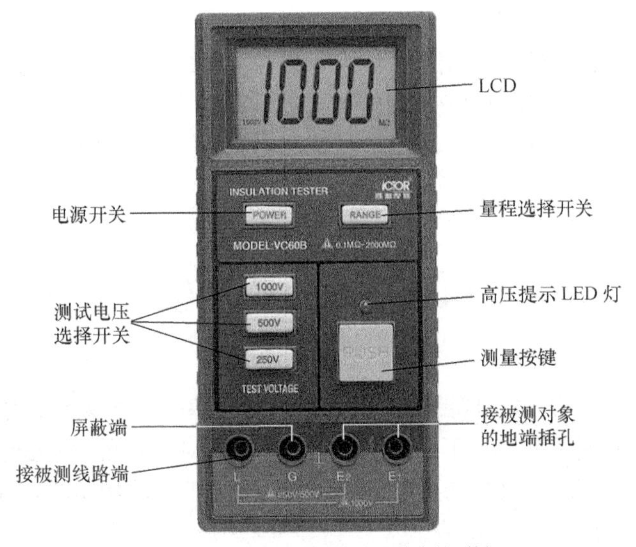

图 14-18　VC60B 型数字式兆欧表的面板

（1）测量前的准备工作

在测量前，需要先做好以下准备工作：

① 安装 9V 电池。

② 安插测量线。VC60B 型数字式兆欧表有四个测量线插孔：L 端（线路测试端）、G 端（防护或屏蔽端）、E_2端（第 2 接地端）和 E1 端（第 1 接地端）。先在 L 端和 G 端各安插一条测量线（一般情况下 G 端可不安插测量线），另一条测量线可根据仪表的测量电压来选择安插在 E_2端或 E_1端，当测量电压为 250V 或 500V 时，测量线应安插在 E_2端，当测量电压为 1000V 时，则应插在 E_1端。

（2）测量过程

VC60B 型数字式兆欧表的一般测量步骤如下：

① 按下“POWER”（电源）开关。

② 选择测试电压。根据被测物的额定电压，按下 1000V、500V 或 250V 中的某一开关来选择测试电压，如被测物用在 380V 电压中，可按下 500V 开关，显示器左下角将会显示“500V”字样，这时仪表会输出 500V 的测试电压。

③ 选择量程范围。操作“RANGE”（量程选择）开关，可以选择不同的阻值测量范围，在不同的测试电压下，操作“RANGE”开关选择的测量范围会不同，具体见表 14-2。如测试电压为 500V，按下“RANGE”开关时，仪表可测量 50～1000MΩ 范围内的绝缘电阻；“RANGE”开关处于弹起状态时，可测量 0.1～50MΩ 范围内的绝缘电阻。

表 14-2　　不同测试电压下“RANGE”开关选择的测量范围

测试电压		250×(1±10%)V	500×(1±10%)V	1000×(1±10%)V
量程		0.1～20MΩ	0.1～50MΩ	0.1～100MΩ
		20～500MΩ	50～1000MΩ	100～2000MΩ

④ 将仪表的 L 端、E_2端或 E_1端测量线的探针与被测物连接。

⑤ 按下“PUSH”键进行测量。测量过程中，不要松开“PUSH”键，此时显示器的数值会有变化，待稳定后开始读数。

⑥ 读数。读数时要注意，显示器左下角为当前的测试电压，中间为测量的阻值，右下角为阻值的单位。读数完毕，松开“PUSH”键。

在测量时，如显示器显示“1”，表示测量值超出量程，可换高量程挡（即按下“RANGE”开关）重新测量。

14.3　电力监测仪

电力监测仪是用来监测电气线路的电压、电流、功率、功率因数、电量和用电时间等参数的仪表。电力监测仪种类很多，下面介绍一款用于 220V 市电的 PowerBay 专业版电力监测仪，在使用时只要将它插在 220V 市电插座上，再将需要监测的用电器插在该仪表的插座内，这种电力监测仪又称为电力计量插座。

14.3.1　面板介绍

PowerBay 专业版电力监测仪的前后面板如图 14-19 所示，面板上的显示屏、指示灯、按键、插座和插头功能说明见图标注。

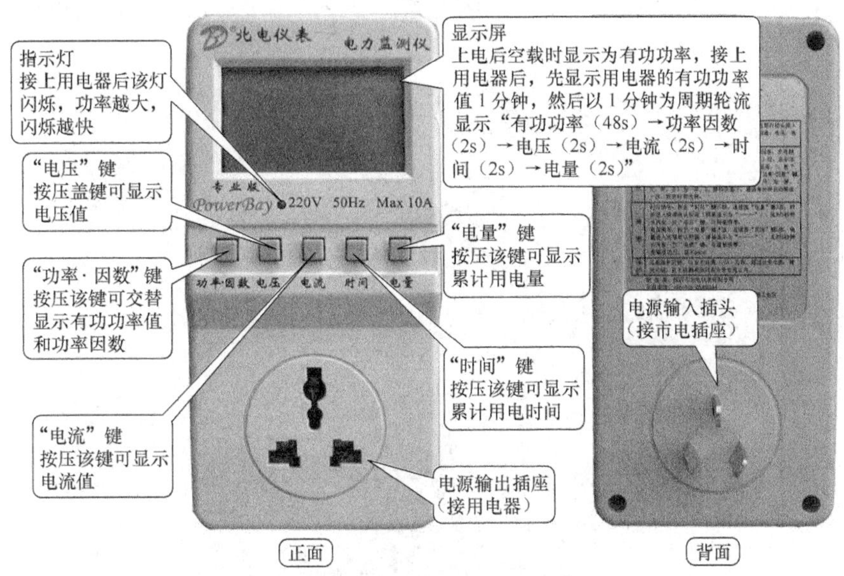

图 14-19　PowerBay 专业版电力监测仪的面板

14.3.2　测量准备

在使用电力监测仪时，先要将它插入 220V 市电插座，仪表上电后显示屏会变亮，同时显示仪表的版本信息，如图 14-20 所示，仪表版本信息显示结束后自动进入有功功率显示状态，如图 14-21 所示。

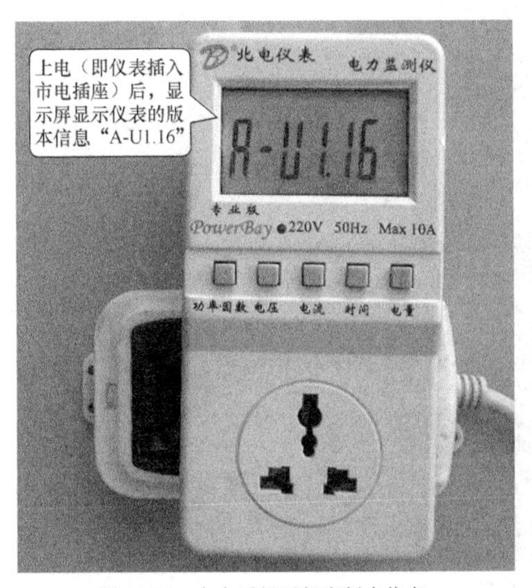

图 14-20　上电后显示仪表版本信息

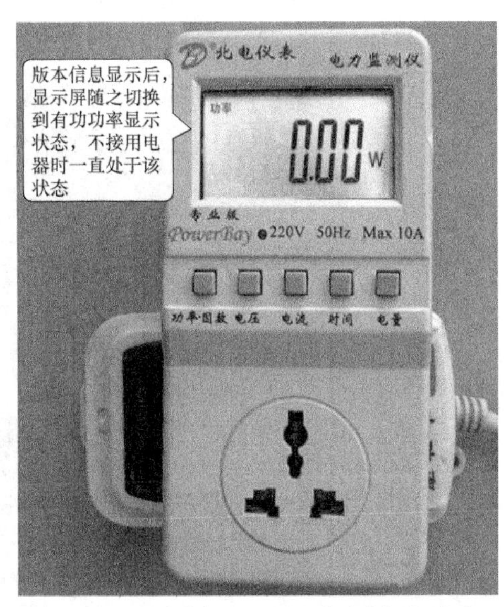

图 14-21　版本信息显示后进入有功功率显示状态

14.3.3 测量用电器的功率

以测量电吹风的功率（有功功率）为例，测量时将电吹风的电源插头插入电力监测仪的插座内，并将电吹风置于“低风”挡，仪表显示屏会显示电吹风在低风挡时的功率为 381.89W，如图 14-22 所示，如果将电吹风置于“高风”挡，显示屏马上显示出电吹风在高风挡时的功率为 728.35W，如图 14-23 所示。

图 14-22 测量电吹风在低风挡时的功率

图 14-23 测量电吹风在高风挡时的功率

14.3.4　测量用电器的功率因数

1. 关于功率因数

有一些用电器内部含有储能元件（电感、电容），这些元件在工作时，除了会消耗一部分电能外还会储存一部分电能，这些储存的电能又会返送回电源，即这部分在电源与负载之间往返的电能并没有做功，称为无功功率，电能被消耗而做的功的称为有功功率 *P*，有功功率和无功功率统称为视在功率 *S*，**有功功率 *P* 与视在功率 *S* 的比值称为功率因数 $\cos\phi$（$\cos\phi=P/S$）**，对于纯电阻性负载（如白炽灯、电热丝等），电源提供给负载的电能全被消耗掉做功，无电能返回电源，即没有无功功率，有功功率与视在功率相等，故功率因数 $\cos\phi=1$。功率因数越高，表示用电器电能利用率越高。

2. 功率因数的测量

以测量电吹风的功率因数为例，测量时将电吹风的电源插头插入电力监测仪的插座内，并将电吹风置于“低风”挡，按压一次“功率 • 因数”键，仪表显示屏会显示电吹风在低风挡时的功率因数值为 0.909，如图 14-24 所示，如果将电吹风置于“高风”挡，显示屏会显示出电吹风在高风挡时的功率因数值为 0.999，如图 14-25 所示，由此可见，电吹风在高风挡时的电能利用率更高。

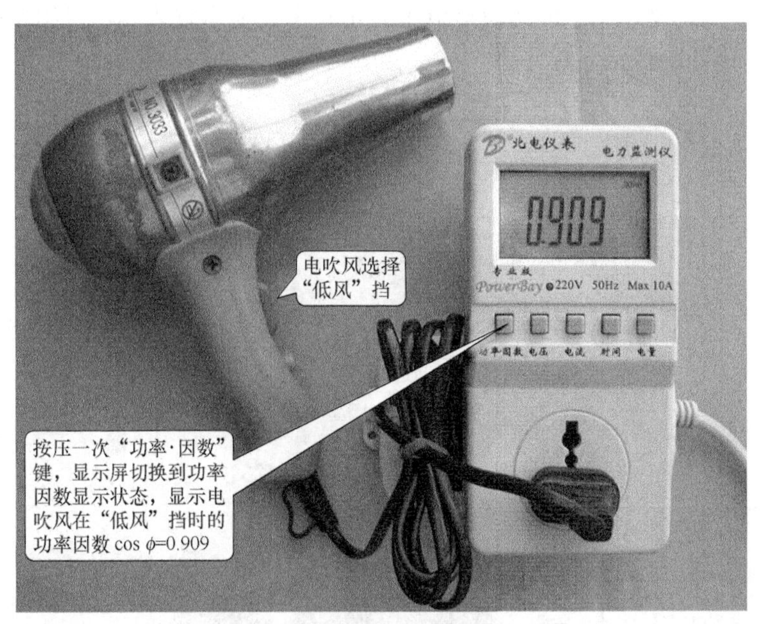

图 14-24　测量电吹风在低风挡时的功率因数

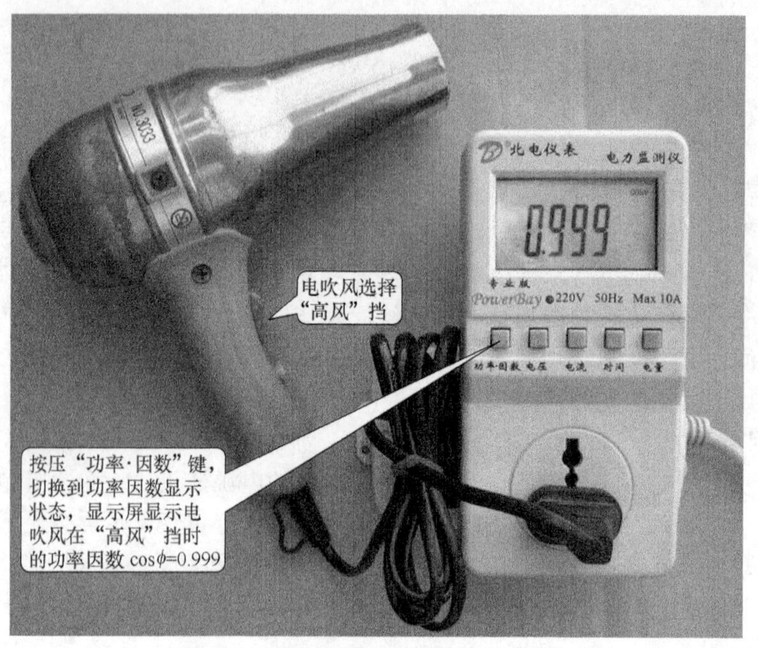

图 14-25　测量电吹风在高风挡时的功率因数

14.3.5　测量用电器的电压

以测量电吹风的供电电压为例，测量时将电吹风的电源插头插入电力监测仪的插座内，再按压“电压”键，仪表显示屏切换至电压显示状态，显示仪表输出供给电吹风的电压为 237.27V，如图 14-26 所示。

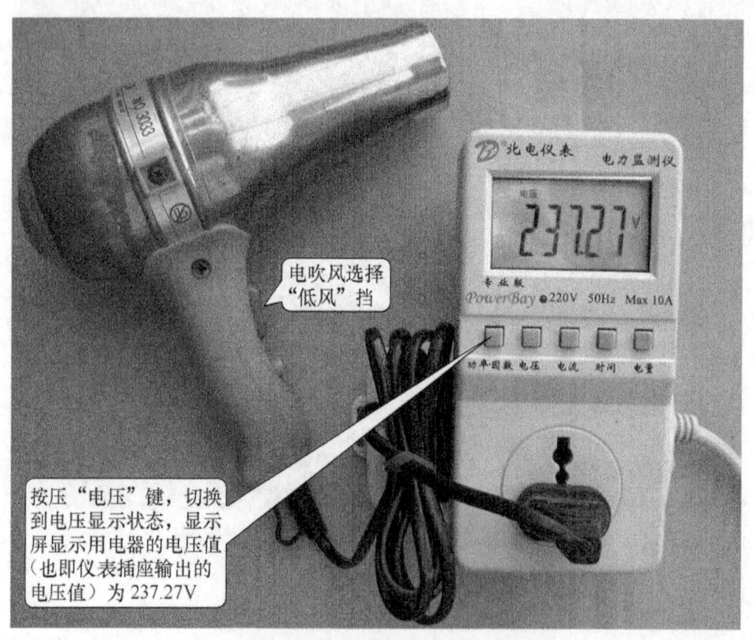

图 14-26　测量电吹风的供电电压

14.3.6　测量用电器的电流

以测量电吹风的工作电流为例，测量时将电吹风的电源插头插入电力监测仪的插座内，再按压“电流”键，仪表显示屏切换至电流显示状态，显示仪表输出供给电吹风的电流为1779mA，如图 14-27 所示。

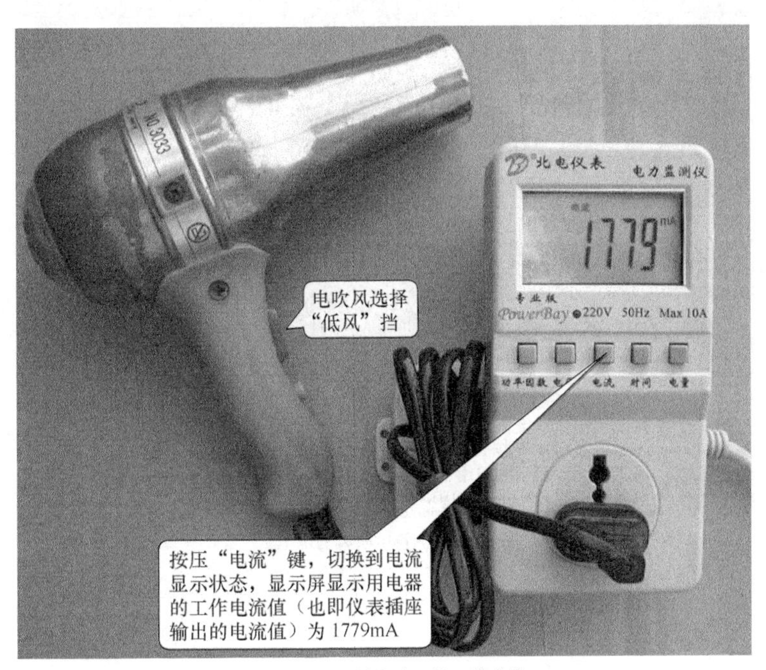

图 14-27　测量电吹风的工作电流

14.3.7　测量用电器的用电量

1．电量清零

如果想知道用电器在一段时间的用电量，比如空调器一晚用电量或计算机一天的用电量等，可使用电力监测仪的电量测量功能。在测量电量前，需要对电力监测仪先前的电量记录清零，然后才开始测量在一段时间的用电量。

电力监测仪电量清零操作过程：按住“电量”键不放，连续按“时间”键 3 次，进入电量清零确认状态（显示屏显示为“---”），5 秒内按一次“电流”键，电量被清零，清零成功后，显示“good”，2 秒后自动退回到电量显示。按其他功能键，将退出电量清零界面，显示相应按键参数。

2．测量用电量

以测量电吹风的用电量为例，先对电力监测仪进行电量清零操作，然后将电吹风的电源插头插入电力监测仪的插座内，使用一段时间后，按压“电量”键，仪表显示屏切换至电量显示状态，显示仪表电吹风累计用电量（从电量清零开始至当前的用电总量）为 0.01kW，如图 14-28 所示。

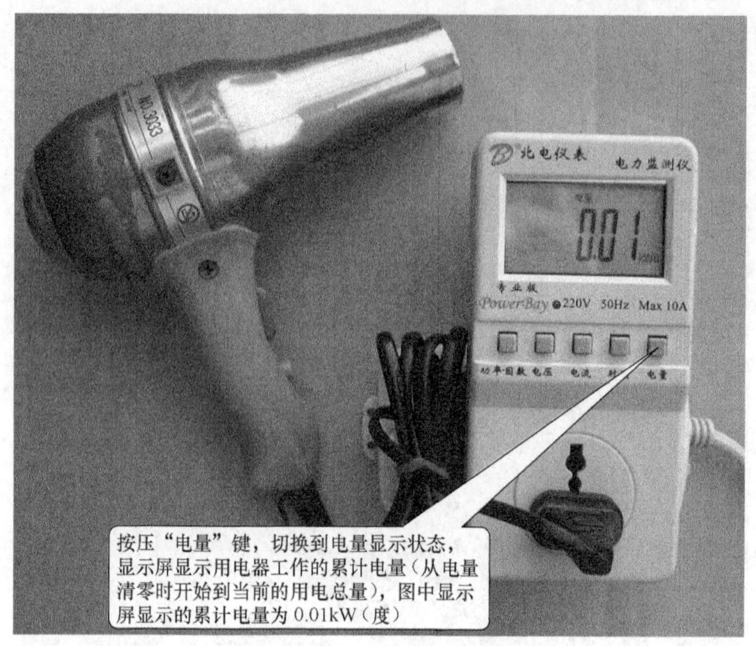

图 14-28　测量电吹风的用电量

14.3.8　查看与清除累计用电时间

PowerBay 专业版电力监测仪具有累计用电时间的功能，也可以将先前的累计时间清零，重新开始累计用电时间。累计用电时间是指从上次时间清零开始，到当前查看时刻为止的总用电时间。若电力监测仪断电，断电前的时间会保存，上电后在此时间基础上继续累计时间，在电力监测仪空载（未接用电器）期间，不记录累计用电时间。

1. 查看累计用电时间

在电力监测仪上查看累计用电时间时，按压“时间”键，仪表显示屏切换至时间显示状态，先显示累计用电时间的“年/月”2 秒，如图 14-29（a）所示，再显示累计用电时间的“日/时/分”2 秒，如图 14-29（b）所示。

2. 累计用电时间清零

如果需要重新累计用电时间，应将先前的累计用电时间清零。累计用电时间的操作过程：按住“时间”键不放，连续按“电量”键 3 次，进入时间清零确认状态，屏幕显示为“---”，5 秒内按一次“电压”键，时间被清零，清零成功后显示屏显示“good”2 秒，然后自动退回到时间显示，按其他功能键，将退出时间清零界面，显示相应按键参数。

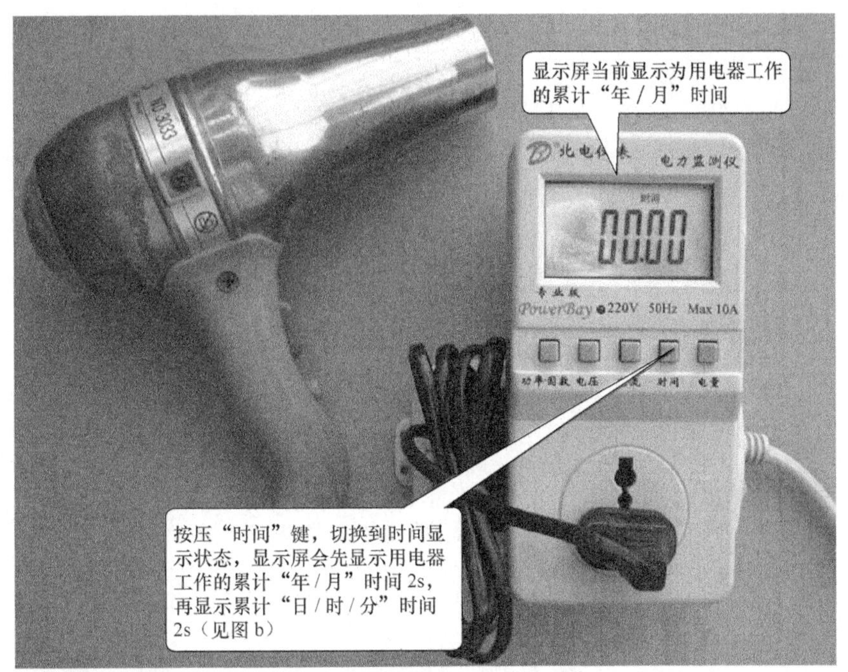

（a）显示累计用电时间的“年 / 月”

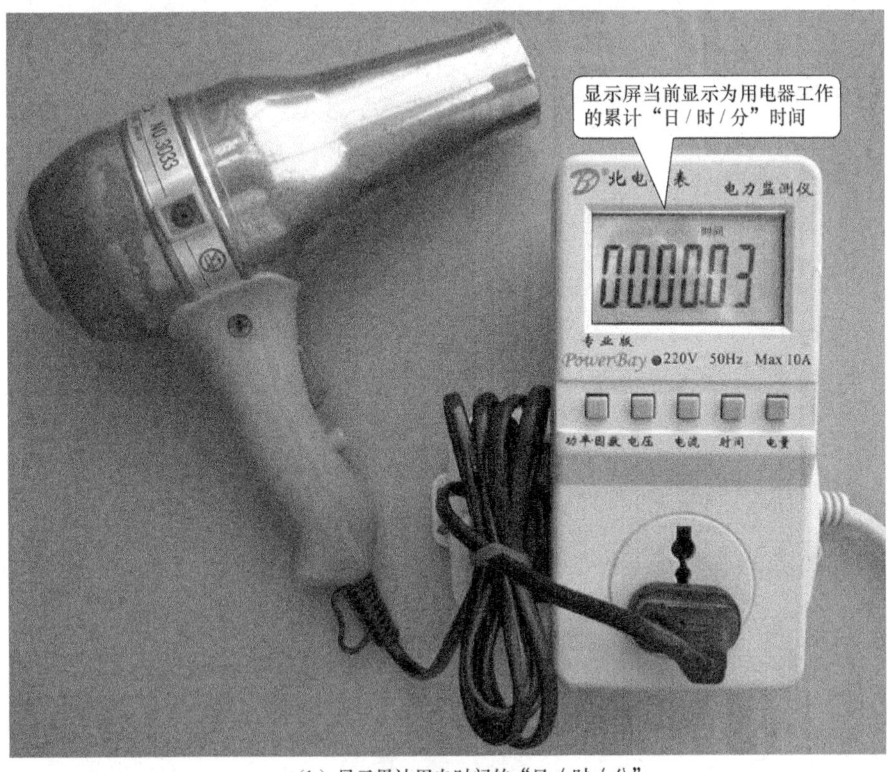

（b）显示累计用电时间的“日 / 时 / 分”

图 14-29　查看累计用电时间